U0906500

"十二五"国家重点图书出版规划项目

先进制造技术与应用前沿

机床数控技术

李虹霖 编著

上海科学技术出版社

图书在版编目(CIP)数据

机床数控技术/李虹霖编著. —上海:上海科学技术出版社,2012.1

(先进制造技术与应用前沿)

ISBN 978-7-5478-1044-6

Ⅰ.①机... Ⅱ.①李... Ⅲ.①数控机床 Ⅳ.①TG659

中国版本图书馆 CIP 数据核字(2011)第 222374 号

上海世纪出版股份有限公司
上 海 科 学 技 术 出 版 社 出版、发行
(上海钦州南路 71 号 邮政编码 200235)
新华书店上海发行所经销
苏州望电印刷有限公司印刷
开本 787×1092 1/16 印张 26.75 插页 4
字数 440 千字
2012 年 1 月第 1 版 2012 年 1 月第 1 次印刷
ISBN 978-7-5478-1044-6/TH·22
定价:80.00 元

Synopsis

内容提要

本书系统地介绍了数控机床的机械结构、数控系统、伺服系统、数控加工工艺、数控程序编制和数控机床的安装、调试、故障维修等内容。主要内容包括：数控机床产生、分类和发展趋势，计算机数控系统的组成、硬件结构、软件结构和插补原理，常用检测装置的结构和工作原理、常用伺服系统工作原理及控制，数控加工工艺刀具、夹具、工艺设计，程序编制基础知识和基本指令、数控车床、铣床及加工中心基本编程，自动编程软件 MasterCAM 的实际应用，机械结构中的主传动系统、进给传动机构、自动换刀装置及辅助装置，数控机床安装、调试、维护和故障维修。

本书内容系统全面，逻辑性强，结构严谨，注重联系生产实际。读者对象以工程技术人员为主，对于厂矿企业的技术工人和高校相关专业的师生来说，本书也具有较高的参考价值和指导作用。

编撰委员会

先进制造技术与应用前沿

Preface

前　言

制造业是各种产业的支柱工业，数控技术是制造工业现代化的重要基础，直接影响到一个国家的经济发展和综合国力，关系到一个国家的战略地位。发展数控技术是当前制造工业技术改造、技术更新的必由之路。数控技术是实现柔性制造和计算机集成制造的最重要的基础技术之一，数控机床也是制造系统最基本的加工单元。随着微电子技术、计算机技术、自动控制和精密测量技术的不断发展和迅速应用，在制造业中，数控技术和数控机床不断更新换代，向高速度、多功能、智能化、开放型以及高可靠性等方面迅速发展。当前柔性自动化是世界机械电子工业发展的趋势。数控技术的应用已成为衡量一个国家工业化程度和技术水平的重要标志。为了发展数控机床和更好地使用数控机床，必须了解数控技术和加工程序编制。

本书在深入调查研究的基础上，总结教学实践经验和科研成果，注意反映经济发展、科技进步和生产实际中的新知识、新技术、新工艺和新方法，突出实用特点，体现创新意识，渗透当代科学思维，反映了当代科学技术发展对人才素质的要求。全书共八章，全面系统地介绍了计算机数控系统的组成、软硬件结构，检测装置的结构和工作原理，数控加工工艺分析，数控车床、铣床及加工中心的程序编程，自动编程，典型机械结构，数控机床安装调试、故障维修等内容。全书内容丰富、通俗易懂、实用性强；理论论述条理清晰，便于掌握；实例分析典型全面，接近生产实际，具有示范性。在本书的编写过程得到了许多同行专家的大力支持和帮助，在此一并表示衷心感谢。

由于作者水平有限，经验不足，书中难免有欠妥和疏漏之处，恳请读者批评指正。

作　者

Contents

目　录

hapter 1

第一章 数控技术概论

数控机床是当代最先进的制造工具之一，是推动制造技术进步的原动力。数控机床是19世纪后半叶发展起来的自动化制造工具，是以计算机为代表的现代技术与传统机床结合的产物，是各种现代先进制造系统，如柔性制造系统(flexible manufacture system, FMS)、计算机集成制造系统(computer integrated manufacturing systems, CIMS)、可重构制造系统(reconfigurable manufacturing system, RMS)等的基础。

第一节 数控机床的产生与发展

一、数控机床的产生

制造业是生产物质财富的产业，机床是制造业的主要生产设备，制造业中的绝大多数零件都直接或间接地经过机床加工，因此机床(也称工作母机)是制造业的基础。在传统制造业中，对于大批量生产的产品，往往采用组合机床等专用机床组成的自动或半自动生产线；对于单件或小批量生产的产品，一般采用通用机床加工。随着科学技术的不断发展和社会生产力的不断提高，市场对机械产品的要求越来越高，不仅要求提高产品的质量水平，而且要求加快产品更新换代的速度。这样就导致了在现代制造业中多品种、中小批量生产的比重不断增加。在这样的情况下，再采用传统的加工机床就显得不合理了，理由如下：应用专用机床生产线生产准备周期长、费用高、产品不易更新(有时甚至不可能实现产品更新)；应用通用机床则无法大幅度地提高生产效率和精确地控制产品质量，同时通用机床也无法加工一些复杂度和精度要求很高的小批量生产的产品。相比之下，数控机床的出现恰恰满足了这些要求。

1948年，美国帕森斯(Parsons)公司在研制加工直升机叶片轮廓检验样板的机床时，首先提出利用电子计算机控制机床加工复杂曲线样板的概念。1952年帕森斯公司和麻省理工学院(MIT)伺服机构研究所合作研制成功世界上第一台三坐标数控铣床。其数控系统采用脉冲乘法器原理，全部由电子管元件组成，虽然体积庞大，功能简单，但是意义重大，标志着机械制造业进入了一个新的发展阶段。1958年我国由北京机床研究所和清华大学开始研制数控机床，1965年北京第一机床厂开始生产三坐标数控铣床。

数控机床的出现，极大地促进了机床行业的技术进步和行业发展。对于整个制造业来说，数控机床的大量使用，使得产品质量大幅度提高，新产品开发周期明显缩短。目前数控机床已经广泛应用于军工、航空航天、汽车、造船、机车车辆、机床、通用机械、纺织、轻工、电子等几乎所有制造行业。

二、 数控系统的发展

1. 数控系统的发展

1939年诞生了世界上第一台电子计算机，这表明人类创造了可增强和部分代替脑力劳动的工具。它与人类在农业、工业社会中创造的那些只是增强体力劳动的工具相比，有了质的飞跃，为人类进入信息社会奠定了基础。13年后，即在1952年，计算机技术应用到了机床上，从而一种新型的用数字程序控制的机床应运而生。这种机床是一种综合运用了计算机技术、自动控制、精密测量和机械设计等新技术的机电一体化典型产品。数控机床是一种装有程序控制系统(数控系统)的自动化机床。行业中一般认为数控机床控制系统经历了六代的发展，即1952年第一代——电子管；1959年第二代——晶体管；1965年第三代——小规模集成电路；1970年的第四代——小型计算机；1974年的第五代——微处理器和1990年的第六代——基于PC(国外称为PC-BASED)。

从1952年美国麻省理工学院研制出第一台试验性数控系统到现在已走过了六十多年的历程。数控系统由当初的电子管式起步，经历了以下几个发展阶段：分立式晶体管式、小规模集成电路式、大规模集成电路式、超大规模集成电路、小型计算机式及微机式的数控系统。

前三代数控装置属于采用专用控制计算机的硬件数控装置，一般称为NC数控系统。到20世纪80年代，总体发展趋势是：数控装置由NC向CNC发展；广泛采用32位CPU组成多微处理器系统；提高系统的集成度，缩小体积，采用模块化结构，便于裁剪、扩展和功能升级，满足不同类型数控机床的需要；驱动装置向交流、数字化方向发展；CNC装置向人工智能化方向发展；采用新型的自动编程系统；增强通信功能；数控系统可靠性不断提高。总之，数控机床技术不断发展，功能越来越完善，使用越来越方便，可靠性越来越高，性能价格比也越来越高。

2. 我国数控系统发展概况

我国于1958年研制出第一台数控机床，发展过程大致可分为三大阶段。从1958年到1979年为第一阶段，从1979年到1989年为第二阶段，从1989年至今为第三阶段。第一阶段由于我国基础理论研究滞后，相关工业基础薄弱，特别是电子技术落后，数控系统没有突破，虽然我国起步不晚，但发展不快，20世纪60～70年代，我国与发达国家差距开始拉大。20世纪70年代国家组织数控机床攻关，取得一定成效，相继推出一些数控机床品种，但从整体来看，我国数控机床产业尚处于起步阶段。在第二阶段从日、德、美、西班牙先后引进数控系统技术，从日、美、德、意、英、法、瑞、匈、奥、韩等国及台湾地区引进数控机床先进技术和进行合作、合资生产，解决了可靠性、稳定性问题，数控机床开始正式生产和使用，并逐步向前发展。第三阶段国家从科技攻关和技术改造两方面对数控机床产业进行了重点扶植，并加快了国产数控系统的开发。普及型数控系统开发成功为数控机床商品化和规模化生产奠定了基础。一些数控机床主机厂组建床身、箱体、主轴、轴套等成组单元，厂内组织专业化生产，生产水平进一步提高。CAD/CAPP/CAM开始应用，开发能力、工艺水平和产品质量进一步提高，奠定了产业化基础，数控机床进入了快速发展期。

三、　数字控制的相关概念

1. 数字控制(numerical control, NC)

用数值数据的控制装置，在运行过程中不断地引入数值数据，从而对某一生产过程实现自动控制。

2. 数控机床(NC machine tools)

数字控制机床简称数控机床，这是一种将数字计算技术应用于机床的控制技术。它把机械加工过程中的各种控制信息用代码化的数字表示，通过信息载体输入数控装置。经运算处理由数控装置发出各种控制信号，控制机床的动作，按图纸要求的形状和尺寸自动地将零件加工出来。

3. 数控系统(NC system)

广义上来讲，数控系统是将计算机数控装置、可编程控制器(PLC)、进给驱动及主轴驱动装置等相关设备的总称。狭义上来讲，数控系统仅指其中的计算机数控装置。

4. 计算机数控系统和微处理器数控系统

计算机数控(computerized NC, CNC)系统是用计算机控制加工功能，实现数值数据控制的系统。

微处理器数控(micro-computerized NC, MNC)系统是指用微处理器构成计算机数控装置，进行数值数据控制的系统。

5. NC与CNC

NC和CNC都是数控行业中常用的概念，经常容易混淆。从定义本身来说，它们的含义是有很大不同的。NC代表旧版的、最初的数控技术，属于硬件数控；CNC代表新版的计算机数控技术，属于软件数控。

NC系统(与CNC系统相比较)使用固定的逻辑单元操作程序，这些操作程序是内置的，并且是永久嵌入控制单元内部的，这些操作程序不能由编程人员或机床操作人员更改。所有程序的修改必须脱离控制系统来做。通常NC系统要求必须用穿孔纸带来输入程序。

CNC系统主要是使用计算机来操作程序。计算机含有存储各种程序的存储寄存器，这些程序可以用来处理逻辑操作，这就意味着零件编程人员或机床操作人员可以通过控制系统自身在机床上来修改或编写程序。灵活性是CNC系统的最大优势。

第二节 数控机床的组成及工作原理

数控机床一般由数控系统、伺服系统(包含伺服电动机和检测反馈装置)、强电控制柜、机床本体和各类辅助装置组成，如图1-1所示。

1) 控制介质　控制介质又称信息载体，是联系人与数控机床之间的中间媒介物质，反映了数控加工中全部信息。数控机床的加工程序可以存储在控制介质上。常用的控制介质有穿孔纸带、磁带和磁盘等。

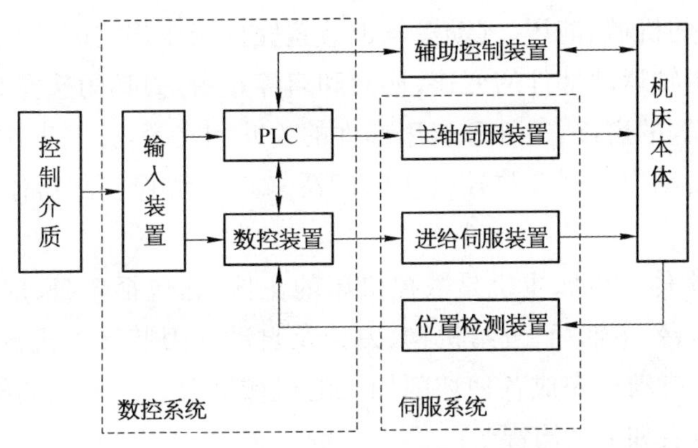

图 1-1　数控机床的基本结构

2) 输入装置　输入装置的作用是将程序载体(信息载体)上的数控代码传递并存入数控系统内。

3) 数控装置　数控装置是数控机床的核心。其作用是从内部存储器中取出或接受输入装置送来的一段或几段数控加工程序,经过数控装置的逻辑电路或系统软件进行编译,运算处理后,输出几种控制信息和指令,控制机床各部分的工作,使其进行规定的有序运动和动作。

4) 伺服单元和驱动装置　伺服单元是 CNC 和机床本体的联系环节,它把来自 CNC 装置的微弱指令信号放大成控制驱动装置的大功率信号。根据接收指令的不同,伺服单元有脉冲式和模拟式之分,而模拟式伺服单元按电源种类又可分为直流伺服单元和交流伺服单元。伺服单元还包括位置检测装置,位置检测装置将数控机床各坐标轴的实际位移检测出来,经反馈系统反馈到机床的数控系统中。

驱动装置把经放大的指令信号变为机械运动,通过简单的机械连接部件驱动机床,使工作台精确定位或按规定的轨迹作严格的相对运动,最后加工出图纸所要求的零件。和伺服单元相对应,驱动装置有步进电动机、直流伺服电动机和交流伺服电动机等。

伺服单元和驱动装置可合称为伺服驱动系统,它是机床工作的动力装置,CNC 装置的指令要靠伺服驱动系统付诸实施,所以伺服驱动系统是数控机床的重要组成部分。从某种意义上说,数控机床功能的强弱主要取决于 CNC 装置,而数控机床性能的好坏主要取决于伺服驱动系统。

5) 辅助控制装置　辅助控制装置的主要作用是接收数控装置输出的开关量指令信号,经过翻译、逻辑判别和运算,再经功率放大后驱动相应的电器,带动机床的机械、液压、气动等辅助装置完成指令规定的开关量动作。这些控制包括主轴运动部件的变速、换向和启停指令,刀具的选择和交换指令,冷却、润滑装置的启停,工件和机床部件的松开和夹紧,分度工作台的转位分度等开关辅助动作。当今数控机床已广泛采用可编程控制器作为辅助控制装置。

6）机床本体　机床主机是数控机床的主体,它包括床身、底座、立柱、横梁、滑座、工作台、主轴箱、进给机构、刀架及自动换刀装置等机械部件。它是在数控机床上自动地完成各种切削加工的机械部分。与传统的机床相比,数控机床主体具有如下结构特点:

(1）采用具有高刚度、高抗振性及较小热变形的机床新结构。通常用提高结构系统的静刚度、增加阻尼、调整结构件质量和固有频率等方法来提高机床主机的刚度和抗振性,使机床主体能适应数控机床连续自动地进行切削加工的需要。采取改善机床结构布局、减少发热、控制温升及采用热位移补偿等措施,可减少热变形对机床主机的影响。

(2）广泛采用高性能的主轴伺服驱动和进给伺服驱动装置,使数控机床的传动链缩短,简化了机床机械传动系统的结构。

(3）采用高传动效率、高精度、无间隙的传动装置和运动部件,如滚珠丝杠螺母副、塑料滑动导轨、直线滚动导轨、静压导轨等。

第三节　数控机床的分类

数控机床的品种规格很多,分类方法也各不相同。一般可根据功能和结构,按下面四种原则进行分类。

一、　按加工工艺分类

1）金属切削类　指采用车、铣、镗、铰、钻、磨、刨等各种切削工艺的数控机床。在普通数控机床上加装刀库和自动换刀装置就成为数控加工中心,如镗铣加工中心、车削中心、钻削中心等。加工中心机床进一步提高了普通数控机床的自动化程度和生产效率。

2）金属成型类(板材加工类)　指采用挤、冲、压、拉等成型工艺的数控机床，常用的有数控压力机、数控折弯机、数控弯管机、数控旋压机等。

3）特种加工类 主要有数控电火花线切割机、数控电火花成型机、数控火焰切割机、数控激光加工机等。

二、 按机床运动的控制轨迹分类

1）点位控制的数控机床 点位控制只要求控制机床的移动部件从一点移动到另一点的准确定位，在移动过程中不进行加工，各坐标轴之间的运动是不相关的，可以是几个坐标同时向目标点运动，也可以是各坐标依次运动。为了实现既快又精确的定位，两点间位移的移动一般先快速移动，然后慢速趋近定位点，以保证定位精度。具有点位控制功能的机床主要有数控钻床、数控镗床、数控冲床等，图 1－2 为点位控制数控钻床加工示意图。

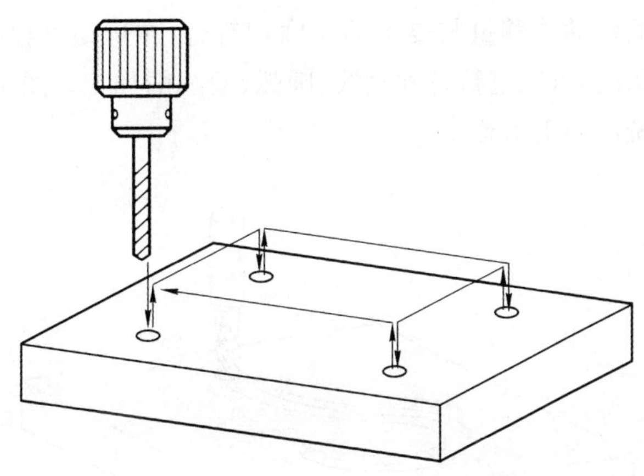

图 1－2 点位控制数控钻床加工示意图

2）直线控制数控机床 直线控制数控机床也称为平行控制数控机床，其特点是除了控制点与点之间的准确定位外，还要控制两相关点之间的移动速度和路线（轨迹），但其运动路线只是与机床坐标轴平行的直线，或两轴同时移动时构成的斜线。在移位的过程中刀具能以指定的进给速度进行切削，一般只能加工矩形、台阶形零件。

具有直线控制功能的机床主要有比较简单的数控车床、数控铣床、数控磨床等。这种机床的数控系统也称为直线控制数控系统。图 1－3 为点位直线控制数控铣床加工示意图。

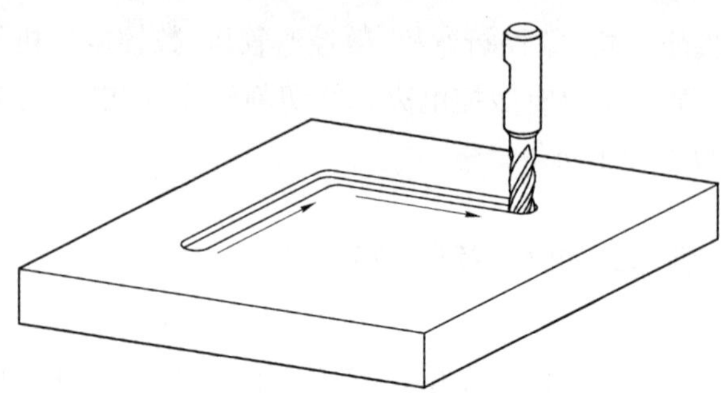

图 1-3　直线控制数控铣床加工示意图

3）轮廓控制数控机床　轮廓控制数控机床也称连续控制数控机床，其控制特点是能够对两个或两个以上的运动坐标的位移和速度同时进行控制。为了满足刀具沿工件轮廓的相对运动轨迹符合工件加工轮廓的要求，必须将各坐标运动的位移控制和速度控制按照规定的比例关系精确地协调起来，从而控制各坐标轴的联动位移量与要求的轮廓相符合，在运动过程中刀具对工件表面进行连续切削，可以进行各种直线、圆弧、曲线的加工。图 1-4 为二坐标轮廓控制数控铣床加工示意图。

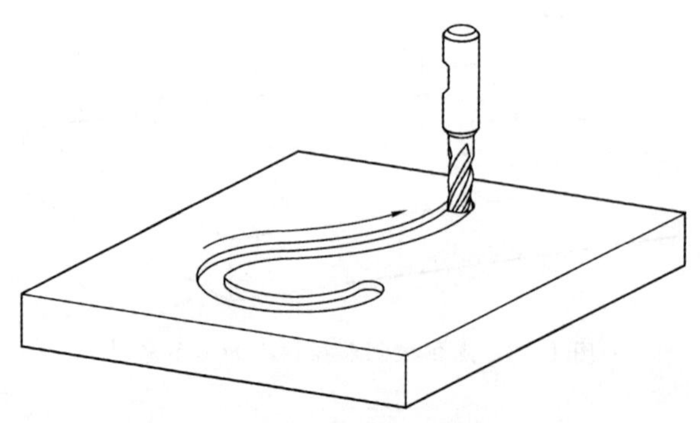

图 1-4　轮廓控制数控铣床加工示意图

这类机床主要有数控车床、数控铣床、数控线切割机床、加工中心等，其相应的数控装置称为轮廓控制数控系统。

三、　按伺服控制的方式分类

1）开环控制数控机床　这类机床的特点是其控制系统不带位置检测反馈

装置，一般它的驱动电动机为步进电动机，其控制系统的框图如图 1-5 所示，这种控制方式的最大特点是控制方便、结构简单、价格便宜。数控系统发出的指令信号流是单向的，所以不存在控制系统的稳定性问题，但由于机械传动的误差不经过反馈校正，步进电动机的失步、步距角误差齿轮与丝杠等传动误差都将影响被加工零件的精度。故开环系统仅适用于加工精度要求不高的中小型数控机床，在我国，一般经济型数控系统和旧设备的数控改造多采用这种控制方式。

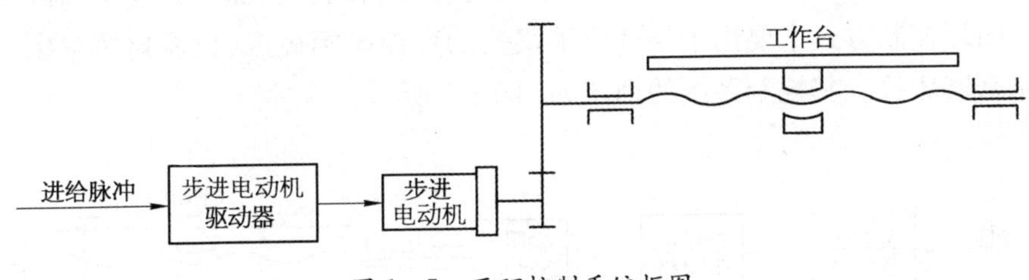

图 1-5　开环控制系统框图

2）半闭环控制数控机床　半闭环控制数控机床的特点是采用直接安装在伺服电动机轴上或丝杠端部的转角检测元件（如编码器等）进行位置反馈，机床通过检测元件检测丝杠的转角间接的检测移动部件的实际位移，然后反馈到数控装置中去，并对误差进行修正，目前，通常将角位移测量元件和伺服电动机设计成一个部件，使用起来十分方便。由于大部分机械传动环节未包括在系统闭环环路内，因此可以获得较稳定的控制特性，而且调试也比较方便。虽然丝杠等机械传动误差不能通过反馈来随时校正，但是可采用软件定值补偿方法来适当提高其精度。目前，采用半闭环控制方式的数控机床应用十分广泛。其控制系统的框图如图 1-6 所示。

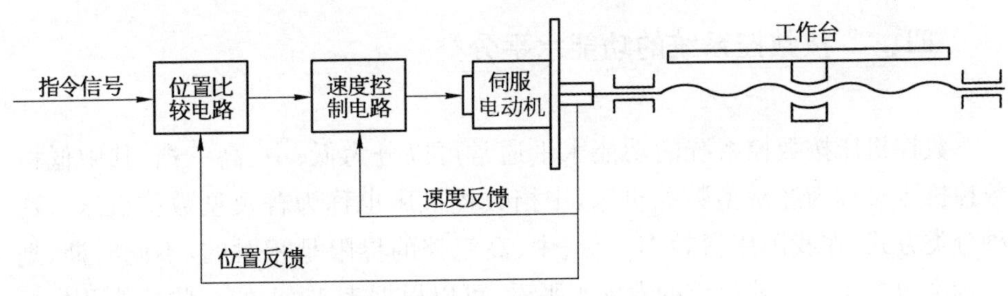

图 1-6　半闭环控制系统框图

3）闭环控制数控机床　这类数控机床的进给伺服驱动是按闭环反馈控制方式工作的，其驱动电动机可采用直流或交流两种伺服电动机，位置反馈装置采用直线位移检测元件（如光栅尺等），安装在机床的移动部件上，直接检测机床移动部件的直线位移量，通过反馈可以消除从电动机到机床移动部件整个机械传动链中的传动误差，从而得到很高的机床静态定位精度。但是，由于在整个控制环内，许多机械传动环节的摩擦特性、刚性和间隙均为非线性，并且整个机械传动链的动态响应时间与电气响应时间相比又非常大，这为整个闭环系统的稳定性校正带来很大困难，系统的设计和调整也都相当复杂。因此，这种闭环控制方式主要用于精度要求很高的数控坐标镗床、数控超精车床、数控精密磨床等。其控制系统的框图如图 1－7 所示。

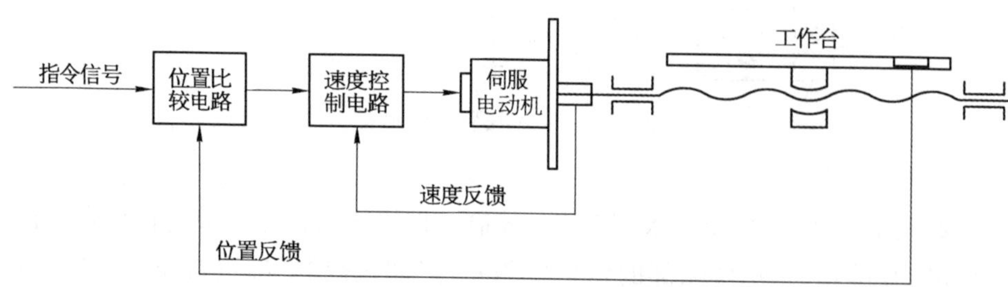

图 1－7　闭环控制系统框图

4）混合控制数控机床　将上述三类控制方式的特点结合起来，就可以组成混合控制数控机床的方案。如前所述，由于开环控制方式稳定性好、成本低、精度差，全闭环精度高、稳定性差，而半闭环介于两者之间。所以采用混合控制方式，可以较好地将其特点结合起来，以满足一些大型或重型机床的要求。混合控制方式中采用较多的有开环补偿型和半闭环补偿型两种方式。

四、　按数控系统的功能水平分类

数控机床按数控系统的功能水平通常可以分为低、中、高三档，其中低档数控机床又称为经济型数控机床，中档数控机床也称为普及型数控机床。这种分类方式，在我国用得较多。低、中、高三档的界限是相对的，不同时期，划分标准也会不同。就目前的发展水平看，可以根据表 1－1 的一些功能及指标作为划分依据。

表 1-1　不同档次数控机床的性能及指标

项目	低　档	中　档	高　档
分辨率和进给速度	10 μm、8～15 m/min	1 μm、15～24 m/min	0.1 μm、15～100 m/min
伺服进给类型	开环、步进电动机系统	半闭环直流或交流伺服系统	闭环直流或交流伺服系统
联动轴数	二轴	三～五轴	三～五轴
主轴功能	不能自动变速	自动无级变速	自动无级变速、C 轴功能
通信能力	无	RS-232C 或 DNC 接口	MAP 通信接口、联网功能
显示功能	数码管显示、CRT 字符	CRT 显示字符、图形	三维图形显示、图形编程
内装 PLC	无	有	有
主 CPU	8 bit	16 或 32 bit	64 bit

第四节　数控机床的特点及发展趋势

一、数控机床的特点

(1) 加工精度高，加工稳定可靠。数控机床是按数字形式给出的指令进行加工的，不需人工干预，这就消除了操作者人为造成的误差；数控机床本身的刚度好，精度高，精度保持性好，零件的加工一致性好，质量稳定可靠。数控机床还可利用软件进行误差补偿和校正，这也保证了数控加工的高精度。

(2) 适合于复杂异形零件的加工。数控机床可以完成普通机床难以完成或根本不能加工的复杂零件的加工，因此在宇航、造船、模具等加工业中得到广泛应用。

(3) 高柔性加工。对象改变时，一般只需要更改数控程序，体现出很好的适应性，可大大节省生产准备时间。在数控机床的基础上，可以组成具有更高柔性的自动化制造系统 FMS、CIMS 等。

(4) 高生产率。零件加工所需的时间主要包括机动时间和辅助时间两个部分。数控机床主轴的转速和进给量的变化范围比普通机床大,因此数控机床每一道工序都可以选用最有利的切削用量。由于数控机床的结构刚性好,因此允许进行大切削用量的强力切削,这就提高了数控机床的切削效率,节省了机动时间。数控机床的移动部件空行程运动速度快,工件装夹时间短,刀具可自动更换,辅助时间比一般机床大为减少。数控机床更换被加工零件时几乎不需要重新调整机床,节省了零件安装调整时间。数控机床加工质量稳定,一般只作首件检验和工序间关键尺寸的抽样检验,因此节约了停机检验的时间。在加工中心上加工时,一台机床实现了多道工序的连续加工,生产效率的提高更为明显。综合以上特性,数控机床的加工效率一般为普通机床的 3～5 倍,对某些复杂零件的加工,生产效率可以提高十几倍甚至几十倍。

(5) 劳动条件好。机床自动化程度高,操作人员劳动强度大大降低。另外,数控机床一般都具有较好的安全防护、自动排屑、自动冷却和自动润滑装置,劳动者劳动条件大为改善。

(6) 有利于管理现代化。采用数控机床有利于向计算机控制与管理生产方面发展,为实现生产过程自动化创造了条件。数控机床使用数字信息和标准代码输入,适用于数字计算机联网,成为计算机辅助设计、制造及管理一体化的基础。

(7) 良好的经济效益。数控机床虽然设备昂贵,加工时分摊到每个零件上的设备折旧费较高。但是在单件、小批量生产的情况下,使用数控机床加工可节省画线工时,减少调整、加工和检验时间,节省直接生产的费用。数控机床加工零件一般不需要制作专门的工装夹具,节省了工艺装备费用。数控机床加工精度稳定,减少了废品率,使生产成本进一步降低。而且,数控机床可以实现一机多用,节省厂房面积和建厂投资。因此从总体上来讲,数控机床可以获得良好的经济效益。

二、 数控技术的发展趋势

随着科学技术的发展,先进制造技术的兴起和不断成熟,对数控技术提出了更高的要求,引导着数控技术向以下方向发展:

1. 高速高精化

高速化是指数控机床的高速切削和高速插补进给,目标是在保证加工精度的前提下，提高加工速度。高精度是指数控机床能够达到高的分辨率、定位精度、重复定位精度等。效率和质量是先进制造技术的主体。高速、高精加工技术可极大地提高效率，提高产品的质量和档次，缩短生产周期和提高市场竞争能力。近年来，电主轴、直线电动机以及新型刀具的应用，使数控机床的加工速度得到了极大的提高，车削和铣削的切削速度已达到 5 000～8 000 m/min 以上；主轴转数在 30 000 r/min（有的高达 100 000 r/min）以上；进给速度在分辨率为 1 μm 时，在 100 m/min（有的到 200 m/min）以上；分辨率为 0.1 μm 时，进给速度在 24 m/min 以上；自动换刀速度在 1 s 以内；小线段插补进给速度达到12 m/min。加工精度方面，普通机床的加工精度已经由 10 μm 提高到5 μm，精密级加工中心则由 3～5 μm 提高到 1～1.5 μm，并且超精密加工精度已经进入纳米级（0.001 μm）。

2. 智能化

在数控技术领域，实时智能控制的研究和应用正沿着几个主要分支发展：自适应控制、模糊控制、神经网络控制、专家控制、学习控制、前馈控制等。智能化的内容包括在数控系统中的各个方面：

（1）为追求加工效率和加工质量方面的智能化。在实际加工中，有很多因素可能影响到加工的精度，如刀具磨损、工件变形、机床振动等。这些因素难以预知，在加工中很难用最佳的参数来进行切削。智能化的数控机床可以通过自适应技术来根据实际情况自动调节切削参数，使机床达到最佳的加工状态，同时也可以提高刀具的使用寿命。

（2）为提高驱动性能及使用连接方便方面的智能化。如前馈控制、电动机参数的自适应运算、自动识别负载自动选定模型、自整定等。

（3）简化编程、简化操作方面的智能化。如智能化的自动编程，智能化的人机界面等。

（4）诊断、监控方面的智能化。在数控机床中采用故障自诊断、自恢复技术，利用故障诊断程序进行在线诊断、离线诊断，甚至通过通信手段进行远程诊断。一旦机床出现故障，立即采用停机等措施，同时报警，并能自动使故障模块脱机，接通备用模块，以保证在无人加工时，也能保证机床安全。

目前，人工智能专家诊断系统也已经应用到了数控系统中，使数控机床实现了更高的故障诊断要求。

3. 复合化

复合化，即在一台机床上工件一次装夹便可完成多工种、多工序的加工，实现一机多能，最大限度地提高机床的开机率和利用率。近年来，多功能复合化机床的发展越来越受到数控机床企业的重视，随着复合化机床研发速度的加快，其成果日新月异，不仅使用户相对减少了设备投入和车间厂房的占地面积，而且大大提高了生产效率和加工精度。如德国斯宾纳（Spinner）公司在EMO 2005展会上推出的Realmaca RM7－H七轴超精密主轴摆动式车铣复合加工中心，拥有X1/X2/A1/A2/Y/Z/B七轴，主轴Z最高转速30 000 r/min，B轴回转范围－110°～110°，双车轴A1、A2最高转速6 000 r/min。该机采用双臂式换刀机构，刀库容量30把，适合加工大型复杂零件，可以进行五轴联动铣削加工，还可以进行车削、钻孔、攻螺纹、镗孔等不同形式的操作。

4. **网络化**

为了满足柔性制造单元（FMC）、柔性制造系统（FMS）以及计算机集成制造系统（CIMS）的要求，以及实现敏捷制造（agile manufacturing，AM）、虚拟制造（virtual manufacturing，VM）等目的，数控机床需要具有联网能力，需要实现网络化。目前先进的数控系统为用户提供了强大的联网能力，除有RS－232C串行接口、RS－422等接口外，还带有远程缓冲功能的DNC（distributed numerical control）接口，可以实现几台数控机床之间的数据通信和直接对几台数控机床进行控制。不同厂家不同类型的数控机床，可以采用MAP工业控制网络，从工厂自动化上层（设计信息、生产计划信息）到下层（控制信息、生产管理信息），通过信息交流，建立能够有效利用系统全部信息资源的计算机网络。

5. **开放性**

美国电气及电子工程师学会（Institute of Electrical and Electronics Engineers，IEEE）关于开放式系统的定义是“开放式系统能有效地运行于不同的平台之上，可以与其他应用系统相互操作，并提供与用户交互的统一风格，即所谓互操作性、可移植性、可伸缩性和可互换性”。随着计算机软硬件技术的发展，目前对开放式系统最新的看法包括：

(1) 开放式控制系统的硬件和软件都应是柔性的，它允许改变硬件的基本配置，而软件更在所有控制级别上可以改变。

(2) 开放式结构系统的软硬件必须是真正“即插即用”的，如果产品必须被“召回”以安装新的硬件和软件，那就不是真正的开放。

(3) 控制器必须是标准化的，以使第三方能在此基础上参与新硬件和新软件的开发。

(4) 开放式系统允许第三方软件作为系统的部件增加进来，也就是说它是一个标准系统，在这个标准上系统能在部件级别上与其他部件集成，并能共享数据。

(5) 一个开放式控制系统能在系统的级别上同其他系统协同工作。

开放式数控系统的本质是指数控系统的开发可以在统一的运行平台上，面向机床厂家和最终用户形成系列化，并可将用户的特殊应用集成到控制系统中，实现不同品种、不同档次的开放式数控系统。

理想的开放式数控系统应为数控软、硬件均可选择、可重组、可添加，这就要求具有统一的软硬件规范化标准。目前世界上主要有美国的 NGC (the Next Generation Work-Station/Machine Control)、欧共体的 OSACA (Open System Architecture for Control within Automation Systems)、日本的 OSEC (Open System Environment for Controller)、中国的 ONC (Open Numerical Control System)等几个组织在进行开放式数控系统标准规范的制定。

6. 并联机床

并联机床(parallel machine tool)又称为虚拟轴机床，它是以 Stewart 平台型机器人机构为原型构成的。世界上首台并联机床是美国的 Giddings & Lewis 公司在 1994 年美国芝加哥国际机床展览会(IMTS '94)上展出的 Variax 型并联机床，当时在业界引起了轰动。它是一台以 Stewart 平台为基础的五坐标立式加工中心，标志着机床设计开始采用并联机构，是机床结构重大改革的里程碑，其去除外罩后的结构如图 1-8 所示，图 1-9 是 Stewart 平台示意图。

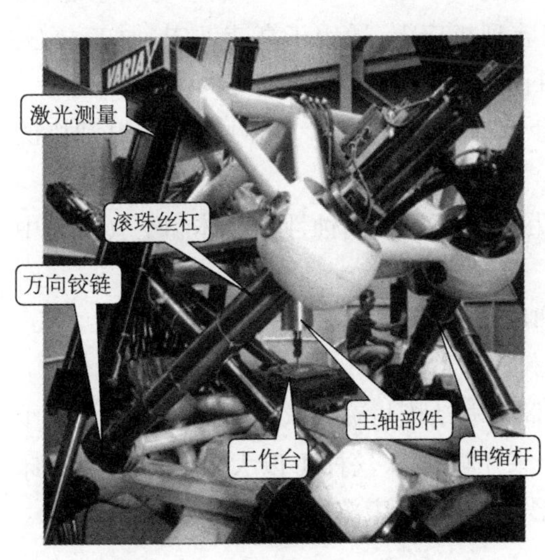

图 1-8　Variax 型加工中心

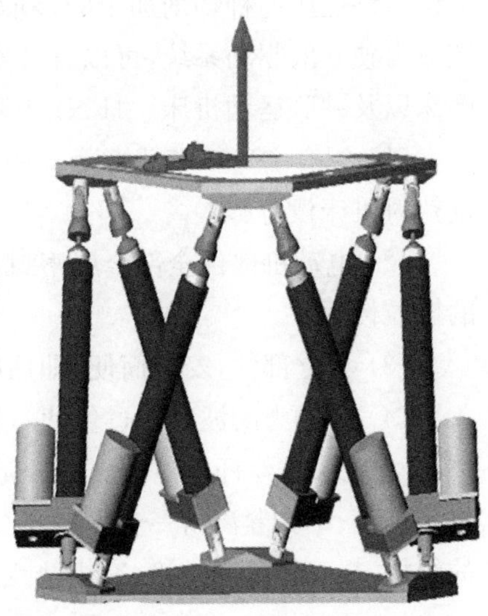

图 1-9　Stewart 平台示意图

从图 1－8 中可见，六根由伺服电动机驱动的伸缩杆，借助万向铰固定在下平台上这种结构也被称为“六条腿(hexapod)”，丝杆的螺母通过万向铰支承着上平台。杆件长度的伸缩使带有主轴部件的上平台完成加工零件所需的运动。并联机床具有结构简单、制造容易、功能强大、重量轻、刚度高、动态性能好等优点，已经成为各国机床行业研究开发的前沿和热点。

7. 新型功能部件

为了缩短数控机床的开发和试制周期，需要高性能和可靠的新型功能部件。具有代表性的新型功能部件是：

1）高频电主轴　高频电主轴是高频电动机与主轴部件的集成。具有体积小、转速高、可无级调速等一系列优点，在各种新型数控机床中已经获得广泛的应用。电主轴的结构十分紧凑，通常又在高速下运转，因而它的关键技术是如何解决它的发热问题。首先是轴承材料和精度，轴承的内外环采用高氮合金钢制造，配以陶瓷滚动元件，其次是润滑技术，再次是密封技术和冷却技术，最后是减少电动机的发热。

2）直线电动机　近年来，直线电动机的应用日益广泛。直线电动机的价格虽然高于传统的伺服系统，但简化了机械传动结构，提高了机床的动态性能。西门子公司生产的 1FN1 系列三相交流永磁式同步直线电动机是专门为动态性能和运动精度要求高的机床设计的，分为初级和次级两个部件，次级部件采用永磁式，具有完善的冷却系统隔热措施，热稳定性良好。1FN1 直线电动机能够适应各种切削加工的环境，配置 SIMODRIVE 611 数字变频系统后，就成为独立的驱动系统，可以直接安装到机床上，适用于高速铣床、加工中心、磨床以及并联运动机床。1FN1 系列直线电动机的特点如下：

(1) 配有主冷却和精密冷却两套冷却回路，再加上隔热层，保证电动机的发热对机床没有影响。

(2) 电动机部件全部金属密封，尽可能防止有腐蚀性的液体和空气间隙中的微粒侵入。

(3) 独立部件，安装简便，即插即用。

(4) 驱动力的波动经过优化，过载特性良好。

3）电滚珠丝杆　电滚珠丝杆是伺服电动机与滚珠丝杆的集成。具有减少传动环节、结构紧凑等一系列优点。采用电滚珠丝杆可以大大简化数控机床的结构，提高了传动精度、减少热变形，保证了机床部件的高速移动性能。

第二章 计算机数控系统

Chapter 2

第一节 计算机数控系统的组成与工作过程

一、计算机数控系统的组成

数控系统是数控机床的指挥中心,由程序、输入输出装置、计算机数控(CNC)装置、可编程控制器(PLC)、主轴驱动装置和进给伺服驱动装置等组成。CNC 装置是数控系统的核心,机床的各个执行部件在数控系统的统一指挥下根据给定程序进行零件的加工。现代数控系统是基于计算机的数控系统。在数控系统的组成方面,现代数控系统与传统数控系统的最大区别在于,现代数控系统中的数控装置是以计算机硬件和软件为核心的计算机数控装置;而传统数控系统中的数控装置是完全由硬件逻辑电路构成的专用硬件数控(NC)装置。随着计算机技术的高速发展,开放式体系结构日渐成为主流,传统数控系统已经逐渐被 CNC 系统取代。

计算机数控系统由硬件和软件两部分构成,对 CNC 系统体系结构的认识应该从硬件和软件两个方面来认识。其核心是计算机数字控制装置。它通过系统控制软件配合系统硬件,合理地组织、管理数控系统的输入、数据处理、插补和输出信息,控制执行部件,使数控机床按照操作者的要求进行自动加工。CNC 系统采用了计算机作为控制部件,通常由常驻在其内部的数控系统软件实现部分或全部数控功能,从而对机床运动进行实时控制。只要改变计算机数控系统的控制软件就能实现一种全新的控制方式。CNC 系统有很多种类型,有车床、铣床、加工中心等的 CNC 系统。但是,各种数控机床的 CNC 系统一般包括以下几个部分:中央处理单元(CPU)、存储器、输入输出设备(I/O)、操作面板、显示器和键盘、纸带穿孔机、可编程控制器等。图 2-1 为 CNC 系统硬件基本组成示意图。

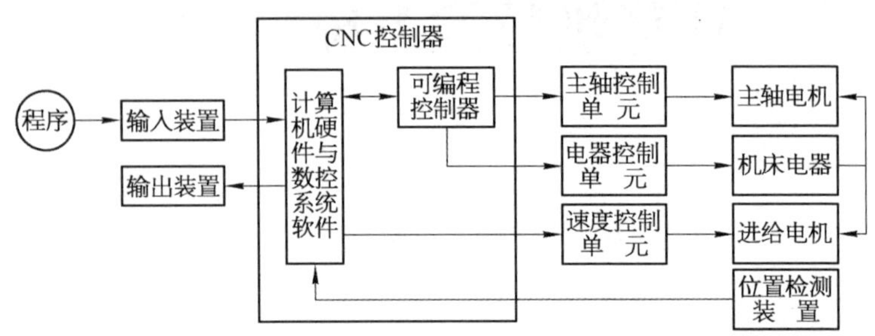

图 2-1 CNC 系统硬件基本组成示意图

(1) 机床本体:机床本体为 CNC 系统控制的对象,是机械加工的基础。

(2) CNC 装置:CNC 装置是计算数控系统的核心,与数控系统的其他部分通过接口连接。

(3) 位置/速度控制单元:位置/速度控制单元是执行数控加工控制的基本单元,它接受 CNC 装置的控制信号,通过安装在机床本体上的各个运动轴的伺服电动机,实现对各个运动轴位置和速度的实时控制,完成各种机械加工。

(4) 主轴控制单元:主轴控制单元主要控制加工刀具的运转速度(S 功能),分无级变速、有级变速和分段无级变速三种方式。

(5) 位置检测装置:位置检测装置(或位置检测器)是全闭环和半闭环数控系统必不可少的。半闭环数控系统的位置检测器一般采用光电编码器,安装在各进给伺服电动机主轴上检测旋转位置;全闭环系统的位置检测器一般安装在机床本体上,直接检测机床运动部件的位置信号。

(6) PLC:现代数控系统采用 PLC 代替了传统的机床电器控制装置(继电器接触控制电路),用 PLC 控制程序实现数控机床各种电器的逻辑控制。

(7) 输入/输出装置:输入装置将数控加工程序等各种信息输入 CNC 装置,高档数控装置本身还配备了自动编程软件或 CAD/CAM 系统,只需要采用键盘输入相应的信息,数控装置本身就能生成数控加工程序。输出装置主要用于观察输入内容和数控系统的工作状态。常用的输入/输出装置有纸带阅读机、键盘、数码显示器(LED)、阴极射线管显示器(CRT)、液晶显示器(LCD)、触摸屏人-机界面或可编程序终端(PT)及发光指示器等。

(8) 通信接口:现代数控系统都配有标准串行通信接口,通过通信接口连接编程器或PC，进行点对点通信，并接收CAD/CAM系统或上位机传来的数控加工程序、加工参数等。

二、 计算机数控系统的工作过程

CNC系统的工作过程即在硬件的支持下运行软件的过程。包括：

1. 输入

CNC系统的零件加工程序，一般是通过键盘、磁盘、U盘、DNC接口等方式输入的。在软件设计中，这些输入方式基本上都是通过中断方式来完成，每一种输入方法均有一个相对应的中断服务程序来响应。

数控加工程序编制可由专业编程人员使用专用编程设备在专门的编程环境中进行，编制完成的数控加工程序代码保存在介质中，再通过输入设备输入到CNC装置中，或者通过通信线路或接口直接传输到CNC装置，也可以由操作人员在机床上进行。操作人员利用CNC装置本身所拥有的编程方式直接进行数控加工程序的编写和保存。现代数控系统本身都配置了功能强大的编程工具，绝大多数数控加工程序都是由操作人员在机床前编制的。

2. 译码

译码就是将输入的零件加工程序翻译成本系统能够识别的语言。译码的结果存放在指定的存储区域内，通常称为译码结果寄存器，译码程序的功能就是把程序段中各个数据根据其前后的字符地址送到相应的缓冲寄存器中。

译码可在正式加工前一次性将整个程序翻译完，并在译码过程中对程序进行语法检查，若有语法错误则报警，这种方式可称之为编译；另一种处理方式是在加工过程中进行译码，即数控系统进行加工控制时，利用空闲时间来对后面的程序段进行译码，这种方式可称之为解释。

3. 刀具补偿

刀具补偿包括刀具半径补偿和刀具长度补偿。为了方便编程人员编制零件加工程序，编程时零件程序是以零件轮廓轨迹来编程的，与刀具尺寸无关。程序输入和刀具参数输入分别进行。刀具补偿的作用是把零件轮廓轨迹按系统存储的刀具尺寸数据自动转换成刀具中心（刀位点）相对于工件的移动轨迹。

刀具补偿包括B机能和C机能刀具补偿功能。在较高档次的CNC中一般应用C机能刀具补偿,C机能刀具补偿能够进行程序段之间的自动转接和过切削判断等功能。

4. 进给速度处理

数控加工程序给定的刀具相对于工件的移动速度是在各个坐标合成运动方向上的速度,即F代码的指令值。速度处理首先要进行的工作是将各坐标合成运动方向上的速度分解成各进给运动坐标方向的分速度,为插补时计算各进给坐标的行程量做准备;另外对于机床允许的最低和最高速度限制也在这里处理。有的数控机床的CNC软件的自动加速和减速也放在这里。

5. 插补计算

零件加工程序程序段中的指令行程信息是有限的。如对于加工直线的程序段仅给定起、终点坐标;对于加工圆弧的程序段除了给定其起、终点坐标外,还给定其圆心坐标或圆弧半径。要进行轨迹加工,CNC必须从一条已知起点和终点的曲线上自动进行“数据点密化”的工作,这就是插补。插补在每个规定的周期(插补周期)内进行一次,即在每个周期内,按指令进给速度计算出一个微小的直线数据段,通常经过若干个插补周期后,插补完一个程序段的加工,也就完成了从程序段起点到终点的“数据密化”工作。

6. 位置控制

位置控制装置位于伺服系统的位置环上,如图2-2所示。它的主要工作是在每个采样周期内,将插补计算出的理论位置与实际反馈位置进行比较,用其差值控制进给电动机。位置控制可由软件完成,也可由硬件完成。在位置控制中通常还要完成位置回路的增益调整、各坐标方向的螺距误差补偿和反向间隙补偿等,以提高机床的定位精度。

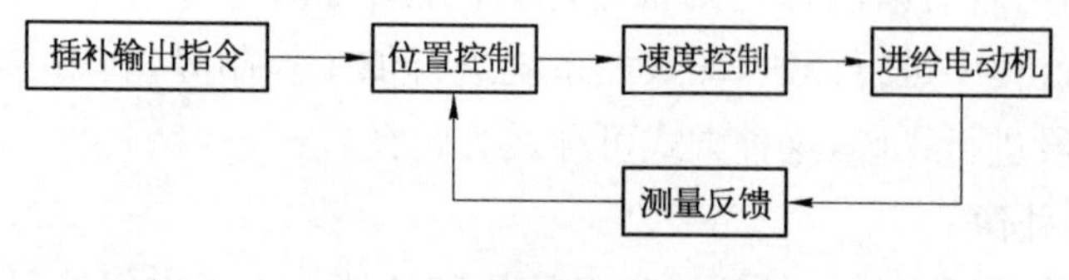

图2-2 位置控制的原理图

7. PLC控制

现代数控系统中,普遍配置PLC来完成对机床电气设备等的开关控制和状态监测。在各加工程序插补处理开始前或结束后,由CNC装置对相应设备发出开关命令,通过接口传输给PLC,由PLC控制机床电气设备。

8. 显示和监控

CNC 系统的显示主要是为操作者提供方便，显示装置有 CRT 显示器或 LCD 数码显示器，一般位于机床的控制面板上。通常有零件程序的显示、参数的显示、刀具位置显示、机床状态显示、报警信息显示等。有的 CNC 装置中还有刀具加工轨迹的静态和动态模拟加工图形显示。

上述的 CNC 的工作流程如图 2－3 所示。

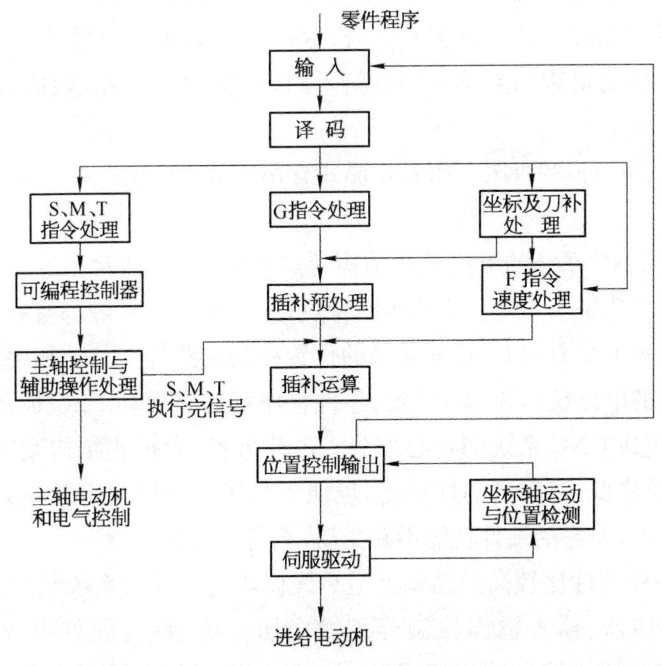

图 2－3　CNC 的工作流程图

第二节　计算机数控系统的硬件结构

现代数控系统的核心 CNC 装置实际上是一台专门用于数控加工的计算机系统。数控系统的功能和许多重要性能指标都取决于 CNC 装置的硬件结构和软件系统。现代的 CNC 系统按照硬件结构中 CPU 的多少可分为单微处理器结构和多微处理器结构，按 CNC 系统中各印刷电路板的插接方式可以分为大板式结构和功能模块式结构，还有基于 PC 的开放式数控系统。

随着大规模集成电路技术和表面安装技术的发展,CNC 系统硬件模块及安装方式不断改进。从 CNC 系统的总体安装结构看,有整体式结构和分体式结构两种。

所谓整体式结构是把 CRT 和 MDI 面板、操作面板以及功能模块板组成的电路板等安装在同一机箱内。这种方式的优点是结构紧凑,便于安装,但有时可能造成某些信号连线过长。分体式结构通常把 CRT 和 MDI 面板、操作面板等做成一个部件,而把功能模块组成的电路板安装在一个机箱内,两者之间用导线或光纤连接。许多 CNC 机床把操作面板也单独作为一个部件,这是由于所控制机床的要求不同,操作面板相应地要改变,做成分体式有利于更换和安装。

CNC 操作面板在机床上的安装形式有吊挂式、床头式、控制柜式、控制台式等多种。

从组成 CNC 系统的电路板的结构特点来看,有两种常见的结构,即大板式结构和模块化结构。大板式结构的特点是,一个系统一般都有一块大板,称为主板。主板上装有主 CPU 和各轴的位置控制电路等。其他相关的子板(完成一定功能的电路板),如 ROM 板、零件程序存储器板和 PLC 板都直接插在主板上面,组成 CNC 系统的核心部分。由此可见,大板式结构紧凑,体积小,可靠性高,价格低,有很高的性价比,也便于机床的一体化设计。大板式结构虽有上述优点,但它的硬件功能不易变动,不利于组织生产。

另外一种柔性比较高的结构就是总线模块化的开放系统结构,其特点是将 CPU、存储器、输入输出控制分别做成插件板(称为硬件模块),甚至将 CPU、存储器、输入输出控制组成独立微型计算机级的硬件模块,相应的软件也是模块结构,固化在硬件模块中。硬软件模块形成一个特定的功能单元,称为功能模块。功能模块间有明确定义的接口,接口是固定的,成为工厂标准或工业标准,彼此可以进行信息交换。于是可以积木式地组成 CNC 系统,使设计简单,有良好的适应性和扩展性,试制周期短,调整维护方便,效率高。

从 CNC 系统使用的 CPU 及结构来分,CNC 系统的硬件结构一般分为单 CPU 和多 CPU 结构两大类。初期的 CNC 系统和现在的一些经济型 CNC 系统采用单 CPU 结构,而多 CPU 结构可以满足数控机床高进给速度、高加工精度和许多复杂功能的要求,也适应于并入 FMS 和 CIMS 运行的需要,从而得到了迅速的发展,它反映了当今数控系统的新水平。

一、 单微处理机和多微处理机结构

1. 单微处理机结构

单微处理机硬件结构是指整个 CNC 装置只有一个中央处理器(CPU),采用集中控制、分时处理数控的各个任务。有的 CNC 装置虽然有二个以上的微处理器,但其中只有一个微处理器(称为主 CPU)能够控制系统总线,占有总线资源,而其他微处理器(称为从 CPU)则为专用的智能部件,不能访问主存储器,它们组成主从结构,也属于单微处理机结构。此结构多用早期的 CNC 机床和现有的经济型 CNC 机床。单微处理机结构的框图如图 2-4 所示。它主要由 CPU、存储器、总线、外设、输入接口电路、输出接口电路等部分组成。

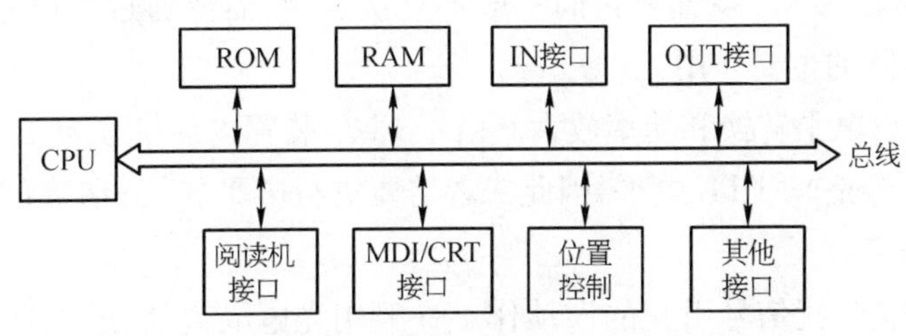

图 2-4 单微处理机硬件结构框图

1) 微处理器和总线 微处理器是 CNC 装置的核心,主要由控制器和运算器组成。控制器主要完成控制任务,即从存储器中依次取出程序指令,经过译码,向 CNC 装置各部分按顺序发出执行操作的控制信号,使指令得以执行。同时接收执行部件发回来的反馈信息,以决定下一步命令操作。运算器主要对数据进行算术和逻辑运算。在运算过程中,运算器将运算结果存放在存储器中,通过对运算结果的判断,设置状态寄存器的相应状态。微处理器选择要根据 CNC 装置进行实时控制和处理速度的要求,并考虑 CPU 在字长、寻址能力、运算速度方面的性能。目前 CNC 装置中常用的有 8 位、16 位、32 位微处理器,高档的 CNC 装置拥有 64 位微处理器。

总线是一组连接各子系统,传送数字信息的物理导线。按功能分为数据总线(DB)、地址总线(AB)和控制总线(CB)。数据总线为各部件之间传送数据,数据总线的位数和传送的数据宽度相等,采用双向线。地址总线传送的地址信号与数据总线结合使用,以确定数据总线上传输的数据来源或目的地时,采用单向线。控制总线传输、管理总线的某些控制信号时,采用单向线。

2）存储器 存储器用于存放数据、参数和程序等，它包括：

(1) 只读存储器(ROM)。其中 EPROM 或 E2PROM 用于存放系统控制程序，由 CNC 装置生产厂家通过专用的写入器写入(固化)，即使断电，程序也不丢失；控制程序只能 CPU 读出，不能随机写入，必要时经过紫外线/电抹除后重写。

(2) 随机存储器(RAM)。用于存放运算的中间结果，需显示的数据、运行中的状态、标志信息等。它可以随机读出和写入，断电后信息消失。

(3) 带后备电池的 CMOS RAM、磁泡存储器或闪烁存储器。存放加工零件程序、机床参数、刀具参数；它能随机读出，也能根据操作需要写入或修改，断电后信息仍保留。

3）I/O 接口(输入/输出接口) 由继电器、接触器组成的机床电气控制设备是强电设备，CNC 装置和它们一般不直接连接，需要通过 I/O 接口电路连接。接口电路的主要作用：

(1) 进行电平转换和功率放大。由于 CNC 装置内部信号为 TTL 电平，而机床设备信号是非 TTL 电平，因此二者需要进行电平转换；在重负载情况下，还要进行功率放大。

(2) 防止干扰信号引起的误动作。一般用光电隔离器、继电器将 CNC 装置与机床之间的信号在电气上加以隔离。

(3) 进行模拟量和数字量的转换。由于 CNC 装置的微处理器只能处理数字量，对于需要模拟量控制的地方，需要数/模(D/A)转换电路；反之将模拟量输入到 CNC 装置，需要模/数(A/D)转换电路。

4）MDI/CRT 接口 MDI 是指手动数据输入。在该方式下，可直接通过数控机床操作面板上的键盘输入单段程序，或进行各种参数的设置和修改等操作。在 CNC 装置中一般配有键盘扫描程序，当扫描到有键按下时，将数据送入移位寄存器，经数据处理判别该键的属性及其有效性，并进行相关的监控处理。CRT 接口是在 CNC 装置软件的控制下，在单色或彩色 CRT 上实现字符和图形显示，对数控代码程序，参数、各种补偿数据、零件图形和动态刀具轨迹等进行实时显示。

5）位置控制模块 位置控制模块的主要作用是对数控机床的进给运动坐标轴的位置进行控制。例如：工作台的前、后、左、右移动，主轴箱的上、下移动，绕某一直线轴的旋转运动等。进给运动坐标轴的位置是数控机床上要求最高的位置控制，其不仅对单坐标轴的运动和位置精度有严格要求；而且在多轴联动时,要求各坐标轴之间有很好的动态配合。

6) PLC　PLC 的功能是代替传统机床的继电器逻辑控制来实现各种开关量的控制。数控机床中使用的 PLC 可分为两类:一类是“内装型”PLC,它是为实现机床的顺序控制而专门设计制造的;另一类是“独立型”PLC,它是在技术规范、功能和参数上均可满足数控机床要求的独立部件。数控机床上的 PLC 多采用内装式,因此,PLC 已成为 CNC 装置的一个部件。单微处理器硬件结构的 CNC 装置具有如下特点:

(1) CNC 装置内部只有一个微处理器,存储、插补运算、输入输出控制、CRT 显示等功能都由它集中控制,分时处理。

(2) 微处理器通过总线与存储器、输入输出控制等各种接口相连,构成 CNC 装置。

(3) 结构简单,容易实现。

(4) 功能受微处理器字长、数据宽度、寻址能力和运算速度限制,可采用增加浮点协处理器、带微处理器的 PLC 和 CRT 等智能部件。

2. 多微处理机结构

多微处理机硬件结构是指系统中有两个或以上的微处理器能控制系统总线或主存储器进行工作的系统结构。各功能模块之间可采用紧耦合和松耦合方式联结。紧耦合是指两个或两个以上的 CPU 构成的各功能模块之间的相关性强,有集中的操作系统,共享资源;松耦合是指两个或两个以上的 CPU 构成的各功能模块之间的相关性弱或具有相对的独立性,有多重操作系统实现并行处理。与单微处理机硬件结构相比,由于多微处理机硬件结构具有多个微处理器并行工作,系统的运算和实时处理的能力大大增强,使系统具有良好的可靠性、适应性和扩展性,可满足机床多轴、多功能、高速、高精度的控制要求,现代 CNC 装置多采用此结构。

1) 多微处理机结构的典型结构　多微处理器结构 CNC 装置的典型结构有共享总线型、共享存储器型以及它们的混合型。

(1) 共享总线结构。该结构通过系统总线,各模块有效地连接在一起,但只有主模块有权控制系统总线,且在某一时刻只能有一个主模块占有总线,所以存在总线争用矛盾,解决方法是采用总线仲裁电路,串行总线仲裁连接方式优先权的排列按链接位置确定;并行总线仲裁连接方式则配备优先权编码器。

共享总线结构模块之间的通信,主要依靠存储器来实现,即采用公共存储器。公共存储器直接插在系统总线上,有总线使用权的主要模块都能访问,可供任意两个主模块交换信息,其结构如图 2-5 所示。

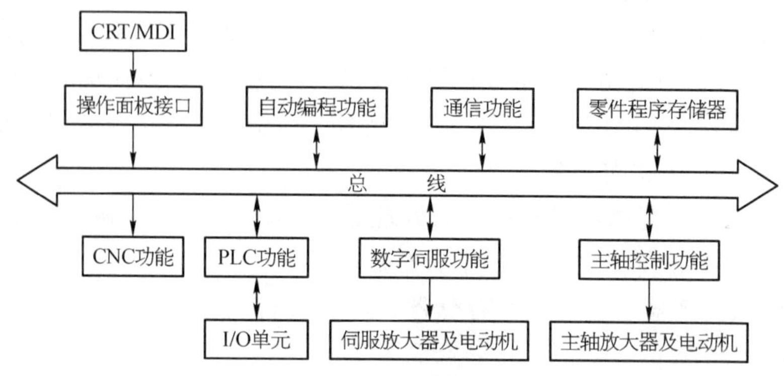

图 2-5 共享总线结构

(2) 共享存储器结构。该结构采用多端口存储器实现各微处理器间的互联和通信,每个端口都配有数据线、地址线、控制线,由多端控制逻辑电路解决访问冲突,其结构如图 2-6 所示。

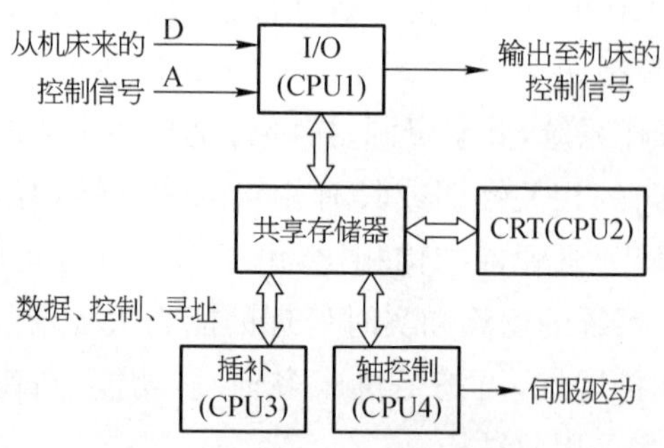

图 2-6 共享存储器结构

当数控系统功能复杂,要求 CPU 的数量增多时,会因争用存储器而造成信息传输的阻塞,降低系统的效率。

2) 多微处理机结构的基本功能模块 CNC 装置的结构设计采用模块化技术。在这种结构中将微处理机、存储器、输入输出控制分别做成硬件模块(即插件板),其相应的软件也是模块结构,固化在硬件块中。软、硬件模块形成一个特定的功能单元。这种模块化结构使设计简单,试制周期短(可以积木式组成 CNC 装置),结构紧凑,具有良好的适应性和扩展性。

(1) 管理模块。负责管理和组织整个 CNC 系统的工作,如系统的初始化、中断管理、总线仲裁、系统软硬件诊断等。

(2) 存储器模块。存储程序和数据或传送模块间数据。

(3) CNC 插补模块。进行零件程序的译码、刀补计算、坐标位移量的计算、进给速度处理等插补前的预处理,然后进行插补计算,为各个坐标轴提供位置给定量。

(4) 位置控制模块。将插补后的坐标位置给定值与检测反馈回的位置实际值进行比较并获得差值,并进行自动加减速,回基准点,监视伺服系统滞后量,补偿漂移,最后得到速度控制的模拟电压,以驱动进给电动机。

(5) 命令与数据输入输出和显示模块。主要用于零件程序、参数和数据、各种操作命令的输入输出及显示所需要的各种接口电路。

(6) PLC 模块。对零件加工程序中的 M、S、T 功能代码和由机床面板来的信号进行逻辑处理,实现各功能和操作方式之间的连锁,机床电气设备的启停、刀具交换、转台分度、工件数量和运转时间的计数等。

二、大板式结构与功能模块式结构

1. 大板式结构

大板式结构 CNC 系统的 CNC 装置由主电路板、位置控制板、PLC 板、图形控制板和电源单元等组成。主电路板是大印刷电路板,其他电路是小印刷电路板,它们插在大印刷电路板上的插槽内,共同构成 CNC 装置。图 2-7 为大板式结构示意图。

图 2-7　大板式结构示意图

2. 功能模块式结构

在采用功能模块式结构的 CNC 装置中，整个 CNC 装置按功能划分为模块，硬件和软件的设计都采用模块化设计方法，即每个功能模块被做成尺寸相同的印刷电路板（称功能模块），而相应功能模块的控制软件也模块化。这样形成一个“交钥匙”CNC 系统产品系列，用户只要按需要选用各种控制单元母板及所需功能模板，再将各功能模板插入控制单元母板的槽内，就搭成了自己需要的 CNC 系统控制装置。常见的功能模块有 CNC 控制板、位置控制板 PLC 板、图形板、通信板及主存储器模板等六种。另外，机床操作面板的按钮箱（台）也是标准化的，上面有由用户定义的按键。用户只要按产品的型号、功能把各功能模块、外设、相应的电缆（带插头）及按钮箱（机床操作面板及 MDI、CRT）购买回来，经组装连接便可，从而大大方便了用户。

三、 开放式数控系统结构

1. 标准的软件化、开放式控制器

标准的软件化、开放式控制器是真正的下一代控制器。传统的数控系统采用专用计算机系统，软硬件对用户都是封闭的，主要存在以下问题：

(1) 由于传统数控系统的封闭性，各数控系统生产厂家的产品软硬件不兼容，使得用户投资安全性受到威胁，购买成本和产品生命周期内的使用成本高。同时专用控制器的软硬件的主流技术远远地落后于 PC 的技术，系统无法“借用”日新月异的 PC 技术而升级。

(2) 系统功能固定，不能充分反映机床制造厂的生产经验，不具备某些机床或工艺特征需要的性能，用户无法对系统进行重新定义和扩展，也很难满足最终用户的特殊要求。作为机床生产厂希望生产的数控机床有自己的特色以区别于竞争对手的产品，以利于在激烈的市场竞争中占有一席之地，而传统的数控系统是做不到的。

(3) 传统数控系统缺乏统一有效和高速的通道与其他控制设备和网络设备进行互连，信息被锁在“黑匣子”中，每一台设备都成为自动化的“孤岛”，对企业的网络化和信息化发展是一个障碍。

(4) 传统数控系统人机界面不灵活，系统的培训和维护费用昂贵。许多厂家花巨资购买高档数控设备，面对几本甚至十几本沉甸甸的技术资料不知从何下手。由于缺乏使用和维护知识，购买的设备不能充分发挥其作用。一旦

出现故障,面对“黑匣子”无从下手,维修费用十分昂贵。有的设备由于不能正确使用以至于长期处于瘫痪状态,花巨资购买的设备非但不能发挥作用反而成了企业的沉重包袱。

在计算机技术飞速发展的今天,商业和办公自动化的软硬件系统开放性已经非常好,如果计算机的任何软硬件出了故障,都可以很快从市场买到它并加以解决,而这在传统封闭式数控系统中是做不到的。为克服传统数控系统的缺点,数控系统正朝着开放式数控系统的方向发展。目前其主要形式是基于 PC 的 NC,即在 PC 的总线上插上具有 NC 功能的运动控制卡完成实时性要求高的 NC 内核功能,或者利用 NC 与 PC 通信改善 PC 的界面和其他功能。这种形式的开放式数控系统在开放性、功能、购买和使用总成本以及人机界面等方面较传统数控有很大的改善。国内外现阶段开发的开放式数控系统大多是这种结构形式的。但这种 PC 化的 NC 还有专有化硬件,还不是严格意义上的开放式数控系统。

开放式数控系统是制造技术领域的革命性飞跃,其硬件、软件和总线规范都是对外开放的,由于有充足的软、硬件资源可被利用,系统软硬件可随着 PC 技术的发展而升级,不仅使数控系统制造商和用户进行的系统集成得到有力的支持,而且针对用户的二次开发也带来方便,促进了数控系统多档次、多品种的开发和广泛应用,既可通过升档或裁剪构成各种档次的数控系统,又可通过扩展构成不同类型数控机床的数控系统,开发周期大大缩短。

要实现控制系统的开放,首先得有一个大家遵循的标准。国际上一些工业化国家都开展了这一方面的研究,旨在建立一种标准规范,使得控制系统软硬件与供应商无关,并且实现可移植性、可扩展性、互操作性、统一的人机界面风格和可维护性以提升产品的柔性,降低产品成本和使用的隐性成本,缩短产品供应时间。这些计划包括:①欧共体的 ESPRIT 6379 OSACA (Open System Architecture for Control with Automation Systems)计划,开始于 1992 年,历时 6 年,有控制供应商、机床制造企业和研究机构等组成的 35 个成员。②美国空军开展了 NGC(下一代控制器)项目的研究,美国国家标准技术协会 NIST 在 NGC 的基础上进行了进一步研究工作,提出了增强型机床控制器 EMC(Enhanced Machine Controller),并建立了 Linux CNC 实验床验证其基本方案;美国三大汽车公司联合研究了 OMAC,他们联合欧洲 OSACA 组织和日本的 JOP (Japan FA Open Systems Promotion Group)建立了一套国际标准的 API,是一个比较实用且影响较广的标准。③日本联合六大公司成立了

OSEC (Open System Environment for Controller)组织,该组织讨论的重点是NC(数字控制)本身和分布式控制系统。该组织定义了开放结构和生产系统的界面规范,推进工厂自动化控制设备的国际标准。

2000 年,国家经贸委和机械工业局组织进行"新一代开放式数控系统平台"的研究开发。2001 年 6 月完成了在 OSACA 的基础上编制"开放式数控系统技术规范"并建立了开放式数控系统软、硬件平台,通过了国家级验收。此外还有一些学校、企业也在进行开放式数控系统的研究开发。

2. 开放式数控系统所具有的主要特点

(1) 软件化数控系统内核扩展了数控系统的柔性和开放性,降低了系统成本。随着计算机性能的提高和实时操作系统的应用,软件化 NC 内核将被广泛接受。它使得数控系统具有更大的柔性和开放性,方便系统的重构和扩展,降低系统的成本。数控系统的运动控制内核要求有很高的实时性(伺服更新和插补周期为几十微秒至几百微秒),其实时性实现有两种方法:硬件实时和软件实时。

在硬件实时实现上,早期 DOS 系统可直接对硬中断进行编程来实现实时性,通常采用在 PC 上插 NC I/O 卡或运动控制卡来解决。由于 DOS 是单任务操作系统,非图形界面,因此在 DOS 下开发的数控系统功能有限,界面一般,网络功能弱,有专有硬件,只能算是基于 PC 化的 NC,不能算是真正的开放式数控系统,如华中 I 型、航天 CASNUC901 系列、四开 SKY 系列等。Windows 系统推出后,由于其不是实时系统,要达到 NC 的实时性,只有采用多处理器,常见的方式是在 PC 上插一块基于 DSP 处理器的运动控制卡,NC 内核实时功能由运动控制卡实现,称为 PC 与 NC 的融合。这种方式给 NC 功能带来了较大的开放性,通过 Windows 的 GUI 可实现很好的人机界面,但是运动控制卡仍属于专有硬件,各厂家产品不兼容,不但增加了成本,而且 Windows 系统工作不稳定,不适合于工业应用(WindowsNT 工作较稳定)。目前大多宣称为开放式的数控系统就属于这一类,如功能非常强大的 MAZAK 的 Mazatrol Fusion 640、美国 A2100、Advantage 600、华中 HNC-2000 数控系统等。

在软件实时实现上,只需一个 CPU,系统简单,成本低,但必须有一个实时操作系统。实时系统根据其响应的时间可分为硬实时(hard real time,小于 100 μs),严格实时(firm real time 小于 1 ms)和软实时(soft real time,毫秒级),数控系统内核要求硬实时。现有两种方式:一种是采用单独实时操作系统如 QNX、Lynx、VxWorks 和 WindowsCE 等,这类实时操作系统比较小,对硬件的要求低，但其功能相对 Windows 等较弱。如美国 Clesmen 大学采用 QNX 研究的 Qmotor 系统。另一种是在标准的商用操作系统上加上实时内核，如 WindowsNT 加 VenturCOM 公司的 RTX 和 Linux 加 RTLinux 等。这种组合形式既满足了实时性要求，又具有商用系统的强大功能。Linux 系统具有丰富的应用软件和开发工具，便于与其他系统实现通讯和数据共享，可靠性比 Windows 系统高，Linux 系统可以三年不关机，这在工业控制中是至关重要的。目前制造系统在 Windows 下的应用软件比较多，为解决 Windows 应用软件的使用问题，可以通过网络连接前端 PC 扩展运行 Windows 应用软件，既保证了系统的可靠性又达到了已有软件资源的应用。WindowsNT＋RTX 组合的应用较成功的有美国的 OpenCNC 和德国的 PA 公司(自己开发的实时内核)，这两家公司均有产品推出，另外 SIMENS 公司的 SINUMERIK® 840Di 也是一种采用 NT 操作系统的单 CPU 的软件化数控系统。Linux 和 RTLinux 是源代码开放的免费操作系统，发展迅猛，是我国力主发展的方向。

(2) 数控系统与驱动和数字 I/O(PLC 的 I/O)连接的发展方向是现场总线。传统数控系统驱动和 PLC I/O 与控制器是直接相连的，一个伺服电动机至少有 11 根线，当轴数和 I/O 点多时，布线相当多，出于可靠性考虑，线长有限(一般 3～5 m)，扩展不易，可靠性低，维护困难，特别是采用软件化数控内核后，通常只有一个 CPU，控制器一般在操作面板端，离控制箱(放置驱动器等)不能太远，给工程实现带来困难，所以一般 PC 数控系统多采用一体化机箱，但这又不为机床厂家和用户接受。而现场总线用一根通讯线或光纤将所有的驱动和 I/O 级连起来，传送各种信号，以实现对伺服驱动的智能化控制。这种方式连线少，可靠性高，扩展方便，易维护，易于实现重配置，是数控系统的发展方向。现在数控系统中采用的现场总线标准有 PROFIBUS(传输速率 12 Mbit/s)，如 Siemens 802D 等；光纤现场总线 SERCOS(最高为 16 Mbit/s，但目前大多系统为 4 Mbit/s)，如 Indramat System 2000 和北京机电院的 CH－2010/S，北京和利时公司也研究了 SERCOS 接口的演示系统；CAN 现场总线，如华中数控和南京四开的系统等，但目前基于 SERCOS 和 PROFIBUS 的数控系统都比较贵。而 CAN 总线传输速率慢，最大传输速率为 1 Mbit/s 时，传输距离为 40 m。

(3) 网络化是基于网络技术的 E-Manufacturing 对数控系统的必然要求。传统数控系统缺乏统一、有效和高速的通道与其他控制设备和网络设备进行互连，信息被锁在“黑匣子”中，每一台设备都成为自动化的“孤岛”，对企业的网络化和信息化发展是一个障碍。CNC 机床作为制造自动化的底层基础设备,应该能够双向高速地传送信息,实现加工信息的共享、远程监控、远程诊断和网络制造,基于标准 PC 的开放式数控系统可利用以太网技术实现强大的网络功能,实现控制网络与数据网络的融合,实现网络化生产信息和管理信息的集成以及加工过程监控,远程制造、系统的远程诊断和升级;在网络协议方面,制造自动化协议 MAP (manufacturing automation protocol)由于其标准包含内容太广泛,应用层未定义,难以开发硬件和软件,每个站需有专门的 MAP 硬件,价格昂贵,缺乏广泛的支持而逐渐淡出市场。现在广为大家接受的是采用 TCP/IP 的 Internet 协议,美国 HAAS 公司的 Creative Control Group 将这一以太网的数控网络称为 DCN (direct CNC networking)。数控系统网络功能方面,日本的 MAZAKA 公司的 Mazatrol Fusion 640 系统有很强的网络功能,可实现远程数据传输、管理和设备故障诊断等。

四、 基于 LINUX 的开放式结构

1. 系统组成

该系统是一个基于标准 PC 硬件平台和 Linux 与 RTLinux 结合的软件平台之上,设备驱动层采用现场总线互连、采用与外部网络或 Intranet 以太网连接,形成一个可重构配置的纯软件化结合多媒体和网络技术的高档开放式结构数控系统平台。

该平台数控系统运行于设有运动控制卡的标准 PC 硬件平台上,软件平台采用 Linux 和 RTLinux 结合,一些时间性要求严的任务,如运动规划、加减速控制、插补、现场总线通讯、PLC 等,由 RTLinux 实现,而其他一些时间性不强的任务在 Linux 中实现,如图 2-8 所示。

基于标准 PC 的控制器与驱动设备和外围 I/O 的连接采用磁隔离的高速 RS422 标准现场总线,该总线每通道的通讯速率为 12 Mbit/s 时,采用普通双绞线通讯距离可达 100 m。主机端为 PCI 总线卡,有四个通道(实际现只用两个通道——一个通道连接机床操作面板,另一通道连接设备及 I/O),设备端接口通过 DSP 芯片转换成标准的电动机控制信号。每个通道的控制节点可达 32 个,每个节点可控制 1 根轴(通过通讯协议中的广播同步信号使各轴间实现同步联动)或一组模拟接口(测量接口,系统监控传感器接口等)或一组 PLC I/O (最多可达 256 点),PLC 的总点数可达 2 048 点(可参见图 2-9 现场总线网络拓扑结构)。

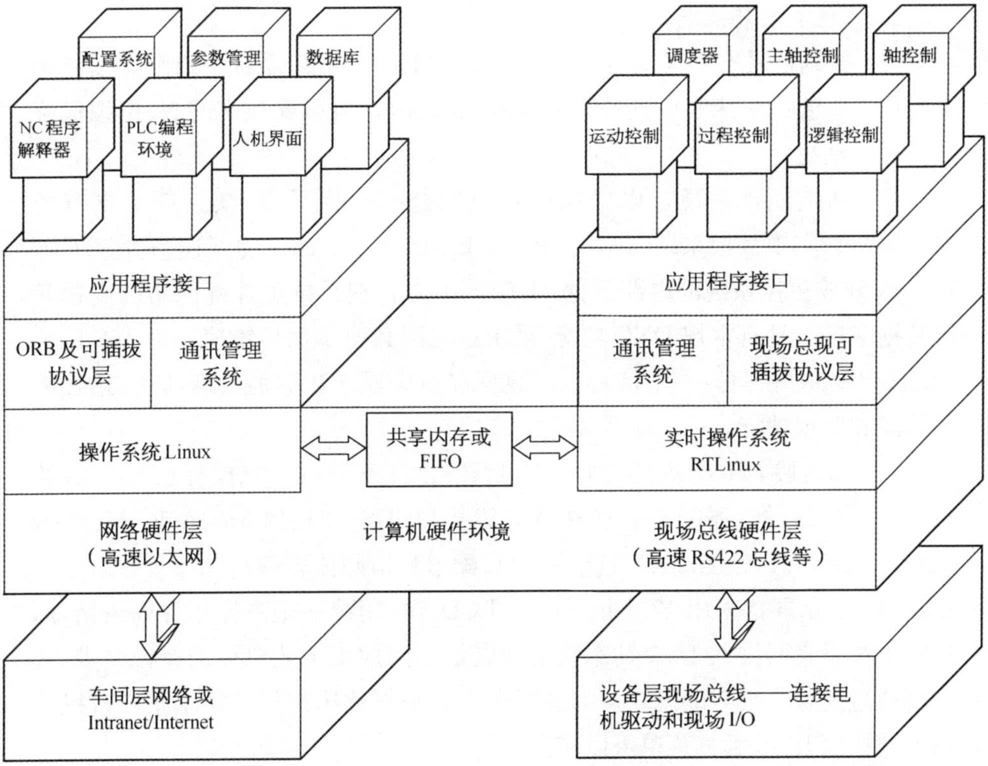

配置系统 参数管理 数据库
NC程序解释器 PLC编程环境 人机界面
应用程序接口
ORB及可插拔协议层 通讯管理系统
操作系统Linux
网络硬件层（高速以太网）
车间层网络或Intranet/Internet
调度器 主轴控制 轴控制
运动控制 过程控制 逻辑控制
应用程序接口
通讯管理系统 现场总现可插拔协议层
实时操作系统RTLinux
现场总线硬件层（高速RS422总线等）
设备层现场总线——连接电机驱动和现场I/O
共享内存或FIFO
计算机硬件环境

图 2-8　软件化数控系统结构框图

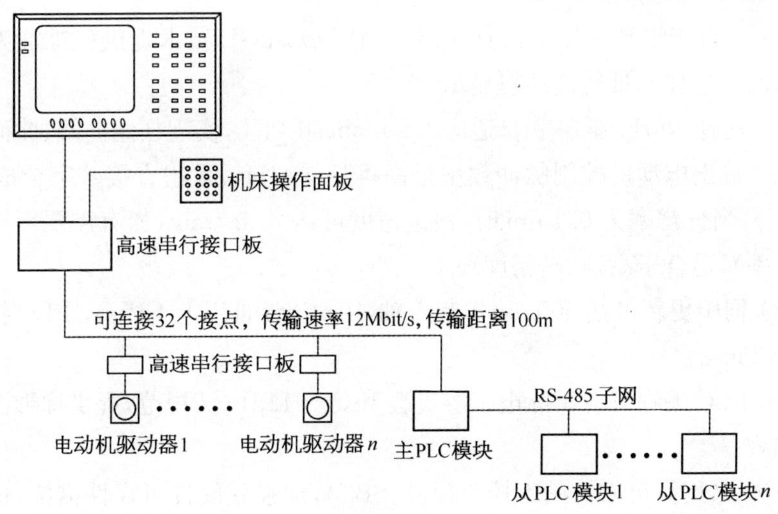

图 2-9　设备现场总线网络拓扑结构图

2. 系统主要特点

(1) 控制器具有动态地自动识别系统接口卡的功能，系统可重配置以满足不同加工工艺的机床和设备的数控要求，驱动电动机可配数字伺服、模拟伺服和步进电动机。

(2) 网络功能。通过以太网（不用过时的、价格昂贵、缺乏广泛支持的MAP协议）实现数控系统与车间网络或Intranet/Internet的互连，利用TCP/IP协议开放数控系统的内部数据，实现与生产管理系统和外部网络的高速双向数据交流。具有常规DNC功能（采用百兆网其速率比传统速率为112 K的232接口DNC快将近一千倍）、生产数据和机床操作数据的管理功能、远程故障诊断和监视功能。

(3) 系统除具有标准的并口、串口（RS232）、PS2（键盘、鼠标口）、USB接口、以太网接口外，还配有高速现场总线接口（RS422）、PCMCIA IC Memory Card (Flash ATA)接口、红外无线接口（配刀具检测传感器）。

(4) 显示屏幕采用12.1 in TFT－LCD。采用统一用户操作界面风格，通过水平和垂直两排共18个动态软按键满足不同加工工艺机床的操作要求，用户可通过配置工具对动态软按键进行定义。垂直软按键可根据水平软按键的功能选择而改变，垂直菜单可以多页。

(5) 将多媒体技术应用于机床的操作、使用、培训和故障诊断，提高机床的易用性和可维性，降低使用成本。多媒体技术提供使用操作帮助、在线教程、故障和机床维护向导。

(6) 具有三维动态加工仿真功能。利用OpenGL技术提供三维加工仿真功能和加工过程刀具轨迹动态显示。

(7) 具有Nurbs插补和自适应Look ahead功能，实现任意曲线、曲面的高速插补。输出电动机控制脉冲频率最高可达4 MHz（采用直接数字合成DDS IC实现），当分辨率为0.1 μm时，快进速度可达24 m/min（如有需要可输出更高的频率），适合于高速、高精度加工。

(8) 伺服更新可达500 μs（控制六轴，Pentium Ⅲ以上CPU），PLC扫描时间小于2 ms。

(9) PLC编程符合国际电工委员会IEC－61131－3规范，提供梯形图和语句表编程。

(10) 采用高可靠性的工控单板机（SBC），加强软硬件可靠性措施，保证数控系统的平均无故障时间（MTBF）达到20 000 h。

(11) 符合欧洲电磁兼容标准(Directive 89/336/EEC)4 级要求。

(12) 数控系统本身的价格(不包括伺服驱动和电动机)可为现有同功能的普及型和高档数控系统的 1/2。

第三节　计算机数控系统的软件结构

CNC 系统的软件是为完成 CNC 系统的各项功能而专门设计和编制的,是数控加工系统的一种专用软件,又称为系统软件(系统程序)。CNC 系统软件的管理作用类似于计算机的操作系统的功能。不同的 CNC 装置,其功能和控制方案也不同,因而各系统软件在结构上和规模上差别较大,各厂家的软件互不兼容。现代数控机床的功能大多采用软件来实现,所以系统软件的设计及功能是 CNC 系统的关键。

数控系统是按照事先编制好的控制程序来实现各种控制的,而控制程序是根据用户对数控系统所提出的各种要求进行设计的。在设计系统软件之前必须细致地分析被控制对象的特点和对控制功能的要求,决定采用哪一种计算方法。在确定好控制方式、计算方法和控制顺序后,将其处理顺序用框图描述出来,使系统设计者对所设计的系统有一个明确而又清晰的轮廓。

一、　CNC 装置软硬件的界面

在 CNC 系统中,软件和硬件在逻辑上是等价的,即由硬件完成的工作原则上也可以由软件来完成。但是它们各有特点:硬件处理速度快,造价相对较高,适应性差;软件设计灵活、适应性强,但是处理速度慢。因此,CNC 系统中软、硬件的分配比例是由性能价格比决定的。这也在很大程度上涉及到软、硬件的发展水平。一般说来,软件结构首先要受到硬件的限制,软件结构也有独立性。对于相同的硬件结构,可以配备不同的软件结构。实际上,现代 CNC 系统中软、硬件界面并不是固定不变的,而是随着软、硬件的水平和成本以及 CNC 系统所具有的性能不同而发生变化。图 2-10 给出了不同时期和不同产品中的三种典型的 CNC 系统软、硬件界面。

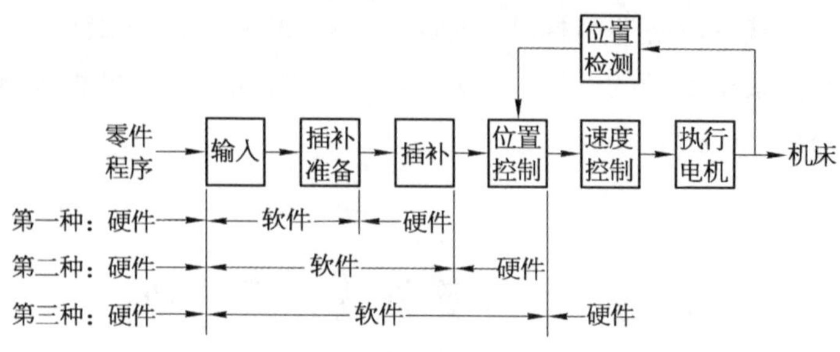

图 2-10 CNC 系统中三种典型的软硬件界面

二、 CNC 系统控制软件的结构特点

1. CNC 系统的多任务性

CNC 系统作为一个独立的过程数字控制器应用于工业自动化生产中，其多任务性表现在它的管理软件必须完成管理和控制两大任务。其中系统管理包括输入、I/O 处理、通讯、显示、诊断以及加工程序的编制管理等程序。系统的控制部分包括：译码、刀具补偿、速度处理、插补和位置控制等软件。CNC 任务分解如图 2-11 所示。

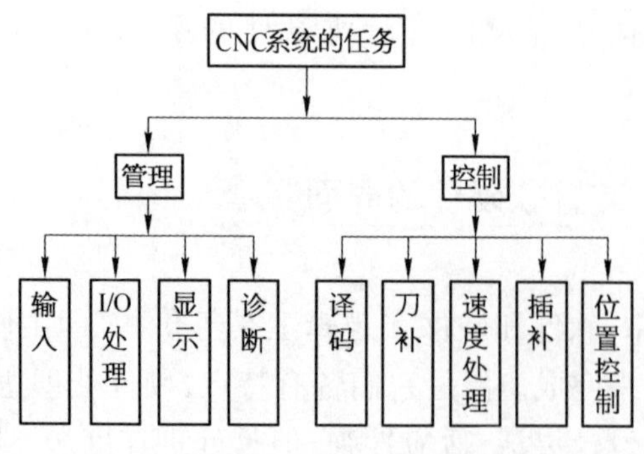

图 2-11 CNC 任务分解

同时，CNC 系统的这些任务必须协调工作。也就是在许多情况下，管理和控制的某些工作必须同时进行。例如，为了便于操作人员能及时掌握 CNC 的工作状态，管理软件中的显示模块必须与控制模块同时运行；当 CNC 处于 NC 工作方式时，管理软件中的零件程序输入模块必须与控制软件同时运行。而控制软件运行时，其中一些处理模块也必须同时进行。如为了保证加工过程

的连续性，即刀具在各程序段间不停刀，译码、刀补和速度处理模块必须与插补模块同时运行，而插补又要与位置控制必须同时进行等，这种任务并行处理关系如图 2-12 所示。

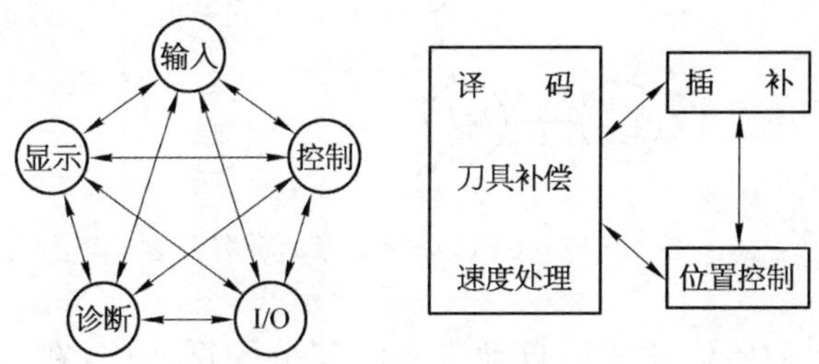

图 2-12 CNC 的任务并行处理关系需求

事实上，CNC 系统是一个专用的实时多任务计算机系统，其软件必然会融合现代计算机软件技术中的许多先进技术，其中最突出的是多任务并行处理和多重实时中断技术。

2. 并行处理

并行处理是指计算机在同一时刻或同一时间间隔内完成两种或两种以上性质相同或不相同的工作。并行处理的优点是提高了运行速度。

并行处理分为资源重复法、时间重叠法和资源共享法等并行处理方法。

资源重复是用多套相同或不同的设备同时完成多种相同或不同的任务，如在 CNC 系统硬件设计中采用多 CPU 的系统体系结构来提高处理速度。

资源共享是根据“分时共享”的原则，使多个用户按照时间顺序使用同一套设备。

时间重叠是根据流水线处理技术，使多个处理过程在时间上相互错开，轮流使用同一套设备的几个部分。

目前在 CNC 装置的硬件结构中，广泛采用资源重复的并行处理技术，如采用多 CPU 的体系结构来提高系统的速度。而在 CNC 装置的软件中，主要采用资源分时共享和资源重叠的流水处理方法。

(1) 资源分时共享并行处理方法。在单 CPU 的 CNC 装置中，要采用 CPU 分时共享的原则来解决多任务的同时运行。各个任务何时占用 CPU 及各个任务占用 CPU 时间的长短，是首先要解决的两个时间分配的问题。在 CNC 装置中，各任务占用 CPU 是用循环轮流和中断优先相结合的办法来解决。图 2-13 所示为一个典型的 CNC 装置各任务分时共享 CPU 的时间分配。

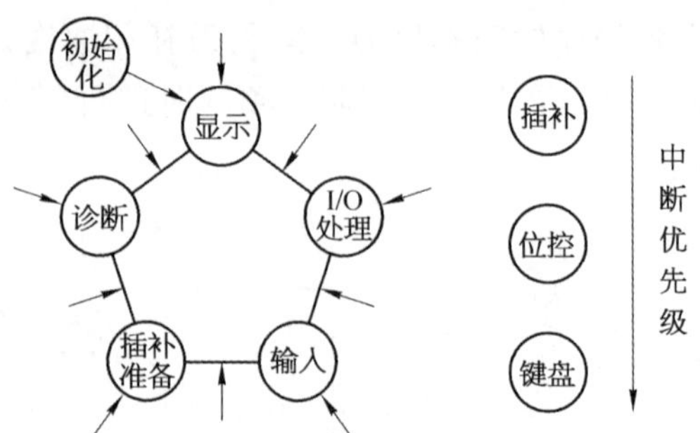

图 2-13 CPU 分时共享的并行处理

系统在完成初始化任务后自动进入时间分配循环中，在循环中依次轮流处理各任务。而对于系统中一些实时性很强的任务则按优先级排队，分别处于不同的中断优先级上作为环外任务，环外任务可以随时中断环内各任务的执行。每个任务允许占有 CPU 的时间受到一定的限制，对于某些占有 CPU 时间较多的任务，如插补准备（包括译码、刀具半径补偿和速度处理等），可以在其中的某些地方设置断点，当程序运行到断点处时，自动让出 CPU，等到下一个运行时间内自动跳到断点处继续运行。

（2）资源重叠流水并行处理方法。当 CNC 装置在自动加工工作方式时，其数据的转换过程将由零件程序输入、插补准备、插补、位置控制四个子过程组成。如果每个子过程的处理时间分别为 Δt_1、Δt_2、Δt_3、Δt_4，那么一个零件程序段的数据转换时间将是 $t=\Delta t_1+\Delta t_2+\Delta t_3+\Delta t_4$。如果以顺序方式处理每个零件的程序段，则第一个零件程序段处理完以后再处理第二个程序段，依次类推。图 2-14a 表示了这种顺序处理时的时间空间关系。从图中可以看出，两个程序段的输出之间将有一个时间为 t 的间隔。这种时间间隔反映在电动机上就是电动机的时停时转，反映在刀具上就是刀具的时走时停，这种情况在加工工艺上是不允许的。消除这种间隔的方法是用时间重叠流水并行处理技术。采用流水并行处理后的时间空间关系如图 2-14b 所示。

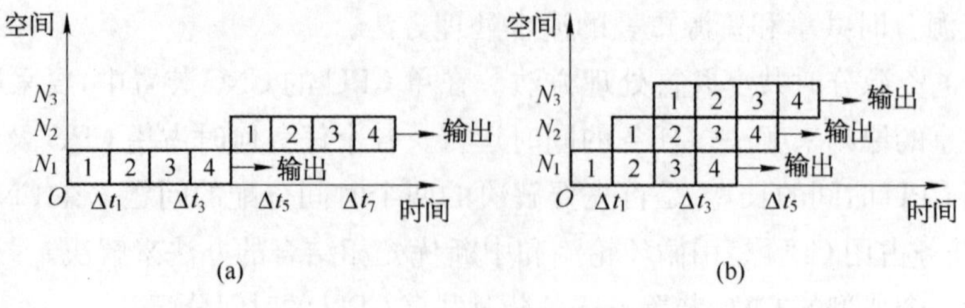

图 2-14 时间重叠流水并行处理

流水处理的关键是时间重叠，即在一段时间间隔内不是处理一个子过程，而是处理两个或更多的子过程。从图中可以看出，经过流水处理以后，从时间 Δt_4 开始，每个程序段的输出之间不再有间隔，从而保证了刀具移动的连续性。流水处理要求处理每个子过程的运算时间相等，然而 CNC 装置中每个子过程所需的处理时间都是不同的，解决的方法是取最长的子过程处理时间为流水处理时间间隔。这样在处理时间间隔较短的子过程时，当处理完后就进入等待状态。

在单 CPU 的 CNC 装置中，流水处理的时间重叠只有宏观上的意义。即在一段时间内，CPU 处理多个子过程。但从微观上看，每个子过程是分时占用 CPU 时间。

3. 实时中断处理

CNC 系统软件结构的另一个特点是实时中断处理。CNC 系统程序以零件加工为对象，每个程序段中有许多子程序，它们按照预定的顺序反复执行，各个步骤间关系十分密切，有许多子程序的实时性很强，这就决定了中断成为整个系统不可缺少的重要组成部分。CNC 系统的中断管理主要由硬件完成，而系统的中断结构决定了软件结构。

CNC 的中断类型如下：

(1) 外部中断。主要有纸带光电阅读机中断、外部监控中断(如紧急停、量仪到位等)和键盘操作面板输入中断。前两种中断的实时性要求很高，将它们放在较高的优先级上，而键盘和操作面板的输入中断则放在较低的中断优先级上。在有些系统中，甚至用查询的方式来处理它。

(2) 内部定时中断。主要有插补周期定时中断和位置采样定时中断。在有些系统中将两种定时中断合二为一。但是在处理时，总是先处理位置控制，然后处理插补运算。

(3) 硬件故障中断。它是各种硬件故障检测装置发出的中断，如存储器出错、定时器出错、插补运算超时等。

(4) 程序性中断。它是程序中出现的异常情况的报警中断，如各种溢出，除零等。

三、 常规 CNC 系统的软件结构

CNC 系统的软件结构决定于系统采用的中断结构。在常规的 CNC 系统中，已有的结构模式有中断型和前后台型两种结构模式。

1. 中断型结构模式

中断型软件结构的特点是除了初始化程序之外，整个系统软件的各种功能模块分别安排在不同级别的中断服务程序中，整个软件就是一个大的中断系统。其管理的功能主要通过各级中断服务程序之间的相互通讯来解决。

一般在中断型结构模式的 CNC 软件体系中，控制 CRT 显示的模块为低级中断(0 级中断)，只要系统中没有其他中断级别请求，总是执行 0 级中断，即系统进行 CRT 显示。其他程序模块，如译码处理、刀具中心轨迹计算、键盘控制、I/O 信号处理、插补运算、终点判别、伺服系统位置控制等，分别具有不同的中断优先级别。开机后，系统程序首先进入初始化程序，进行初始化状态的设置、ROM 检查等工作。初始化后，系统转入 0 级中断 CRT 显示处理。此后系统就进入各种中断的处理，整个系统的管理是通过每个中断服务程序之间的通信方式来实现的。

例如，FANUC－BESK 7CM CNC 系统是一个典型的中断型软件结构。整个系统的各个功能模块被分为八级不同优先级的中断服务程序，见表 2－1。其中伺服系统位置控制被安排成很高的级别，因为机床的刀具运动实时性很强。CRT 显示被安排的级别最低，即 0 级，其中断请求是通过硬件接线始终保持存在。只要 0 级以上的中断服务程序均未发生的情况下，就进行 CRT 显示。

表 2－1　FANUC－BESK 7CM CNC 系统的各级中断功能

中断级别	主 要 功 能	中断源
0	控制 CRT 显示	硬件
1	译码、刀具中心轨迹计算、显示器控制	软件，16 ms 定时
2	键盘监控、I/O 信号处理、穿孔机控制	软件，16 ms 定时
3	操作面板和电传机处理	硬件
4	插补运算、终点判别和转段处理	软件，8 ms 定时
5	纸带阅读机读纸带处理	硬件
6	伺服系统位置控制处理	4 ms 实时钟
7	系统测试	硬件

1 级中断相当于后台程序的功能，进行插补前的准备工作。1 级中断有 13 种功能，对应着口状态字中的 13 个位，每位对应于一个处理任务。在进入 1 级中断服务时，先依次查询口状态字的 0～12 位的状态，再转入相应的中断服务(表 2－2)。

表 2-2　FANUC-BESK 7CM CNC 系统 1 级中断的 13 种功能

口状态字	对应口的功能	口状态字	对应口的功能
0	显示处理	7	按“启动”按钮时，要读一段程序到 BS 区的预处理
1	公英制转换	8	连续加工时，要读一段程序到 BS 区的预处理
2	部分初始化	9	纸带阅读机反绕或存储器指针返回首址的处理
3	从存储区(MP、PC 或 SP 区)读一段数控程序到 BS 区	A	启动纸带阅读机使纸带正常进给一步
4	轮廓轨迹转换成刀具中心轨迹	B	置 M、S、T 指令标志及 G96 速度换算
5	“再启动”处理	C	置纸带反绕标志
6	“再启动”开关无效时，刀具回到断点“启动”处理		

其处理过程如图 2-15 所示。口状态字的置位有两种情况：一是由其他中断根据需要置 1 级中断请求的同时置相应的口状态字；二是在执行 1 级中断的某个口子处理时，置口状态字的另一位。当某一口的处理结束后，程序将口状态字的对应位清除。

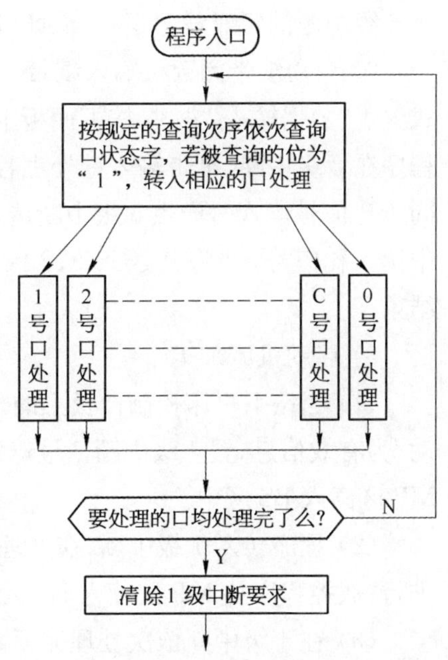

图 2-15　1 级中断各口处理转换框图

2 级中断服务程序的主要工作是对数控面板上的各种工作方式和 I/O 信号处理。

3 级中断则是对用户选用的外部操作面板和电传机的处理。

4 级中断最主要的功能是完成插补运算。7CM 系统中采用了“时间分割法”(数据采样法)插补。此方法经过 CNC 插补计算输出的是一个插补周期 t(8 ms)的 F 指令值，这是一个粗插补进给量，而精插补进给量则是由伺服系统的硬件与软件来完成的。一次插补处理分为速度计算、插补计算、终点判别和进给量变换四个阶段。

5 级中断服务程序主要对纸带阅读机读入的孔信号进行处理。这种处理基本上可以分为输入代码的有效性判别、代码处理和结束处理三个阶段。

6 级中断主要完成位置控制、4 ms 定时计时和存储器奇偶校验工作。

7 级中断实际上是工程师的系统调试工作,非使用机床的正式工作。

中断请求的发生,除了第 6 级中断是由 4 ms 时钟发生之外,其余的中断均靠别的中断设置,即依靠各中断程序之间的相互通信来解决。例如第 6 级中断程序中每两次设置一次第 4 级中断请求(8 ms);每四次设置一次第 1、2 级中断请求。插补的第 4 级中断在插补完一个程序段后,要从缓冲器中取出一段并作刀具半径补偿,这时就置第 1 级中断请求,并把 4 号口置 1。

下面介绍 FANUC－BESK 7CM 中断型 CNC 系统的工作过程及其各中断程序之间的相互关联。

1) 开机　开机后,系统程序首先进入初始化程序,进行初始化状态的设置,ROM 检查工作。初始化结束后,系统转入 0 级中断服务程序,进行 CRT 显示处理。每 4 ms 的间隔,进入 6 级中断。由于 1 级、2 级和 4 级中断请求均按 6 级中断的定时设置运行,从此以后系统就进入轮流对这几种中断的处理。

2) 启动纸带阅读机输入纸带　做好纸带阅读机的准备工作后,将操作方式置于"数据输入"方式,按下面板上的主程序 MP 键。按下纸带输入键,控制程序在 2 级中断"纸带输入键处理程序"中启动一次纸带阅读机。当纸带上的同步孔信号读入时产生 5 级中断请求。系统响应 5 级中断处理,从输入存储器中读入孔信号,并将其送入 MP 区,然后再启动一次纸带阅读机,直到纸带结束。

3) 启动机床加工

(1) 当按下机床控制面板上的"启动"按钮后,在 2 级中断中,判定"机床启动"为有效信息,置 1 级中断 7 号口状态,表示启动按钮后要求将一个程序段从 MP 区读入 BS 区中。

(2) 程序转入 1 级中断,在处理到 7 号口状态时,置 3 号口状态,表示允许进行"数控程序从 MP 区读入 BS 区"的操作。

(3) 在 1 级中断依次处理完后返回 3 号口处理,把一数控程序段读入 BS 区,同时置已有新加工程序段读入 BS 区标志。

(4) 程序进入 4 级中断,根据"已有新加工程序段读入 BS 区"的标志,置

“允许将 BS 内容读入 AS”的标志，同时置 1 级中断 4 号口状态。

(5) 程序再转入 1 级中断，在 4 号口处理中，把 BS 内容读入 AS 区中，并进行插补轨迹计算，计算后置相应的标志。

(6) 程序再进入 4 级中断处理，进行其插补预处理，处理结束后置“允许插补开始”标志。同时由于 BS 内容已读入 AS，因此置 1 级中断的 8 号口，表示要求从 MP 区读一段新程序段到 BS 区。此后转入速度计算→插补计算→进给量处理，完成第一次插补工作。

(7) 程序进入 6 级中断，把 4 级中断送出的插补进给量分两次进给。

(8) 再进入 1 级中断，8 号口处理中允许再读入一段，置 3 号口。再 3 号口处理中把新程序段从 MP 区读入 BS 区。

(9) 反复进行 4 级、6 级、1 级等中断处理，机床在系统的插补计算中不断进给，显示器不断显示出新的加工位置值。整个加工过程就是由以上各级中断进行若干次处理完成的。由此可见，整个系统的管理采用了中断程序间的各种通信方式实现的。其中包括：

① 设置软件中断。第 1、2、4 级中断由软件定时实现，第 6 级中断由时钟定时发生，每 4 ms 中断一次。这样每发生两次 6 级中断，设置一次 4 级中断请求，每发生四次 6 级中断，设置一次 1、2 级中断请求。将 1、2、4、6 级中断联系起来。

② 每个中断服务程序自身的联接是依靠每个中断服务程序的“口状态字”位。如 1 级中断分成 13 个口，每个口对应“口状态字”的一位，每一位对应处理一个任务。进行 1 级中断的某口的处理时可以设置“口状态字”的其他位的请求，以便处理完某口的操作时立即转入到其他口的处理。

③ 设置标志。标志是各个程序之间通信的有效手段。如 4 级中断每 8 ms 中断一次，完成插补预处理功能。而译码、刀具半径补偿等在 1 级中断中进行。当完成了其任务后应立刻设置相应的标志，若未设置相应的标志，CNC 会跳过该中断服务程序继续往下进行。

2. 前后台型结构模式

该结构模式的 CNC 系统的软件分为前台程序和后台程序。前台程序是指实时中断服务程序，实现插补、伺服、机床监控等实时功能。这些功能与机床的动作直接相关。后台程序是一个循环运行程序，完成管理功能和输入、译码、数据处理等非实时性任务，也叫背景程序，管理软件和插补准备在这里完成。后台程序运行中，实时中断程序不断插入，与后台程序相配合，共同完成

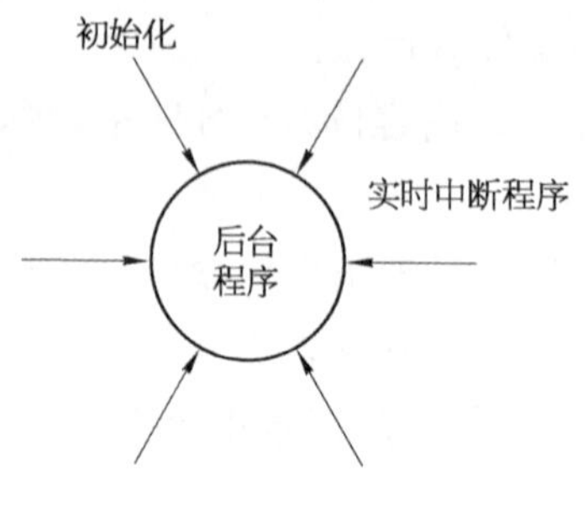

图 2-16　前后台软件结构

零件加工任务。图 2-16 所示为前后台软件结构中,实时中断程序与后台程序的关系图。这种前后台型的软件结构一般适合单处理器集中式控制,对 CPU 的性能要求较高。程序启动后先进行初始化,再进入后台程序环,同时开放实时中断程序,每隔一定的时间中断发生一次,执行一次中断服务程序,此时后台程序停止运行,实时中断程序执行后,再返回后台程序。

美国 A-B7360 CNC 软件是一种典型的前后台型软件,其结构框图如图 2-17 所示。该图的右侧是实时中断程序处理的任务,主要的可屏蔽中断有 10.24 ms 实时时钟中断、阅读机中断和键盘中断。其中阅读机中断优先级最高,10.24 ms 实时时钟中断优先级次之,键盘中断优先级最低。阅读机中断仅在输入零件程序时启动了阅读机后才发生,键盘中断也仅在键盘方式下发生,而 10.24 ms 中断总是定时发生的。左侧则是背景程序处理的任务。背景程序是一个循环执行的主程序,而实时中断程序按其优先级随时插入背景程序中。

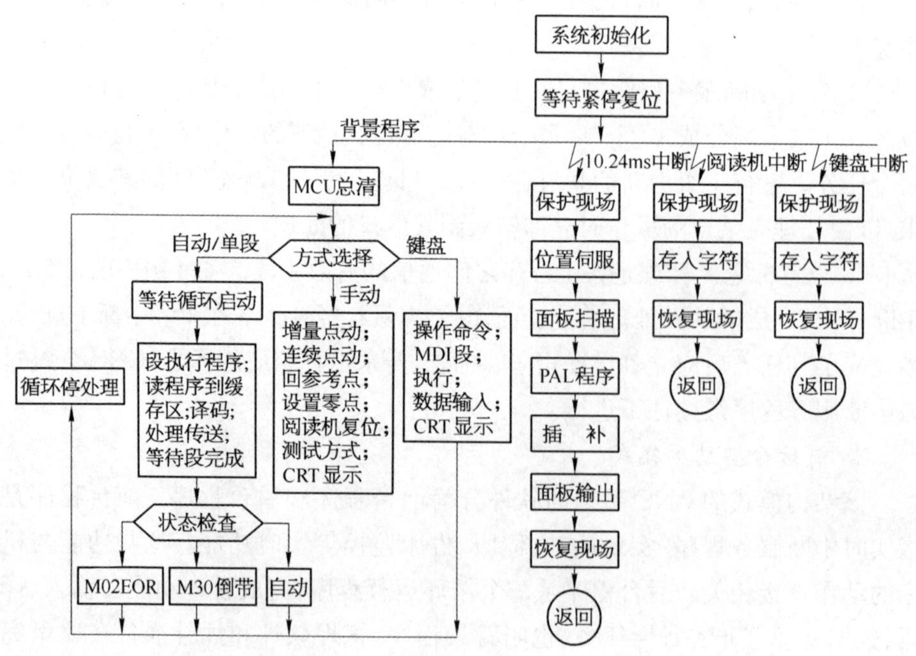

图 2-17　A-B7360 CNC 软件总框图

当 A－B7360 CNC 控制系统接通电源或复位后，首先运行初始化程序，然后，设置系统有关的局部标志和全局性标志；设置机床参数；预清机床逻辑 I/O 信号在 RAM 中的映象区；设置中断向量；并开放 10.24 ms 实时时钟中断，最后进入紧停状态。此时，机床的主轴和坐标轴伺服系统的强电是断开的，程序处于对“紧停复位”的等待循环中。由于 10.24 ms 时钟中断定时发生，控制面板上的开关状态可随时被扫描，并设置了相应的标志，以供主程序使用。一旦操作者按了“紧停复位”按钮，接通机床强电时，程序下行，背景程序启动。首先进入 MCU 总清(即清除零件程序缓冲区、键盘 MDI 缓冲区、暂存区、插补参数区等)，并使系统进入约定的初始控制状态(如 G01、G90 等)，接着根据面板上的方式进行选择，进入相应的方式服务环中。各服务环的出口又循环到方式选择例程，一旦 10.24 ms 时钟中断程序扫描到面板上的方式开关状态发生了变化，背景程序便转到新的方式服务环中。无论背景程序处于何种方式服务中，10.24 ms 的时钟中断总是定时发生的。

在背景程序中，自动/单段是数控加工中的最主要的工作方式，在这种工作方式下的核心任务是进行一个程序段的数据预处理，即插补预处理。即一个数据段经过输入译码、数据处理后，就进入就绪状态，等待插补运行。所以图 2－17 中段执行程序的功能是将数据处理结果中的插补用信息传送到插补缓冲器，并把系统工作寄存器中的辅助信息(S、M、T 代码)送到系统标志单元，以供系统全局使用。在完成了这两种传送之后，背景程序设立一个数据段传送结束标志及一个开放插补标志。在这两个标志建立之前，定时中断程序尽管照常发生，但是不执行插补及辅助信息处理等工作，仅执行一些例行的扫描、监控等功能。这两个标志的设置体现了背景程序对实时中断程序的控制和管理。这两个标志建立后，实时中断程序即开始执行插补、伺服输出、辅助功能处理，同时，背景程序开始输入下一程序段，并进行新一个数据段的预处理。在这里，系统设计者必须保证在任何情况下，在执行当前一个数据段的实时插补运行过程中必须将下一个数据段的预处理工作结束，以实现加工过程的连续性。这样，在同一时间段内，中断程序正在进行本段的插补和伺服输出，而背景程序正在进行下一段的数据处理。

一般情况下，下一段的数据处理及其结果传送比本段插补运行的时间短，因此，在数据段执行程序中有一个等待插补完成的循环，在等待过程中不断进行 CRT 显示。由于在自动/单段工作方式中，有段后停的要求，所以在软件中设置循环停请求。若整个零件程序结束，一般情况下要停机。若仅仅本段插补加工结束而整个零件程序未结束，则又开始新的循环。循环停处理程序是处理各种停止状态的，例如在单段工作方式时，每执行完一个程序段时就设立循环停状态，等待操作人员按循环启动按钮。如果系统一直处于正常的加工状态，则跳过该处理程序。

关于中断程序，除了阅读机和键盘中断是在其特定的工作情况下发生外，主要是 10.24 ms 的定时中断。该时间是 A－B7360 CNC 的实际位置采样周期，也就是采用数据采样插补方法（时间分割法）的插补周期。该实时时钟中断服务程序是系统的核心。CNC 的实时控制任务包括位置伺服、面板扫描、机床逻辑（可编程应用逻辑 PAL 程序）、实时诊断和轮廓插补等，都通过该程序实现。

第四节 运动轨迹插补原理

一、 运动轨迹插补的概念

在数控机床中，刀具的最小移动单位是一个脉冲当量，因此刀具的运动轨迹为折线，并不是光滑的曲线。刀具不能严格地沿着所加工的曲线运动，只能用折线轨迹逼近所加工的曲线。在数控加工中，根据给定的信息进行某种预定的数学计算，不断向各个坐标轴发出相互协调的进给脉冲或数据，使被控机械部件按指定路线移动（即产生 2 个坐标轴以上的配合运动），这就是插补。换言之，插补就是沿着规定的轮廓，在轮廓的起点和终点之间按一定算法进行数据点的密化，给出相应轴的位移量或用脉冲把起点和终点间的空白填补（逼近误差要小于 1 个脉冲当量）。一般数控机床都具备直线和圆弧插补功能。

二、 运动轨迹插补的方法

1. 脉冲增量法（reference pulse，标准脉冲插补）——行程标量插补

把每次插补运算产生的指令脉冲输出到步进电动机等伺服机构，并且每次产生一个单位的行程增量，这就是脉冲增量插补，如逐点比较法、DDA 法及一些相应的改进算法等都属此类。这类插补法比较简单，仅需几次加法和移

位操作就可完成，用硬件和软件模拟都可实现。进给速度指标和精度指标都难以满足现在零件加工的要求，因此，这种插补法只适用于中等精度和中等速度的机床CNC系统，主要用于早期的采用步进电动机驱动的数控系统，现在的数控系统已很少采用这类算法了。

2. 数据采样法(sampled data)——时间标量插补

在这种方法中，整个控制系统通过计算机而形成闭环，输出的不是单个脉冲，而是数据，即标准二进制字。数据采样插补算法中较常见的有时间分割法插补，也就是根据编程进给速度将零件轮廓曲线按插补周期分割为一系列微小直线段，然后将这些微小直线段对应的位置增量数据进行输出，用以控制伺服系统实现坐标轴的进给。这类插补算法适用于以直流或交流伺服电动机作为执行元件的闭环或半闭环数控系统。

三、　逐点比较法

1. 逐点比较法的原理

逐点比较法的原理是以区域判别为特征，每走一步都要将加工点的瞬时坐标与规定的图形轨迹相比较，判断其偏差，然后决定下一步的走向。如果加工点走到图形外面，那么下一步就要向图形里面走；如果加工点在图形里面，则下一步就要向图形外面走，以缩小偏差。每次只进行一个坐标轴的插补进给。通过这种方法能得到一个接近规定图形的轨迹，而最大偏差不超过一个脉冲当量。在逐点比较法中，每进给一步都要4个节拍，如图2-18所示。

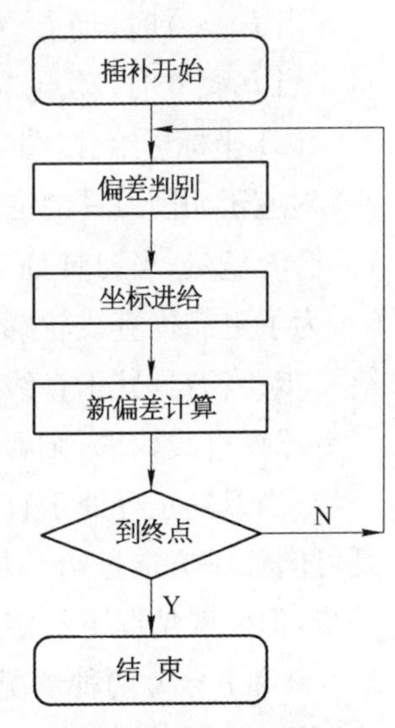

图2-18　逐点比较法流程图

(1) 偏差判别：判别偏差符号，确定加工点是在规定图形的外面还是里面。

(2) 坐标进给：根据偏差情况，控制 x 坐标或 y 坐标进给一步，使加工点向规定图形靠拢，缩小偏差。

(3) 新偏差计算：进给一步后，计算加工点与规定图形的新偏差，作为下一步偏差判别的依据。

(4) 终点判别：根据这一步的进给结果，判定(比较)终点是否到达。如未到达终点，继续插补工作循环,如果已到终点就停止插补。

2. 逐点比较法象限Ⅰ直线插补

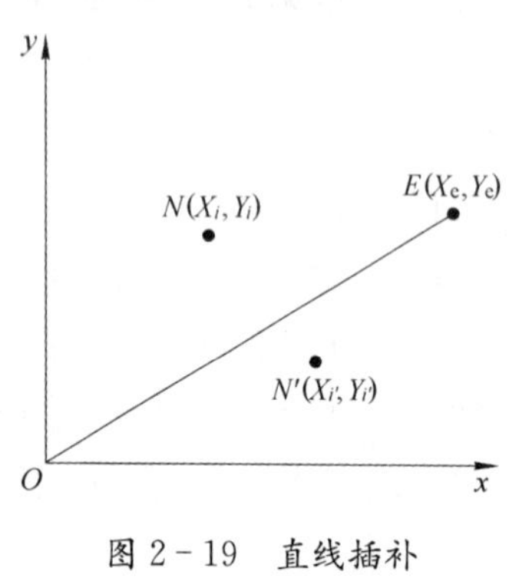

图 2-19　直线插补

(1) 偏差函数值的判别　如图 2-19 所示,OE 为Ⅰ象限直线,起点 O 为坐标原点,终点 E 的坐标为 $E(X_e, Y_e)$,还有一个动点为 $N(X_i, Y_i)$。现假设动点 N 正好处于直线 OE 上,则有下式成立:

$$\frac{Y_i}{X_i}=\frac{Y_e}{X_e}\quad \text{即 } X_eY_i-X_iY_e=0$$

假设动点处于 OE 的下方 N' 处,则直线 ON' 的斜率小于直线 OE 的斜率,从而有

$$\frac{Y_i}{X_i}<\frac{Y_e}{X_e}\quad \text{即 } X_eY_i-X_iY_e<0$$

由以上关系式可以看出,$(X_eY_i-X_iY_e)$ 的符号反映了动点 N 与直线 OE 之间的偏离情况。为此取偏差函数为

$$F=X_eY_i-X_iY_e \tag{2-1}$$

依此可总结出动点 $N(X_i, Y_i)$ 与设定直线 OE 之间的相对位置关系如下:

当 $F=0$ 时,动点 $N(X_i, Y_i)$ 正好处在直线 OE 上;

当 $F>0$ 时,动点 $N(X_i, Y_i)$ 落在直线 OE 上方的区域;

当 $F<0$ 时,动点 $N(X_i, Y_i)$ 落在直线 OE 下方的区域。

(2) 坐标进给。以图 2-20 为例。设 OE 为要加工的直线轮廓,而动点 $N(X_i, Y_i)$ 对应于切削刀具的位置,终点 E 坐标为 $X_e=4$、$Y_e=6$,起点为 O,即 $X_o=0$、$Y_o=0$。显然,当刀具处于直线下方区域时($F<0$),为了更靠拢直线轮廓,则要求刀具 $+y$ 方向进给一步;当刀具处于直线上方区域时($F>0$),为了更靠拢直线轮廓,则要求刀具向 $+x$ 方向进给一步;当刀具正好处于直线上时($F=0$),理论上既可向 $+x$ 方向进给一步,也可向 $+y$ 方向进给一步,但一般情况下约定向 $+x$ 方向进给,从而将 $F>0$ 和 $F=0$ 两种情况归一类($F\geqslant 0$)。根据上述原则,从原点 $O(0, 0)$ 开始走一步,计算并判别 F 的符号,再趋向直线进给,步步前进,直至终点

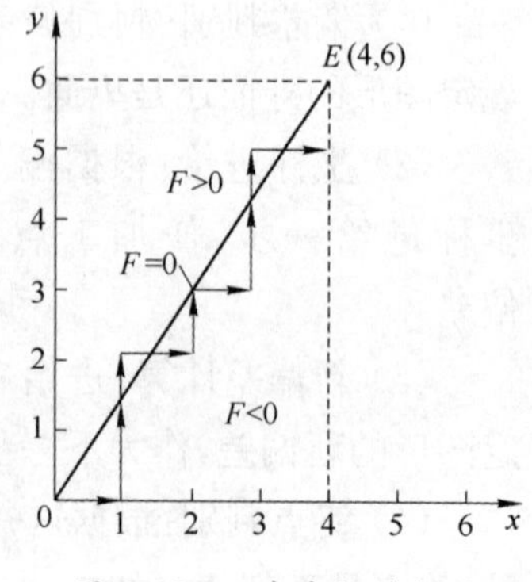

图 2-20　直线插补轨迹

E。这样，通过逐点比较的方法，控制刀具走出一条尽量接近零件轮廓直线轨迹，如图 2-20 中的折线所示。当每次进给的台阶(即脉冲当量)很小时，就可以将这折线近似当作直线来看待。显然，逼近程度的大小与脉冲当量的大小直接相关。

(3) 新偏差计算。由式(2-1)可以看出，每次求 F 时要作乘法和减法运算，而这在使用硬件或汇编语言软件实现插补时不大方便，还会增加运算的时间。因此，为了简化运算，通常采用递推法，即每进给一步后新加工点的加工偏差值通过前一点的偏差递推算出。现假设第 i 次插补后动点坐标为 $N(X_i, Y_i)$，偏差函数为

$$F_i = X_e Y_i - X_i Y_e \tag{2-2}$$

若 $F_i \geqslant 0$，则向 $+x$ 方向进给一步，新的动点坐标值为

$$X_{i+1} = X_i + 1 \quad Y_{i+1} = Y_i$$

这里，设坐标值单位是脉冲当量，进给一步即走一个脉冲当量的距离(+1)。新的偏差函数为

$$F_{i+1} = X_e Y_{i+1} - X_{i+1} Y_e = X_e Y_i - X_i Y_e - Y_e$$

所以

$$F_{i+1} = F_i - Y_e \tag{2-3}$$

同样，若 $F < 0$，则向 $+y$ 方向进给一步，新的动点坐标值为

$$X_{i+1} = X_i \qquad Y_{i+1} = Y_i + 1$$

因此新的偏差函数为

$$F_{i+1} = X_e Y_{i+1} - X_{i+1} Y_e = X_e Y_i - X_i Y_e + X_e$$

所以

$$F_{i+1} = F_i + X_e \tag{2-4}$$

根据式(2-3)和(2-4)可以看出，采用递推算法后，偏差函数 F 的计算只与终点坐标值 (X_e, Y_e) 有关，而不涉及动点坐标 (X_i, Y_i) 的值，且不需要进行乘法运算，新动点的偏差函数可由上一个动点的偏差函数值递推出来(减 Y_e 或加 X_e)。因此，该算法相当简单，易于实现。但要一步步递推，且需知道开始加工点处的偏差值。一般是采用人工方法将刀具移到加工起点(对刀)，这时刀具正好处于直线上，当然也就没有偏差，所以递推开始时偏差函数的初始值为 $F_0 = 0$。

(4) 终点判别。逐点比较法的终点判断方法一般有两种：

① 设置 X、Y 两个减法计数器，加工开始前，在 X、Y 计数器中分别存入终点坐标 X_e、Y_e，在 x 坐标(或 y 坐标)进给一步时，就在 X 计数器(或 Y 计数器)中减去 1，直到这两个计数器中的数都减到零时，便到达终点。

② 用一个终点计数器，寄存从起点到达终点的总步数 $\Sigma(\Sigma = X_e + Y_e)$，$x$、$y$ 坐标每进一步，Σ 减去 1，直到 Σ 为零时，就到了终点。

(5) 同象限的直线插补计算。上面讨论的为第一象限的直线插补计算方法，其他三个象限的直线插补计算法可以用相同的原理获得，表 2-3 列出了四个象限的直线插补时的偏差计算公式和进给脉冲方向，注意在偏差计算时，无论是哪个象限的直线，均用坐标的绝对值来计算。

表 2-3　四个象限的直线插补计算

线型	$F_i>0$ 时，进给方向	$F_i<0$ 时，进给方向	偏差计算公式
L_1	$+\Delta x$	$+\Delta y$	$F_i > 0$ 时：$F_{i+1} = F_i - Y_e$ $F_i < 0$ 时：$F_{i+1} = F_i + X_e$
L_2	$-\Delta x$	$+\Delta y$	
L_3	$-\Delta x$	$-\Delta y$	
L_4	$+\Delta x$	$-\Delta y$	

3. 逐点比较法Ⅰ象限逆圆插补

(1) 偏差判别。在圆弧加工过程中，要描述刀具位置与被加工圆弧之间的相对关系，可用动点到圆心的距离大小来反映。

如图 2-21 所示，假设被加工的零件轮廓为Ⅰ象限逆圆弧 $\overset{\frown}{SE}$，刀具在动点 $N(X_i, Y_i)$ 处，圆心为 $O(0, 0)$，半柱为 R。通过比较动点 N 到圆心的距离 R_N 与圆弧半径 R 之间的大小，就可反映出动点与圆弧之间的相对位置关系，即当动点 $N(X_i, Y_i)$ 正好落在圆弧 $\overset{\frown}{SE}$ 上时，则有下式成立：

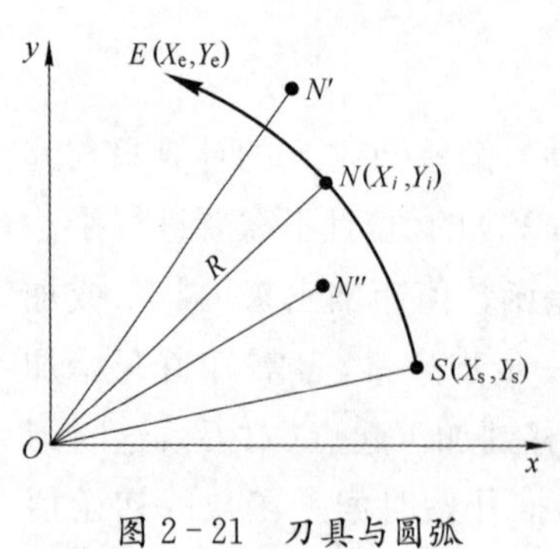

图 2-21　刀具与圆弧之间的关系

$$X_i^2 + Y_i^2 = X_e^2 + Y_e^2 = R^2$$

当动点 N 落在圆弧 $\overset{\frown}{SE}$ 外侧(如在 N' 处)时，则有下式成立：

$$X_i^2 + Y_i^2 > X_e^2 + Y_e^2 = R^2$$

当动点 N 落在圆弧$\overset{\frown}{SE}$ 内侧（如在 N'' 处）时，则有下式成立：

$$X_i^2 + Y_i^2 < X_e^2 + Y_e^2 = R^2$$

为此，可取圆弧插补时的偏差函数表达式为

$$F = X_i^2 + Y_i^2 - R^2 \tag{2-5}$$

进一步可以从图中直观看出，当动点处于圆外时，为了减小加工误差，应向圆内进给，即向 $-x$ 轴方向走一步。当动点落在圆弧内部时，为了缩小加工误差，则应向圆外进给，即向 $+y$ 轴方向走一步。当动点正好落在圆弧上时，为了使加工进给继续下去，$+y$ 和 $-x$ 两个方向均可以进给，但一般情况下约定向 $-x$ 轴方向进给。

(2) 坐标进给。综上所述，可总结出逐点比较法Ⅰ象限逆圆弧插补的规则如下：

当 $F > 0$ 时，$R_N - R > 0$，动点在圆外，向 $-x$ 轴进给一步；

当 $F = 0$ 时，$R_N - R = 0$，动点正好在圆上，向 $-y$ 轴进给一步；

当 $F < 0$ 时，$R_N - R < 0$，动点在圆内，向 $+y$ 轴进给一步；

(3) 新偏差计算。在式(2-5)中，要求出偏差 F 之值必须进行平方运算，而且在用硬件或汇编语言实现插补时也不太方便。为简化计算，可进一步推导其相应的递推形式表达式。现假设第 i 次插补后动点坐标为 $N(X_i, Y_i)$，对应的偏差函数为

$$F_i = X_i^2 + Y_i^2 - R^2$$

若 $F_i \geqslant 0$，则向 $-x$ 轴方向进给一步，获得新的动点坐标值为

$$X_{i+1} = X_i - 1 \qquad Y_{i+1} = Y_i$$

因此，新的偏差函数为

$$F_{i+1} = X_{i+1}^2 + Y_{i+1}^2 - R^2 = (X_i - 1)^2 + Y_i^2 - R^2$$

所以

$$F_{i+1} = F_i - 2X_i + 1 \tag{2-6}$$

同理，若 $F_i < 0$，则向 $+y$ 轴方向进给一步，获得新的动点坐标值为

$$X_{i+1} = X_i \qquad Y_{i+1} = Y_i + 1$$

因此可求得新的偏差函数为

$$F_{i+1} = X_{i+1}^2 + Y_{i+1}^2 - R^2 = X_i^2 + (Y_i + 1)^2 - R^2$$

所以
$$F_{i+1} = F_i + 2Y_i + 1 \tag{2-7}$$

通过式(2－6)、式(2－7)可以看出：递推形式的偏差计算公式中除加/减运算外，只有乘以 2 的运算，而乘以 2 的运算可等效为二进制数左移一位，显然比原来平方运算简单得多。另外，进给后新的偏差函数值除与前一点的偏差值有关外，还与动点坐标 $N(X_i, Y_i)$有关(这与直线插补不相同)，而动点坐标值随着插补的进行是变化的，所以在插补的同时还必须修正新的动点坐标，以便为下一步的偏差计算作好准备。

(4) 终点判别。圆弧插补的终点判断方法和直线插补基本相同。可将起点到达终点 x、y 轴所走步数的总和 Σ 存入一个计数器，即：$\Sigma = |X_e - X_0| + |Y_e - Y_0|$ 无论 x 轴还是 y 轴每进给一步，从 Σ 中减去 1，当 Σ＝0 时便发出终点到达信号。这就是判别圆弧是否加工完毕的依据。

4. 四个象限圆弧插补计算公式

圆弧所在象限不同，顺逆不同，则插补计算公式和进给方向也不同。归纳起来共有 8 种情况，这 8 种情况的进给脉冲方向和偏差计算公式，见表 2－4。

表 2－4 四个象限的圆弧插补计算

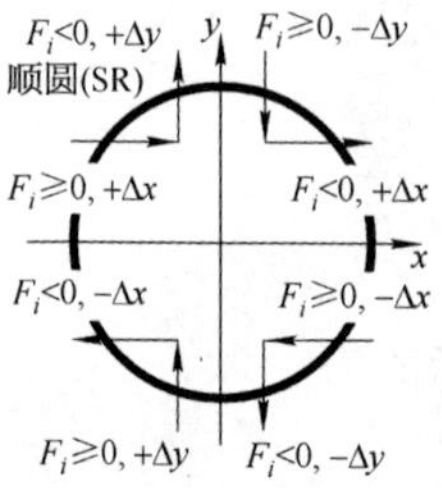

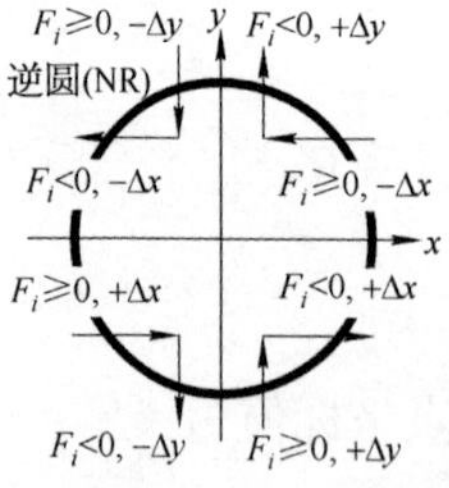

顺圆(SR)
$F_i<0, +\Delta y$　y　$F_i\geq0, -\Delta y$
$F_i\geq0, +\Delta x$　$F_i<0, +\Delta x$
x
$F_i<0, -\Delta x$　$F_i\geq0, -\Delta x$
$F_i\geq0, +\Delta y$　$F_i<0, -\Delta y$

逆圆(NR)
$F_i\geq0, -\Delta y$　y　$F_i<0, +\Delta y$
$F_i<0, -\Delta x$　$F_i\geq0, -\Delta x$
x
$F_i\geq0, +\Delta x$　$F_i<0, +\Delta x$
$F_i<0, -\Delta y$　$F_i\geq0, +\Delta y$

线型	$F_i\geq0$ 时，进给方向	$F_i<0$ 时，进给方向	偏差计算公式
SR1	$-\Delta y$	$+\Delta x$	$F_i \geq 0$ 时：$F_{i+1} = F_i - 2y_i + 1$ $y_{i+1} = y_i - 1$　$F_i < 0$ 时： $F_{i+1} = F_i + 2x_i + 1$ $x_{i+1} = x_i + 1$
SR3	$+\Delta y$	$-\Delta x$	
NR2	$-\Delta y$	$-\Delta x$	
NR4	$+\Delta y$	$+\Delta x$	
SR2	$+\Delta x$	$+\Delta y$	$F_i \geq 0$ 时：$F_{i+1} = F_i - 2x_i + 1$ $x_{i+1} = x_i - 1$　$F_i < 0$ 时： $F_{i+1} = F_i + 2y_i + 1$ $y_{i+1} = y_i + 1$
SR4	$-\Delta x$	$-\Delta y$	
NR1	$-\Delta x$	$+\Delta y$	
NR2	$+\Delta x$	$-\Delta y$	

注：表中 x_i、y_i、x_{i+1}、y_{i+1}都是动点坐标的绝对值。

四、 数据采样法

数据采样法实质上就是用一系列首尾相连的微小直线段来逼近给定的曲线。由于这些线段是按加工时间进行分割的，所以也称为“时间分割法”。一般分割后得到的小线段相对于系统精度来讲仍是比较大的。为此，必须进一步进行数据的密化工作。微小直线段的分割过程也称为粗插补，而后续进一步的密化过程称为精插补。通过两者的紧密配合即可实现高性能的轮廓插补。

一般数据采样插补法中的粗插补是由软件实现的。由于其算法中涉及到一些三角函数和复杂的算术运算，所以大多采用高级计算机语言完成。而精插补算法大多采用前面介绍的脉冲增量法。它既可由软件实现，也可由硬件实现。由于相应的算术运算较简单，所以软件实现时大多采用汇编语言完成。

1. 插补周期与位置控制周期

插补周期 T_s 是相邻两个微小直线段之间的插补时间间隔。位置控制周期 T_c 是数控系统中伺服位置环的采样控制周期。对于给定的某个数控系统而言，插补周期和位置控制周期是两个固定不变的时间参数。

通常 $T_s \geqslant T_c$，并且为了便于系统内部控制软件的处理，当 T_s 与 T_c 不相等时，一般要求 T_s 是 T_c 的整数倍。这是因为插补运算较复杂，处理时间较长，而位置环数字控制算法较简单，处理时间较短，所以每次插补运算的结果可供位置环多次使用。现假设编程进给速度为 F，插补周期为 T_s，则可求得插补分割后的微小直线段长度为 ΔL（暂不考虑单位）：

$$\Delta L = FT_s \tag{2-8}$$

插补周期对系统稳定性没有影响，但对被加工轮廓的轨迹精度有影响，控制周期对系统稳定性和轮廓误差均有影响。因此选择 T_s 时主要从插补精度方面考虑，而选择 T_c 时则从伺服系统的稳定性和动态跟踪误差两方面考虑。

一般插补周期 T_s 越长，插补计算的误差也越大。因此单从减小插补计算误差的角度考虑，插补周期 T_s 应尽量选得小一些。但 T_s 也不能太短，因为 CNC 系统在进行轮廓插补控制时，其 CNC 装置中的 CPU 不仅要完成插补运算，还必须处理一些其他任务（如位置误差计算、显示、监控、I/O 处理等），因此 T_s 不单是指 CPU 完成插补运算所需的时间，而且还必须留出一部分时间用于执行其他相关的 CNC 任务。一般要求插补周期 T_s 必须大于插补运算时间和完成其他相关任务所需时间之和。

CNC 系统位置控制周期的选择有两种形式。一种是 $T_c = T_s$，另一种是 T_s 为 T_c 的整数倍。

2. 插补周期与精度、速度之间的关系

在数据采样法直线插补过程中，由于给定的轮廓本身就是直线，则插补分割后的小直线段与给定直线是重合的，也就不存在插补误差问题。但在圆弧插补过程中，一般采用切线、内接弦线和内外均差弦线来逼近圆弧，显然这些微小直线段不可能完全与圆弧相重合，从而造成了轮廓插补误差。下面就以弦线逼近法为例加以分析。

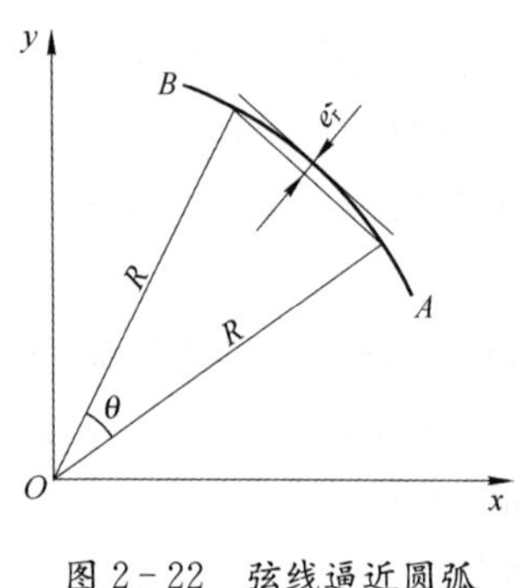

图 2-22 弦线逼近圆弧

图 2-22 所示为弦线逼近圆弧的情况，其最大径向误差 e_r 为

$$e_r = R[1 - \cos(\theta/2)] \tag{2-9}$$

式中，R 为被插补圆弧的半径(mm)；θ 为步距，是每个插补周期所走弦线对应的圆心角，且

$$\theta \approx \Delta L/R = (FT_s)/R \tag{2-10}$$

反过来，在给定允许的最大径向误差 e_r 后，也可求出最大的步距角，即

$$\theta_{max} = 2\arccos\left(1 - \frac{e_r}{R}\right) \tag{2-11}$$

由于 θ 很小，现将 $\cos(\theta/2)$ 按幂级数展开，有

$$\cos\frac{\theta}{2} = 1 - \frac{(\theta/2)^2}{2!} + \frac{(\theta/2)^4}{4} - \cdots \tag{2-12}$$

现取其中的前两项，代入式(2-9)中，得

$$e_r \approx R - R\left[1 - \frac{(\theta/2)^2}{2!}\right] = \frac{\theta^2}{8} \cdot R = \frac{(FT_s)^2}{8} \cdot \frac{1}{R} \tag{2-13}$$

可见，在圆弧插补过程中，插补误差 e_r 与被插补圆弧半径 R、插补周期 T_s 以及编程进给速度 F 有关。若 T_s 越长，F 越大，R 越小，则插补误差就越大。但对于给定的某段圆弧轮廓来讲，如果将 T_s 选得尽量小，则可获得尽可能高的进给速度 F，从而提高了加工效率。同样在其他条件相同的情况下，大曲率半径的轮廓曲线可获得较高的允许切削速度。

3. 数据采样法直线插补

假设刀具在 xOy 平面内加工直线轮廓 OE，起点为 $O(0, 0)$，终点为 $E(X_e, Y_e)$，动点为 $N_{i-1}(X_{i-1}, Y_{i-1})$，编程进给速度为 F，插补周期为 T_s，如图 2－23 所示。

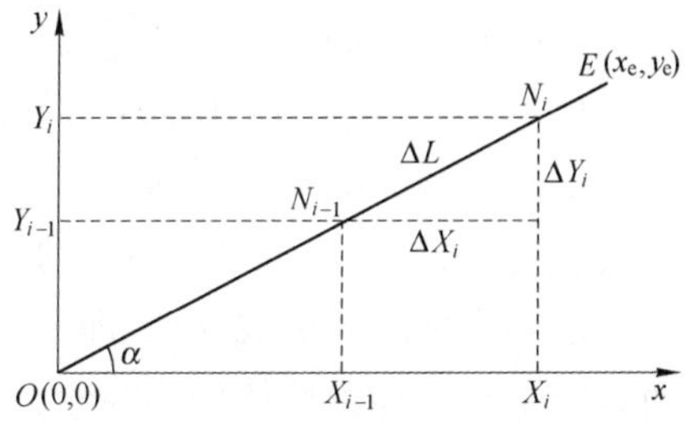

图 2－23　数据采样法直线插补原理

在一个插补周期内进给直线长度为 $\Delta L = FT_s$，根据图中的几何关系，很容易求得插补周期内各坐标轴对应的位置增量为

$$\begin{cases} \Delta X_i = \dfrac{\Delta L}{L} X_e = KX_e \\ \Delta Y_i = \dfrac{\Delta L}{L} Y_e = KY_e \end{cases} \tag{2-14}$$

式中，L 为被插补直线的长度，$L = \sqrt{X_e^2 + Y_e^2}$；K 为每个插补周期内的进给速率数，$K = \Delta L / L = (FT_s)/L$。这样很容易得出下一个动点 N_i 的坐标值为

$$\begin{cases} X_i = X_{i-1} + \Delta X_i = X_{i-1} + \dfrac{\Delta L}{L} X_e \\ Y_i = Y_{i-1} + \Delta Y_i = Y_{i-1} + \dfrac{\Delta L}{L} Y_e \end{cases} \tag{2-15}$$

利用数据采样法插补直线时的算法相当简单，可在 CNC 装置中分两步完成。第一步是插补准备，完成一些常量的计算工作，如 L、K 的计算等（一般对于每个零件轮廓段仅执行一次）；第二步是插补计算，每个插补周期均执行一次，求出该周期对应的坐标增量值（ΔX_i，ΔY_i）及动点坐标值（X_i，Y_i）。

数据采样法插补过程中所使用的起点坐标、终点坐标及插补所得到的动点坐标都是带有符号的代数值，而不像脉冲增量插补算法那样使用绝对值参与插补运算。并且这些坐标值也不一定转换成以脉冲当量为单位的整数值，即数据采样法中涉及到的坐标值是带有正、负号的真实坐标值。另外，求取坐标增量值和动点坐标的算法并非唯一，例如也可利用轮廓直线与横坐标夹角 α 的三角函数关系来求得。

4. 数据采样法圆弧插补

数据采样法圆弧插补的基本思路是，在满足加工精度的前提下，用弦线或割线代替弧线来实现进给，即用直线逼进圆弧。下面以直接函数法（即内接弦线法)为例进行说明。

(1) 基本原理。内接弦线法就是利用圆弧上相邻两个采样点之间的弦线来逼近相应圆弧的办法。这里将坐标轴分为长轴和短轴,并定义位置增量值大的轴为长轴,而位置增量值小的轴为短轴。在圆弧插补过程中,坐标轴的进给速度与坐标绝对值成反比,即动点坐标值越大,则增量值越小。所以长轴也可以定义为坐标绝对值较小的轴。

如图 2-24 所示,设 $A(X_{i-1}, Y_{i-1})$、$B(X_i, Y_i)$ 是圆弧上两个相邻的插补点,弦 AB 是弧 AB 对应的弦,长为 ΔL。若进给速度为 F,插补周期为 T_s,则有 $\Delta L = FT_s$。且当刀具由 A 点进给到 B 点时,对应 x 轴的坐标增量为 $|\Delta X_i|$,对应 y 轴的坐标增量为 $|\Delta Y_i|$。由于 A, B 两点均为圆弧上的点,故它们均应满足圆的方程,即

$$X_i^2 + Y_i^2 = (X_{i-1} + \Delta X_i)^2 + (Y_{i-1} + \Delta Y_i)^2 = R^2 \qquad (2-16)$$

式中,ΔX_i 和 ΔY_i 均采用带符号的数进行运算,且 $\Delta X_i > 0$, $\Delta Y_i < 0$。

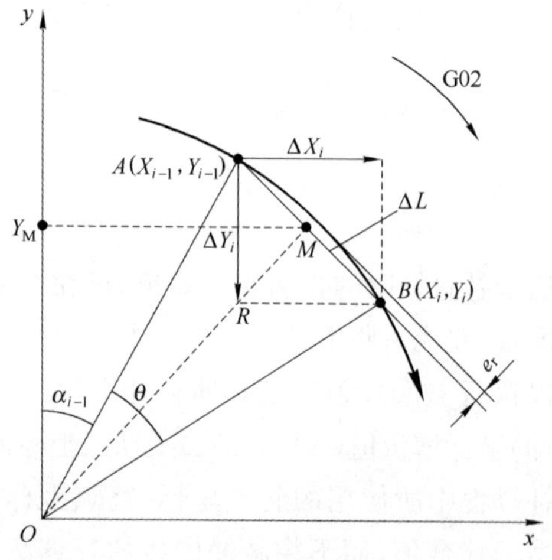

图 2-24 数据采样法圆弧插补原理

对于图 2-24 所示的情况,由于 $|Y_{i-1}| > |X_{i-1}|$,故取 x 轴为长轴,先求 ΔX_i。根据图中的几何关系可得

$$|\Delta X_i| = \Delta L\cos\alpha_i = \Delta L\cos\left(\alpha_{i-1} + \frac{1}{2}\theta\right) \qquad (2-17)$$

图中 M 为弦 AB 的中点,θ 为 AB 对应的圆心角(步距角),所以有

$$\cos\left(\alpha_{i-1}+\frac{1}{2}\theta\right)=\frac{Y_MO}{OM}\approx\frac{Y_{i-1}-|\Delta Y_i|/2}{R} \tag{2-18}$$

此式中只有 ΔY_i 未知，现采用如下近似计算方法求得 ΔY_i。由于圆弧插补过程中，两个相邻插补点之间的位置增量值相差很小，尤其对于短轴（y 轴）而言，$|\Delta Y_{i-1}|$ 与 $|\Delta Y_i|$ 相差就更小了，这样就可使用 $|\Delta Y_{i-1}|$ 近似代替 $|\Delta Y_i|$，而引起的轮廓误差是完全可以忽略不计的。因此可将式(2-19)改写成

$$\cos\left(\alpha_{i-1}+\frac{1}{2}\theta\right)\approx\frac{1}{R}\left(|Y_{i-1}|-\frac{1}{2}|\Delta Y_{i-1}|\right) \tag{2-19}$$

$$\Delta X_i=\frac{\Delta L}{R}\left(Y_{i-1}-\frac{1}{2}\Delta Y_{i-1}\right) \tag{2-20}$$

又根据式(2-16)可求得

$$\Delta Y_i=-Y_{i-1}\pm\sqrt{R^2-(X_{i-1}+\Delta X_i)^2} \tag{2-21}$$

通常 θ 很小，对于递推算式(2-21)、式(2-22)而言，ΔX_i 和 ΔY_i 的初值可近似取为

$$\begin{cases}\Delta X_0=\Delta L\cos\left(\alpha_0+\frac{1}{2}\theta\right)\approx\Delta L\cos(\alpha_0)=\Delta L\,\frac{Y_s}{R}\\ \Delta Y_0=\Delta L\sin\left(\alpha_0+\frac{1}{2}\theta\right)\approx\Delta L\sin(\alpha_0)=\Delta L\,\frac{X_s}{R}\end{cases} \tag{2-22}$$

式中 (X_s, Y_s) 为圆弧起点的坐标。

通过上述推导过程可以看出，这种近似处理过程只对角度 $\alpha_i'=\alpha_{i-1}+\theta/2$ 有微小的影响。由于式(2-16)的约束条件保证了任何插补点均处于圆弧上，所以其中的主要误差是由于用弦代替弧进给而造成的弦线误差。

当 $|X_{i-1}|>|Y_{i-1}|$ 时，应取 y 轴作为长轴，这时应先求 $|\Delta Y_i|=\Delta L\sin\alpha_i'$，同理可推得

$$\begin{cases}\Delta Y_i=\frac{\Delta L}{R}\left(X_{i-1}-\frac{1}{2}\Delta X_{i-1}\right)\\ \Delta X_i=-X_{i-1}\pm\sqrt{R^2-(Y_{i-1}+\Delta Y_i)^2}\end{cases} \tag{2-23}$$

(2) 算法实现。通过上述分析后，现将数据采样法插补的公式汇总如下：

当 $|X_{i-1}|<|Y_{i-1}|$ 时，

$$\begin{cases}\Delta X_i = \dfrac{\Delta L}{R}\left(Y_{i-1} - \dfrac{1}{2}\Delta Y_{i-1}\right) \\ \Delta Y_i = -Y_{i-1} \pm \sqrt{R^2 - (X_{i-1} + \Delta X_i)^2}\end{cases} \tag{2-24}$$

当 $|X_{i-1}| \geqslant |Y_{i-1}|$ 时，

$$\begin{cases}\Delta Y_i = \dfrac{\Delta L}{R}\left(X_{i-1} - \dfrac{1}{2}\Delta X_{i-1}\right) \\ \Delta X_i = -X_{i-1} \pm \sqrt{R^2 - (Y_{i-1} + \Delta Y_i)^2}\end{cases} \tag{2-25}$$

动点坐标为

$$\begin{cases}X_i = X_{i-1} + \Delta X_i \\ Y_i = Y_{i-1} + \Delta Y_i\end{cases}$$

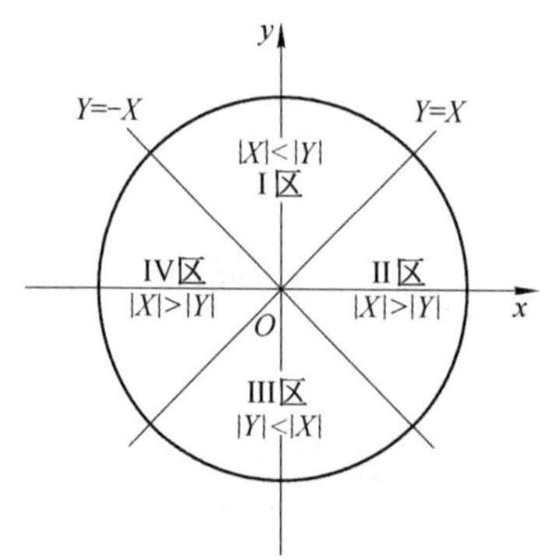

图 2-25 xOy 平面区域划分

式(2-24)和式(2-25)中“±”号的选取与圆弧所在的象限区域有关。根据长轴和短轴的定义条件，可用两条直线 $Y=X$ 和 $Y=-X$ 将 xOy 平面的 4 个象限划分成如图 2-25 所示的四个区域——Ⅰ区、Ⅱ区、Ⅲ区和Ⅳ区。显然式(2-24)适用于 1 区和 Ⅲ 区，式(2-25)适用于 Ⅱ 区和Ⅳ区。

对于 Ⅰ 区而言，由于 $Y \geqslant 0$，因此 $Y_{i-1} + \Delta Y_i \geqslant 0$，即

$$\Delta Y_i + Y_{i-1} = \sqrt{R^2 - (X_{i-1} + \Delta X_i)^2} \geqslant 0$$

所以
$$\Delta Y_i = -Y_{i-1} + \sqrt{R^2 - (X_{i-1} + \Delta X_i)^2}$$

对于 Ⅲ 区而言，由于 $Y \leqslant 0$，故 $Y_{i-1} + \Delta Y_i \geqslant 0$，即

$$\Delta Y_i + Y_{i-1} = -\sqrt{R^2 - (X_{i-1} + \Delta X_i)^2} \leqslant 0$$

所以
$$\Delta Y_i = -Y_{i-1} - \sqrt{R^2 - (X_{i-1} + \Delta X_i)^2}$$

同理，对于Ⅱ区而言，根据 $X \geqslant 0$，可推得

$$\Delta X_i = -X_{i-1} + \sqrt{R^2 - (Y_{i-1} + \Delta Y_i)^2}$$

对于Ⅳ区而言，根据 $X \leqslant 0$，可推得

$$\Delta X_i = -X_{i-1} - \sqrt{R^2 - (Y_{i-1} + \Delta Y_i)^2}$$

可以看出，只需要采用Ⅰ区和Ⅱ区的插补公式就足够了，Ⅲ区和Ⅳ区的情况则可通过符号标志 S_1 的转换来实现。另外，由于以上推导过程均是在顺圆情况下进行的，若进一步考虑逆圆插补情况，则还需引入另一个符号标志 S_2 来实现转换。由于在插补算法中全部采用带符号的代数值进行运算，所以上述算法不仅能适用于顺、逆圆的插补，而且还能实现自动过象限功能。

(3) 终点判别。任何轮廓曲线的插补过程均要进行终点判别，以便顺利转入下一个零件轮廓段的插补与加工，对于数据采样法插补而言，由于插补点坐标和位置坐标增量均采用带符号的代数值形式进行运算，显然利用当前插补点(X_i, Y_i)与零件轮廓段终点(X_e, Y_e)之间的距离 S_i 进行终点判别是最简单明了的。即判断到达终点的条件为

$$S_i = (X_i - X_e)^2 + (Y_i - Y_e)^2 \leqslant \left(\frac{FT_s}{2}\right)^2 \tag{2-26}$$

当动点一旦达到轮廓曲线的终点时，就设置相应标志，并取出下一段轮廓曲线进行处理。另外，如果在本程序段中还要减速，则需要检查当前插补点是否已经达到减速区域，如果达到后还需进行减速处理。

按式(2-26)进行终点判别时，每次均要进行两次平方运算，将会影响插补运算的速度。因此应寻找更快捷的判断终点方法。

(4) 误差分析。根据图 2-22 和图 2-21 可推得如下关系式：

$$\left(\frac{\Delta L}{2}\right)^2 = R^2 - (R - e_r)^2$$

所以

$$\Delta L = 2\sqrt{2Re_r - e_r^2} \leqslant \sqrt{8Re_r} \tag{2-27}$$

假设所允许的最大径向误差 $e_r \leqslant 1\ \mu\text{m}$，插补周期 $T_s = 8\ \text{ms}$，进给速度单位为 mm/min。将这些数值代入上式，并运算整理后，得

$$F \leqslant \sqrt{450\,000}R = 671R(\text{mm/min}) \tag{2-28}$$

可见为了保证最大径向误差不超过 1 μm，要求进给速度满足式(2-28)的要求。

Chapter 3

第三章 数控机床伺服系统

第一节 概 述

在机电一体化控制系统中，把输出量能够以一定准确度跟随输入量的变化而变化的系统称为伺服系统，亦称随动系统。它用来控制被控对象的转角(或位移)，使其能自动地、连续地、精确地复现输入指令的变化规律。在数控机床上伺服驱动系统接收来自插补装置或插补软件产生的进给脉冲指令，经过一定的信号变换及电压、功率放大，将其转化为机床工作台相对于切削刀具的运动，主要通过对步进电动机、交/直流伺服电动机等进给驱动元件的控制来实现。数控机床的伺服驱动系统作为一种实现切削刀具与工件间驱动和执行机构，是数控机床的一个重要部分，在很大程度上决定了数控机床的性能。数控机床的最高转动速度、跟踪精度、定位精度等一系列重要指标主要取决于伺服驱动系统性能。

在数控机床中，根据驱动主轴或进给轴，可以划分为主轴伺服系统和进给伺服系统。主轴伺服系统就是接受来自数控系统的主轴运动命令，经变换放大后，转换为主轴的旋转运动，并保证运动速度准确和高效。进给伺服系统就是接受来自数控系统的位置命令，经变换放大后驱动工作台跟随位置命令移动，保证运动的快速、准确和高效。

一、 数控机床对伺服系统的要求

数控机床的伺服系统应满足以下基本要求：

(1) 精度高。数控机床不可能像传统机床那样用手动操作来调整和补偿各种误差，因此它要求很高的定位精度和重复定位精度。所谓精度是指伺服系统的输出量跟随输入量的精确程度。脉冲当量越小，机床的精度越高。一般脉冲当量为 0.01～0.001 mm。

(2) 快速响应特性好。快速响应是伺服系统动态品质的标志之一。它要求伺服系统跟随指令信号不仅跟随误差小，而且响应要快，稳定性要好。即系统在给定输入后，能在短暂的调节之后达到新的平衡或受外界干扰作用下能迅速恢复原来的平衡状态。一般是在 200 ms 以内，甚至小于几十毫秒。

(3) 调速范围要大。由于工件材料、刀具以及加工要求各不相同，要保证数控机床在任何情况下都能得到最佳切削条件，伺服系统就必须有足够的调速范围，既能满足高速加工要求，又能满足低速进给要求。调速范围一般大于 1∶10 000，而且在低速切削时，还要求伺服系统能输出较大的转矩。

(4) 系统可靠性要好。数控机床的使用率要求很高，常常是 24 小时连续工作不停机，因而要求其工作可靠。系统的可靠性常用发生故障时间间隔的平均值(即平均无故障时间)作为依据，这个值越长可靠性越好。

二、　伺服系统的基本组成

伺服系统是以机床移动部件(如工作台)的位置和速度作为控制量的自动控制系统，通常由伺服驱动装置、伺服电动机、机械传动机构及执行部件组成。

数控机床的进给伺服系统能根据指令信号精确地控制执行部件的运动速度与位置以及几个执行部件按一定规律运动所合成的运动轨迹。如果把数控装置比作数控机床的“大脑”，是发布“命令”的指挥机构，那么伺服系统就是数控机床的“四肢”，是执行“命令”的机构。它是一个不折不扣的跟随者。数控机床闭环进给系统的一般结构如图 3－1 所示，这是一个双闭环系统，内环为速度环，外环为位置环。速度环由速度控制单元、伺服电动机和检测单元组成。速度控制单元是一个独立的调速系统，由速度调节器、电流调节器、功率驱动放大环节等部分组成。它是用来控制电动机转速的，是速度控制系统的核心。速度检测装置有测速发电机、脉冲编码器等。位置环是由 CNC 装置中的位置控制模块、速度控制单元、位置检测及反馈控制等部分组成。由速度检测装置提供速度反馈值的速度环控制在进给驱动装置内完成，而装在电动机轴上或机床工作台上的位置反馈装置提供位置反馈值构成的位置环由数控装置来完成。伺服系统从外部来看，是一个以位置指令输入和位置控制为输出的位置

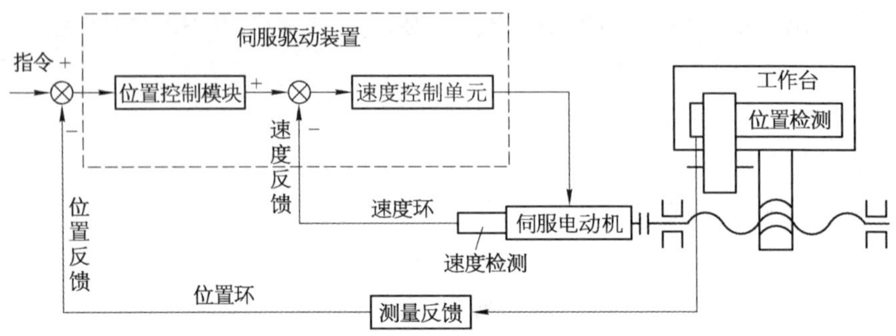

图 3-1 闭环伺服系统结构

闭环控制系统。但从内部的实际工作来看，它是先把位置控制指令转换成相应的速度信号后，通过调速系统驱动伺服电动机，才实现实际位移的。

三、 伺服系统的分类

数控机床的伺服系统按其控制原理和有无位置反馈装置分为开环和闭环伺服系统；按其用途和功能分为进给驱动系统和主轴驱动系统；按其驱动执行元件的动作原理分为电液伺服驱动系统和电气伺服驱动系统。电气伺服驱动系统又分为直流伺服驱动系统、交流伺服驱动系统、步进电动机伺服系统及直线电动机伺服系统。

1. 开环控制数控系统

这类数控机床不带有位置检测装置，数控装置将零件程序处理后，输出数字指令信号给伺服系统，驱动机床运动，其控制系统的工作原理如图 3-2 所示。

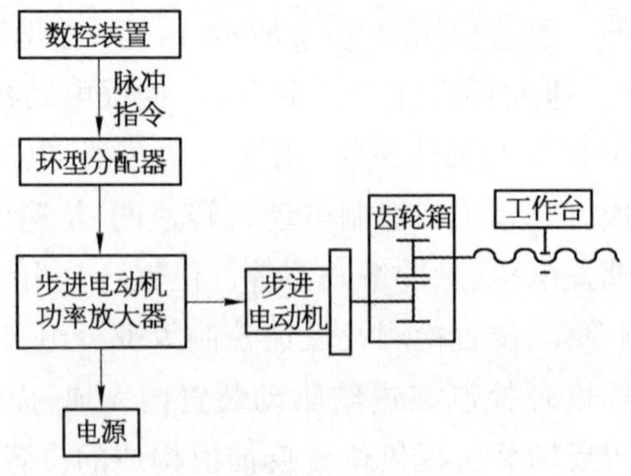

图 3-2 开环控制数控系统的工作原理图

这类数控机床的伺服驱动系统一般与脉冲增量插补算法相配合，目前均选用功率型步进电动机作为驱动组件。步进电动机的主要特征是控制电路每变换一次指令脉冲信号，电动机就转动一个步距角，并且电动机本身就有自锁能力。

数控装置输出的进给指令脉冲信号通过环型分配器来控制驱动电路，通过变换脉冲的个数来控制坐标位移量，改换脉冲的频率来控制位移速度，改变脉冲的分配顺序来控制位移的方向。因此这种控制方式的最大特点是控制方便、结构简单、价格便宜。数控装置发出的指令信号流向是单向的，所以不存在控制系统的稳定性问题，但由于机械传动的误差不经过反馈校正，位移精度不高。早期的数控机床均采用这种控制方式，但故障率比较高，随着驱动电路的改进，仍有较多的应用，尤其是在我国，一般经济型数控系统和旧设备的数控改造多采用这种控制方式。

2. 闭环控制数控系统

这类数控机床的进给伺服驱动是按闭环反馈控制方式工作的，其驱动电动机可采用直流或交流两种伺服电动机，并需要配置位置反馈和速度反馈装置，在加工中随时检测移动部件的实际位移量，并及时反馈给数控系统中的比较器，将它与插补运算所得到的指令信号进行比较，其差值又作为伺服驱动的控制信号，进而带动位移部件以消除位移误差，直到差值为零时，进给轴停止运动。

按位置反馈检测组件的安装部位和所使用的反馈装置的不同，这种控制方式又分为全闭环控制和半闭环控制。

1）全闭环控制　如图 3-1 所示，其位置反馈装置采用直线位移检测组件（目前一般采用光栅尺），它安装在机床的床鞍部位，直接检测机床坐标的直线位移量，通过反馈可以消除从电动机到机床工作台的整个机械传动链中的传动误差，得到很高的机床静态定位精度。但是，由于在整个控制环内的许多机械传动环节的摩擦特性、刚性和间隙等的影响均为非线性，并且整个机械传动链的动态响应时间与电气响应时间相比又非常大，这为整个闭环系统的稳定性校正带来很大困难，系统的设计和调整也都相当复杂。因此，这种全闭环控制方式主要用于精度要求很高的数控坐标镗床、数控精密磨床等。

2）半闭环控制　如图 3-3 所示，这种系统是闭环系统的一种派生。它与闭环系统的不同之处仅在于它将检测组件装在传动链的旋转部位。它所检测得到的不是工作台的实际位移量，而是与位移量有关的旋转轴的转角量（即角位移），因此其精度比闭环系统稍差，但是这种系统结构简单，便于调整，检测组件价格也较低，因而是广泛使用的一种数控系统。

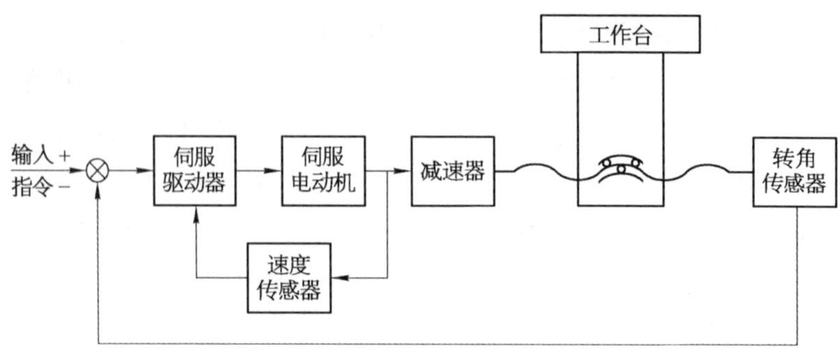

图 3-3 半闭环控制方式数控系统的工作原理图

3. 混合控制数控机床

将以上三类数控机床的特点结合起来，就形成了混合控制数控机床。混合控制数控机床特别适用于大型或重型数控机床。

四、 伺服系统的发展趋势

目前，在数控机床技术中，数控伺服系统已经有相当成熟的技术。伺服系统的发展趋势可以概括为以下几个方面：

1. 交流化

伺服技术将继续迅速地由 DC 伺服系统转向 AC 伺服系统。从目前国际市场的情况看，几乎所有的新产品都是 AC 伺服系统。在工业发达国家，AC 伺服电动机的市场占有率已经超过 80%。在国内生产 AC 伺服电动机的厂家也越来越多，正在逐步地超过生产 DC 伺服电动机的厂家。

2. 全数字化

采用新型高速微处理器和专用数字信号处理机(DSP)的伺服控制单元将全面代替以模拟电子器件为主的伺服控制单元，从而实现完全数字化的伺服系统。全数字化的实现，将原有的硬件伺服控制变成了软件伺服控制，从而使在伺服系统中应用现代控制理论的先进算法(如最优控制、人工智能、模糊控制、神经元网络等)成为可能。

3. 采用新型电力电子半导体器件

目前，伺服控制系统的输出器件越来越多地采用开关频率很高的新型功率半导体器件，主要有大功率晶体管(GTR)、功率场效应管(MOSFET)和绝缘门极晶体管(IGBT)等。这些先进器件的应用显著地降低了伺服单元输出回路的功耗，提高了系统的响应速度，降低了运行噪声。尤其值得一提的是，最新型的伺服控制系统已经开始使用一种把控制电路功能和大功率电子开关器件集成在一起的新型模块，称为智能控制功率模块（intelligent power modules，IPM）。这种器件将输入隔离、能耗制动、过温、过压、过流保护及故障诊断等功能全部集成于一个不大的模块之中，其输入逻辑电平与 TTL 信号完全兼容，与微处理器的输出可以直接接口。它的应用显著地简化了伺服单元的设计，并实现了伺服系统的小型化和微型化。

4. 高度集成化

新的伺服系统产品改变了将伺服系统划分为速度伺服单元与位置伺服单元两个模块的做法，代之以单一的、高度集成化、多功能的控制单元。同一个控制单元，只要通过软件设置系统参数，就可以改变其性能，既可以使用电动机本身配置的传感器构成半闭环调节系统，又可以通过接口与外部的位置、速度或力矩传感器构成高精度的全闭环调节系统。高度的集成化还显著地缩小了整个控制系统的体积，使得伺服系统的安装与调试工作都得到了简化。

5. 智能化

智能化是当前一切工业控制设备的流行趋势，伺服驱动系统作为一种高级的工业控制装置当然也不例外。最新数字化的伺服控制单元通常都设计为智能型产品，它们的智能化特点表现在以下几个方面：

(1) 参数记忆功能。系统的所有运行参数都可以通过人机对话的方式由软件来设置，可以保存在伺服单元内部，通过通信接口，这些参数甚至可以在运行途中由上位计算机加以修改，应用起来十分方便。

(2) 具有故障自诊断与分析功能。无论什么时候，只要系统出现故障，就会将故障的类型以及可能引起故障的原因通过用户界面清楚地显示出来，这就降低了维修与调试的复杂性。

(3) 有的伺服系统还具有参数自整定的功能。众所周知，闭环调节系统的参数整定是保证系统性能指标的重要环节，也是需要耗费较多时间与精力的工作。带有自整定功能的伺服单元可以通过几次试运行，自动将系统的参数整定出来，并自动实现其最优化。对于使用伺服单元的用户来说，这是新型伺服系统最具吸引力的特点之一。

6. 模块化和网络化

在国外，以工业局域网技术为基础的工厂自动化（factory automation，

FA)工程技术在最近十年来得到了长足的发展,并显示出良好的发展势头。为适应这一发展趋势,最新的伺服系统都配置了标准的串行通信接口(如 RS-232C 或 RS-422 接口等)和专用的局域网接口。这些接口的设置,显著地增强了伺服单元与其他控制设备间的互联能力,从而与 CNC 系统间的连接也由此变得十分简单,只需要一根电缆或光缆,就可以将数台,甚至数十台伺服单元与上位计算机连接成为整个数控系统。也可以通过串行接口,与 PLC 的数控模块相连。

综上所述,伺服系统将向两个方向发展。一个是满足一般工业应用要求,对性能指标要求不高的应用场合,追求低成本、少维护、使用简单等特点的驱动产品,如变频电动机、变频器等。另一个就是代表着伺服系统发展水平的主导产品——伺服电动机、伺服控制器,追求高性能、高速度、数字化、智能型、网络化的驱动控制,以满足用户较高的应用要求。

第二节　位置检测装置

检测装置是数控机床伺服系统的重要组成部分。它的作用是检测位移和速度,发送反馈信号,构成闭环或半闭环控制。数控机床的加工精度主要由检测系统的精度决定。不同类型的数控机床,对位置检测元件,检测系统的精度要求和被测部件的最高移动速度各不相同。

数控机床伺服系统对测量装置的要求:

(1) 高可靠性和高抗干扰性。受温度、湿度的影响小,工作可靠,精度保持性好,抗干扰能力强。

(2) 能满足精度和速度的要求:位置检测装置分辨率应高于数控机床的分辨率(一个数量级);位置检测装置最高允许的检测速度应高于数控机床的最高运行速度。

(3) 使用维护方便,适应机床工作环境。

(4) 成本低。

通常,数控机床检测装置的分辨率为 0.000 1～0.01 mm/m,测量精度为 ±0.001～0.01 mm/m,能满足机床工作台以 1～10 m/min 的速度运行。不同类型数控机床对检测装置的精度和适应的速度要求是不同的,对大型机床以满足速度要求为主。对中、小型机床和高精度机床以满足精度为主。

常用的位置检测装置有感应同步器、旋转变压器、磁尺位置检测装置、光栅位置检测装置、激光干涉装置、脉冲编码器等。

按照不同的分类标志，位置检测装置可以分为不同的类型。根据测量方法分增量式和绝对式；根据检测信号的类型分为模拟和数字式；根据安装的位置及耦合方式分为直接测量和间接测量；根据运动形式分为回转型和直线型检测装置；根据信号转换的原理可分为光电效应、光栅效应、电磁感应原理、压电效应、压阻效应和磁阻效应等检测装置。

一、旋转变压器

旋转变压器又称分解器，是一种控制用的微电动机，它将机械转角变换成与该转角呈某一函数关系的电信号的一种间接测量装置(图 3-4)。旋转变压器结构简单，动作灵敏，对环境无特殊要求，维护方便，输出信号幅度大，抗干扰性强，工作可靠。因此，在数控机床上被广泛应用。

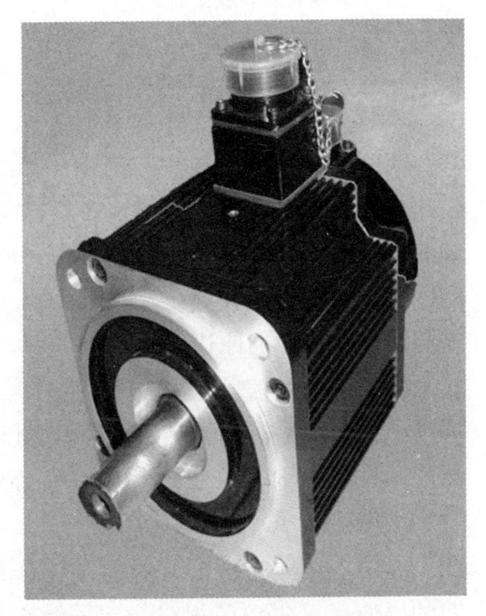

图 3-4 旋转变压器

1. 旋转变压器的结构

旋转变压器是一种常用的转角检测元件，由于它结构简单、工作可靠，且其精度能满足一般的检测要求，因此被广泛地应用在数控机床上。旋转变压器在结构上和两相线绕式异步电动机相似，由定子和转子组成。定子绕组为变压器的原边，转子绕组为变压器的副边。定子绕组通过固定在壳体上的接线柱直接引出。转子绕组有两种不同的引出方式。根据转子绕组两种不同的引出方式，旋转变压器分有刷式和无刷式两种结构。

图 3-5a 是有刷旋转变压器。它的转子绕组通过滑环和电刷直接引出，其特点是结构简单、体积小，但因电刷与滑环为机械滑动接触，所以可靠性差、寿命也较短。

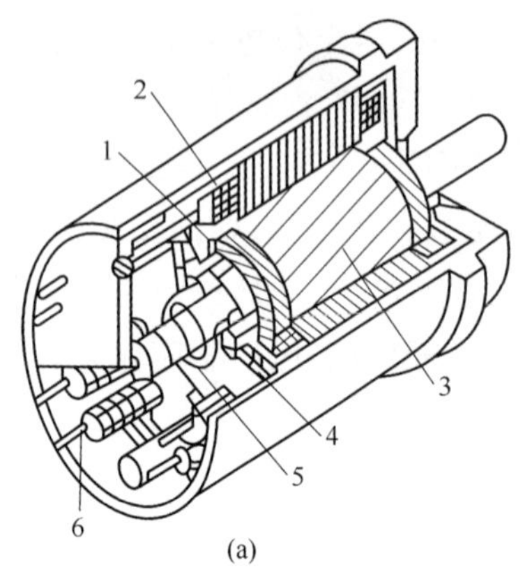

(a)

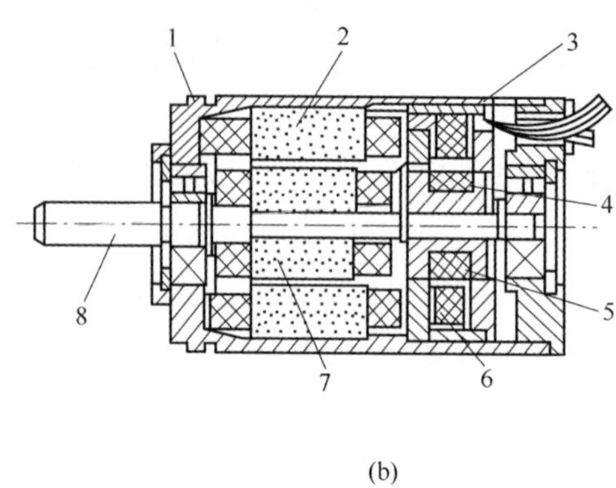

(b)

图 3-5 旋转变压器结构图

(a) 有刷式旋转变压器

1—转子绕组；2—定子绕组；3—转子
4—整流子；5—电刷；6—接线柱

(b) 无刷式旋转变压器

1—壳体；2—旋转变压器本体定子；
3—附加变压器定子；4—附加变压器原边线圈；
5—附加变压器转子线轴；6—附加变压器次边线圈；
7—旋转变压器本体转子；8—转子轴

图 3-5b 是无刷旋转变压器。它没有电刷和滑环，由旋转变压器本体和附加变压器两大部分组成。附加变压器的初级、次级铁心及其线圈均为环形，分别固定于转子轴和壳体上，径向留有一定的间隙。旋转变压器本体的转子绕组与附加变压器的原边线圈连在一起，在附加变压器原边线圈中的电信号，即转子绕组中的电信号，通过电磁耦合，经附加变压器副边线圈间接地送出去。这种结构避免了有刷旋转变压器电刷与滑环之间的不良接触造成的影响，提高了可靠性和使用寿命长，但其体积、质量和成本均有所增加。

2. 旋转变压器的工作原理

旋转变压器是根据互感原理工作的。它的结构保证了其定子和转子之间的磁通呈正(余)弦规律。定子绕组加上励磁电压，通过电磁耦合，转子绕组产生感应电动势。如图 3-6 所示，其所产生的感应电动势的大小取决于定子和转子两个绕组轴线在空间的相对位置。二者平行时，磁通几乎全部穿过转子绕组的横截面，转子绕组产生的感应电动势最大；二者垂直时，转子绕组产生的感应电动势为零。感应电动势随着转子偏转的角度呈正(余)弦变化：

$$E_2 = nU_1\cos\theta = nU_m\sin\omega t\cos\theta \quad (3-1)$$

式中 E_2——转子绕组感应电动势；

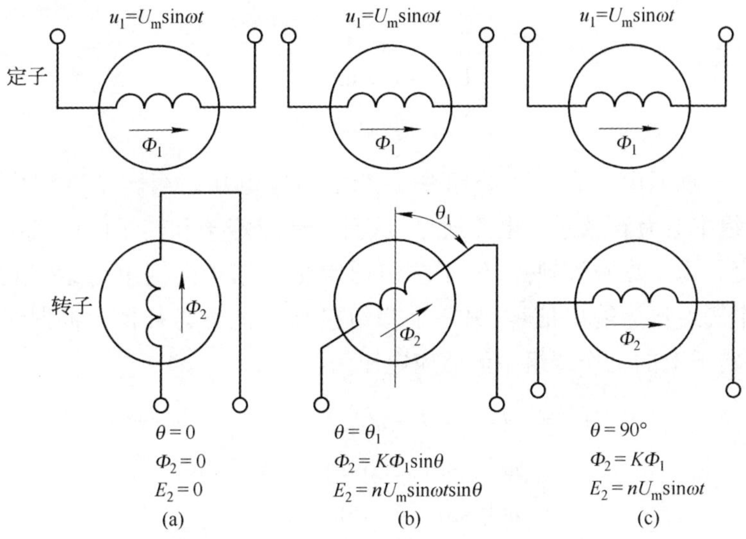

图 3-6　旋转变压器的工作原理

U_1——定子励磁电压；

U_m——定子绕组的最大瞬时电压；

θ——两绕组之间的夹角；

n——电磁耦合系数变压比。

3. **旋转变压器的应用**

旋转变压器作为位置检测装置，有两种工作方式：鉴相式工作方式和鉴幅式工作方式。

1) 鉴相式工作方式　在该工作方式下，旋转变压器定子的两相正向绕组(正弦绕组 S 和余弦绕组 C)分别加上幅值相同、频率相同而相位相差 90°的正弦交流电压，如图 3-7 所示。

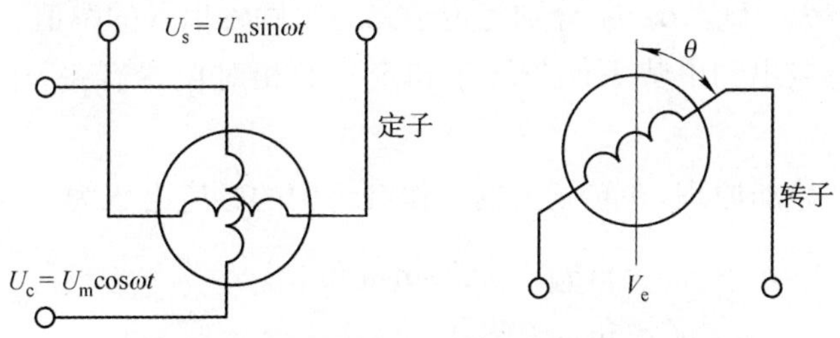

图 3-7　旋转变压器定子两相励磁绕组

即

$$U_s = U_m \sin \omega t$$
$$U_c = U_m \cos \omega t \tag{3-2}$$

这两相励磁电压在转子绕组中会产生感应电压。当转子绕组中接负载时，其绕组中会有正弦感应电流通过，从而会造成定子和转子间的气隙中合成磁通畸变。为了克服该缺点，转子绕组通常是两相正向绕组，二者相互垂直。其中一个绕组作为输出信号，另一个绕组接高阻抗作为补偿。根据线性叠加原理，在转子上的工作绕组中的感应电压为

$$\begin{aligned} E_2 &= nU_s \cos\theta - nU_c \sin\theta \\ &= nU_m(\sin\omega t\cos\theta - \cos\omega t\sin\theta) \\ &= nU_m \sin(\omega t - \theta) \end{aligned} \tag{3-3}$$

式中 θ——定子正弦绕组轴线与转子工作绕组轴线之间的夹角；
ω——励磁角频率。

由上式可见，旋转变压器转子绕组中的感应电压 E_2 与定子绕组中的励磁电压同频率，但是相位不同，其相位严格随转子偏角 θ 而变化。测量转子绕组输出电压的相位角 θ，即可测得转子相对于定子的转角位置。在实际应用中，把定子正弦绕组励磁的交流电压相位作为基准相位，与转子绕组输出电压相位作比较，来确定转子转角的位置。

2) 鉴幅式工作方式　在这种工作方式中，在旋转变压器定子的两相正向绕组(正弦绕组 S 和余弦绕组 C)分别加上频率相同、相位相同而幅值分别按正弦、余弦变化的交流电压。即

$$U_s = U_m \sin\theta_{电}\ \sin\omega t$$
$$U_c = U_m \cos\theta_{电}\ \sin\omega t \tag{3-4}$$

式中，U_m、$\sin\theta_{电}$、$U_m\cos\theta_{电}$ 分别为定子二绕组励磁信号的幅值。定子励磁电压在转子中感应出的电势不但与转子和定子的相对位置有关，还与励磁的幅值有关。

根据线性叠加原理，在转子上的工作绕组中的感应电压为

$$\begin{aligned} E_2 &= nU_s \cos\theta_{机} - nU_c \sin\theta_{机} \\ &= nU_m \sin\omega t(\sin\theta_{电}\ \cos\theta_{机} - \cos\theta_{电}\ \sin\theta_{机}) \\ &= nU_m \sin(\theta_{电} - \theta_{机})\sin\omega t \end{aligned} \tag{3-5}$$

式中 $\theta_{机}$——定子正弦绕组轴线与转子工作绕组轴线之间的夹角；

$\theta_{电}$——电气角；

ω——励磁角频率。

若 $\theta_{机}=\theta_{电}$，则 $E_2=0$。当 $\theta_{机}=\theta_{电}$ 时，表示定子绕组合成磁通 Φ 与转子绕组平行，即没有磁力线穿过转子绕组线圈，因此感应电压为 0。当磁通 Φ 垂直于转子线圈平面时，即（$\theta_{机}-\theta_{电}=\pm 90°$）时，转子绕组中感应电压最大。在实际应用中，根据转子误差电压的大小，不断修正定子励磁信号 $\theta_{电}$（即励磁幅值），使其跟踪 $\theta_{机}$ 的变化。

由上式可知，感应电压 E_2 是以 ω 为角频率的交变信号，其幅值为 $U_m \sin(\theta_{机}-\theta_{电})$。若电气角 $\theta_{电}$ 已知，那么只要测出 E_2 的幅值，便可以间接地求出 $\theta_{机}$ 的值，即可以测出被测角位移的大小。当感应电压的幅值为 0 时，说明电气角的大小就是被测角位移的大小。旋转变压器在鉴幅工作方式时，不断调整 $\theta_{电}$，让感应电压的幅值为 0，用 $\theta_{电}$ 代替对 $\theta_{机}$ 的测量，$\theta_{电}$ 可通过具体电子线路测得。

二、 光栅

光栅是由很多等节距的透光缝隙和不透光的刻线均匀相间排列成的光电器件。20 世纪 50 年代，人们利用光栅莫尔条纹现象，把光栅作为测量元件，开始应用于机床和计算仪器上。由于光栅具有结构原理简单、计量精度高等优点，在国内外受到重视和推广。

光栅位置检测装置可用于测量长度、角度、速度、加速度、振动和爬行，目前广泛应用于闭环数控机床。

1. 光栅的种类

光栅按其原理和用途不同，可分为物理光栅和计量光栅。物理光栅是利用光的衍射现象制造的，主要用于光谱分析和光波长等的测量。计量光栅主要利用莫尔现象，测量长度、角度、速度、加速度和振动等物理量。

在玻璃的表面上制成透明与不透明间隔相等的线纹，称为透射光栅；在金属的镜面上制成全反射与漫反射间隔相等的线纹，称为反射光栅，也可以把线纹做成具有一定衍射角度的定向光栅。

计量光栅分为长光栅和圆光栅，如图 3-8 和图 3-9 所示，前者用于测量长度，后者可测量角度。由于激光技术的发展，光栅制作精度可以提高，再通过细分电路可以做到 0.1 μm，甚至更高的分辨率。

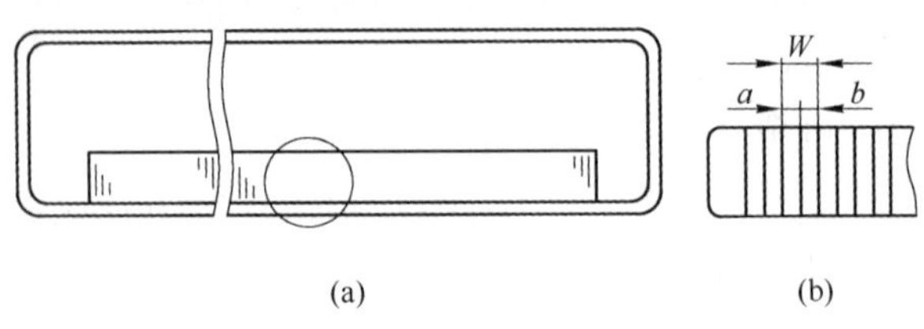

图 3-8 透射长光栅示意图

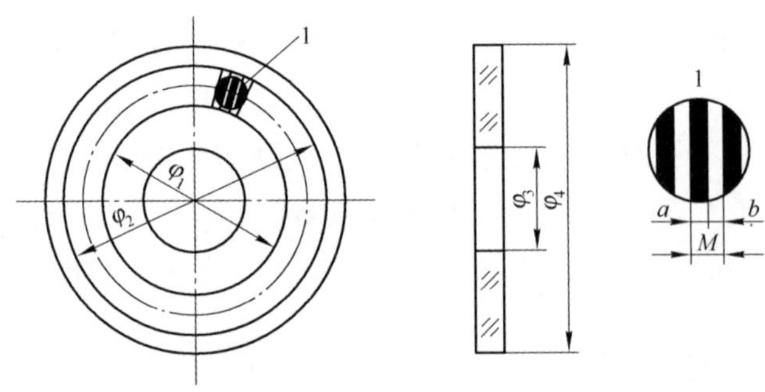

图 3-9 透射圆光栅示意图

2. 光栅传感器的工作原理

光栅是由标尺光栅和光学读数头两部分组成。标尺光栅一般固定在机床的活动部件上，如工作台。光栅读数头装在机床固定部件上。指示光栅装在光栅读数头中。标尺光栅和指示光栅的平行度及二者之间的间隙(0.05～0.1 mm)要严格保证。当光栅读数头相对于标尺光栅移动时，指示光栅便在标尺光栅上相对移动。

光栅读数头又叫光电转换器，它把光栅莫尔条纹变成电信号。如图 3-10 所示为垂直入射读数头。读数头由光源、聚光镜、指示光栅、光敏元件和驱动电路等组成。

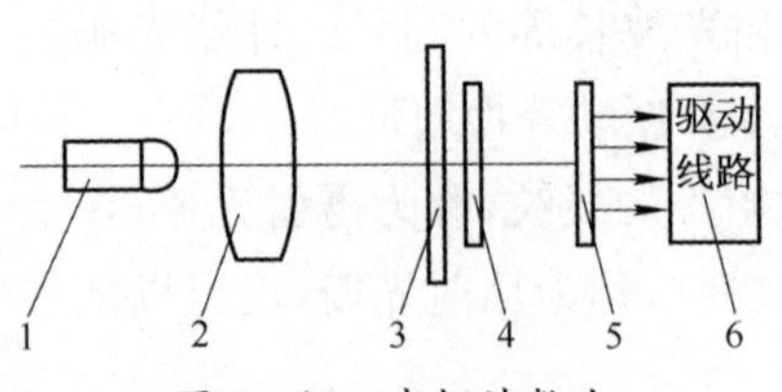

图 3-10 光栅读数头

1—光源；2—透镜；3—标尺光栅；
4—指示光栅；5—光电元件；
6—驱动线路

当指示光栅上的线纹和标尺光栅上的线纹呈一小角度 θ 放置时，造成两光栅尺上的线纹交叉。在光源的照射下，交叉点附近的小区域内黑线重叠形成明暗相间的条纹，这种条纹称为莫尔条纹。莫尔条纹与光栅的线纹几乎成垂直方向排列（图 3-11）。

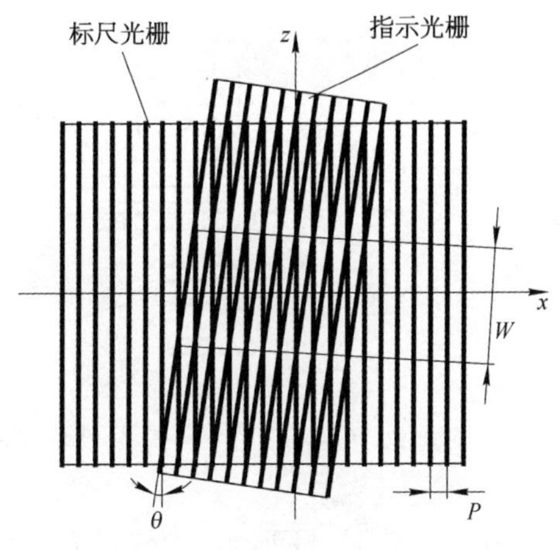

图 3-11　光栅的莫尔条纹

莫尔条纹的特点：

(1) 当用平行光束照射光栅时，莫尔条纹由亮带到暗带，再由暗带到亮带的透过光的强度近似于正（余）弦函数。

(2) 莫尔条纹能起放大作用。用 W 表示莫尔条纹的宽度，P 表示栅距，θ 表示光栅线纹之间的夹角，则

$$W=\frac{P}{\sin\theta} \tag{3-6}$$

由于 θ 很小，$\sin\theta\approx\theta$ 则

$$W\approx\frac{P}{\theta} \tag{3-7}$$

(3) 莫尔条纹能起平均误差作用。莫尔条纹是由若干光栅线纹干涉形成的，这样栅距之间的相邻误差被平均化了，消除了栅距不均匀造成的误差。

(4) 莫尔条纹的移动与栅距之间的移动成比例。当干涉条纹移动一个栅距时，莫尔条纹也移动一个莫尔条纹宽度 W，若光栅移动方向相反，则莫尔条纹移动的方向也相反。莫尔条纹的移动方向与光栅移动方向相垂直，这样测量光栅水平方向移动的微小距离就用检测垂直方向的宽大的莫尔条纹变化代替。

3. 直线光栅尺检测装置的辨向原理

光栅传感器的辨向原理：莫尔条纹的光强度近似呈正（余）弦曲线变化，光电元件所感应的光电流变化规律近似为正（余）弦曲线；经放大、整形后，形成脉冲，可以作为计数脉冲，直接输入到计算机系统的计数器中计算脉冲数，进行显示和处理；根据脉冲的个数可以确定位移量，根据脉冲的频率可以确定位移速度。

用一个光电传感器只能进行计数，不能辨向。要进行辨向，至少用两个光电传感器。图 3-12 所示为光栅的辨向原理图。通过两个狭缝 S_1 和 S_2 的光束分别被两个光电传感器 P_1、P_2 接受。当光栅移动时，莫尔条纹通过两个狭缝的时间不同，波形相同，相位差 90°。至于哪个超前，决定于标尺光栅移动的

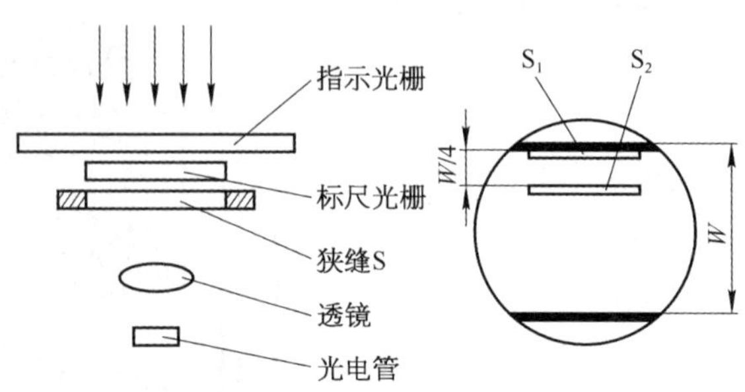

图 3-12 光栅的辨向原理图

方向。如图 3-11 所示，当标尺光栅向右移动时，莫尔条纹向上移动，缝隙 S_2 的信号输出波形超前 1/4 周期；同理，当标尺光栅向左移动，莫尔条纹向下移动，缝隙 S_1 的输出信号超前 1/4 周期。根据两狭缝输出信号的超前和滞后可以确定标尺光栅的移动方向。

4. 提高光栅检测分辨精度的细分电路

为了提高光栅检测装置的精度，可以提高刻线精度和增加刻线密度。但是刻线密度大于 200 线/mm 以上的细光栅刻线制造困难，成本高。为了提高精度和降低成本，通常采用倍频的方法来提高光栅的分辨精度，如图 3-13a 所示为采用四倍频方案的光栅检测电路的工作原理。光栅刻线密度为 50 线/mm，采用四个光电元件和四个狭缝，每隔 1/4 光栅节距产生一个脉冲，分辨精度可以提高四倍，并且可以辨向。

当指示光栅和标尺光栅相对运动时，硅光电池接受到正弦波电流信号。这些信号送到差动放大器，再通过整形，使之成为两路正弦及余弦方波。然后经过微分电路获得脉冲。由于脉冲是在方波的上升沿上产生，为了使 0°、90°、180°、270°的位置上都得到脉冲，必须把正弦和余弦方波分别反相一次，然后再微分，得到了 4 个脉冲。为了辨别正向和反向运动，可以用一些与门把四个方波 sin、-sin、cos 和-cos(即 A、B、C、D)和四个脉冲进行逻辑组合。当正向运动时，通过与门 Y1～Y4 及或门 H1 得到 $A'B+AD'+C'D+B'C$ 四个脉冲的输出。当反向运动时，通过与门 Y5～Y8 及或门 H2 得到 $BC'+AB'+A'D+C'D$ 四个脉冲的输出。其波形如图 3-13b 所示，这样虽然光栅栅距为 0.02 mm，但是经过四倍频以后，每一脉冲都相当于 5 μm，分辨精度提高了四倍。此外，也可以采用八倍频、十倍频等其他倍频电路。

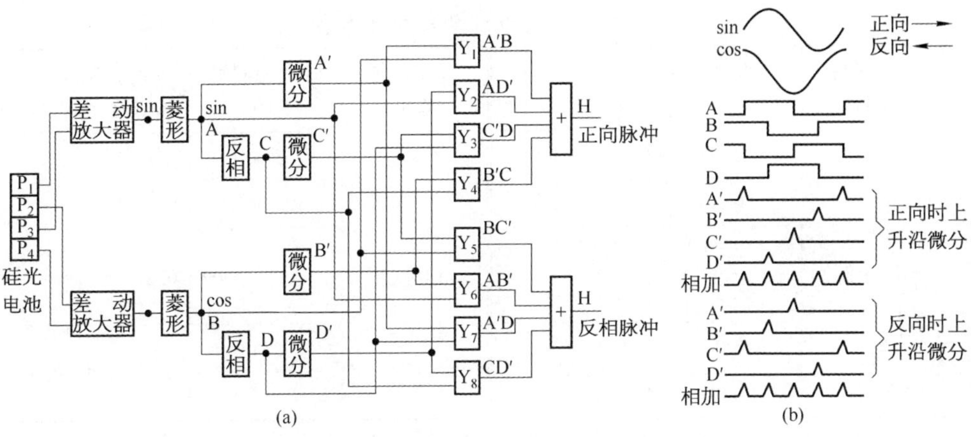

图 3-13　光栅测量装置的四细分电路与波形

三、　编码器

脉冲编码器是机床上常用的位置检测元件，用以测量轴的旋转角度位置和速度变化，其输出信号为电脉冲。在数控机床上属间接测量，它通常与驱动电动机同轴安装，驱动电动机可以通过齿轮箱或同步齿带驱动丝杠，也可以直接驱动丝杠。脉冲编码器随着电动机旋转时，可以连续发出脉冲信号，例如电动机每转一圈，脉冲编码器可发出 2 000 个均匀的方波信号，数控系统通过对该信号的接收、处理、计数即可得到电动机的旋转角度，从而算出当前工作台的位置。目前，脉冲编码器每转可发出数百至数万个方波信号，因此可满足高精度位置检测的需要。

脉冲编码器按码盘的读取方式可分为光电式、接触式和电磁式。就精度与可靠性来讲，光电式脉冲编码器优于其他两种。数控机床上使用光电式脉冲编码器。

脉冲编码器检测方式的特点是：

(1) 检测方式是非接触式的，无摩擦和磨损，驱动力矩小。

(2) 由于光电变换器性能的提高，可得到较快的响应速度。

(3) 由于照相腐蚀技术的提高，可以制造高分辨率、高精度的光电盘，母盘制作后，复制很方便，且成本低。

(4) 抗污染能力差，容易损坏。

数控机床上常用的脉冲编码器参数见表 3-1。

表 3-1　光电脉冲编码器参数

丝杠长度单位	脉冲编码器(p/r)	每转脉冲移动量(mm/r)	丝杠长度单位	脉冲编码器(p/r)	每转脉冲移动量(mm/r)
mm(米制)	2 000	2, 3, 4, 6, 8	mm(米制)	2 000	0.1, 0.5, 0.2, 0.3, 0.4
	20 000			20 000	
	2 500	5, 10		2 500	0.25, 0.5
	25 000			25 000	
	3 000	3, 6, 12		3 000	0.15, 0.3, 0.6
	30 000			30 000	

注：表 3-1 中的 20 000 p/r、25 000 p/r、30 000 p/r 为高分辨率脉冲编码盘。可根据速度、精度和丝杠螺距来选择。

按照编码化的方式，可分为增量式和绝对值式两种。

1. 增量式编码器

增量式光电脉冲编码器亦称光电码盘、光电脉冲发生器等。增量式光电编码器原理如图 3-14 所示。编码器的圆盘上等角距地开有两道缝隙，内外圈的相邻两缝距离错开半条缝；另外在某一径向位置，一般在内外圈之外，开有一狭缝，表示码盘的零位。在它们的相对两侧面分别安装光源和光电接收元件。

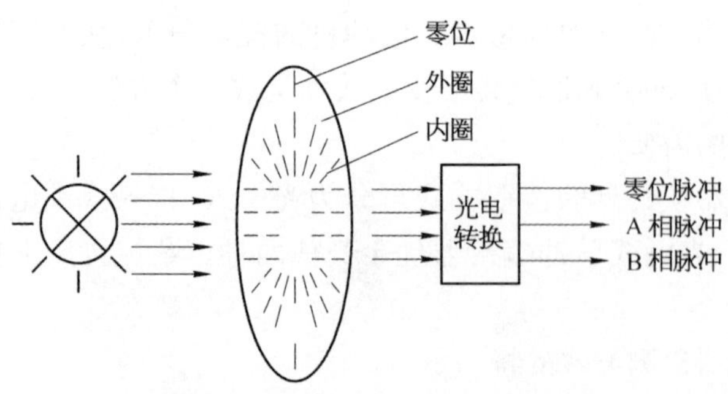

图 3-14　增量式光电脉冲编码器

码盘基片转动时，光敏元件把通过光电盘和光栅板射来的忽明忽暗的光信号(近似于正弦信号)转换为电信号，经整形、放大等电路的变换后变成脉冲信号，通过计量脉冲的数目，即可测出工作轴的转角，并通过数显装置进行显示。通过测定计数脉冲的频率，即可测出工作轴的转速。

从光栏板上两条狭缝中检测的信号A和B是具有90°相位差的两个正弦波，这组信号经放大器放大与整形，输出波形如图3-15所示。根据先后顺序，可判断光电盘的正反转。

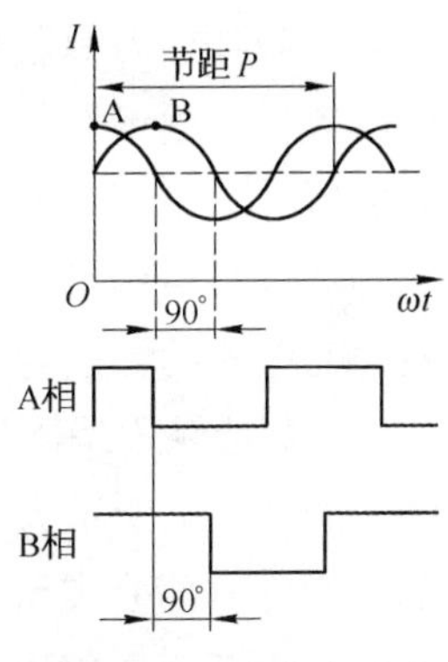

图3-15　脉冲编码器输出的波形

若A相超前于B相，对应电动机正转；则B相超前A相，对应电动机反转。若以该方波的前沿或后沿产生计数脉冲，可以形成代表正向位移和反向位移的脉冲序列。

此外，在脉冲编码器的里圈还有一条透光条纹C，用以产生基准脉冲，又称零点脉冲，它是轴旋转一周在固定位置上产生一个脉冲。如数控车床切削螺纹时，可将这种脉冲当作车刀进刀点和退刀点的信号使用，以保证切削螺纹不会乱牙。零点脉冲也可用于高速旋转的转数计数或加工中心等数控机床上的主轴准停信号。

在应用时，从脉冲编码器输出的信号是差动信号，差动信号的传输大大提高了传输的抗干扰能力。同时，在数控装置中，常对上述信号进行倍频处理，进一步提高其分辨率，从而提高位置控制精度。如果数控装置的接口电路从信号A的上升沿和下降沿各取一个脉冲，则每转所检测的脉冲数提高了一倍，称为二倍频。同样，如果从信号A和信号B的上升沿和下降沿均取一个脉冲，则每转所检测的脉冲数为原来的四倍，称为四倍频。例如，选用配置2 000 p/r光电编码器的电动机直接驱动8 mm螺距的丝杠，经数控装置四倍频处理，可达8 000 p/r的角度分辨率，对应工作台0.001 mm的分辨率。四倍频信号的获取波形如图3-16所示。

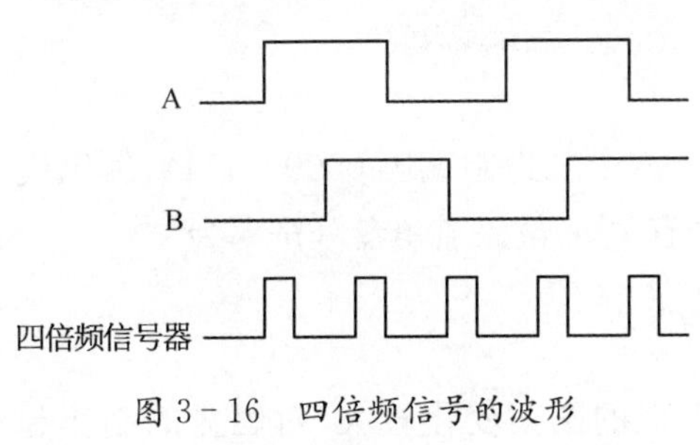

图3-16　四倍频信号的波形

当利用脉冲编码器的输出信号进行速度反馈时，可经过频率-电压转换器(F/V)变成正比于频率的电压信号，作为速度反馈，供给模拟式伺服驱动装置。对于数字式伺服驱动装置则可直接进行数字测速。

2. 绝对值式编码器

增量式编码器的缺点是有可能发生由于噪声或其他外界干扰产生的计数

错误;因停电、刀具破损而停机,事故排除后不能再找到事故前执行部件的正确位置。采用绝对值式编码器就可以克服这些缺点。绝对值式编码器是在码盘的每一转角位置刻有表示该位置的唯一代码,因此称为绝对码盘。码盘式编码器按其结构可分为接触式、光电式和电磁式三种,后两种为非接触式编码器。光电式的精度与可靠性都优于其他两种。

(1) 接触式编码器。这种编码器是通过读取编码盘上的图案来表示数值的。图 3-17 所示为四码道接触式二进制编码盘结构及工作原理图,图中黑的部分为导电部分表示为"1",白的部分为绝缘部分表示为"0",四个码道都装有电刷。由于四个码道产生四位二进制数,码盘每转一周产生 0000~1111 十六个二进制数,因此将码盘圆周分成十六等份。

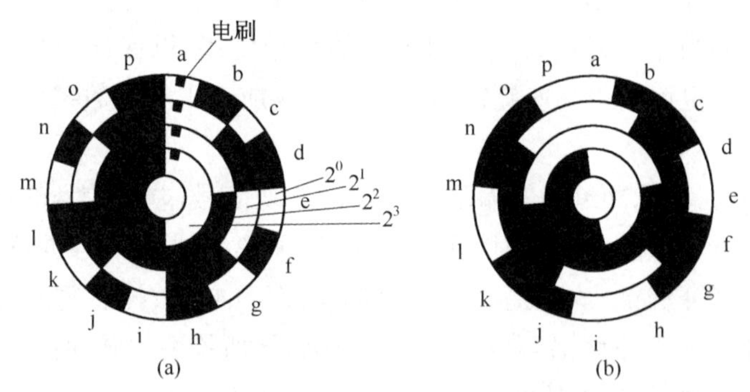

图 3-17 接触式四位二进制码盘

(a) 8-4-2-1 码的码盘;(b) 四位循环码的码盘

当码盘旋转时,四个电刷依次输出十六个二进制编码 0000~1111,编码代表实际角位移。码盘分辨率与码道多少有关,n 位码道角盘分辨率为

$$\theta = 360°/2^n \tag{3-8}$$

二进制编码器主要的缺点是码盘盘上的图案变化较大,对码盘的制作和安装要求严格,否则会产生错码。当电刷由二进制码 0111 过渡到 1000 时,本来是 7 变为 8,但是,如果电刷进入导电区的先后不一致,可能会出现 8~15 之间的任一十进制数,这样就产生了前面所说的非单值。若使用循环码制即可避免此问题,其编码如表 3-2 所示。循环码的特点是相邻两个数码间只有一位变化,即使制造或安装不精确,产生的误差最多也只是最低位,在一定程度上可消除非单值误差。因此采用循环码盘比 8-4-2-1 码盘获得的精度更高。

表 3-2　电刷在不同位置时对应的数码

角度	电刷位置	二进制码(B)	循环码(R)	十进制数
0	A	0000	0000	0
1α	B	0001	0001	1
2α	C	0010	0011	2
3α	D	0011	0010	3
4α	E	0100	0110	4
5α	F	0101	0111	5
6α	G	0110	0101	6
7α	H	0111	0100	7
8α	I	1000	1100	8
9α	J	1001	1101	9
10α	K	1010	1111	10
11α	L	1011	1110	11
12α	M	1100	1010	12
13α	N	1101	1011	13
14α	O	1110	1001	14
15α	P	1111	1000	15

(2) 光电式编码盘。光电式编码盘是一种非接触式绝对编码器，即几位编码器其码盘上就有几位码道，编码器在转轴的任何位置都可以输出一个固定的与位置相对的数字码。具体是采用照相腐蚀工艺，在一块圆形光学玻璃上刻有透光和不透光的码形，如图 3-18 所示。在几个码道上，装有相同个数的光电转换元件代替接触式编码盘的电刷，并且将接触式码盘上的高、低电位用光源代替。当光源经光学系统形成一束平行光投射在码盘上时，转动码盘，光经过码盘的透光区和不透光区，在码盘的另一侧就形成了光脉冲，脉冲光照射在光电元件上就产生与光脉冲相对应的电脉冲。码盘上的码道数就是该码盘的数码位数。由于每一个码位有一个光电元件，当码盘旋至不同位置时，各个光电元件根据受光照与否，将

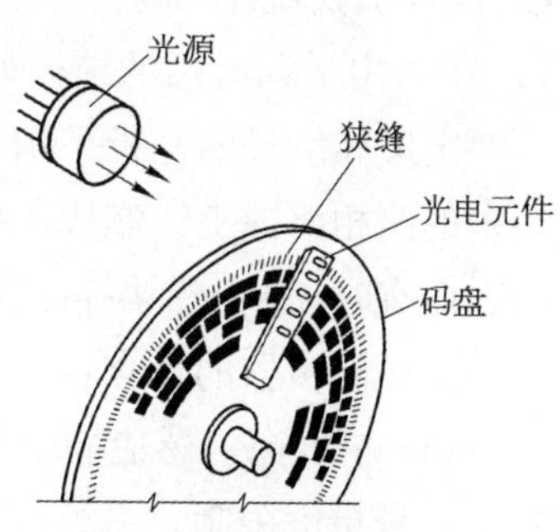

图 3-18　光电编码盘编码器结构

间断光转换成电脉冲信号。

光电编码器的精度和分辨率取决于光码盘的精度和分辨率，即取决于刻线数，其精度远高于接触式编码盘。与接触式码盘一样，光电编码器通常采用循环码作为最佳码形，这样可以解决非单值误差的问题。

(3) 绝对式编码器。绝对式编码器的特点是角度坐标值可从绝对编码盘中直接读出，不会有累积近程中的误计数，允许的最高旋转速度较高，编码器本身具有机械式存储功能，即使因停电或其他原因造成坐标值清除，通电后，仍可找到原绝对坐标位置。但其缺点是为提高精度和分辨率必须增加码道数；而且当进给转数大于一转时，需作特别处理。组成多级检测装置就必须用减速齿轮将以上的编码器连接起来，使其结构复杂、成本高。

光电脉冲编码器在数控机床上用作位置检测装置，将检测信号反馈给数控系统。其反馈给数控系统有两种方式：一是适应带加减计数要求的可逆计数器，形成加计数脉冲和减计数脉冲；二是适应有计数控制和计数要求的计数器，形成方向控制信号和计数脉冲。

四、 感应同步器

1. 感应同步器的结构和特点

感应同步器是一种电磁感应式的高精度位移检测装置。实际上它是多极旋转变压器的展开形式。感应同步器分旋转式和直线式两种。旋转式用于角度测量，直线式用于长度测量。两者的工作原理相同。

直线感应同步器由定尺和滑尺两部分组成。定尺与滑尺之间有均匀的气隙，在定尺表面有连续平面绕组，绕组节距为 P。滑尺表面(1/4P)，有两段分段绕组，正弦绕组和余弦绕组。它们相对于定尺绕组在空间错开 1/4 节距(1/4P)，定子和滑尺的结构如图 3-19 所示。

定尺和滑尺的基板采用与机床床身材料热膨胀系数相近的钢板制成。经精密的照相腐蚀工艺制成印刷绕组。再在尺子的表面上涂一层保护层。滑尺的表面有时还贴上一层带绝缘的铝箔，以防静电感应。

感应同步器的特点：

(1) 精度高。感应同步器直接对机床工作台的位移进行测量，其测量精度只受本身精度限制。另外，定尺的节距误差有平均补偿作用，定尺本身的精度能做得很高，其精度可以达到±0.001 mm，重复精度可达 0.002 mm。

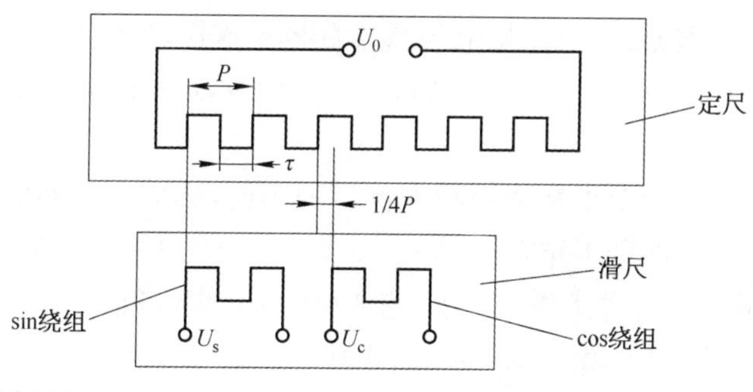

图 3-19　定尺和滑尺的结构示意图

(2) 工作可靠,抗干扰能力强。在感应同步器绕组的每个周期内,测量信号与绝对位置有一一对应的单值关系,不受干扰的影响。

(3) 维护简单,寿命长。定尺和滑尺之间无接触磨损,在机床上安装简单。使用时需要加防护罩,防止切屑进入定尺和滑尺之间划伤导片以及受灰尘、油雾的影响。

(4) 测量距离长。可以根据测量长度需要,将多块定尺拼接成所需要的长度,就可测量长距离位移,机床移动基本上不受限制。适合于大、中型数控机床。

(5) 成本低,易于生产。

(6) 与旋转变压器相比,感应同步器的输出信号比较微弱,需要一个放大倍数很高的前置放大器。

2. 感应同步器的工作原理

感应同步器的工作原理与旋转变压器基本一致。使用时,在滑尺绕组两端加上一定频率的交流电压,由于电磁感应,在定尺的绕组中产生了感应电压,其幅值和相位决定于定尺和滑尺的相对位置。如图 3-20 所示的为滑尺在不同的位置时定尺上的感应电压。当定尺与滑尺重合时,如图中的 A 点,此时的感应电压最大。当滑尺相对于定尺平行移动后,其感应电压逐渐变小。在错开 1/4 节距的 B 点,感应电压为零。依次类推,在 1/2 节距的 C 点,感应电压幅值与 A 点相同,极性相反;在 3/4 节距的 D 点又变为零。当移

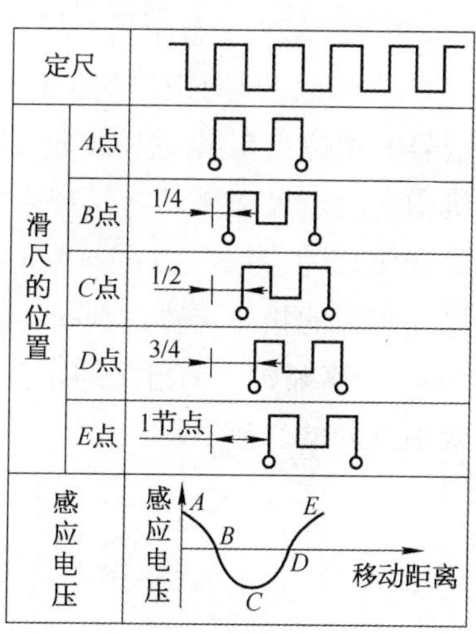

图 3-20　感应同步器的工作原理

动到一个节距的 E 点时，电压幅值与 A 点相同。这样，滑尺在移动一个节距的过程中，感应电压变化了一个余弦波形。滑尺每移动一个节距，感应电压就变化一个周期。

按照供给滑尺两个正交绕组励磁信号的不同，感应同步器的测量方式分为鉴相式和鉴幅式两种工作方式。

1）鉴相式　在这种工作方式下，给滑尺的 sin 绕组和 cos 绕组分别通以幅值相等、频率相同、相位相差 90°的交流电压：

$$\begin{aligned} U_s &= U_m \sin \omega t \\ U_c &= U_m \cos \omega t \end{aligned} \tag{3-9}$$

励磁信号将在空间产生一个以 ω 为频率移动的行波。磁场切割定尺导片并产生感应电压，该电势随着定尺与滑尺相对位置的不同而产生超前或滞后的相位差 θ。根据线性叠加原理，在定尺上的工作绕组中的感应电压为

$$\begin{aligned} U_0 &= nU_s \cos\theta - nU_c \sin\theta \\ &= nU_m(\sin\omega t\cos\theta - \cos\omega t\sin\theta) \\ &= nU_m \sin(\omega t - \theta) \end{aligned} \tag{3-10}$$

式中　ω——励磁角频率；

n——电磁耦合系数；

θ——滑尺绕组相对于定尺绕组的空间相位角，$\theta = \dfrac{2\pi x}{P}$。

可见，在一个节距内 θ 与 x 是一一对应的，通过测量定尺感应电压的相位 θ，可以测量定尺对滑尺的位移 x。数控机床的闭环系统采用鉴相系统时，指令信号的相位角 θ_1 由数控装置发出，由 θ 和 θ_1 的差值控制数控机床的伺服驱动机构。当定尺和滑尺之间产生了相对运动，则定尺上的感应电压的相位发生了变化，其值为 θ。当 $\theta \neq \theta_1$ 时，使机床伺服系统带动机床工作台移动。当滑尺与定尺的相对位置达到指令要求值时，即 $\theta = \theta_1$，工作台停止移动。

2）鉴幅式　给滑尺的正弦绕组和余弦绕组分别通以频率相同、相位相同、幅值不同的交流电压：

$$\begin{aligned} U_s &= U_m \sin\theta_{电}\ \sin\omega t \\ U_c &= U_m \cos\theta_{电}\ \sin\omega t \end{aligned} \tag{3-11}$$

若滑尺相对于定尺移动一个距离 x，其对应的相移为 $\theta_{机}$，$\theta_{机} = \dfrac{2\pi x}{P}$。根据

线性叠加原理，在定尺上工作绕组中的感应电压为

$$\begin{aligned} U_0 &= nU_s\cos\theta_{机} - nU_c\sin\theta_{机} \\ &= nU_m\sin\omega t(\sin\theta_{电}\cos\theta_{机} - \cos\theta_{电}\sin\theta_{机}) \\ &= nU_m\sin(\theta_{机} - \theta_{电})\sin\omega t \end{aligned} \tag{3-12}$$

由以上可知，若电气角 $\theta_{电}$ 已知，只要测出 U_0 的幅值 $nU_m\sin(\theta_{机}-\theta_{电})$，便可以间接地求出 $\theta_{机}$。若 $\theta_{电}=\theta_{机}$，则 $U_0=0$，说明电气角 $\theta_{电}$ 的大小就是被测角位移 $\theta_{机}$ 的大小。采用鉴幅工作方式时，不断调整 $\theta_{电}$，让感应电压的幅值为 0，用 $\theta_{电}$ 代替对 $\theta_{机}$ 的测量，$\theta_{电}$ 可通过具体电子线路测得。

定尺上的感应电压的幅值随指令给定的位移量 $x_1(\theta_{电})$ 与工作台的实际位移 $x_1(\theta_{机})$ 的差值按正弦规律变化。鉴幅型系统用于数控机床闭环系统中，当工作台未达到指令要求值时，即 $x\neq x_1$，定尺上的感应电压 $U_0\neq 0$。该电压经过检波放大后控制伺服执行机构带动机床工作台移动。当工作台移动到 $x=x_1(\theta_{电}=\theta_{机})$ 时，定尺上的感应电压 $U_0=0$，工作台停止运动。

五、　磁栅

1. 磁栅的结构

磁栅又叫磁尺，是一种高精度的位置检测装置，它由磁性标尺、拾磁磁头和检测电路组成，用拾磁原理进行工作的。首先，用录磁磁头将一定波长的方波或正弦波信号录制在磁性标尺上作为测量基准，检测时根据与磁性标尺有相对位移的拾磁磁头所拾取的信号，对位移进行检测。磁栅可用于长度和角度的测量，精度高，安装调整方便，对使用环境要求较低，对周围的电磁场的抗干扰能力较强，在油污和粉尘较多的场合使用有较好的稳定性。高精度的磁栅位置检测装置可用于各种精密机床和数控机床。其结构如图 3-21 所示。

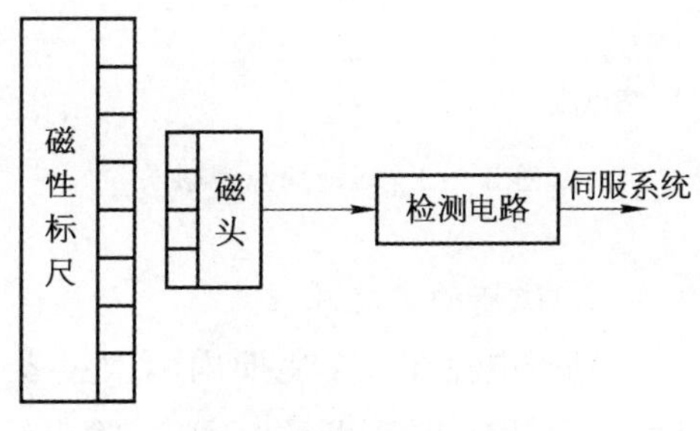

图 3-21　磁栅的结构

1) 磁尺　磁性标尺分为磁性标尺基体和磁性膜。磁性标尺的基体有非导磁性材料(如玻璃、不锈钢、铜等)制成。磁性膜是一层硬磁性材料(如 Ni-Co-P 或 Fe-Co 合金)，用涂敷、化学沉积或电镀在磁性标尺上，呈薄膜状。磁性膜

的厚度为 10～20 μm，均匀地分布在基体上。磁性膜上有录制好的磁波，波长一般为 0.005 mm、0.01 mm、0.2 mm、1 mm 等几种。为了提高磁性标尺的寿命，一般在磁性膜上均匀涂上一层 1～2 μm 的耐磨塑料保护层。

按磁性标尺基体的形状，磁栅可以分为平面实体型磁栅、带状磁栅、线状磁栅和回转型磁栅。前三种磁栅用于直线位移的测量，后一种用于角度测量。磁栅长度一般小于 600 mm，测量长距离可以用几根磁栅接长使用。

2）拾磁磁头　拾磁磁头是一种磁电转换器件，它将磁性标尺上的磁信号检测出来，并转换成电信号。普通录音机上的磁头输出电压幅值与磁通的变化率成正比，属于速度响应型磁头。但数控机床上在运动和静止时都需要进行位置检测，因此应用在磁栅上的磁头是磁通响应型磁头。它不仅在磁头与磁性标尺之间有一定相对速度时能拾取信号，而且在它们相对静止时也能拾取信号。其结构如图 3-22 所示。该磁头有两组绕组，绕在磁路截面尺寸较小的横臂上的励磁绕组和绕在磁路截面较大的竖杆上的拾磁绕组。当对励磁绕组施加励磁电流 $i_a = i_0 \sin \omega_0 t$ 时，在 i_a 的瞬时值大于某一数值以后，横臂上的铁心材料饱和，这时磁阻很大，磁路被阻断，磁性标尺的磁通 Φ_0 不能通过磁头闭合，输出线圈不与 Φ_0 交链。当在 i_a 的瞬时值小于某一数值时，i_a 所产生的磁通 Φ_1 也随之降低。两横臂中磁阻也降低到很小，磁路开通，Φ_0 与输出线圈交链。由此可见，励磁线圈的作用相当于磁开关。

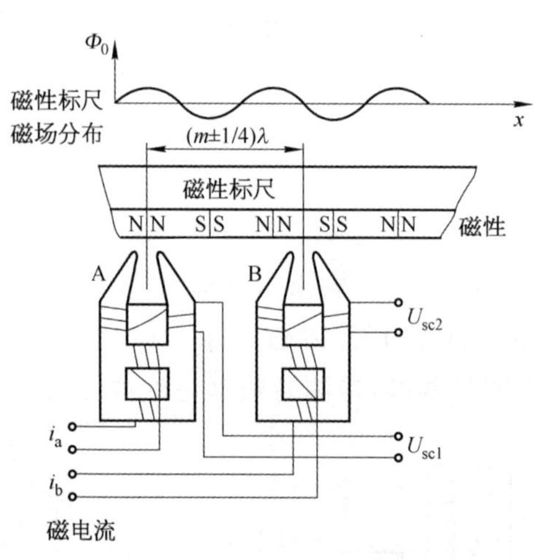

图 3-22　磁通响应型磁头

2. 磁栅的工作原理

励磁电流在一个周期内两次过零、两次出现峰值。相应的磁开关通断各两次。磁路由通到断的时间内，输出线圈中交链磁通量由 $\Phi_0 \to 0$；磁路由断到通的时间内，输出线圈中交链磁通量由 $0 \to \Phi_0$。Φ_0 是由磁性标尺中的磁信号决定的，由此可见，输出线圈输出的是一个调幅信号：

$$U_{sc} = U_m \cos\left(\frac{2\pi x}{\lambda}\right) \sin \omega t \tag{3-13}$$

式中 U_{sc}——输出线圈中输出感应电压；

U_m——输出电势的峰值；

λ——磁性标尺节距；

x——选定某一 N 极作为位移零点，x 为磁头对磁性标尺的位移量；

ω——输出线圈感应电压的幅值，它比励磁电流 i_a 的频率 ω_0 高一倍。

由上可见，磁头输出信号的幅值是位移 x 的函数。只要测出 U_{sc} 过 0 的次数，就可以知道 x 的大小。

使用单个磁头的输出信号小，而且对磁性标尺上的磁化信号的节距和波形要求也比较高。实际使用时，将几十个磁头用一定的方式串联，构成多间隙磁头使用。

为了辨别磁头的移动方向，通常采用间距为$(m+1/4)\lambda$ 的两组磁头 ($\lambda=1, 2, 3\cdots$)，并使两组磁头的励磁电流相位相差 45°，这样两组磁头输出的电势信号相位相差 90°。第一组磁头输出信号如果是

$$U_{sc1}=U_m\cos\left(\frac{2\pi x}{\lambda}\right)\sin\omega t \tag{3-14}$$

则第二组磁头输出信号是

$$U_{sc2}=U_m\sin\left(\frac{2\pi x}{\lambda}\right)\sin\omega t \tag{3-15}$$

磁栅检测是模拟量测量，必须和检测电路配合才能进行检测。磁栅的检测电路包括：磁头励磁电路、拾取信号放大、滤波及辨向电路、细分内插电路、显示及控制电路等各部分。

根据检测方法的不同，也可分为幅值检测和相位检测两种。通常相位测量应用较多。

第三节　步进电动机伺服系统

步进电动机是一种将电脉冲信号转换成机械角位移的电磁机械装置。对步进电动机施加一个电脉冲信号时，它就旋转一个固定的角度，称为一步，每一步所转过的角度叫做步距角。常用步进电动机的步距角有 0.36°/0.72°，0.75°/1.5°，0.9°/1.8°等，斜线前面的角度表示半步距角度，斜线后面的角度表示全步距角度。步进电动机的角位移量和输入脉冲的个数严格地成正比

例,在时间上与输入脉冲同步。因此,只需控制输入脉冲的数量、频率及电动机绕组通电相序,便可获得所需要的转角、转速及旋转方向。没有脉冲输入时,在绕组电源激励下,气隙磁场能使转子保持原有位置而处于定位状态。由于步进电动机所用电源是脉冲电源,所以也称为脉冲马达。

步进电动机具有较好的定位精度,无漂移和累积定位误差,能跟踪一定频率范围的脉冲列,可作同步电动机使用。步进电动机与交、直流伺服电动机相比,在低速运行时有较大噪声和振动,在过载或高转速运行时会产生失步现象。所以利用步进电动机控制机床的进给运动,限制了数控机床的精度和可靠性。步进电动机伺服系统没有反馈检测环节,是典型的开环控制系统,其精度主要由步进电动机来决定,速度也受到步进电动机性能的限制。因此,步进电动机主要应用于经济型数控机床和各种小型自动化设备及仪器。

一、 步进电动机的分类

(1) 按步进电动机输出转矩的大小,可分为快速步进电动机和功率步进电动机。

快速步进电动机连续工作频率高,而输出转矩小。功率步进电动机的输出转矩比较大,数控机床一般采用功率步进电动机。

(2) 按转矩产生的工作原理,步进电动机分为可变磁阻式、永磁式和混合式三种基本类型。

可变磁阻式步进电动机又称为反应式步进电动机,它的工作原理是由改变电动机的定子和转子的软钢齿之间的电磁引力来改变定子和转子的相对位置,这种电动机结构简单、步距角小。永磁式步进电动机的转子铁心上装有多条永久磁铁,转子的转动与定位是由定子、转子之间的电磁引力与磁铁磁力共同作用的。与反应式步进电动机相比,相同体积的永磁式步进电动机转矩大,步距角也大。混合式步进电动机结合了反应式步进电动机和永磁式步进电动机的优点,采用永久磁铁提高电动机的转矩,采用细密的极齿来减小步距角,是目前数控机床上应用最多的步进电动机。

(3) 按励磁组数,可分为两相、三相、四相、五相、六相甚至八相步进电动机。

(4) 按电流的极性,可分为单极性和双极性步进电动机。

(5) 按运动的型式,可分为旋转、直线、平面步进电动机。

二、　步进电动机的结构及工作原理

1. 步进电动机的结构

目前，我国使用的步进电动机多为反应式步进电动机。在反应式步进电动机中，有轴向分相和径向分相两种。图 3－23 所示是一典型的单定子、径向分相、反应式伺服步进电动机的结构原理图。它与普通电动机一样，也是由定子和转子构成，其中定子又分为定子铁心和定子绕组。定子铁心由电工钢片叠压而成，定子绕组是绕置在定子铁心 6 个均匀分布的齿上的线圈，在直径方向上相对的两个齿上的线圈串联在一起，构成一相控制绕组。图 3－23 所示的步进电动机可由 A、B、C 三相控制绕组构成，故称三相步进电动机。若任一相绕组通电，便形成一组定子磁极，其方向即图中所示的 NS 极。在定子的每个磁极上面向转子的部分，又均匀分布着 5 个小齿，这些小齿呈梳状排列，齿槽等宽，齿间夹角为 9°。转子上没有绕组，只有均匀分布的 40 个齿，其大小和间距与定子上的完全相同。此外，三相定子磁极上的小齿在空间位置上依次错开 1/3 齿距，如图 3－24 所示。当 A 相磁极上的小齿与转子上的小齿对齐时，B 相磁极上的齿刚好超前（或滞后）转子齿 1/3 齿距角，C 相磁极齿超前（或滞后）转子齿 2/3 齿距角。步进电动机每走一步所转过的角度称为步距角，其大小等于错齿的角度。错齿角度的大小取决于转子上的齿数，磁极数越多，转子上的齿数越多，步距角越小，步进电动机的位置精度越高，其结构也越复杂。

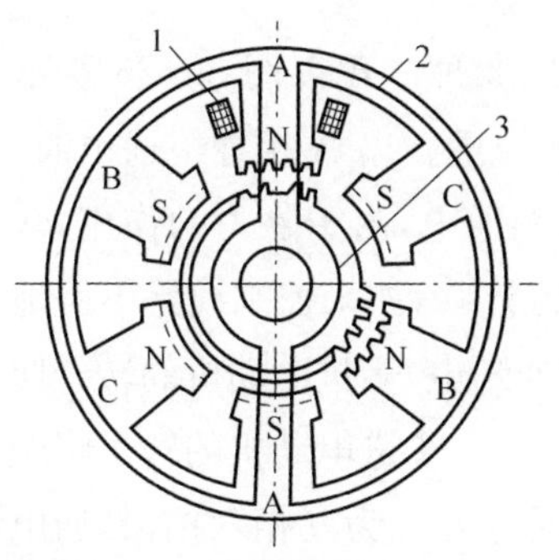

图 3－23　单定子径向分相反应式步进电动机结构原理图

1—绕组；2—定子铁心；3—转子铁心

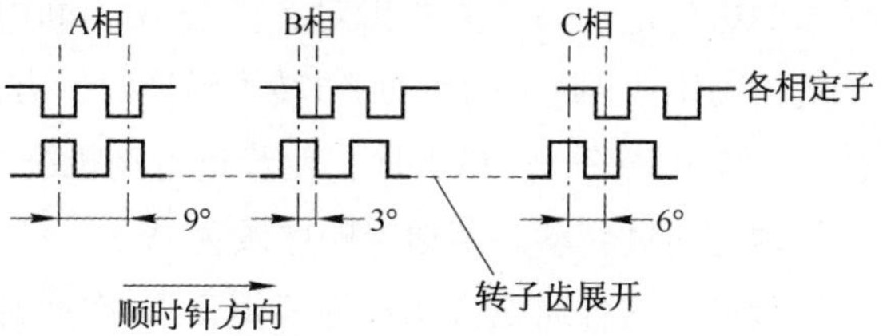

A相　B相　C相
各相定子
9°　3°　6°
转子齿展开
顺时针方向

图 3－24　步进电动机的齿距

图 3－25 是一个轴向分相、反应式伺服步进电动机的结构原理图。从图 a 中可以看出，步进电动机的定子和转子在轴向分为五段，每一段都形成独立的一相定子铁心、定子绕组和转子。图 b 所示的是其中的一段。各段定子铁心形如内齿轮，由硅钢片叠成。转子形如外齿轮，也由硅钢片叠成。各段定子上的齿在圆周方向均匀分布，彼此之间错开 1/5 齿距，其转子齿彼此不错位。当设置在定子铁心环形槽内的定子绕组通电时，形成一相环形绕组，构成图中所示的磁力线。

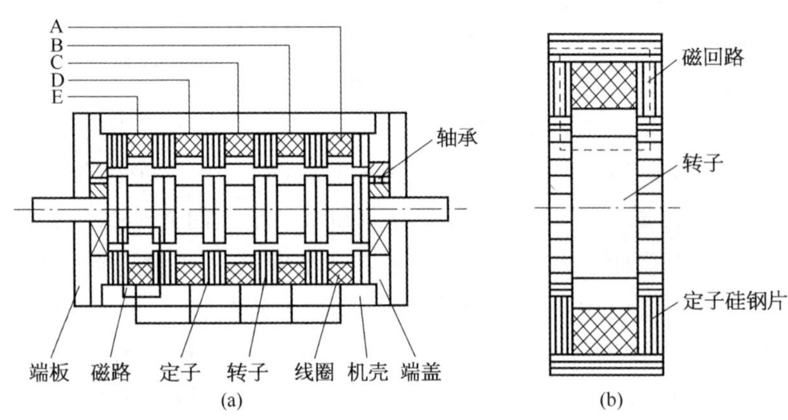

图 3－25 轴向分相反应式步进电动机结构原理图

除上面介绍的两种形式的反应式步进电动机之外，常见的步进电动机还有永磁式步进电动机和永磁反应式步进电动机，它们的结构虽不相同，但工作原理相同。

2. 步进电动机的工作原理

步进电动机的工作原理实际上是电磁铁的作用原理。现以图 3－26 所示三相反应式步进电动机为例说明步进电动机的工作原理。当 A 相绕组通电时，转子的齿与定子 AA 上的齿对齐。若 A 相断电，B 相通电，由于磁力的作用，转子的齿与定子 BB 上的齿对齐，转子沿逆时针方向转过 30°，如果控制线路不停地按 A→B→C→A→…的顺序控制步进电动机绕组的通断电，步进电动机的转子便不停地逆时针转动。若通电顺序改为 A→C→B→A→…，步进电动机的转子将顺时针转动。这种通电方式称为三相三拍，而通常的通电方式为三相六拍，其通电顺序为 A→AB→B→BC→C→CA→A→…及 A→AC→C→CB→B→BA→A→…。相应地，定子绕组的通电状态每改变一次，转子转过 15°。因此在本例中，三相三拍的通电方式其步距角 $\alpha = 30°$，三相六拍通电方式其步距角 $\alpha = 15°$。

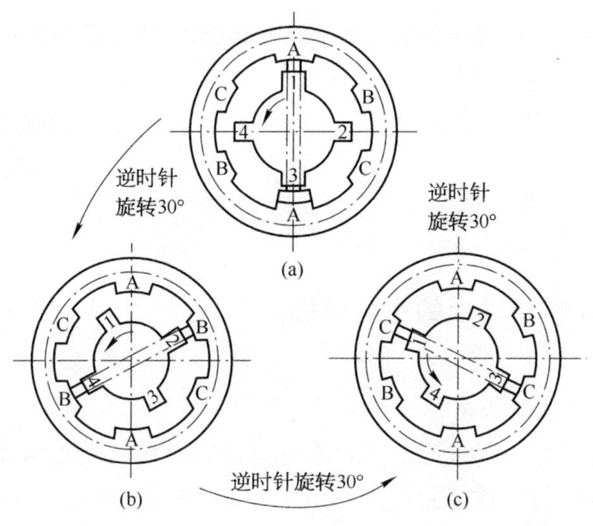

图 3-26　步进电动机工作原理图

综上所述，可以得到如下结论：

(1) 步进电动机定子绕组的通电状态每改变一次，它的转子便转过一个确定的角度，即步距角 α。

(2) 改变步进电动机定子绕组的通电顺序，转子的旋转方向随之改变。

(3) 步进电动机定子绕组通电状态的改变速度越快，其转子旋转的速度越快，即通电状态的变化频率越高，转子的转速越高。

(4) 当停止送入脉冲时，只要维持绕组内电流不变，电动机轴可以保持在某固定位置上，不需要机械制动装置。

(5) 步进电动机存在齿间相邻误差，但是不会产生累积误差。

(6) 步进电动机步距角 α 与定子绕组的相数 m、转子的齿数 Z、通电方式 c 有关，可用下式表示：

$$\alpha = 360°/(mZc) \tag{3-16}$$

式中 m 相 m 拍时，$c = 1$；m 相 $2m$ 拍时，$c = 2$。

对于图 3-23 所示的单定子、径向分相、反应式步进电动机，当它以三相三拍通电方式工作时，其步距角为

$$\alpha = 360°/(mZc) = 360°/(3 \times 40 \times 1) = 3°$$

若按三相六拍通电方式工作，则步距角为

$$\alpha = 360°/(mZc) = 360°/(3 \times 40 \times 2) = 1.5°$$

（7）步进电动机的转速与输入脉冲频率成正比，通过控制脉冲频率可以在很宽的范围内调节步进电动机的转速；每输入一个脉冲，电动机转过步距角。即转过整个圆周的 $1/(mZc)$，也就是 $1/(mZc)$ 转。因此每分钟转过的圆周数，即转速为：

$$n = \frac{60f}{mZc} = \frac{60f \times 360^\circ}{360^\circ mZc} = \frac{\theta_s}{6^\circ} f(\mathrm{r/min}) \tag{3-17}$$

三、 步进电动机的主要特性

1. 步距角的步距误差

步进电动机每走一步，转子实际的角位移与设计的步距角存在步距误差。连续走若干步以后，上述步距误差形成累积值，因为转子转过一圈后，回至上一转的稳定位置，所以步进电动机步距的误差不会无限累积，在一转的范围内存在一个最大累积误差。步距误差和累积误差通常用度、分或者步距角百分比表示。影响步距误差的主要因素有：转子齿的分度精度、定子磁极与齿的分度精度；铁心迭压及装配精度；气隙的不均匀程度；各相励磁电流的不对称度。

2. 静态矩角特性

所谓静态是指步进电动机不改变通电状态，转子不产生步进运动的工作状态。步进电动机某相通以直流电流时，空载下该相对应的定、转子齿对齐，这时转子输出转矩为零。若在电动机轴上加一顺时针方向的负载转矩 M_L，步进电动机转子则按顺时针方向转过一个小角度 θ，并重新稳定，这时转子电磁转矩 M_m 和负载转矩 M_L 相等，称 M_m 为静态转矩，称 θ 角度为失调角。描述步进电动机稳态时，电磁转矩 M_m 与失调角 θ 之间的曲线称为矩角特性或静转矩特性。

3. 起动惯频特性

在负载转矩 $M_L = 0$ 的条件下，步进电动机由静止状态突然启动，不失步地进入正常运行状态所允许的最高起动频率，称为起动频率或突跳频率，超过此值就不能正常起动。起动频率与机械系统的转动惯量有关，包括步进电动机转子的转动惯量，加上其他运动部件折算至步进电动机轴上的转动惯量。图 3-27 所示为起动频率与负载转动惯量之间的关系。随着负载惯量的增加，起动频率下降。若同时存在负载转矩；则起动频率将进一步降低。在实际应用中，由于负载转矩的

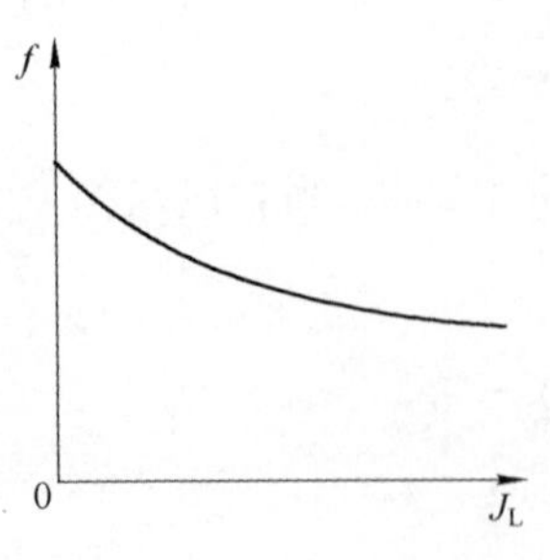

图 3-27 起动惯频特性

存在,可采用的起动频率要比惯频特性中的频率还要低。

4. 连续运行频率

步进电动机起动后,当控制的脉冲频率在连续上升时,能不失步运行的最高脉冲重复频率称为连续运行频率。转动惯量主要影响运行频率连续升降的速度,而步进电动机的绕组电感和驱动电源的电压对运行频率高低的影响很大。在实际应用中,由于起动频率比运行频率低得多,通常采用自动升降频的方式,先在低频下使步进电动机起动,然后逐渐升至运行频率。当需要步进电动机停转时,先将脉冲信号的频率逐渐降低至起动频率以下,再停止输入脉冲,步进电动机才能不失步地准确停止。

5. 矩频特性

矩频特性是描述步进电动机在负载惯量一定且稳态运行时的最大输出转矩与脉冲重复频率的关系曲线。步进电动机的最大输出转矩随脉冲重复频率的升高而下降,这是因为步进电动机的绕组是感性负载,在绕组通电时,电流上升减缓使有效转矩变小。绕组断电时,电流逐渐下降,产生与转动方向相反的转矩,使输出转矩变小。随着脉冲重复频率的升高,电流波形的前后沿占通电时间的比例越来越大,输出转矩也就越来越小。当驱动脉冲频率高到一定的程度,步进电动机的输出转矩已不足以克服自身的摩擦转矩和负载转矩时,步进电动机的转子会在原位置振荡而不能作旋转运动,称作电动机产生堵转或失步现象。步进电动机的绕组电感和驱动电源的电压对矩频特性影响很大,低电感或高电压将获得下降缓慢的矩频特性,如图 3 - 28 所示。

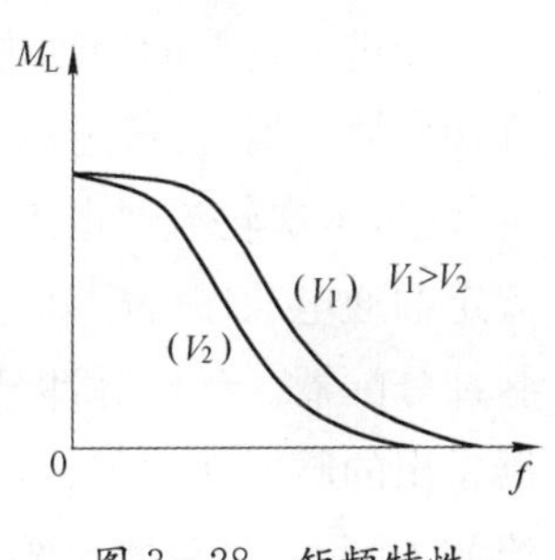

图 3 - 28　矩频特性

由图 3 - 28 还可以看出,在低频区,矩频曲线比较平坦,电动机保持额定转矩。在高频区,矩频曲线急剧下降,这表示步进电动机的高频特性差。因此,步进电动机作为进给运动控制,从静止状态到高速旋转需要有一个加速过程。同样,步进电动机从高速旋转状态到静止也要有一个减速过程。没有加速过程或者加减速不当,步进电动机会出现失步现象。

四、　步进电动机的驱动控制系统

步进电动机驱动系统选用功率型步进电动机作为驱动元件,它主要有反应式和混合式两类。反应式价格较低，混合式价格较高，但混合式步进电动机的输出力矩大，运行频率及升降速度快，因而性能更好。为克服步进电动机低频共振的缺点，进一步提高精度，步进电动机驱动装置一般提供半步/整步选择，甚至细分功能，并得到了广泛的应用。步进驱动系统在我国经济型数控领域和老式机床改造中起到了极其重要的作用。

步进电动机的运行性能不仅与电动机本身的特性、负载有关，而且与其配套使用的驱动电源有着密切的关系。步进电动机的运行性能是步进电动机和驱动电源的综合结果，选择性能良好的驱动电源对于发挥步进电动机的性能是十分重要的。步进电动机对驱动电路有如下要求：

(1) 驱动电源的相数、通电方式、电压和电流都满足步进电动机的需要。

(2) 要满足步进电动机的起动频率和运行频率的要求。

(3) 能最大限度地抑制步进电动机的振荡。

(4) 工作可靠，抗干扰能力强。

(5) 成本低、效率高、安装和维护方便。

1. 基本组成

步进电动机的驱动电路主要由脉冲发生器、脉冲分配器和脉冲放大器(也称功率放大器)三部分组成，如图 3-29 所示。步进电动机各励磁绕组是按一定节拍，依次轮流通电工作的，为此，需将 CNC 发出的控制脉冲按步进电动机规定的通电顺序分配到定子各励磁绕组中。完成脉冲分配的功能元件称环形脉冲分配器。环形脉冲分配可由硬件实现，也可以用软件完成；环形脉冲分配器发出的脉冲功率很小，不能直接驱动步进电动机，必须经驱动电路将信号电流放大到一定值，才能驱动电动机。

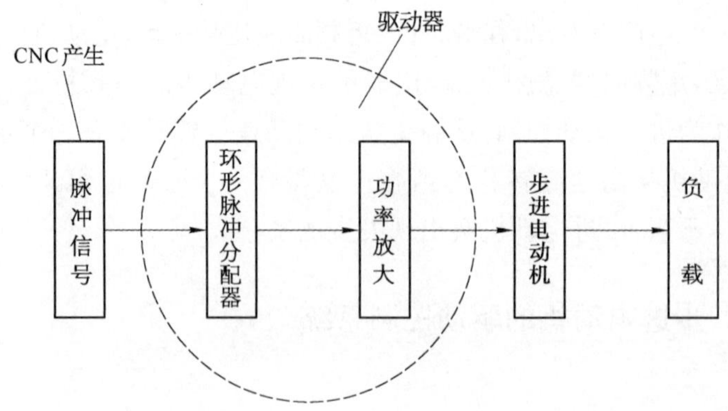

图 3-29 步进电动机驱动电路的组成

1）环形分配　步进电动机在一个脉冲的作用下，转过一个相应的步距角，因而只要控制一定的脉冲数，即可精确控制步进电动机转过的相应的角度。但步进电动机的各绕组必须按一定的顺序通电才能正确工作，这种使电动机绕组的通断电顺序按输入脉冲的控制而循环变化的过程称为环形脉冲分配。

实现环形分配的方法有两种。一种是计算机软件分配，采用查表或计算的方法使计算机的三个输出引脚依次输出满足速度和方向要求的环形分配脉冲信号。这种方法能充分利用计算机软件资源以减少硬件成本，尤其是多相电动机的脉冲分配更显示出它的优点。但由于软件运行会占用计算机的运行时间，因而会使插补运算的总时间增加，从而影响步进电动机的运行速度。

另一种是硬件环形分配，采用数字电路搭建或专用的环形分配器件将连续的脉冲信号经电路处理后输出环形脉冲。采用数字电路搭建的环形分配器通常由分立元件（如触发器、逻辑门等）构成，特点是体积大、成本高、可靠性差。专用的环形分配器目前市面上有很多种，如CMOS电路CH250即为三相步进电动机的专用环形分配器，它的引脚功能图及三相六拍线路图如图3－30所示。这种方法的优点是使用方便，接口简单。

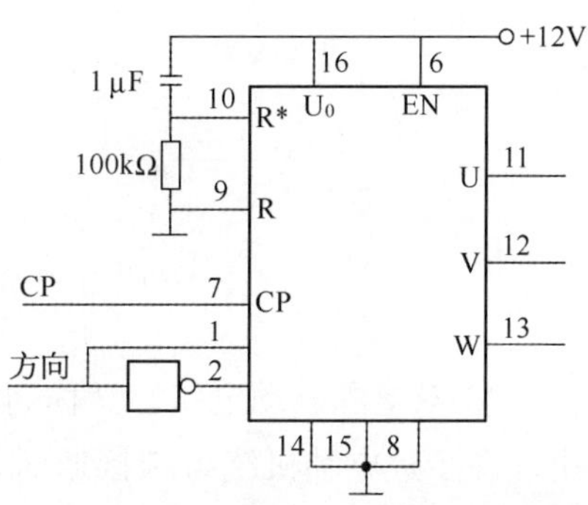

图3－30　环形分配器CH250引脚

2）功率放大　要使步进电动机能输出足够的转矩以驱动负载工作，必须为步进电动机提供足够功率的控制信号，实现这一功能的电路称为步进电动机驱动电路。驱动电路实际上是一个功率开关电路，其功能是将环形分配器的输出信号进行功率放大，得到步进电动机控制绕组所需要的脉冲电流及所需要的脉冲波形。步进电动机的工作特性在很大程度上取决于功率驱动器的性能，对每一相绕组来说，理想的功率驱动器应使通过绕组的电流脉冲尽量接近矩形波。但由于步进电动机绕组有很大的电感，要做到这一点是有困难的。

常见的步进电动机驱动电路有四种：

① 单电源驱动电路。这种电路采用单一电源供电，结构简单，成本低，但电流波形差，效率低，输出力矩小，主要用于对速度要求不高的小型步进电

动机的驱动，如图 3－31 所示为步进电动机的一相绕组驱动电路（每相绕组的电路相同）。当环形分配器的脉冲输入信号 U_u 为低电平（逻辑 0，约 1 V）时，虽然 VT1、VT2 管都导通，但只要适当选择 R1、R3、R5 的阻值，使 $U_{b3}<0$（约为－1 V），那么 VT3 管就处于截止状态，该相绕组断电。当输入信号 U_u 为高电平 3.6 V（逻辑 1）时。$U_{b3}>0$（约为 0.7 V），VT3 管饱和导通，该相绕组通电。

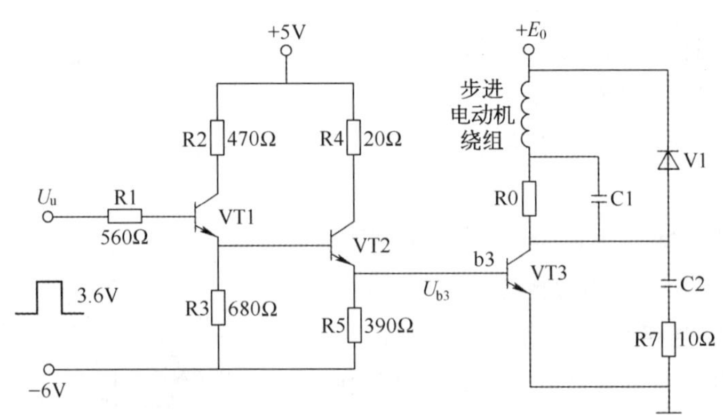

图 3－31 单电源驱动电路

② 双电源驱动电路。又称高低压驱动电路，采用高压和低压两个电源供电。在步进电动机绕组刚接通时，通过高压电源供电，以加快电流上升速度，延迟一段时间后，切换到低压电源供电。这种电路使电流波形、输出转矩及运行频率等都有较大改善，如图 3－32、图 3－33 所示。

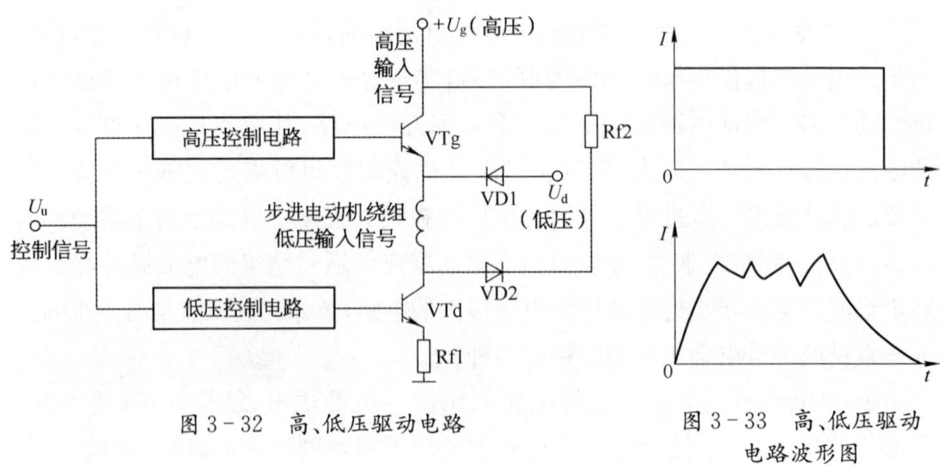

图 3－32 高、低压驱动电路

图 3－33 高、低压驱动电路波形图

当环形分配器的脉冲输入信号 U_u 为高电平时(要求该相绕组通电),二极管 VTg、VTd 的基极都有信号电压输入,使 VTg、VTd 均导通。于是在高压电源作用下(这时二极管 VD1 两端承受的是反向电压,处于截止状态,可使低压电源不对绕组作用)绕组电流迅速上升,电流前沿很陡。当电流达到或稍微超过额定稳态电流时,利用定时电路或电流检测器等措施切断 VTg 基极上的信号电压,于是 VTg 截止,但此时 VTd 仍然是导通的,因此绕组电流转而由低压电源经过二极管 VD1 供给。当环形分配器输出端的电压 U_u 为低电平时(要求绕组断电),VTd 基极上的信号电压消失,于是 VTd 截止,绕组中的电流经二极管 VD2 及电阻 Rf2 向高压电源放电,电流便迅速下降。采用这种高低压切换型电源,电动机绕组上不需要串联电阻或者只需要串联一个很小的电阻 Rf1(为平衡各相的电流),所以电源的功耗比较小。由于这种供压方式使电流波形得到很大改善,所以步进电动机的转矩-频率特性好,起动和运行频率得到很大的提高。

③ 斩波限流驱动电路。这种电路采用单一高压电源供电,以加快电流上升速度,并通过对绕组电流的检测和控制功放管的开、关,使电流在控制脉冲持续期间始终保持在规定值上下。这种电路出力大,功耗小,效率高,目前应用最广。如图 3 - 34 所示为一种斩波限流驱动电路原理图,其工作原理如下:

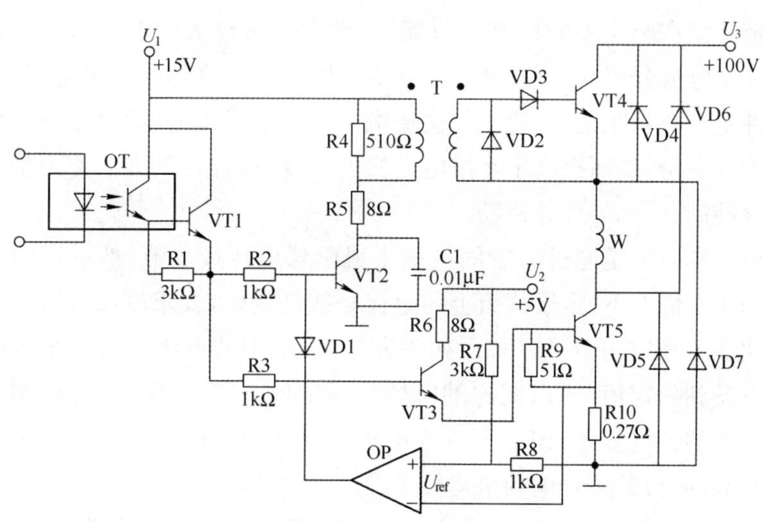

图 3 - 34　斩波限流驱动电路

当环形分配器的脉冲输入高电平(要求该相绕组通电)加载到光电耦合器OT的输入端时,晶体管VT1导通,并使VT2和VT3也导通。在VT2导通瞬间,脉冲变压器TI在其二次线圈中感应出一个正脉冲,使大功率晶体管VT4导通。同时由于VT3的导通,大功率晶体管VT5也导通。于是绕组W中有电流流过,步进电动机旋转。由于W是感性负载,其中电流在导通后逐渐增加,当其增加到一定值时,在检测电阻R10上产生的压降将超过由分压电阻R7和电阻R8所设定的电压值V_{ref},使比较器OP翻转,输出低电平使VT2截止。在VT2截止的瞬时,又通过T将一个负脉冲送到二次线圈,使VT4截止。于是电源通路被切断,W中储存的能量通过VT5、R10及二极管VD7释放,电流逐渐减小。当电流减小到一定值后,在R10上的压降又低于V_{ref},使OP输出高电平,VT2、VT4及W重新导通。在控制脉冲持续期间,上述过程不断重复。当输入低电平时,VT1～VT5等相继截止,W中的能量则通过VD6、电源、地和VD7释放。

该电路限流值可达6A左右,改变电阻R10或R8的值,可改变限流值的大小。

④ 细分驱动电路。步进电动机定子绕组的通电状态每改变一次,转子转过一个步距角。步距角的大小只有两种,即整步工作或半步工作。但在三相步进电动机的双三拍通电的方式下是两相同时通电,转子的齿和定子的齿不对齐而是停在两相定子齿的中间位置。若两相通以不同大小的电流,那么转子的齿就会停在两齿中间的某一位置,且偏向电流较大的那个齿。若将通向定子的额定电流分成n等份,转子以n次通电方式最终达到额定电流,使原来每个脉冲走一个步距角,变成了每次通电走$1/n$个步距角,即将原来一个步距角细分为n等份,从而提高了步进电动机的精度,这种控制方法称为步进电动机的细分控制,或称为细分驱动。

细分的本质就是通过一定的措施生成阶梯电压或电流,然后通向定子绕组。在简单的情况下,定子绕组上的电流是线性变化,要求较高时可以是正弦规律变化。实际应用中可以采用如下方法:绕组中的电流以若干个等幅等宽的阶梯上升到额定值,或以同样的阶梯从额定值下降到零。这种控制方案虽然驱动电源的结构复杂,但它不改变电动机内部的结构就可以获得更小的步距角和更高的分辨率,且电动机运转平稳。

细分技术的关键是如何获得阶梯波,以往阶梯波的获得电路比较复杂,但单片机的应用使细分驱动变得十分灵活。下面就介绍细分技术的一种方法。

其原理如图 3－35 所示。该电路主要由 D/A 电路、放大器、比较放大电路和线性功放电路组成。A/D 电路将来自单片机的数字量转变成对应的模拟量 V_{IN}，放大器将其放大为 V_A，比较放大电路通过绕组电流的采样电压 V_e 和电压 V_A 进行比较，产生调节信号 V_b，控制绕组电流 I_L。当来自单片机的数据 D_j 输入给 D/A 转换器转换为电压 V_{INj}，并经过放大器放大为 V_{Aj}，比较器与功放级组成一个闭环调节系统，对应于 V_{Aj} 在绕组中的电流为 I_{Lj}。如果电流 I_L 下降，则绕组电流采样电压 V_e 下降，$V_{Aj}-V_e$ 增大，V_b 增大，I_L 上升，最终使绕组电流稳定于 I_{Lj}。因此通过反馈控制，来自单片机的任何一个数据 D，都会在绕组上产生一个恒定的电流 I_L。若数据 D 突然由 D_j 增加为 D_k，通过 D/A 和放大器后，输出电压由 V_{Aj} 增加为 V_{Ak}，使($V_{Ak}-V_e$)产生正跳变，相应的 V_b 也产生正跳变，从而使电流迅速上升。当 D_j 减小时情况刚好相反，且上述过程是该电路的瞬间响应。因此可以产生阶梯状的电流波形。细分数的大小取决于 D/A 转换的精度，若为 8 位数模转换器，其值为 00H～FFH(末位 H 表示十大进制)，若要每个阶梯的电流值相等，则要求细分的步数必须能对 255 整除，此时的细分数可能为 3、5、15、17、51、85。只要在细分控制中，改变其每次突变的数值，就可以实现不同的细分控制。

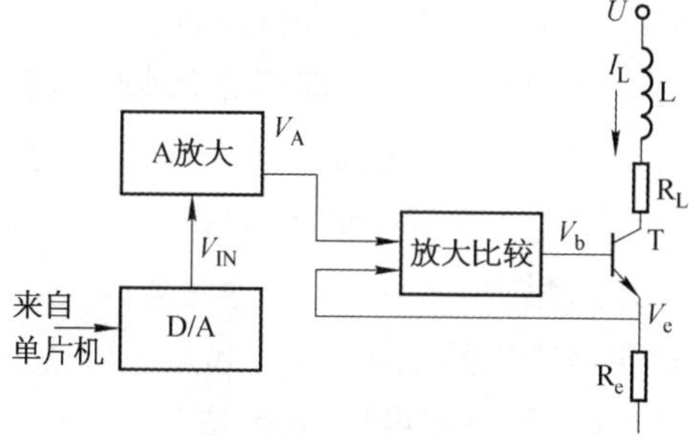

图 3－35　可变细分控制功率放大电路

2. 步进电动机的速度控制

控制步进电动机的运行速度，实际上就是控制系统发出时钟脉冲的频率或者换相的周期。系统可用两种办法来确定时钟脉冲的周期：一种是软件延时；另一种是用定时器。软件延时的方法是通过调用延时子程序的方法来实现的，它占用 CPU 时间。定时器方法是通过设置定时时间常数的方法来实现的。

对于步进电动机的点位控制系统，从起点至终点的运行速度都有一定要求。如果要求运行的速度小于系统的极限起动频率，则系统可以按要求的速度直接起动，运行至终点后可立即停发脉冲串而令其停止。系统在这样的运行方式下速度可认为是恒定的。但在一般情况下，系统的极限起动频率是比较低的，而要求的运行速度往往较高，如果系统以要求的速度直接起动，可能发生失步或根本不能运行的情况。系统运行起来之后，如果到达终点时突然停发脉冲串，令其立即停止，则因为系统的惯性原因，会发生冲过终点的“超程”现象，使点位控制发生偏差。因此在点位控制过程中，运行速度都需要有一个加速—恒速—减速—低恒速—停止的过程，如图 3-36 所示。各种系统在工作过程中，都要求加减速过程时间尽量短，而恒速时间尽量长。特别是在要求快速响应的工作中，从起点至终点运行的时间要求最短，这就必须要求升速、减速的过程最短，而恒速时的速度最高。

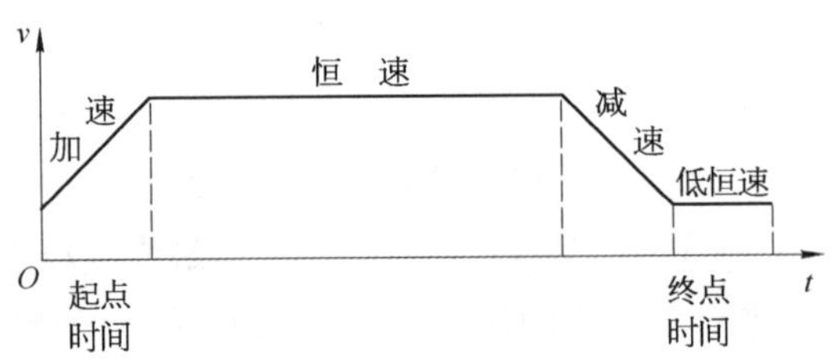

图 3-36 步进电动机点位控制的加减速控制

升速规律一般可有两种选择：一是按照直线规律升速；二是按指数规律升速。按直线规律升速时加速度为恒定，但实际上电动机转速升高时，输出转矩将有所下降。如按指数规律升速，加速度是逐渐下降的，接近电动机输出转矩随转速变化的规律。

用微机对步进电动机进行加减速控制，实际上，就是改变输出时钟脉冲的时间间隔，升速时，使脉冲串逐渐加密，减速时，使脉冲串逐渐稀疏。微机用定时器中断方式来控制电动机变速时，实际上就是不断改变定时器装载值的大小，一般用离散办法来逼近理想的升降速曲线，为了减少每步计算装载值的时间，系统设计时就把各离散点的速度所需的装载值固化在系统的 ROM 中，系统运行时用查表方法查出所需的装载值。从而大大减少占用 CPU 时间，提高系统响应速度。

系统在执行加减速控制过程中，还需准备下列数据：

(1) 加减速的斜率。

(2) 升速过程的总步数。

(3) 恒速运行总步数。

(4) 减速运行的总步数。

五、　步进电动机的开环进给系统

开环系统无位置反馈，精度相对闭环系统来说不高，其精度主要取决于伺服驱动系统和机械传动机构的性能和精度。开环进给系统一般采用步进电动机作为执行元件。因此，只需控制输入脉冲的数量、频率及电动机绕组通电相序，便可获得所需要的转角、转速及旋转方向。

这类系统具有结构简单、工作稳定、调试方便、维修简单、价格低廉等优点，在精度和速度要求不高、驱动力矩不大的场合得到广泛应用，一般用于经济型数控机床。由于没有位置测量装置，信号流是单向的，故系统稳定性好。图 3-37 为采用步进电动机为执行元件的开环进给系统。

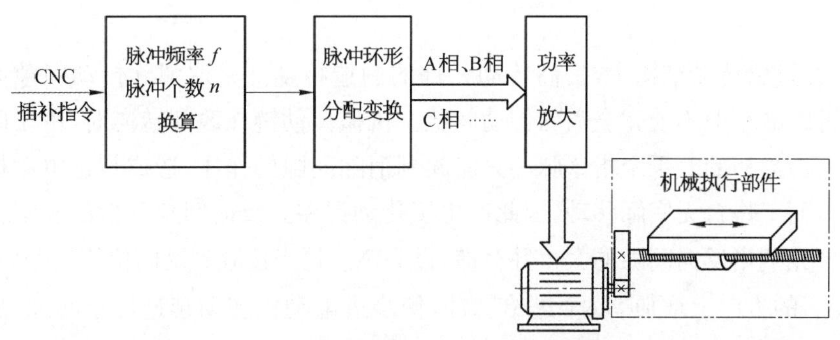

图 3-37　采用步进电动机为执行元件的开环数控系统

(1) 工作台位移量的控制。数控装置发出 n 个脉冲，经驱动线路放大后，使步进电动机定子绕组通电状态变化 n 次，如果一个脉冲使步进电动机转过的角度为 α，则步进电动机转过的角位移量 $\Phi = n\alpha$，再经减速齿轮、丝杠、螺母之后转变为工作台的位移量 L，即进给脉冲数决定了工作台的直线位移量 L。

(2) 工作台进给速度的控制。数控装置发出的进给脉冲频率为 f，经驱动控制线路，表现为控制步进电动机定子绕组的通电、断电状态的电平信号变化频率，定子绕组通电状态变化频率决定步进电动机的转速，该转速经过减速齿轮及丝杠、螺母之后，体现为工作台的进给速度 v，即进给脉冲的频率决定了工作台的进给速度。

(3) 工作台运动方向的控制。改变步进电动机输入脉冲信号的循环顺序方向，就可改变定子绕组中电流的通断循环顺序，从而使步进电动机实现正转和反转，相应的工作台进给方向就被改变。

六、 提高步进式伺服系统精度的措施

步进式伺服系统是一个开环系统。在此系统中，步进电动机的质量、机械传动部分的结构和质量以及控制电路的完善与否，均影响到系统的工作精度。要提高系统的工作精度，应从这几个方面考虑：改善步进电动机的性能，减小步距角；采用精密传动副，减少传动链中传动间隙等。但这些因素往往由于结构和工艺的关系而受到一定的限制。为此，需要从控制方法上采取一些措施，以弥补其不足。

1. 反向间隙补偿

在进给传动结构中，提高传动元件的制造精度并采取消除传动间隙的措施，可以减小但不能完全消除传动间隙。机械传动链在改变转向时，由于间隙的存在，最初的若干个指令脉冲只能起到消除间隙的作用，造成步进电动机的空走，而工作台无实际移动，因此产生了传动误差。反向间隙补偿的基本方法是：事先测出反向间隙的大小并存储，设为 N_d；每当接收到反向位移指令后，在改变后的方向上增加 N_d 个进给脉冲，使步进电动机转动越过传动间隙，从而克服因步进电动机的空走而造成的反向间隙误差。

2. 螺距误差补偿

在步进式开环伺服驱动系统中，丝杠的螺距累积误差直接影响着工作台的位移精度，若想提高开环伺服驱动系统的精度，就必须予以补偿。螺距误差补偿原理如图 3-38 所示。通过对丝杠的螺距进行实测，得到丝杠全程的误差分布曲线。误差有正有负，当误差为正时，表明实际的移动距离大于理论的移动距离，应该采用扣除进给脉冲指令的方式进行误差的补偿，使步进电动机少走一步；当误差为负时，表明实际的移动距离小于理论的移动距离，应该采取增加进给脉冲指令的方式进行误差的补偿，使步进电动机多走一步。具体的做法是：

(1) 安置两个补偿杆，分别负责正误差和负误差的补偿；

(2) 在两个补偿杆上，根据丝杠全程的误差分布情况及如上所述螺距误差的补偿原理，设置补偿开关或挡块；

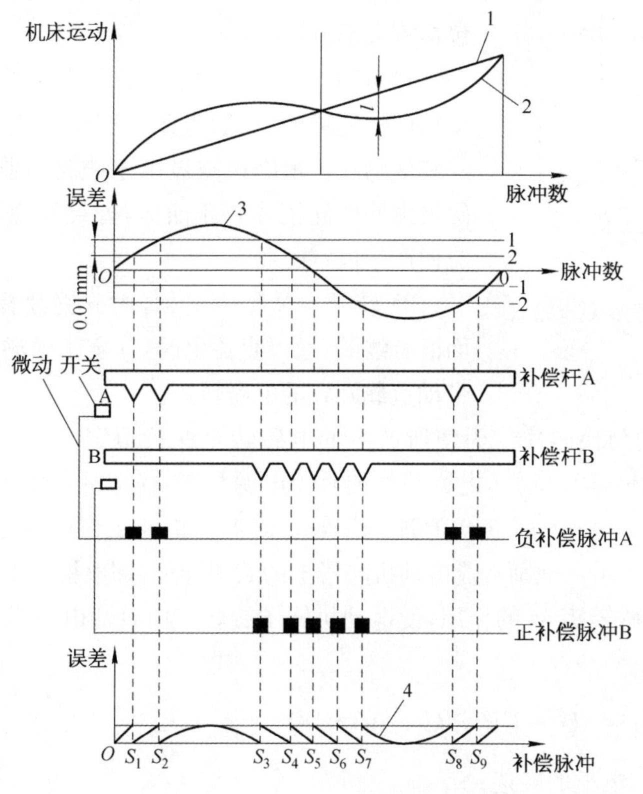

图 3-38 螺距误差补偿原理

(3) 当机床工作台移动时，安装在机床上的微动开关与挡块每接触一次，就发出一个误差补偿信号，对螺距误差进行补偿，以消除螺距的积累误差。

第四节 直流电动机伺服系统

一、 直流伺服电动机的结构与原理

直流伺服电动机具有良好的起动、制动和调速特性，可很方便地在宽范围内实现平滑无级调速，故多在对伺服电动机的调速性能要求较高的生产设备中采用。

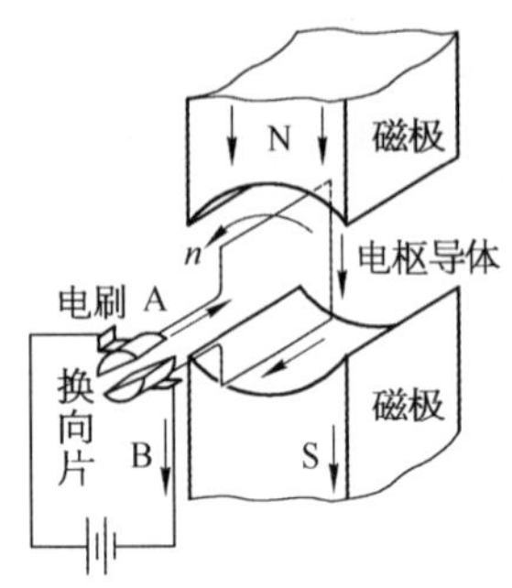

图 3-39　直流伺服电动机

如图 3-39 所示，直流伺服电动机的结构主要包括三大部分：

1）定子　定子磁极磁场由定子的磁极产生。根据产生磁场的方式，直流伺服电动机可分为永磁式和他励式。永磁式磁极由永磁材料制成，他励式磁极由冲压硅钢片叠压而成，外绕线圈通以直流电流便产生恒定磁场。

2）转子　又称为电枢，由硅钢片叠压而成，表面嵌有线圈，通以直流电时，在定子磁场作用下产生带动负载旋转的电磁转矩。

3）电刷与换向片　为使所产生的电磁转矩保持恒定方向，转子能沿固定方向均匀地连续旋转，电刷与外加直流电源相接，换向片与电枢导体相接。

直流伺服电动机的工作原理与一般直流电动机的工作原理是完全相同，如图 3-40 所示。他励直流电动机转子上的载流导体(即电枢绕组)，在定子磁场中受到电磁转矩 M 的作用，使电动机转子旋转。由直流电动机的基本原理分析得到：

$$n = (U - I_a R_a)/k_e \qquad (3-18)$$

式中　n——电枢的转速；

U——电枢电压；

I_a——电动机电枢电流；

R_a——电枢电阻；

k_e——电势系数（$k_e = Ce\Phi$）。

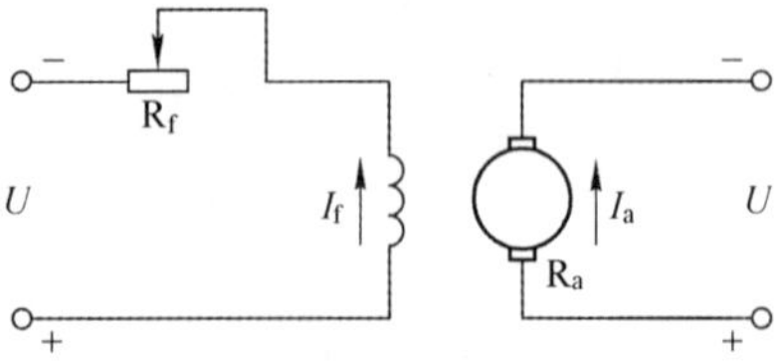

图 3-40　他励直流电动机的工作原理图

根据上述关系式，实现电动机调速是主要方法有三种：

(1) 调节电枢供电电压 U：电动机加以恒定励磁，用改变电枢两端电压 U 的方式来实现调速控制，这种方法也称为电枢控制。

(2) 减弱励磁磁通 Φ：电枢加以恒定电压，用改变励磁磁通的方法来实现调速控制，这种方法也称为磁场控制。

(3) 改变电枢回路电阻 R_a 来实现调速控制。

对于要求在一定范围内无级平滑调速的系统来说，改变电枢电压的方式最好；改变电枢回路电阻只能实现有级调速，调速平滑性比较差；减弱磁通，虽然具有控制功率小和能够平滑调速等优点，但调速范围不大，往往只是配合调压方案，在基速(即电动机额定转速)以上作小范围的升速控制。因此，直流伺服电动机的调速主要以电枢电压调速为主。

二、　直流伺服电动机的电枢电压调速

要得到可调节的直流电压，常用的方法有以下三种方法：

(1) 旋转变流机组——用交流电动机（同步或异步电动机）和直流发电机组成机组，调节发电机的励磁电流以获得可调节的直流电压；该方法在20世纪50年代被广泛应用，可以很容易实现可逆运行，但体积大、费用高、效率低，所以现在很少使用。

(2) 静止可控整流器——使用晶闸管可控整流器以获得可调的直流电压，即可控硅调速系统（silicon controlled rectifier, SCR）；该方法出现在20世纪60年代，具有良好的动态性能，但由于晶闸管只有单向导电性，所以不易实现可逆运行，且容易产生“电力公害”。

(3) 直流斩波器和脉宽调制变换器——用恒定直流电源或不控整流电源供电，利用直流斩波器或脉宽调制变换器产生可变的平均电压；该方法利用晶闸管来控制直流电压，形成直流斩波器或称直流调压器。

数控机床伺服系统中，速度控制已经成为一个独立、完整的模块，称为速度控制模块或速度控制单元。现在直流调速单元较多采用晶闸管调速系统和晶体管脉宽调速（pulse width modulation, PWM）系统。这两种调速系统都是改变电动机的电枢电压，其中以晶体管脉宽调速系统应用最为广泛。因此本节主要介绍晶体管脉宽调速系统。

由于电动机是电感元件，转子的质量也较大，有较大的电磁时间常数和机械时间常数，因此目前常用的电枢电压可用周期远小于电动机机械时间常数的方波平均电压来代替。在实际应用过程中，直流调压器可利用大功率晶体管的开关作用，将直流电源电压转换成频率约200 Hz的方波电压送给直流电动机的电枢绕组。通过对开关关闭时间长短的控制，来控制加到电枢绕组两端的平均电压，从而达到调速的目的。随着国际上电力电子技术（即大功率半导体技术）的飞速发展，新一代的全控式电力电子器件不断出现，如可关断晶体管（GTO）、大功率晶体管（GTR）、场效应晶闸管（PMOSFET）以及新近推出的绝缘门极晶体管（IGBT）。这些全控式功率器件的应用，使直流电源可在1～10 kHz的频率交替地导通和关断，通过改变脉冲电压的宽度来改变平均输出电压，调节直流电动机的转速，从而大大改善直流伺服系统的性能。

脉宽调制器放大器属于开关型放大器。由于各功率元件均在开关状态工作，功率损耗比较小，故这种放大器特别适用于较大功率的系统，尤其是低速、大转矩的系统。开关放大器可分为脉冲宽度调节型和脉冲频率调节型两种，也可采用两种形式的混合型，但应用最为广泛的是脉宽调制型。其中，脉宽调节是在脉冲周期不变时，在大功率开关晶体管的基极上加上脉宽可调的方波电压，改变主晶闸管的导通时间，从而改变脉冲的宽度；脉冲频率调节（pulse frequency modulation，PFM）是在导通时间不变的情况下，只改变开关频率或开关周期，也就是只改变晶闸管的关断时间；两点式控制是当负载电流或电压低于某一最低值时，使开关管 VT 导通；当电压达到某一最大值时，使开关管 VT 关断。导通和关断的时间都是不确定的。

上述方法均是用开关型放大器来改变电动机电枢上的平均电压，较晶闸管调速系统具有以下优点：

（1）由于 PWM 调速系统的开关频率较高，可以仅靠电枢电感的滤波作用就足以获得脉动性很小的直流电流，电枢电流容易连续，系统低速运行平稳，调速范围较宽，可以达到 1∶10 000 左右。与晶闸管调速系统相比，在相同的平均电流即相同的输出转矩下，电动机的损耗和发热都较小。

（2）同样由于 PWM 开关频率高，若与快速响应的电动机相配合，系统可以获得很高频带，因此快速响应性能好，动态抗扰能力强。

（3）由于电力电子器件只工作于开关状态，主线路损耗小，装置的效率较高。

（4）功率晶体管承受高峰值电流的能力差。

三、 晶体管脉宽调速系统

晶体管脉宽调速系统主要由以下两部分组成：主回路和脉宽调制器。

1. 晶体管脉宽调速系统的主回路

由于功率晶体管比晶闸管具有优良的特性，因此在中、小功率驱动系统中，功率晶体管已逐步取代晶闸管，并采用了目前应用广泛的脉宽调制方式进行驱动。

开关型功率放大器的驱动回路有两种结构形式，一种是 H 型（也称桥式），另一种是 T 型，这里介绍常用的 H 型。图中 VD1～VD4 为续流二极管，用于保护功率晶体管 VT1～VT4，M 是直流伺服电动机。

H 型电路在控制方式分为双极型和单极型，下面介绍双极型功率驱动电路的原理，其电路原理如图 3－41 所示。电路中有四个功率晶体管分为两组，VT1 和 VT4 是一组，VT2 和 VT3 为另一组，同一组的两个晶体管同时导通或同时关断。一组导通另一组关断，两组交替导通和关断，不能同时导通。将一组控制方波加到一组大功率晶体管的基极，同时将反向后该组的方波加到另一组的基极上就可实现上述目的。若加在 U_{b1} 和 U_{b4} 上的方波正半周比负半周宽，因此加到电动机电枢两端的平均电压为正，电动机正转。反之，则电动机反转。若方波电压的正负宽度相等，加在电枢的平均电压等于零，电动机不转，这时电枢回路中的电流没有续断，而是一个交变的电流，这个电流使电动机发生高频颤动，有利于减少静摩擦。

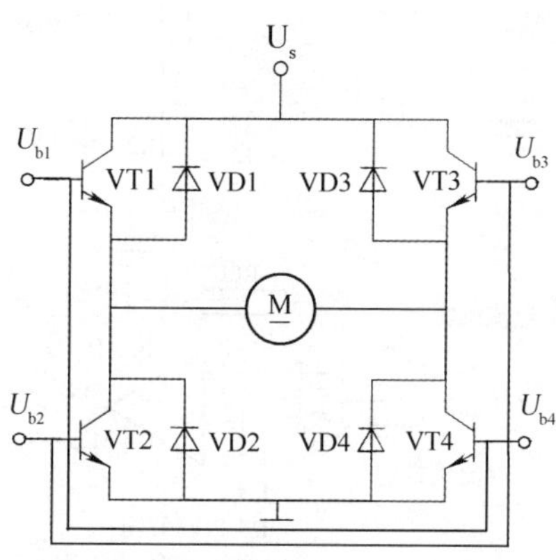

图 3－41　H 型双极模式 PWM 功率转换电路

2. **脉宽调制器**

脉宽调制的任务是将连续控制信号变成方波脉冲信号，作为功率转换电路的基极输入信号，改变直流伺服电动机电枢两端的平均电压，从而控制直流电动机的转速和转矩。方波脉冲信号可由脉宽调制器生成，也可由全数字软件生成。脉宽调制器是一个电压-脉冲变换装置，由控制系统控制器输出的控制电压 U_c 进行控制，为 PWM 装置提供所需的脉冲信号，其脉冲宽度与 U_c 成正比。常用的脉宽调节器可以分为模拟式脉宽调节器和数字式脉宽调节器，模拟式是用锯齿波、三角波作为调制信号的脉宽调节器，或用多谐振荡器和单稳态触发器组成的脉宽调节器。数字式脉宽调节器是用数字信号作为控制信号，从而改变输出脉冲序列的占空比。下面就以三角波脉宽调节器为例，说明脉宽调制器的原理。

脉宽调制器通常由三角波（或锯齿波）发生器和比较器组成，如图 3－42 所示。图中的三角波发生器由两个运算放大器构成，IC1－A 是多谐振荡器，产生频率恒定且正负对称的方波信号，IC1－B 是积分器，把输入的方波变成三角波信号 U_t 输出。三角波发生器输出的三角波应满足线性度高和频率稳定的要求。只有满足这两个要求才能满足调速要求。

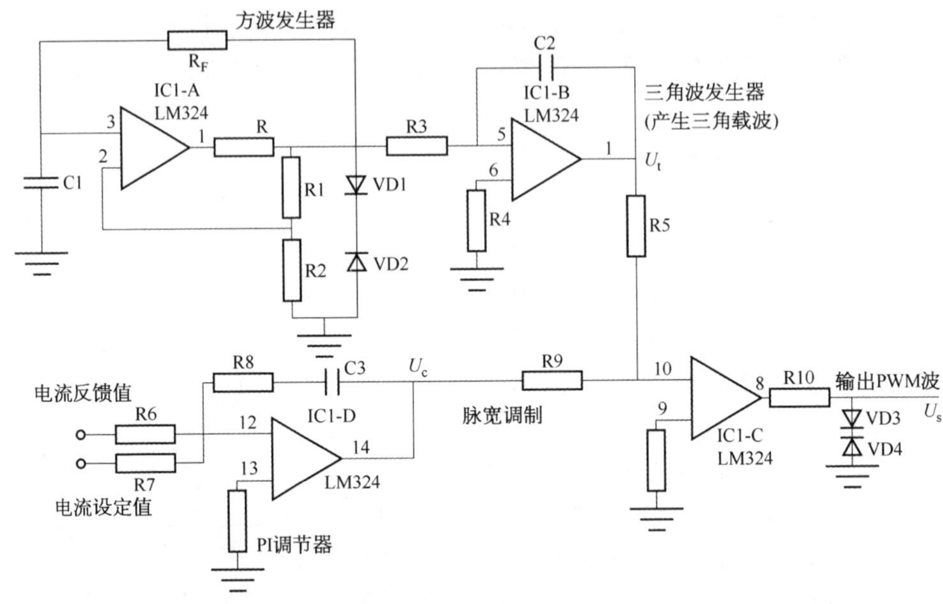

图 3-42 三角波发生器及 PWM 脉宽调制原理图

三角波的频率对伺服电动机的运行有很大的影响。由于 PWM 功率放大器输出给直流电动机的电压是一个脉冲信号，有交流成分，这些不做功的交流成分会在电动机内引起功耗和发热，为减少这部分的损失，应提高脉冲频率，但脉冲频率又受功率元件开关频率的限制。目前脉冲频率通常在 2～4 kHz 或更高，脉冲频率是由三角波调制的，三角波频率等于控制脉冲频率。

比较器 IC1－C 的作用是把输入的三角波信号 U_t 和控制信号 U_c 相加输出脉宽调制方波。当外部控制信号 $U_c=0$ 时，比较器输出为正负对称的方波，直流分量为零。当 $U_c>0$ 时，U_c+U_t 对接地端是一个不对称三角波，平均值高于接地端，因此输出方波的正半周较宽，负半周较窄。U_c 越大，正半周的宽度越宽，直流分量也越大，所以电动机正向旋转越快。反之，当控制信号 $U_c<0$ 时，U_c+U_t 的平均值低于接地端，IC1－C 输出的方波正半周较窄，负半周较宽。U_c 的绝对值越大，负半周的宽度越宽，因此电动机反转越快。

这样改变了控制电压 U_c 的极性，也就改变了 PWM 变换器的输出平均电压的极性，从而改变了电动机的转向。改变 U_c 的大小，则可调节输出脉冲电压的宽度，进而调节电动机的转速。

该方法是一种模拟式控制，其他模拟式脉宽调节器的原理都与此基本相仿。

四、 直流电动机伺服系统的位置控制

位置控制与速度控制是紧密相连的，速度环的给定值就是来自位置控制环。在数控机床中，位置控制环的输入数据来自轮廓插补运算，在每个插补周期内CNC装置插补运算输出一组数据给位置环，位置环根据速度指令中的要求及各环节的放大倍数（或称为增益）对位置数据进行处理，再把处理的结果送给速度环，作为速度环的给定值。

在模拟量控制的系统中，位置控制环把位置数据经D/A转换变成模拟量送给速度环。现代的全数字伺服系统中不进行D/A转换，全部用计算机软件进行数字处理，输出的结果也是数字量。在全数字系统中，各种增益常数可根据外界条件的变化而自动更改，保证在各种条件下都是最优值，因而控制精度高，稳定性好。全数字系统对提高速度环、电流环的增益，实现前馈控制、自适应控制等都是十分有利的。

位置控制伺服系统可分为开环、半闭环和闭环三种，其中本节主要介绍闭环位置控制系统。闭环位置控制系统常用的有以下三种：数字比较伺服系统、相位比较伺服系统和幅值比较伺服系统。

1）数字脉冲比较系统　用脉冲比较的方法构成闭环和半闭环控制的系统称为数字比较伺服系统。该系统的主要优点是结构比较简单，在半闭环控制中，多采用光电编码器作为检测元件；在闭环控制中多采用光栅作为检测元件。通过检测元件进行位置检测和反馈，实现脉冲比较。

数字比较伺服系统的半闭环的结构框图如图3-43所示。整个系统由三部分组成：采用光电编码器产生位置反馈脉冲信号 P_f；实现指令脉冲 F 与反馈脉冲 P_f 的脉冲比较，以取得位置偏差信号 e；以位置偏差 e 作为速度给定的伺服电动机速度控制系统的信号。

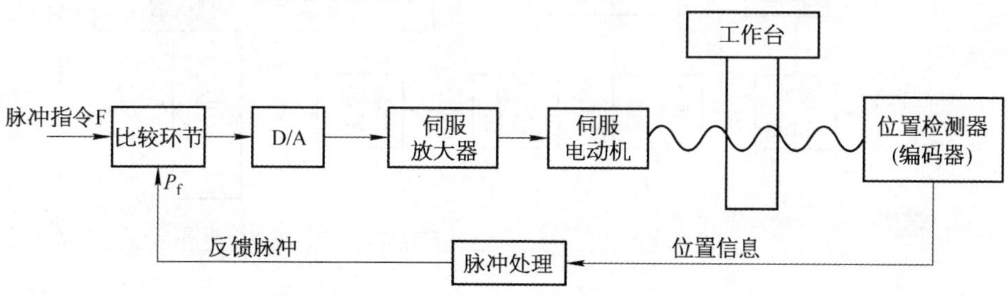

图3-43　半闭环数字比较系统结构框图

闭环数字比较伺服系统的工作原理可简述如下：

(1) 开始时，脉冲指令 $F=0$，且工作台处于静止状态，则反馈脉冲 P_f 为零，经比较环节则 $e=F-P_f=0$，那么伺服电动机的速度给定为零，伺服电动机不动，工作台处于静止状态；

(2) 当指令脉冲为正向指令脉冲时，即 $F>0$，工作台在没有运动之前。反馈脉冲 P_f 仍为零，经比较环节比较，$e=F-P_f>0$，则调速系统驱动工作台正向进给。随着电动机的运转，检测元件的反馈脉冲信号通过采样进入比较环节，该脉冲比较环节对 F 和 P_f 进行比较，按负反馈原理，只有当 F 和 P_f 的脉冲个数相等时，偏差 $e=F-P_f=0$，工作台才重新稳定在指令所规定的平衡位置上。

(3) 当指令脉冲 F 为负向脉冲指令时，$F<0$，其控制过程与 F 为正向指令脉冲的控制过程相似，只是此时 $e<0$，工作台向反方向进给。最后，工作台准确地停在指令所规定的反向的某个稳定位置上。

(4) 比较环节输出的位置偏差信号 e 为一个数字量，经 D/A 转换后才能变为模拟给定电压，使模拟调速系统工作。

数字比较伺服系统的优点是结构比较简单，易于实现数字化控制。在控制性能方面数字比较伺服系统要优于模拟方式、混合方式的伺服系统。

2) 相位比较伺服系统　相位比较伺服系统是数控机床常用的一种位置控制系统，其结构形式与所使用的位置检测元件有关，常用的位置检测元件是旋转变压器和感应同步器，并工作于相位工作状态。

图 3-44 为闭环相位比较伺服系统的结构框图。相位比较伺服系统也可以构成半闭环系统，其与闭环相位比较伺服系统的差别是所用的检测元件和

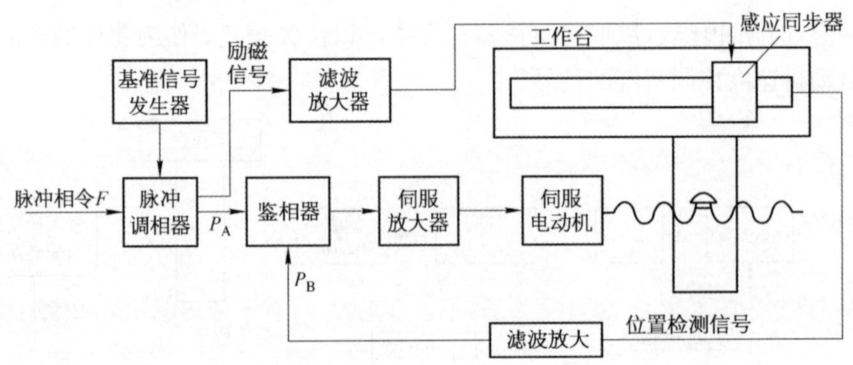

图 3-44　闭环相位比较伺服系统的结构框图

在机床上的安装位置不同。其主要组成部分有基准信号发生器、脉冲调相器、鉴相器、伺服放大器、伺服电动机等。

脉冲调相器也称为数字相位变换器，其作用是将来自数控装置的进给脉冲信号转换为相位变化信号。该相位变化信号可用正弦信号或方波信号表示。若没有进给脉冲输出，则脉冲调相器的输出与基准信号发生器发出的基准信号同相位，无相位差。若输出一个正向或反向进给脉冲，则脉冲调相器就输出超前或滞后基准信号一个相应的相位角 θ。

鉴相器有两个输入信号，这两个输入信号同频，其相位均以与基准信号的相位差表示。鉴相器的作用是鉴别这两个输入信号的相位差，其输出为正比于这个相位差的电压信号。

相位比较伺服系统中，检测元件工作于相位工作状态。检测信号经整形放大后的 P_B 作为位置反馈信号。进给脉冲(指令脉冲)F 经脉冲调相后，变成频率为 F_0 的脉冲信号 P_A。P_A、P_B 为鉴相器的输入，鉴相器的输出信号 $\Delta\theta=P_A-P_B$ 就反映了指令位置与实际位置的偏差。$\Delta\theta$ 经伺服放大器和伺服电动机构成的调速系统，驱动工作台，实现位置跟踪。

3）幅值比较伺服系统　幅值比较伺服系统中是以检测信号的幅值大小来反映机械位移的数值，并依此作为反馈信号。检测元件工作于幅值状态，常用的检测元件有旋转变压器和感应同步器。

幅值比较伺服系统工作原理基本类似于闭环相位比较伺服系统，只是比较的量是幅值，而不是相位。

第五节　交流电动机伺服系统

20 世纪后期，随着电力电子技术的发展，交流电动机应用于伺服控制越来越普遍。与直流伺服电动机比较，交流伺服电动机不需要电刷和换向器，因而维护方便和对环境无要求；在同样体积下，交流电动机输出功率可比直流电动机提高 10％～70％，此外，交流电动机的容量可比直流电动机造得大，达到更高的电压和转速。此外，交流电动机还具有转动惯量、体积和重量较小，结构简单，价格便宜等优点；尤其是交流电动机调速技术的快速发展，使它得到了更广泛的应用。交流电动机的缺点是转矩特性和调节特性的线性度不及直流伺服电动机好，其效率也比直流伺服电动机低。因此，除某些操作特别频繁或交流伺服电动机在发热和起、制动特性不能满足要求时，选择直流伺服电动机外，一般尽量考虑选择交流伺服电动机。现代数控机床都倾向采用交流伺服驱动，交流伺服驱动已有取代直流伺服驱动之势。用于伺服控制的交流电动机主要有同步型交流电动机和异步型交流电动机。采用同步型交流电动机的伺服系统，多用于机床进给传动控制、工业机带入关节传动和其他需要运动和位置控制的场合。异步型交流电动机的伺服系统，多用于机床主轴转速和其他调速系统。

一、异步型交流电动机

三相异步电动机定子中的三个绕组在空间方位上也互差 120°，三相交流电源的相与相之间的电压在相位上也是相差 120°的，当在定子绕组中通入三相电源时，定子绕组就会产生一个旋转磁场。旋转磁场的转速为

$$n_1 = 60\frac{f_1}{P} \tag{3-19}$$

式中 f_1——定子供电频率；

P——定子线圈的磁极对数；

n_1——定子转速磁场的同步转速。

定子绕组产生旋转磁场后，转子导条(鼠笼条)将切割旋转磁场的磁力线而产生感应电流，转子导条中的电流又与旋转磁场相互作用产生电磁力，电磁力产生的电磁转矩驱动转子沿旋转磁场方向旋转。一般情况下，电动机的实际转速 n 低于旋转磁场的转速 n_1。如果假设 $n = n_1$，则转子导条与旋转磁场就没有相对运动，就不会切割磁力线，也就不会产生电磁转矩，所以转子的转速 n_1 必然小于 n。为此我们称三相电动机为异步电动机。

旋转磁场的旋转方向与绕组中电流的相序有关。假设三相绕组 A、B、C 中的电流相序按顺时针流动，则磁场按顺时针方向旋转，若把三根电源线中的任意两根对调，则磁场按逆时针方向旋转。利用这一特性我们可很方便地改变三相电动机的旋转方向。

综上所述，异步电动机的转速方程为

$$n = \frac{60f_1}{P}(1-s) = n_1(1-s) \tag{3-20}$$

式中 n——电动机转速；

s——转差率。

根据式(3-12)我们知道，交流电动机的转速与磁极数和供电电源的频率有关。我们把改变异步电动机的供电频率 f_1 实现实现调速的方法称为变频调速；而改变磁极对数 P 进行调速的方法叫变极调速。变频调速一般是无级调速，变极调速是有级调速。当然，改变转差率 s 也可以实现无级调速，但该办法会降低交流电动机的机械特性，一般不使用。

二、　同步型交流电动机

同步电动机的转子旋转速度与定子绕组所产生的旋转磁场的速度是一样的，所以称为同步电动机。同步电动机的定子绕组与异步电动机相同，它的转子做成显极式，安装在磁极铁心上面的磁场线圈是相互串联的，接成具有交替相反的极性，并有两根引线连接到装在轴上的两只滑环上面。磁场线圈是由一只小型直流发电机或蓄电池来激励，在大多数同步电动机中，直流发电机是装在电动机轴上的，用以供应转子磁极线圈的励磁电流。

由于这种同步电动机不能自动起动，所以在转子上还装有鼠笼式绕组而作为电动机起动之用。鼠笼式绕组放在转子的周围，结构与异步电动机相似。

当在定子绕组通上三相交流电源时，电动机内就产生一个旋转磁场，鼠笼绕组切割磁力线而产生感应电流，从而使电动机旋转起来。电动机旋转之后，其速度慢慢增高到稍低于旋转磁场转速，此时转子磁场线圈经由直流电来激励，使转子上面形成一定磁极，这些磁极就会跟踪定子上的旋转磁极，这样就增加电动机转子的速率直至与旋转磁场同步旋转为止。

同步电动机运行时的转速与电源的供电频率有严格不变的关系，它恒等于旋转磁场的转速，即电动机与旋转磁场两者的转速保持同步，并由此而得名。同步交流电动机的转速用下式表达：

$$n = 60\frac{f_1}{P} \tag{3-21}$$

式中　f_1——定子供电频率；

P——定子线圈的磁极对数；

n——转子转速。

三、 交流伺服电动机的性能

对异步电动机进行变频调速控制时,希望电动机的每极磁通保持额定值不变。若磁通太弱,则铁心利用不够充分,在同样的转子电流下,电磁转矩小,电动机的负载能力下降。若磁通太强,又会使铁心饱和,使励磁电流过大,严重时会因绕组过热而损坏电动机。异步电动机的磁通是定子和转子磁动势合成产生的,下面说明怎样才能使磁通保持恒定。

由电动机理论知道,三相异步电动机定子每相电动势的有效值:

$$E_1 = 4.44 f_1 N_1 \Phi_m$$

式中 Φ_m——每极气隙磁通;N_1——定子相绕组有效匝数。

由上式可见,Φ_m 的值是由 E_1 和 f_1 共同决定的,对 E_1 和 f_1 进行适当的控制,就可以使气隙磁通 Φ_m 保持额定值不变。下面分两种情况说明:

1) 基频以下的恒磁通变频调速 这是考虑从基频(电动机额定频率 f)向下调速的情况。为了保持电动机的负载能力,应保持气隙磁通 Φ_m 不变。这就要求降低供电频率的同时降低感应电动势,保持 $E_1/f_1=$ 常数,即保持电动势与频率之比为常数进行控制。这种控制又称为恒磁通变频调速,属于恒转矩调速方式。

由于 E_1 难以直接检测及直接控制,当 E_1 和 f_1 的值较高时,定子的漏阻抗压降相对比较小,如忽略不计,则可近似地保持定子相电压 U_1 和频率 f_1 的比值为常数,即认为 $U_1=E_1$,保持 $U_1/f_1=$ 常数即可。这就是恒压频比控制方式,是近似的恒磁通控制。

当频率较低时,U_1 和 E_1 都变小,定子漏阻抗压降(主要是定子电阻压降)不能忽略。在这种情况下,可以适当提高定子电压以补偿定子电阻压降的影响,使气隙磁通基本保持不变。如图 3-45 所示,其中曲线 a 为 $U_1/E_1=$ 常数时的电压-频率关系。曲线 b 为有电压补偿时近似的($E_1/f_1=$ 常数)电压-频率关系。

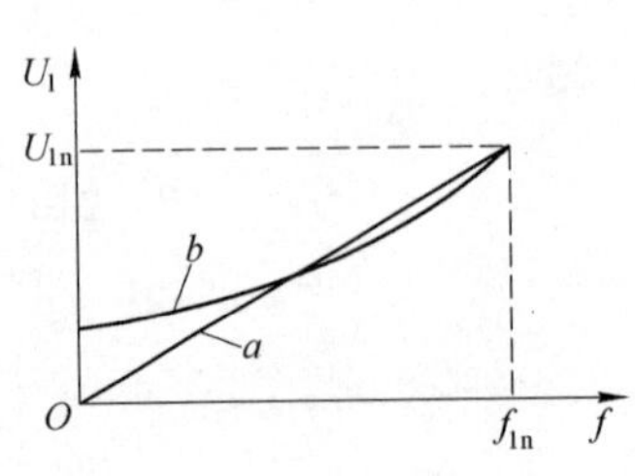

图 3-45 恒压频比控制特性

2) 基频以上的弱磁通变频调速 这是基频开始向上调速的情况。频率由额定值 f 向上增大,但电压 U 受额定电压 U_{1n} 的限制不能再升高,只能保持 $U_1=U_{1n}$ 不变。必然会使磁通随着

f_1 的上升而减小，属于近似恒功率调速方式。上述两种情况综合起来，异步电动机变频调速的控制特性如图 3-46 所示。

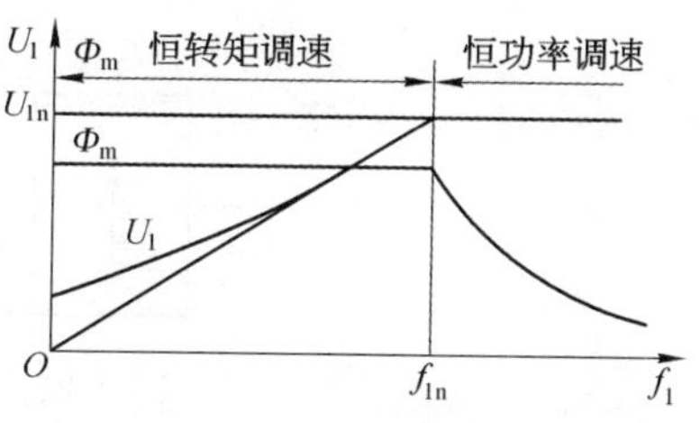

图 3-46　异步电动机变频调速的控制特性

由上述分析可知，变频调速时，一般需要同时改变电压和频率，以保持磁通基本恒定。因此，变频调速器又称为 VVVF (variable voltage variable frequency)装置。

与直流伺服电动机相比，交流伺服电动机有更好的工作性能：

(1) 交流伺服电动机的机械特性比直流伺服电动机的要好，其直线更为接近水平线。另外，断续工作区范围更大，尤其是在高速区，这有利于提高电动机的加速、减速能力。

(2) 高可靠性。用电子逆变器取代了直流电动机换向器和电刷，工作寿命由轴承决定。因无换向器及电刷，也省去了此项目的维护。

(3) 主要损耗在定子绕组与铁心上，故散热容易，便于安装热保护；而直流电动机损耗主要在转子上，散热困难。

(4) 转子惯量小，其结构允许高速工作。

(5) 体积小，质量小。

四、　交流调速控制

对于进给运动经常采用交流同步电动机。这种电动机转速公式：

$$n = \frac{60 f_1}{P} \tag{3-22}$$

从上式中可以看出：变频调速是唯一的并且有效的方法。交流伺服电动机变频调速的关键问题是要获得调频调压的交流电源。根据生产的要求、变频器的特点和电动机的种类，会出现多种多样的变频调速控制方案。这里只讨论交-直-交(AC-DC-AC)变频器。图 3-47 所示即为交-直-交变频电路。

在采样控制理论中有一个重要的结论：冲量相等而形状不同的窄脉冲加在具有惯性的环节上时，其效果基本相同。冲量即指窄脉冲的面积。这里所说的效果基本相同，是指环节的输出响应波形基本相同。下面来分析一下如何用一系列等幅而不等宽的脉冲来代替一个正弦电波。

把如图 3-48a 所示的正弦半波波形分成 N 等份，就可把正弦半波看成由

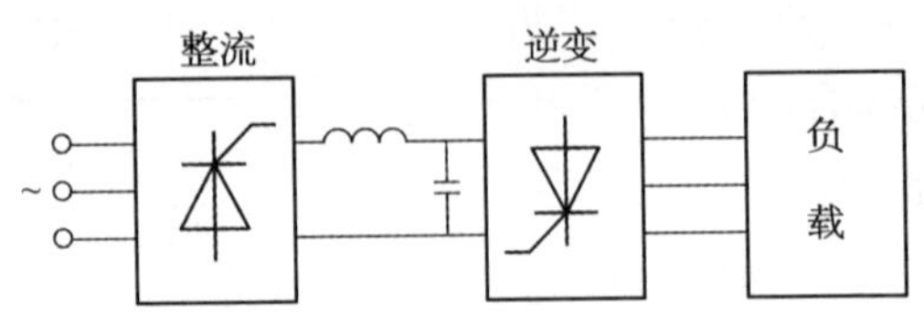

图 3-47 交-直-交变频电路结构图

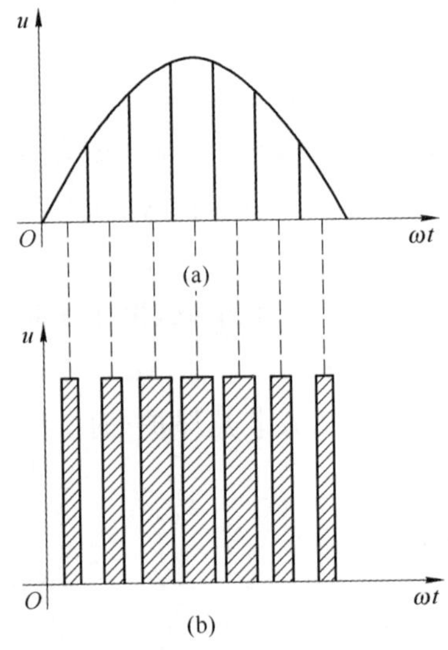

图 3-48 正弦波 PWM 原理示意图

(a) 正弦半波；(b) PWM 波形

N 个彼此相连的脉冲所组成的波形。这些脉冲宽度相等，都等于 π/N，但幅值不等，且脉冲顶部不是水平直线，而是曲线，各脉冲的幅值按正弦规律变化。如果把上述脉冲序列用同样数量的等幅而不等宽的矩形脉冲序列代替，使矩形脉冲的中点和相应正弦等分的中点重合，且使矩形脉冲和相应正弦部分面积（冲量）相等，就得到图 3-48b 所示的脉冲序列，这就是 SPWM 波形。

图 3-49 是脉宽调制变频器的主电路。图中续流二极管 VD1～VD6 为负载的滞后电流提供一条反馈到电源的通路，逆变管（全控式功率开关器件）VT1～VT6 组成逆变桥，A、B、C 为逆变桥的输出端。

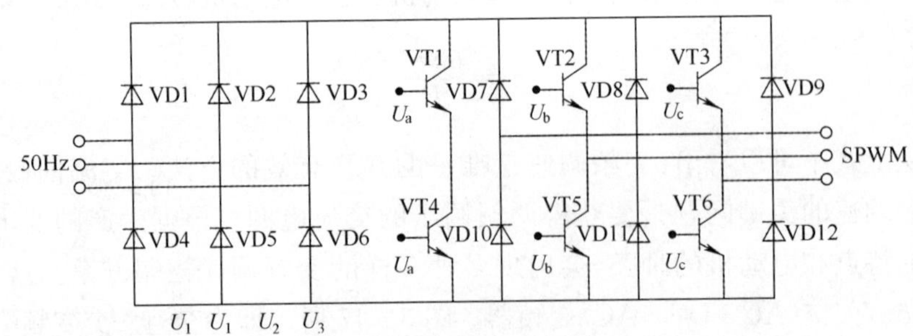

图 3-49 SPWM 变频器的主电路原理图

交流电动机变频调速系统中的关键部件之一就是逆变器，由于调速的要求，逆变器必须具有频率连续可调以及输出电压连续可调，并与频率保持一定比例关系等功能。

在双极性 SPWM 控制方式中，同一相上下两个臂的驱动信号都是互补的。但实际上为了防止上下两个臂直通而造成短路，在给一个臂施加关断信号后，再延迟 Δt 时间，才给另一个臂施加导通信号。延迟时间的长短主要由功率开关器件的关断时间决定。这个延迟时间将会给输出的 PWM 波形带来影响，使其偏离正弦波。

SPWM 逆变电路主要具有以下特点：

(1) 主电路只有一个可控的功率环节，简化了结构；

(2) 采用了不可控整流器，使电网功率因数提高；

(3) 逆变器同时调频调压，动态响应不受中间环节影响；

(4) 可获得更接近于正弦波的输出电压波形。

第六节　主轴伺服系统

主轴伺服系统用于控制机床主轴的转动。机床的主轴驱动和进给驱动有较大的差别，机床主轴的工作运动通常是旋转运动，不像进给驱动需要丝杠或其他直线运动装置这种往复运动。数控机床通常通过主轴的回转与进给轴的进给实现刀具与工件的快速的相对切削运动。因而以速度控制为主。数控机床主轴变速分为有级变速、无级变速以及分段无级变速三种形式，其中有级变速仅用于经济型数控机床上，大多数数控机床均采用无级变速或分段无级变速。

一、　主轴伺服系统的要求

机床的主轴驱动和进给驱动有较大的差别。机床主轴的运动通常是旋转运动，进给驱动需要丝杠或其他直线运动装置的往复运动。数控机床通常通过主轴的回转与进给轴的进给实现刀具与工件的快速的相对切削运动。随着数控机床的自动化程度日益提高，对主轴的控制也日益复杂。

1) 调速范围宽　保证加工时选用合适的切削用量，以获得最佳的生产率、加工精度和表面质量。特别对于具有自动换刀功能的数控加工中心，为适应各种刀具、不同工序和各种材料的加工要求，对主轴的调速范围要求更高，要求主轴能在较宽的转速范围内根据数控系统的指令自动实现无级调速，并减少中间传动环节，简化主轴箱。

目前主轴驱动装置的恒转矩调速范围已可达 1∶100，恒功率调速范围也可达 1∶30，一般过载 1.5 倍时可持续工作达到 30 min。

主轴变速分为有级变速、无级变速和分段无级变速三种形式，其中有级变速仅用于经济型数控机床，大多数数控机床均采用无级变速或分段无级变速。在无级变速中，变频调速主轴一般用于普及型数控机床，交流伺服主轴则用于中、高档数控机床。

2）恒功率范围宽　主轴在全速范围内均能提供切削所需功率，并尽可能在全速范围内提供主轴电动机的最大功率。由于主轴电动机与驱动装置的限制，主轴在低速段均为恒转矩输出。为满足数控机床低速、强力切削的需要，常采用分级无级变速的方法（即在低速段采用机械减速装置）以扩大输出转矩。

3）具有四象限驱动能力　要求主轴在正、反向转动时均可进行自动加、减速控制，并且加、减速时间要短。目前一般伺服主轴可以在 1 s 内从静止加速到 6 000 r/min。

4）具有位置控制能力　即进给功能（C 轴功能）和定向功能（准停功能），以满足加工中心自动换刀、刚性攻螺纹、螺纹切削以及车削中心的某些加工工艺的需要。

二、　典型主轴伺服系统

1. 普通主轴的控制

（1）直流主轴的控制。早期的数控机床多采用直流主轴驱动系统，为使主轴电动机能输出较大的功率，一般采用他励式的直流电动机。为缩小体积，改善冷却效果，以免电动机过热，常采用轴向强迫风冷或热管冷却技术。

直流主轴电动机的性能主要表现在转矩-速度特性上，在基本转速以下属于恒转矩调速范围，采用改变电枢电压的方法来调速；在基本转速以上属于恒功率调速范围，采用控制励磁的调速方法调速。一般来说，恒转矩调速范围与恒功率调速范围之比为 1∶2。另外要求有良好的加速、减速及换向功能、过载能力、较大的调速范围等功能。

直流主轴速度控制单元的框图如图 3-50 所示。直流主轴速度控制单元也是由速度环和电流环构成的双环速度控制系统，用控制主轴电动机的电枢电压来进行恒转矩调速。控制系统的主电路采用反并联可逆整流电路,因为主轴电动机的容量较大,所以主回路的功率开关元件大都采用晶闸管元件,主轴直流电动机调速还包括恒功率调速,它是框图上半部分的励磁控制回路完成。

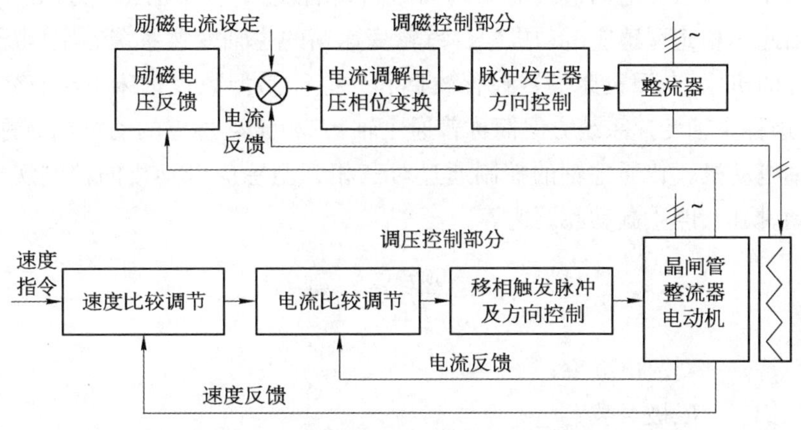

图 3-50　直流主轴速度控制单元的框图

主轴电动机为他励式直流电动机,励磁绕组与电枢绕组无直接关系,需由另一直流电源供电。励磁回路由励磁电流设定电路,电枢电压反馈电路及励磁反馈电路三者的比较输出信号,经电流调节、触发脉冲发生器等控制励磁电流的大小,完成恒功率调速。

调磁部分的电压反馈的作用:他励直流主轴电动机的调压、调磁是分开独立工作的。在额定转速以下用改变电调电枢端电压调速,此时调磁不工作只是维持额定的磁场,用电压反馈作信号,限制励磁电流反馈。当电枢端电压达到额定值时,可以调磁,使电动机转速在高速段调整。

一般来说,采用主轴速度控制单元之后,只需要二级机械变速即可满足一般数控机床变速要求。

(2) 交流主轴的控制。交流伺服电动机有永磁式同步电动机和笼型异步电动机两种结构形式,而且绝大多数采用永磁式同步电动机的结构形式。而交流主轴电动机的情况则不同,交流主轴电动机均采用异步电动机的结构形式,这是因为一方面受永磁体的限制,当电动机容量做得很大时,电动机成本会很高,对数控机床而言无法接受;另一方面,数控机床的主轴传动系统不必像进给伺服系统那样要求如此高的性能,采用成本低的异步电动机进行矢量闭环控制，完全可满足数控机床主轴的要求。但对交流主轴电动机性能要求又与普通异步电动机不同，要求交流主轴电动机的输出特性曲线(输出功率与转速关系)在基本速度以下时为恒转矩区域，而在基本速度以上时为恒功率区域。

三相笼型感应电动机具有结构简单、价格便宜、坚固耐用、维修方便等优点。因此三相笼型感应电动机配合齿轮变速箱的主轴变速系统方案广泛应用于传统的机床，在旧机床的数控化改造和一些简易型数控机床上也有较多的采用，这种主轴变速系统方案简称普通主轴，三相笼型感应电动机也简称为普通主轴电动机。普通主轴的控制通过对三相笼型感应电动机的控制实现，包括起动、换向、停止制动和调速等。

$$n = \frac{60 f_1}{P}(1 - s) \tag{3-23}$$

式中 f_1——交流电频率；

P——磁极对数；

s——转差率。

由三相感应电动机的转速可知，感应电动机的调速方法有：改变磁极对数 P、改变转差率 s、改变频率 f_1 三种调速。对于普通主轴，电动机的转速通常无法改变，只能通过改变齿轮变速箱的传动比来改变主轴的转速；也可以采用双速电动机或多速电动机，通过改变电动机的极对数改变电动机的转速，从而改变主轴的转速。

虽然可以采用普通感应电动机作为数控机床的主轴电动机，但为了得到好的主轴特性而采用变频矢量控制时，交流主轴电动机一般是专门设计的，具有自己的特点。

图 3-51 所示为交流主轴控制单元的框图。它们的工作过程简述如下：由数控系统传来的速度指令(如 10 V 时相当于 6 000 r/min 或 4 500 r/min)在比较器中与检测器的信号相与之后，经比例积分回路 3 将速度误差信号放大作为转矩指令电压输出，再经绝对值回路 4 使转矩指令电压永远为正。然后经函数发生器 6(它的作用是当电动机低速时提高转矩指令电压)，送到 V/F 变换器 7，变成误差脉冲(如 10 V 相当于 200 kHz)。该误差脉冲送到微处理器 8 并与四倍回路 17 送来的速度反馈脉冲进行运算。在此同时，交给预先写在微处理器部件 ROM 中的信息读出，分别送出振幅和相位信号，送到 DA 强励磁 9 和 DA 振幅器 10。DA 强励磁回路用于控制增加定子电流的振幅，而 DA 振幅器

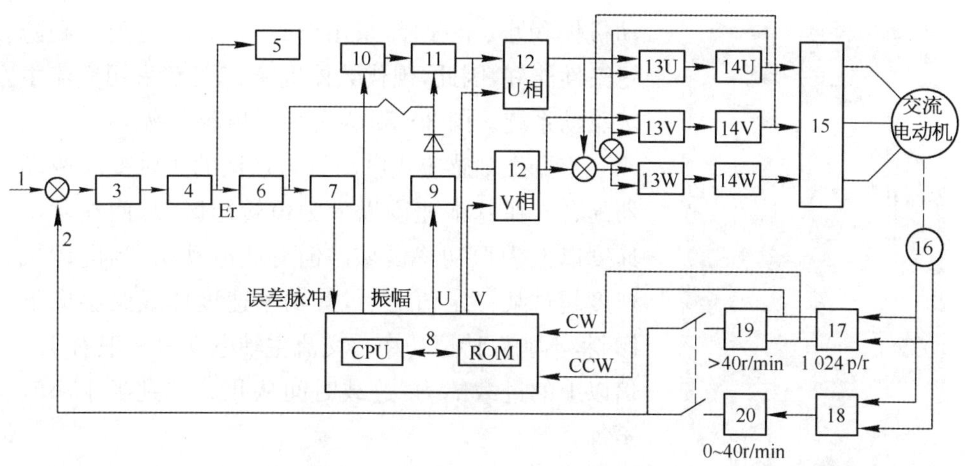

图 3-51 交流主轴控制单元的框图

1—速度指令；2—速度反馈；3—比例积分回路；4—绝对值回路；5—负载表；6—函数发生器；7—V/F 变换器；8—微处理器；9—DA 强励磁；10—DA 振幅器；11—乘法器；12—电流指令回路；13—电流控制回路；14—PWM 控制回路；15—PWM 变换器；16—脉冲发生器；17—四倍回路；18—微分回路；19—F/V 变换器；20—同步整流电路

用于产生与转矩指令相对应的电动机定子电流的振幅。它们的输出值经乘法器 11 之后形成定子电流的振幅，送给 U 相和 V 相的电流指令回路 12。另一方面，从微处理器输出的 U、V 两相的相位[即 $\sin\theta$ 和 $\sin(\theta-120^\circ)$]也被送到 U 相和 V 相的电流指令回路 12，它实际上也是一个乘法器，通过它形成了 U 相和 V 相的电流指令。这个指令与电动机电流反馈信号相与之后的误差，经放大后送至 PWM 控制回路 14，变成频率为 3 kHz 的脉宽信号。而 W 相信号则由 I_U、I_V 两信号合成产生。上述脉冲信号经 PWM 变换器 15 控制电动机的三相交流电流。脉冲发生器 16 是一个速度检测器，用来产生每转 256 个脉冲的正、余弦波形，然后经四倍回路 17 变成 1 024 p/r。它一方面送微处理器，另一方面经 F/V 变换器 19 作为速度反馈送到比较器 2，并与速度指令进行比较。但在低速时，由于 F/V 变换器的线性度较差，所以此时的速度反馈信号由微分电路 18 和同步整流电路 20 产生。

2. 数字主轴的控制

20 世纪 80 年代后，微电子技术、交流调速理论、现代控制理论等有了很大发展，同时新型大功率半导体器件(如大功率晶体管 GTR、绝缘栅双极晶体管 IGBT 以及 IPM 智能模块)，不断成熟并应用于交流驱动系统，可实现高转速和大功率主轴驱动，其性能已达到和超过直流驱动系统的水平。此外交流电

图3-52 主轴变频器实物图

动机体积小、重量轻,采用全封闭罩壳,防灰尘和防污染性能好,因此,现代数控机床90%都采用交流主轴驱动系统。图3-52为主轴变频器实物。

交流主轴感应式电动机与选用的主轴变频驱动器配合。在基本速度以下为恒转矩区域,而在基本速度以上为恒功率区域。但有些电动机,当电动机速度超过某一定值之后,其功率速度曲线又会向下倾斜,不能保持恒功率。交流主轴电动机一般有1.5倍以上的过载能力,过载时间从几分钟到半个小时不等。

图3-53是主轴装置(变频器)最基本的接口图,如图所示采用三相交流380 V电源供电,速度指令由3、4脚输入(图中通过电位器从单元内部获得,在数控机床上一般由数控装置或PLC的模拟量输出接口输入),指令电压范围是直流0～10 V。主轴电动机的起动/停止以及旋转方向由外部开关S1、S2控制,当S1闭合时电动机正转,当S2闭合时电动机反转,若S1、S2同时都断开或闭合则电动机停止。也可以定义为S1控制电动机的起动和停止,S2控制电动机的旋转方向。变频器根据输入的速度指令和运行状态指令输出相应频率和幅值的交流电源,控制电动机旋转。

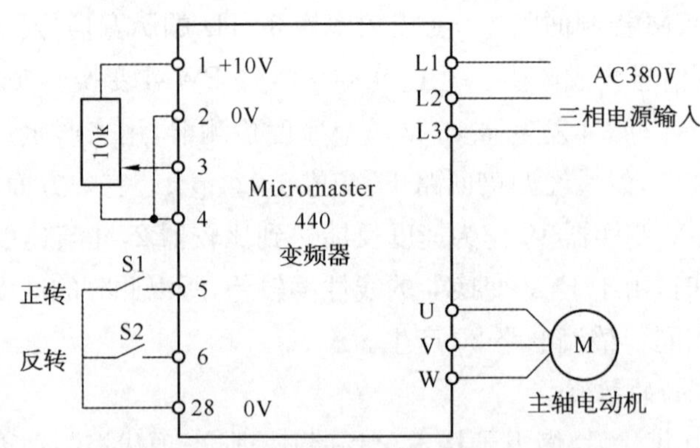

图3-53 主轴驱动装置基本接口图

主轴驱动装置有如下特点:

(1) 输入电源。一般采用交流电源供电，输入电源的范围包括三相交流460 V、400 V、380 V、230 V、200 V，单相230 V、220 V、100 V等，或在较大的范围内可调。为了实现大功率输出，主轴驱动装置通常采用不低于230 V的三相交流电源。

(2) 电动机运行指令。主轴驱动装置一般都具备和采用0～10 V模拟电压作为速度指令，由开关量控制旋转方向，而不提供脉冲指令输入接口。很多主轴驱动装置也接收－10～＋10 V模拟电压以及－20 mA～＋20 mA作为速度指令，其中信号幅值控制转速，信号极性控制旋转方向。

(3) 驱动装置及电动机运行状态控制。主轴驱动装置都提供控制电动机正/反转的开关量接口，进给驱动装置一般不提供，采用脉冲信号作为指令的进给驱动装置，只有当脉冲指令类型为“脉冲和方向”时，可以把方向信号理解为改变电动机方向的控制接口。而且主轴驱动装置的方向控制接口是和速度模拟指令接口一起出现的，一般是DC24V开关量接口；进给驱动装置的“方向”控制接口多是和“脉冲”信号一起出现的，一般是DC5V数字信号。

(4) 反馈接口。由于主轴对位置控制的精度并不非常高，因此对与位置控制精度密切相关的反馈装置要求也不高，主轴电动机或主轴多数采用1 000线的编码器。

三、主轴的换挡及控制

1. 主轴换挡功能

主轴换挡是指通过改变主轴电动机至主轴的传动比来获得更宽的主轴转速范围以及更高的转矩输出的过程。

对于普通三相异步主轴电动机，通常其转速是固定的，必须通过主轴换挡才能获得不同的主轴转速以满足加工的需要。

对于采用变频器等主轴驱动装置的主轴电动机，可实现主轴的无级调速。采用无级调速主轴机构，主轴箱虽然得到大大简化，但其低速段输出转矩常无法满足机床强力切削的要求。如果单纯追求无级调速，势必要增大主轴电动机的功率，从而使主轴电动机与驱动装置的体积、重量及成本增加。因此，数控机床常采用1～4挡齿轮变速与无级调速相结合的方式，即分段无级变速方式，同时满足低速转矩和最高主轴转速的要求，这是因为电动机的扭矩、功率和转速有如下的关系：$M_t = 9\,545.5W/n$。例如在功率W不变时，若转速n降低 1 倍，则扭矩 M_t 增加 1 倍，数控机床通常使用 2 挡即可满足要求。

2. 主轴定向功能

主轴定向功能又称为主轴准停功能，即能控制主轴以一定的力矩准确地停止于固定位置。主轴定向是自动换刀所必需的功能。

加工中心的主轴定向方法有机械式和电气式两种。机械式采用机械凸轮等机构和无触点感应开关进行初定位，然后由定位销（液动或气动）插入主轴上的销孔或销槽完成精定位，换刀或精镗孔完成后定位销退出，主轴才可旋转。采用这种方法定向比较可靠、准确，但结构较复杂，定向较慢。电气式定向一般是采用具有定向功能或位置控制功能的主轴驱动装置来完成，定向起始位置由无触点感应开关或主轴编码器获得，有些也可以通过主轴电动机编码器和主轴驱动装置得到，视主轴传动结构和主轴驱动器的功能而定。

定向过程一般由 PLC 处理，有些则由数控装置完成。

Chapter 4

第四章 数控加工工艺

利用传统机床加工金属零件时，机床操作者必须现场考虑和确定机床运动的先后次序、走刀路线和有关切削参数以及冷却液的使用和机床的调整，机床操作者就是加工系统的控制中心。利用数控机床加工零件时，情况大不一样。原来需要机床操作者现场考虑和确定的操作内容，都必须预先详尽考虑、周密安排，按照规定的代码格式编制成数控加工程序，该程序输入计算机数控系统，经数控处理后，指挥机床自动化加工出产品。数控系统成为机床加工的控制中心。不难看出，程序编制是数控加工的关键。

要编好数控加工程序，不仅要懂得金属切削原理、掌握切削规律，还应该熟悉数控机床刀具、夹具和量具等工艺设备，熟悉数控加工工艺规程的制定。也就是说，要编制好数控加工程序，仅知道编程代码和编程格式还不够，还必须熟悉数控加工工艺、工艺装备的准备及编程后的善后处理工作。

第一节 金属切削基本理论

金属切削加工是指在金属切削机床上利用刀具与工件之间的相对运动，从工件上切除多余金属层，使其尺寸、形状和相互位置精度以及表面质量达到设计要求的一种加工方法。

一、 切削运动与切削用量

在金属切削加工过程中，刀具与工件之间必须具有相对运动，才能从工件上切除多余金属层，这种相对运动称为切削运动。按其功用可分为主运动和进给运动。

1. 主运动

从工件上直接切除多余的金属层所必需的，具有速度最高与消耗功率最大这一特点的运动称为主运动。在一种切削加工方法中，主运动只有一个，由工件或刀具来完成。它既可以是回转运动(如图 4-1 所示，车削时工件的回转运动)，也可以是直线运动(如图 4-2 所示，刨削时刀具的直线往复运动)。

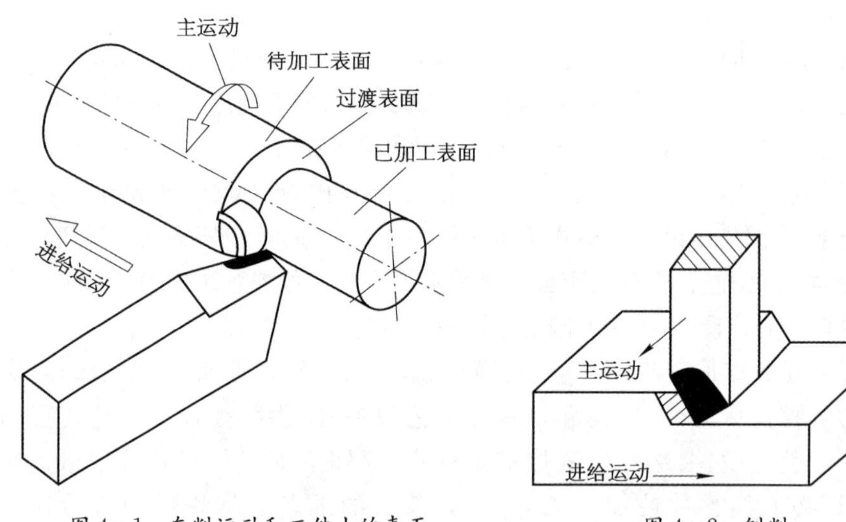

图 4-1　车削运动和工件上的表面　　图 4-2　刨削

2. 进给运动

不断地将多余金属层投入切削，以保证切削连续进行的运动称为进给运动。进给运动的速度较低，消耗功率较小。进给运动可以是一个，也可以是几个；进给运动可以是工件的运动，如刨削加工；也可以是刀具的运动，如车削加工。

3. 切削用量三要素

切削用量三要素由切削速度 v_c、进给量 f 和背吃刀量 a_p 组成，是调整机床，计算切削力、切削功率和工时定额的重要参数。

1) 切削速度 v_c　指刀具切削刃上选定点相对于工件的主运动的瞬时速度，其公式为

$$v_c = \pi d_w n / 1\,000 \tag{4-1}$$

式中　v_c——切削速度(m/min 或 m/s)；

d_w——工件待加工表面直径(mm)；

n——主运动转速(r/min)。

2) 进给量 f　指刀具在进给运动方向上相对于工件的位移量，可用刀具或工件每转或每行程的位移量来表述，单位为 mm/r 或 mm/行程。

3) 背吃刀量 a_p　一般指工件上待加工表面与已加工表面之间的垂直距离，其计算公式为

$$a_p = (d_w - d_m)/2 \tag{4-2}$$

式中　a_p——切削深度(mm)；

d_w——工件待加工表面直径(mm)；

d_m——工件已加工表面直径(mm)。

二、　刀具切削部分的几何角度

刀具角度是确定刀具几何形状与切削性能的重要参数，切削刀具的种类很多，但就其单个刀齿而言，都可看成由外圆车刀的切削部分演变而来，因此，外圆车刀切削部分可以看作是各类刀具切削部分的基形。

1. 车刀的组成

如图 4-3 所示为外圆车刀。刀柄是车刀的夹持部分，刀头是车刀的切削部分。切削部分由三个刀面，两条切削刃和一个刀尖共六个部分组成。

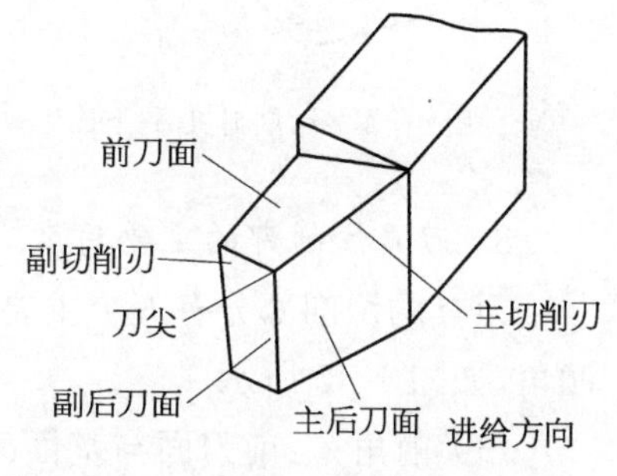

图 4-3　车刀的组成

(1) 前刀面：切屑流出经过的表面。

(2) 主后刀面：与工件上过渡表面相对的表面。

(3) 副后刀面：与工件上已加工表面相对的表面。

(4) 主切削刃：前刀面与主后刀面的相交线，担负主要的切削任务。

(5) 副切削刃：前刀面与副后刀面的相交线，配合主切削刃最终形成已加工表面。

(6) 刀尖：主切削刃与副切削刃的连接部分。

2. 确定刀具角度的标注参考系

刀具的标注参考系有三个坐标平面：基面、切削平面、主截面，如图 4-4

所示。

(1) 基面:是垂直主运动方向并通过切削刃上选定点的平面。

(2) 切削平面:是指通过切削刃上选定点与主切削刃相切并垂直于基面的平面。

(3) 主截面:是指通过切削刃上某选定点同时垂直于基面和切削平面的平面。

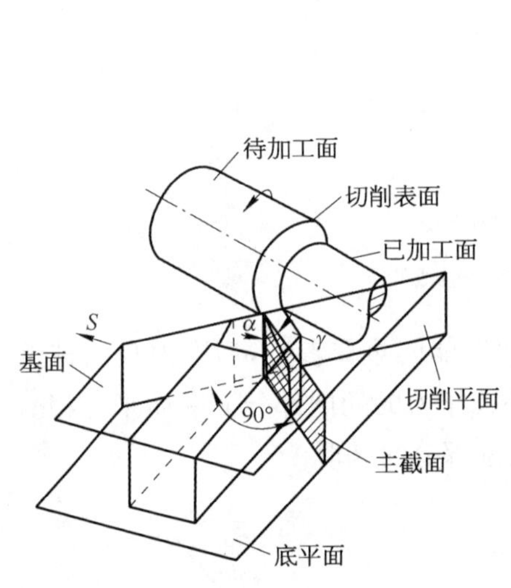

图 4-4 切削时几个平面

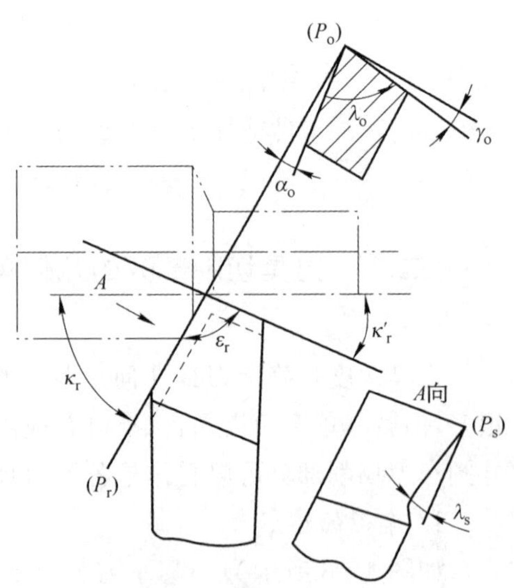

图 4-5 刀具切削部分主要角度

3. 刀具切削部的主要角度

刀具的切削部分有五个主要角度,分别是前角、后角、主偏角、副偏角和刃倾角,如图 4-5 所示。

(1) 前角 λ_o:前刀面与基面间的夹角。前角有正、负和零度之分。前刀面与切削平面间的夹角小于 90°时为正,大于 90°时为负,等于 90°时为零度。可根据工件材料、刀具材料及加工要求选用。

(2) 后角 α_o:主后刀面与切削平面的夹角。后角也有正、负规定。

(3) 主偏角 κ_r:主切削刃在基面上的投影与进给方向之间的夹角。它总是正值。

(4) 副偏角 κ_r':副切削刃在基面上的投影与进给方向之间的夹角。

(5) 刃倾角 λ_s:在切削平面内主切削刃与基面的夹角。刃倾角也有正、负和零度之分。相对于基面,刀尖位于主切削刃的最高点时为正;刀尖位于主切削刃的最低点时为负，主切削刃与基面平行时等于零度。

4. 刀具角度的合理选择

(1) 前角的作用及选择原则。适当地增大前角，能减少切屑变形和摩擦，从而降低切削力、切削湿度，减少刀具磨损，改善加工质量，抑制积屑瘤等。但前角过大会削弱刀刃的强度和散热能力，易造成崩刃，因此刀具耐用度最大的前角称为合理前角。前角选择的原则如下：

① 工件材料。切削钢等塑性材料时，切屑变形大，切削力集中在离切削刃较远处，因此，可选取较大的前角，以减小切屑变形；切削铸铁等脆性材料时，得到崩碎切屑，切削刃处受力较大，因此，应选取较小前角，以增加切削刃强度；切削强度、硬度高的材料时，为使刀具有足够的强度和散热面积，应选取较小前角，甚至是负前角。

② 刀具材料。强度和韧度高的刀具材料，切削刃承受载荷和冲击的能力大，因此，可选取较大的前角。例如，在相同的切削条件下，高速钢刀具可采用较大前角，而硬质合金刀具则只能采用较小的前角。

③ 加工性质。粗加工时以切除工件余量为主，且锻件、铸件毛坯表面有硬皮，形状往往不规则，刀具受力大，为保证刀具的强度和冲击韧度，刀具的前角应选择小一些；精加工时余量明显减小，切削以提高工件表面质量为主，刀具的前角应选择大一些。

(2) 前角的作用及选择原则。增大后角能减小后刀面与过渡表面间的摩擦，减小刀具磨损，还可以减小切削刃钝圆半径，使刃口锋利，易切下薄切屑，从而可以减小表面粗糙度。但过大会减小刀刃强度和散热能力以及增加刀具的重磨次数。后角的选择原则如下：

① 粗加工时，切削余量大，对刀具切削刃的强度要求高，因此，应选取较小的后角；精加工时，为保证工件表面质量，应选取较大的后角。

② 加工塑性材料时，为减小刀具后面与工件表面之间的摩擦，应选取较大的后角；加工脆性材料时，为提高切削刃的强度，应选取较小的后角。

③ 以刀具尺寸直接控制工件尺寸精度的刀具(如铰刀)，为减小因刀具磨损后重新刃磨，而使刀具尺寸明显变化的现象，应选取较小的后角。

(3) 主偏角作用及选择原则。主偏角的大小均影响加工表面的粗糙度，影响切削层的形状以及切削分力的大小和比例，对刀尖强度、断屑与排屑、散热条件等也均有影响。主偏角选择的原则如下：

① 粗加工时，主偏角应选大一些，以减振、防崩刃。

② 精加工时，主偏角可选小一些，以减小表面粗糙度。

③ 工件材料强度、硬度高时，主偏角应取小一些，以改善散热。

④ 工艺系统刚性好，应取较小的主偏角，反之主偏角应取大一些。

(4) 副偏角作用及选择原则。副偏角作用与主偏角相同，其选择原则如下：

① 在加工系统刚度允许的条件下副偏角通常取较小值，一般取 5°～10°，最大不超过 15°。

② 精加工时副偏角应更小，必要时可磨出副偏角为 0°的修光刃。

(5) 刃倾角的作用及选择原则。刃倾角的作用如下：

① 影响排屑方向。当刃倾角等于零时，切屑垂直于切削刃流出；当刃倾角为负值时，切屑向已加工表面流出；当刃倾角为正值时，切屑向待加工表面流出。

② 影响刀尖强度。在切削断续表面的工件时，负刃倾角因刀尖位于切削刃的最低点，使离刀尖较远部分的切削刃首先接触工件，这样，可避免刀尖受冲击，起了保护刀尖的作用。而正刃倾角因刀尖位于切削刃的最高点，刀尖首先与工件接触，受到冲击载荷，容易引起崩刃。

③ 影响切削刃锋利。经生产实践证实，当刃倾角的绝对值增大时，刀具的实际前角增大。这样，可使刀具的切削刃变得锋利，切下很薄的切削层。

④ 影响工件的加工质量。刃倾角减小，使背向力增大，进给力减小。特别当刃倾角为负值时，被加工的工件容易产生弯曲变形(车削外圆件)和振动，使工件质量下降。

刃倾角的选择原则如下：

① 粗加工时，为保证刀具的强度，通常刃倾角选取值较小，为 0°～－5°；若是继续切削或是切削高强度、高硬度的材料，刃倾角还应选取更小些。

② 精加工时，为了提高工件的表面质量，不让切屑流向已加工表面，一般刃倾角选取值大，为 0°～5°。

三、 切削用量的选择

切削用量不仅是机床调整与控制的必备参数，而且其数值是否合理，对加工质量、加工效率以及生产成本等均有重要影响。因此，合理选择切削用量是切削加工的重要环节。

1. **切削用量的选择原则**

切削用量的大小与生产效率的高低密切相关，要获得高的生产效率，应尽量增大切削用量三要素。但在实际生产中 a_p、f、v_c 选用值的大小受到切削力、切削功率、加工表面粗糙度的要求及刀具耐用度等诸因素的影响和限制。因此，合理的切削用量是指在保证加工工件质量和刀具耐用度的前提下，充分发挥机床、刀具的切削性能，达到提高生产率，降低加工成本的一种切削用量。

(1) 粗加工切削用量的选择原则。粗加工以切除工件余量为主，而对加工工件质量要求不高。为了增大对工件余量的切除，根据金属切除率 Q 的计算公式：

$$Q = a_p f v_c \times 10^3 (\mathrm{mm}^3/\mathrm{min}) \tag{4-3}$$

可知，切削用量三要素 a_p、f、v_c 均与金属切除率保持线性关系，增大任一要素的值，都能提高金属切除率，但是，随着金属切除率的增大，刀具磨损加快。因而切削用量的增大受到刀具耐用度的限制。切削速度 v_c 对刀具耐用度的影响最大，进给量 f 次之，背吃刀量 a_p 影响最小。粗加工切削用量选择原则是：在机床功率和工艺系统刚性足够的前提下，首先采用大的背吃刀量，其次采用较大的进给量，最后根据刀具耐用度合理选择切削速度。

(2) 精加工(半精加工)切削用量的选择原则。精加工时工件余量较少，而加工工件尺寸精度、表面粗糙度要求较高。当 a_p 和 f 太大或太小时，都使已加工表面粗糙度增大，不利于加工工件质量的提高。而当 v_c 增大到一定值以后，就不会产生积屑瘤和鳞刺，有利于加工工件质量的提高。

所以，精加工切削用量的选择原则是：在保证加工工件质量和刀具耐用度的前提下，采用较小的背吃刀量和进给量，尽可能采用大的切削速度。

2. **切削用量的合理选择**

1) 数控车床切削用量选择

(1) 背吃刀量的确定：背吃刀量根据机床、工件和刀具的刚度来确定。在刚度允许的条件下，应尽可能使背吃刀量等于工件的加工余量，这样可以减少进给次数，提高生产效率。

为了保证加工表面质量，可留少许精加工余量，一般为 0.1～0.5 mm。

(2) 主轴转速 n 的确定：车削加工主轴转速 n 应根据允许的切削速度 v_c 和工件直径 d_w 来选择，按式(4-1)来计算。切削速度由刀具的使用寿命决定，计算时可参考表 4-1 或切削用量手册选取。对有级变速的车床，须按车床说明书选择与所计算转速 n 接近的转速。

表 4-1　硬质合金外圆车刀切割速度的参考值

工件材料	热处理状态	$a_p = 0.3 \sim 2$ mm	$a_p = 2 \sim 6$ mm	$a_p = 6 \sim 10$ mm
		$f = 0.08 \sim 0.3$ mm/r	$f = 0.3 \sim 0.6$ mm/r	$f = 0.6 \sim 1$ mm/r
		t_c(m/min)		
低碳钢 易切钢	热轧	140～180	100～120	70～90
中碳钢	热轧	130～160	90～110	60～80
	调质	100～130	70～90	50～70
合金结构钢	热轧	100～130	70～90	50～70
	调质	80～110	50～70	40～60
工具钢	退火	90～120	60～80	50～70
灰铸铁	<190 HBS	90～120	60～80	50～70
	190～225 HBS	80～110	50～70	40～60
高锰钢($\omega_{Mn}=13\%$)			10～20	
铜及铜合金		200～250	120～180	90～120
铝及铝合金		300～600	200～400	150～200
铸铝合金($\omega_{Si}=13\%$)		100～180	80～150	60～100

注：切削钢及灰铸铁刀具耐用度约为 60 min。

(3) 进给速度 v_f 的确定：进给速度 v_f 是数控机床切削用量中的重要参数，其大小直接影响表面粗糙度值和车削效率。v_f 主要根据零件的加工精度和表面粗糙度要求以及刀具、工件的材料性质选取。最大进给速度受机床刚度和进给系统的性能限制。

计算进给速度时，可参考表 4-2、表 4-3 或查阅切削用量手册选取每转进给量 f，然后按公式 $v_f = nf$(mm/min) 计算进给速度。

表 4-2　硬质合金车刀粗车外圆及端面的进给量

工件材料	车刀刀杆尺寸 $B \times H$ (mm×mm)	工件直径 d_w(mm)	背吃刀量 a_p(mm)				
			≤3	>3～5	>5～8	>8～12	>12
			进给量 f(mm/r)				
碳素结构钢、合金结构钢及耐热钢	16×25	20	0.3～0.4	—	—	—	—
		40	0.4～0.5	0.3～0.4	—	—	—
		60	0.5～0.7	0.4～0.6	0.3～0.5	—	—
		100	0.6～0.9	0.5～0.7	0.5～0.6	0.4～0.5	—
		400	0.8～1.2	0.7～1.0	0.6～0.8	0.5～0.6	—
	20×30 25×25	20	0.3～0.4	—	—	—	—
		40	0.4～0.5	0.3～0.4	—	—	—
		60	0.5～0.7	0.5～0.7	0.4～0.6	—	—
		100	0.8～1.0	0.7～0.9	0.5～0.7	0.4～0.7	—
		400	1.2～1.4	1.0～1.2	0.8～1.0	0.6～0.9	0.4～0.6
铸铁及铜合金	16×25	40	0.4～0.5	—	—	—	—
		60	0.5～0.8	0.5～0.8	0.4～0.6	—	—
		100	0.8～1.2	0.7～1.0	0.6～0.8	0.5～0.7	—
		400	1.0～1.4	1.0～1.2	0.8～1.0	0.6～0.8	—
	20×30 25×25	40	0.4～0.5	—	—	—	—
		60	0.5～0.9	0.5～0.8	0.4～0.7	—	—
		100	0.9～1.3	0.8～1.2	0.7～1.0	0.5～0.8	—
		400	1.2～1.8	1.2～1.6	1.0～1.3	0.9～1.1	0.7～0.9

注：1. 加工断续表面及有冲击的工件时，表内进给量应乘系数 $k = 0.75 \sim 0.85$。
2. 在无外皮加工时，表内进给量应乘系数 $k = 1.1$。
3. 加工耐热钢及其合金时，进给量不大于 1 mm/r。
4. 加工淬硬钢时，进给量应减小。当钢的硬度为 44～56 HRC 时，应乘系数 $k = 0.8$；当刚的硬度为 57～62 HRC 时，应乘系数 $k = 0.5$。

表 4-3　按表面粗糙度选择进给量的参考值

工件材料	表面粗糙度 Ra (μm)	切削速度范围 v_c(m/min)	刀尖圆弧半径 r_ε(mm)		
			0.5	1.0	2.0
			进给量 f(mm/r)		
铸铁、青铜、铝合金	>5～10	不限	0.25～0.40	0.40～0.50	0.50～0.60
	>2.5～5		0.15～0.25	0.25～0.40	0.40～0.60
	>1.25～2.5		0.10～0.15	0.15～0.20	0.20～0.35

（续表）

工件材料	表面粗糙度 Ra (μm)	切削速度范围 v_c(m/min)	刀尖圆弧半径 r_ε(mm)		
			0.5	1.0	2.0
			进给量 f(mm/r)		
碳钢及合金钢	>5～10	<50 >50	0.30～0.50 0.40～0.55	0.45～0.60 0.55～0.65	0.55～0.70 0.65～0.70
	>2.5～5	<50 >50	0.18～0.25 0.25～0.30	0.25～0.30 0.30～0.35	0.30～0.40 0.30～0.50
	>1.25～2.5	<50 50～100 >100	0.10 0.11～0.16 0.16～0.20	0.11～0.15 0.16～0.25 0.20～0.25	0.15～0.22 0.25～0.35 0.25～0.35

注：r_ε = 0.5 mm，用于 12 mm×12 mm 以下刀杆；r_ε = 1 mm，用于 30 mm×30 mm 以下刀杆；r_ε = 2 mm，用于 30 mm×45 mm 以下刀杆。

2）数控铣床切削用量的选择　铣削加工切削用量包括主轴转速、进给速度、背吃刀量和侧吃刀量。铣削加工的进给量。

进给量是指刀具转一周，工件与刀具沿进给方向的相对位移量，其单位是 mm/r。进给速度是单位时间内工件与铣刀在进给方向的相对位移量，其单位是 mm/min。切削用量的大小对切削力、切削功率、刀具磨损、加工质量和加工成本均有显著影响。数控加工中选择切削用量，就是在保证加工质量和刀具使用寿命的前提下，充分发挥机床性能和刀具切削性能，使切削效率最高，加工成本最低。

(1) 背吃刀量（端铣）或侧吃刀量（圆周铣）的选择：如图 4-6 所示，背吃刀量 a_p 为平行于铣刀轴线测量的切削层尺寸，单位为 mm。端铣时为切削层深度；而圆周铣时为被加工表面的宽度。

侧吃刀量 a_e 为垂直于铣刀轴线测量的切削层尺寸，单位为 mm。端铣为被加工表面的宽度，而圆周铣时为切削层的深度。

背吃刀量或侧吃刀量的选取主要由加工余量和对表面质量的要求决定。

① 在工件表面粗糙度值要求较大时，如果圆周铣削的加工余量小于 5 mm，端铣的加工余量小于 6 mm，则粗铣一次进给就可以达到要求。但在余量较大，工艺系统刚性较差或机床动力不足时，可多分几次进给完成。

② 在工件表面粗糙度值要求较小时，可分粗铣和半精铣两步进行。粗铣时背吃刀量或侧吃刀量选取同前。粗铣后留 0.5～1.0 mm 的余量，在半精铣时切除。

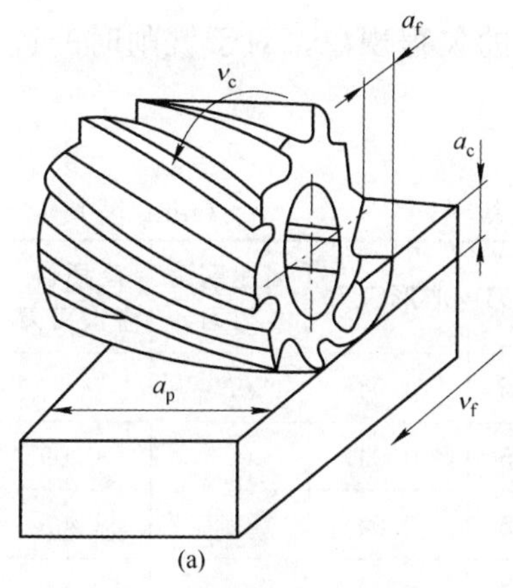

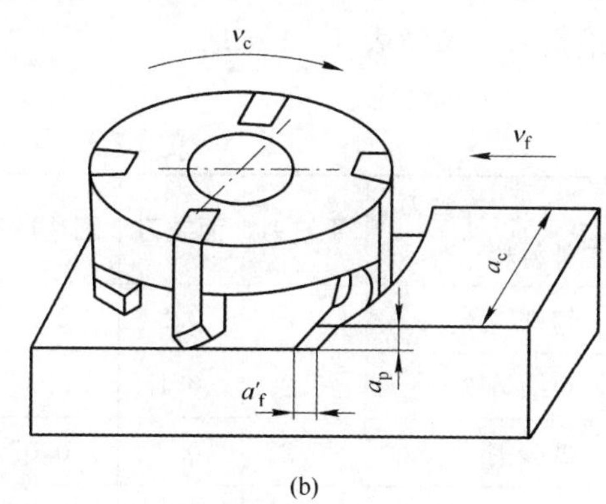

图 4-6　铣削用量

(a) 圆周铣；(b) 端铣

③ 在工件表面粗糙度值要求很小时，可分粗铣、半精铣和精铣三步进行。半精铣时背吃刀量或侧吃刀量取 1.5～2 mm。精铣时圆周铣侧吃刀量取 0.3～0.5 mm，面铣背吃刀量 0.5～1 mm。

(2) 进给量 f 和进给速度 v_f 的选择：进给量与进给速度是衡量切削用量的重要参数，根据零件的表面粗糙度、加工精度要求、刀具及工件材料等因素，参考有关切削用量手册选取。切削时的进给速度还应与主轴转速和切削深度等切削用量相适应，不能顾此失彼。工件刚性差或刀具强度低时，应取小值。加工精度和表面粗糙度要求较高时，进给量应选很小些，但不能选得过小，过小的进给量反而会使表面粗糙度增大。轮廓加工中，选择进给量时还应注意轮廓拐角处的超程和欠程问题。如图 4-7 所示，用圆柱铣刀铣削图示轮廓表面时，铣刀由 A 向 B 运动，进给速度较高时，由于惯性在拐角 B 处可能出现超程现象，拐角处的金属被多切去一些。为此要选择变化的进给量，即在接近拐角处应当适当降低进给量，过拐角后再逐渐升高，以保证加工精度。另外，在切削过程中，切削力的作用使机床、工件和刀具的工艺系统产生变形，从而使刀具产生滞后，在拐角处会产生欠程现象；采用增加减速

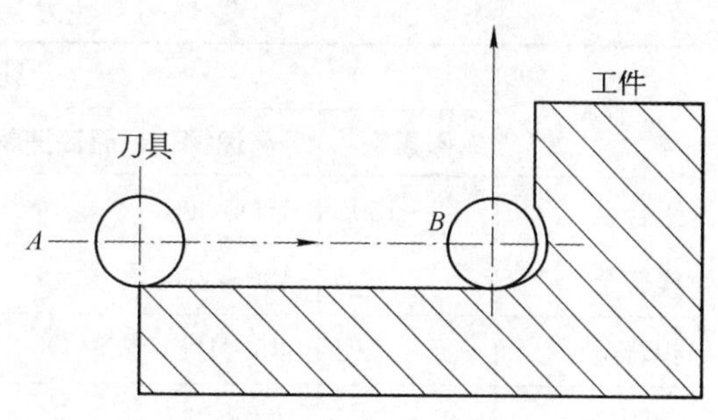

图 4-7　轮廓拐角处的超程现象

程序段或暂停程序的方法，可以减少由此产生的欠程现象。对于铣削时的进给量可以参考表 4 - 4 选取。

表 4 - 4　各种铣刀进给量　(mm/齿)

铣刀 工件材料	平铣刀	面铣刀	圆柱铣刀	端铣刀	成形铣刀	高速钢镶刃刀	硬质合金镶刃刀
铸铁	0.2	0.2	0.07	0.05	0.04	0.3	0.1
可锻铸铁	0.2	0.15	0.07	0.05	0.04	0.3	0.09
低碳钢	0.2	0.2	0.07	0.05	0.04	0.3	0.09
中高碳钢	0.15	0.15	0.06	0.04	0.03	0.2	0.08
铸钢	0.15	0.1	0.07	0.05	0.04	0.2	0.08
镍铬钢	0.1	0.1	0.05	0.02	0.02	0.15	0.06
黄铜	0.2	0.2	0.07	0.05	0.04	0.03	0.21
青铜	0.15	0.15	0.07	0.05	0.04	0.03	0.1
铝	0.1	0.1	0.07	0.05	0.04	0.02	0.1
Al - Si 合金	0.1	0.1	0.07	0.05	0.04	0.18	0.08
Mg - Al - Zn	0.1	0.1	0.07	0.04	0.03	0.15	0.08
Al - Cu - Mg Al - Cu - Si	0.15	0.1	0.07	0.05	0.04	0.02	0.1

(3) 切削速度的选择：根据已经选定的背吃刀量、进给量及刀具使用寿命选择切削速度，可用经验公式计算，也可根据表 4 - 5 中提供的数据选取。

表 4 - 5　铣刀切削速度　(m/min)

工件材料	铣刀材料					
	碳素钢	高速钢	超高速钢	合金钢	碳化钛	碳化钨
铝合金	75～150	180～300		240～460		300～600
镁合金		180～270				150～600
钼合金		45～100				120～190
黄铜(软)	12～25	20～25		45～75		100～180

（续表）

工件材料	铣刀材料					
	碳素钢	高速钢	超高速钢	合金钢	碳化钛	碳化钨
青铜	10～20	20～40		30～50		60～130
青铜(硬)		10～15	15～20			40～60
铸铁(软)	10～12	15～20	18～25	28～40		75～100
铸铁(硬)		10～15	10～20	18～28		45～60
(冷)铸铁			10～15	12～18		30～60
可锻铸铁	10～15	20～30	25～40	35～45		75～110
钢(低碳)	10～14	18～28	20～30		45～70	
钢(中碳)	10～15	15～25	18～28		40～60	
钢(高碳)		10～15	12～20		30～45	
合金钢					35～80	
合金钢(硬)					30～60	
高速钢			12～25		45～70	

3）加工中心切削用量选择　切削用量应根据前面所述的原则、方法和注意事项，并在允许的范围内，结合经验确定。表 4－6～表 4－10 列出了部分可供选择的孔加工切削用量经验值，供选择时参考。

表 4－6　高速钢钻头加工铸铁的切削用量

钻头直径(mm) ＼ 切削用量 ＼ 材料硬度	160～200 HBS		200～400 HBS		300～400 HBS	
	v_c(m/min)	f(mm/r)	v_c(m/min)	f(mm/r)	v_c(m/min)	f(mm/r)
1～6	16～24	0.07～0.12	10～18	0.05～0.1	5～12	0.03～0.08
6～12	16～24	0.12～0.2	10～18	0.1～0.18	5～12	0.08～0.15
12～22	16～24	0.2～0.4	10～18	0.18～0.25	5～12	0.15～0.2
22～50	16～24	0.4～0.8	10～18	0.25～0.4	5～12	0.2～0.3

注：采用硬质合金钻头加工铸铁时 $v_c = 20 \sim 30$ m/min。

表 4-7 高速钢钻头加工钢件的切削用量

钻头直径(mm) \ 切削用量 \ 材料强度	R_m = 520 ~ 700 MPa (35、45 钢)		R_m = 700 ~ 900 MPa (15Cr、20Cr)		R_m = 1 000 ~ 1 100 MPa (合金钢)	
	v_c(m/min)	f(mm/r)	v_c(m/min)	f(mm/r)	v_c(m/min)	f(mm/r)
1~6	8~25	0.05~0.1	12~30	0.05~0.1	8~15	0.03~0.08
6~12	8~25	0.1~0.2	12~30	0.1~0.2	8~15	0.08~0.15
12~22	8~25	0.2~0.3	12~30	0.2~0.3	8~15	0.15~0.25
22~50	8~25	0.3~0.45	12~30	0.3~0.45	8~15	0.25~0.35

表 4-8 高速钢铰刀铰孔的切削用量

铰刀直径(mm) \ 切削用量 \ 工件材料	铸铁		钢及钢合金		铝铜及其合金	
	v_c(m/min)	f(mm/r)	v_c(m/min)	f(mm/r)	v_c(m/min)	f(mm/r)
6~10	2~6	0.3~0.5	1.2~5	0.3~0.4	8~12	0.3~0.5
10~15	2~6	0.5~1.0	1.2~5	0.4~0.5	8~12	0.5~1.0
15~25	2~6	0.8~1.5	1.2~5	0.5~0.6	8~12	0.8~1.5
25~40	2~6	0.5~1.5	1.2~5	0.4~0.6	8~12	0.8~1.5
40~60	2~6	1.2~1.8	1.2~5	0.5~0.6	8~12	1.5~2.0

注：采用硬质合金铰刀铰铸铁时 $v_c = 8 \sim 10$ mm/min，铰铝材时 $v_c = 8 \sim 10$ mm/min。

表 4-9 镗孔的切削用量

工序	刀具 \ 切削用量 \ 工件材料	铸铁		钢及钢合金		铝铜及其合金	
		v_c(m/min)	f(mm/r)	v_c(m/min)	f(mm/r)	v_c(m/min)	f(mm/r)
粗镗	高速钢 硬质合金	20~25 35~50	0.4~1.5	15~30 50~70	0.35~0.7	100~150 100~250	0.5~1.5
半精镗	高速钢 硬质合金	20~35 50~70	0.15~0.45	15~50 95~135	0.15~0.45	100~200	0.2~0.5
精镗	高速钢 硬质合金	70~90	D1 级<0.08 D 级 0.12~0.15	100~135	0.12~0.15	150~400	0.06~0.1

注：当采用高精度的镗头镗孔时，由于余量较小，直径余量不大于 0.2 mm，切削速度可提高一些，铸铁件为 100~150 m/min，钢件为 150~250 m/min，铝合金为 200~400 m/min，巴氏合金为 100~150 m/min，250~500 m/min。进给量可在 0.03~0.1 mm/r 范围内。

表4-10　攻螺纹的切削用量

加工材料	铸铁	钢及其合金	铝及其合金
v_c(m/min)	2.5～5	1.5～5	5～15

第二节　数控机床刀具

一、　数控机床刀具的特点

为了能够实现数控机床上刀具高效、多能、快换和经济的目的，数控机床所用的刀具主要满足下列要求：

(1) 刀片及刀具几何参数和切削参数的规范化、典型化。

(2) 刀片或刀具材料及切削参数与被加工工件的材料之间匹配的选用原则。

(3) 刀片或刀具的耐用度及其经济寿命指标的合理化。

(4) 刀片及刀柄的定位基准的优化。

(5) 刀片及刀柄对机床主轴的相对位置的要求高。

(6) 对刀柄的强度、刚性及耐磨性的要求高。

(7) 刀柄或工具系统的装机重量限制的要求。

(8) 对刀具柄的转位，装拆和重复精度的要求。

(9) 刀片及刀柄切入的位置和方向的要求。

(10) 刀片和刀柄高度的通用化、规则化、系列化。

(11) 整个数控工具系统自动换刀系统的优化。

二、　刀具材料

数控机床刀具从制造所采用的材料上可以分为：高速钢刀具、硬质合金刀具、陶瓷刀具、立方氮化硼刀具、聚晶金刚石刀具。目前数控机床用得最普遍的刀具是硬质合金刀具。

在金属切削领域，金属切削机床的发展和刀具材料的开发是相辅相成的关系。刀具材料从碳素工具钢到今天的硬质合金和超硬材料(陶瓷、立方氮化硼、聚晶金刚石等),都是随着机床主轴转速的提高、功率的增大、主轴精度的提高和机床刚性的增加而逐步发展的,同时由于新的工程材料(耐磨、耐热、超轻、高强度、纤维等)不断出现,也对切削刀具材料的发展起到了促进作用。

目前金属切削工艺中应用的刀具材料,碳素工具钢已被淘汰,合金工具钢也很少使用,所使用的刀具材料主要分为下列五类:

1) 高速钢(high speed steel, HSS) 高速钢刀具材料已有悠久的历史,随着材料科学的开发,高速钢刀具材料的品种已从单纯的 W 系列发展到 WMo 系、WMoAl 系、WMoCo 系(其中 WMoAl 系是我国所特有的品种),使得高速钢的内在质量(碳化物偏析、晶粒度等)得到了有效的控制。同时,由于高速钢刀具热处理技术(真空、保护气热处理)的进步以及成型金属切削工艺(全磨制钻头、丝锥等)的更新,使得高速钢刀具的红硬性、耐磨性和表面层质量都得到了很大的提高和改善。因此高速钢仍是数控机床用刀具的选择对象之一。

2) 硬质合金(cemented carbide) 继高速钢之后,随着机床刚件、主轴转速及切削力的提高,对刀具材料也提出了要能适应高速切削的要求。这样就相继开发出了硬质合金。

国产硬质合金刀具材料的品种基本分为三大类:一类以 WC 为主的加上钴黏结剂的钨钴类,牌号为“YG”;第二类是以 WC+TiC 为主的加上钴黏结剂的钨钴钛类,牌号为“YT”;第三类是在 WC+TiC 的基础上,加入少量的 NbC(碳化铌)、TaC(碳化钽)等碳化物,形成一种所谓“万能型”的硬质合金,牌号为“YW”。

目前金属切削刀具用的硬质合金,在金属切削工艺范畴内,是最为广泛的一种切削刀具材料,特别是对于数控机床更为重要。近期我国引进国外技术,也开发出了一些关于硬质合金刀具材料的新品种。

按硬质合金刀片的使用方法,可分为焊接式刀片和可转位机夹式刀片两类。目前数控机床大多数采用机夹式刀片,仅少部分仍使用焊接式刀片。图 4-8 所示是广泛采用的硬质合金机夹车刀片。

3) 陶瓷(geramics) 陶瓷材料的主要成分是 Al_2O_3。陶瓷是在高压下成形,在高温下烧结而成的。陶瓷的硬度高(90～95 HRA),耐磨性好,耐热性高,在 1 200 ℃时,硬度为 80 HRA,摩擦因数小,化学稳定性好。但是,陶瓷的脆性大,抗弯强度低,只有一般硬质合金的 1/3 左右,不能承受冲击负荷。一般陶瓷刀具多用于精车、半精车或对铸铁的高速切削。陶瓷刀具因其材质的化学稳定性好、硬度高,在耐热合金等难加工材料的加工中有广泛的应用。

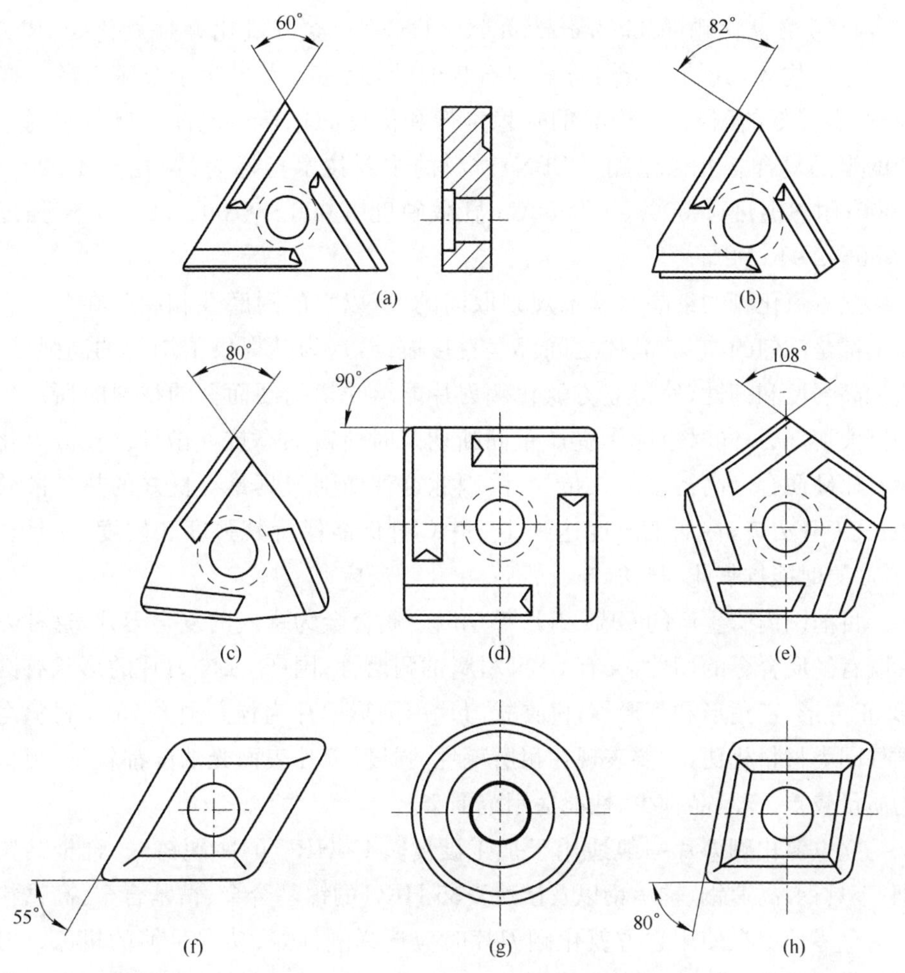

图 4-8　硬质合金数控车刀类型

(a) T型；(b) F型；(c) W型；(d) S型；(e) P型；(f) D型；(g) R 型；(h) C型

为解决陶瓷刀具脆性大的问题，近年研究出一种以 TiC(陶瓷)为基体，Ni、Mo(金属)为结合剂的金属陶瓷。

金属陶瓷刀具最大优点是与被加工材料的亲和性极低，故不易产生黏刀和积屑瘤现象，使加工表面非常光洁平整，在一般刀具材料中可谓精加工用的佼佼者，但由于韧性差而限制了它的使用范围。通过添加 WC、TaC、TiN、TaN 等异种碳化物，使其抗弯强度达到了硬质合金的水平，因而得到广泛的应用。日本黛杰(DIJET)公司新近推出通用性更为优良的 CX 系列金属陶瓷，以适应各种切削状态的加工要求。

4）立方氮化硼（cubic boron nitride，CBN） 立方氮化硼是氮化硼（BN）的同素异构体，其结晶结构与金刚石相似，因此还具有仅次于金刚石的显微硬度，有极好的耐磨性、极高的热稳定件和优良的化学稳定性。目前国内生产的聚晶复合立方氮化硼（PCBN）材料的主要技术指标为：磨耗比 4 000～7 000；耐热温度 1 000～1 200 ℃；显微硬度 5 000～8 000 HV；抗弯强度 1 960～2 940 MPa。

立方氮化硼的细晶粒是不规则取向的，所以它的耐磨性和硬度在各个方向上都是均匀的，它的晶体之间都是直接成键，这为其提供了均匀的高强度。这种高强度和韧性，使得立方氮化硼刀片能承受切削硬而韧的材料时所产生的巨大切削力，同时也能承受严重间断切削时所需的高抗冲击性。立方氮化硼有比硬质合金高得多的热传导性，因此这种切削刀具具有良好的热扩散效果；其刀片刃口，在加工温度达到 1 000 ℃时仍能保持其强度和硬度，并且在 1 000 ℃时能抗氧化，与铁、镍、钴不发生化学反应。

目前国内所生产的 CBN 刀片都是以硬质合金为基底的复合刀片，这种刀片既有硬质合金的韧性，又有 CBN 材料的耐磨性；国产 CBN 刀片的形状有圆形、正方形、三角形和菱形等，机夹式刀片用圆形刀片为佳。国产 CBN 材料与国外同类材料相比，主要表现在耐磨耗性、强度、刀片表面光洁度都较低，刃口的质量较差，产品品种少，性能适用范围窄。

立方氮化硼刀片一般适用于加工硬度≥45 HRC 的冷硬铸铁、合金结构钢、工具钢、高速钢、轴承钢以及硬度≥35 HRC 的镍基合金、钴基合金、高钴粉末冶金零件。在使用立方氮化硼刀片时应选择刚性好、功率足够的机床。刀杆的伸出量尽可能小，避免让刀和刀杆振动。在任何切削情况下都要采用负前角，要选择最大可能的负偏角（>15°）。一般情况下推荐采用冷却液，刃口可以倒钝，特别是间断切削：要在刀片开始变钝时立即换刀，可采用比硬质合金大得多的切削速度和进给量，听到颤声时要立刻停止切削。

总之，立方氮化硼刀具具有较高的硬度和较好的热稳定性，主要适用于各种淬火钢、耐磨铸铁、喷涂材料、钛合金等高硬度难加工材料的半精加工及精加工。在加工难加工材料方面，显示出特有的优越性。

5）聚晶金刚石（poly crystalline diamond，PCD） 天然金刚石作为切削刀具材料，已有较长历史，而人造的聚晶金刚石作为切削刀具材料还是近期的事。聚晶金刚石刀片绝大多数是将聚晶金刚石与硬质合金基材一起烧结而成。

聚晶金刚石的硬度、耐磨性在各个方向都是均匀的，而天然金刚石在各个方向是不均匀的，存在着软的晶面或键合较弱的面(解理晶面)。聚晶金刚石与天然金刚石相比，在断续切削时不易崩刃或碎裂，刀刃上不易形成积屑瘤。

聚晶金刚石的硬度很高，耐磨性好，有锋利的刀刃，可以把切屑从零件的表面上很干净地剪下来，而保持零件表面的完整和光洁，由此降低了切屑与刀刃的摩擦力，提高了切削效率。聚晶金刚石刀片可以研磨和抛光出非常锐利的刃口。由于刃口是由许多人造金刚石晶体颗粒所构成的，不能加工出像使用单晶天然金刚石刀具时的刀口所获得的那样非常好的光洁表面。

聚晶金刚石和硬质合金基体的氧化开始于600 ℃。在采用焊接刀片时，应避免加热温度超过700 ℃。聚晶金刚石刀片在正常的切削加工温度下，与含铁、镍或钴的合金会发生化学反应，所以它只用于高效地加工有色金属和非金属材料。其加工范围有锻铝、铝硅合金、铜、铜合金、镁、锌及其合金、巴氏合金、硬质合金等，还有陶瓷、石墨、塑料、树脂、层压板、填充纤维的复合材料、玻璃等非金属材料。

使用聚晶金刚石刀片时，应遵循的原则是只用于加工有色金属和非金属材料，选用有足够刚性和功率的机床，采用刚性好的刀柄和紧固装置，可采用较大的前角加大切削深度和进给量，一般可用冷却液，不要在刀具失去锋利的刃口后再继续使用。

总之，上述五大类刀具材料，从总体上分析，材料的硬度、耐磨性，金刚石最高，依次降低，直到高速钢。而材料的韧性则是高速钢最高，金刚石最低。在数控机床、车削中心、加工中心等现代机床中，采用最广泛的是硬质合金和高速钢这两类。因为这两类材料从经济性、成熟性、适应性、多样性、工艺性等各方面，目前综合效果都优于陶瓷、立方氮化硼、聚晶金刚石等刀具材料。但在以车代磨加工淬火钢时，陶瓷、立方氮化硼刀具具有很大的优势。聚晶金刚石刀片则主要用于加工有色金属和非金属材料、砂轮修磨等。

三、　加工中心工具系统

把通用性较强的刀具和配套装夹工具系列化、标准化，就成为通常所说的工具系统。采用工具系统进行加工，虽然工具成本高些，但它能可靠地保证加工质量，最大限度地提高加工质量和生产率，使加工中心的效能得到充分的发挥。

目前我国建立的工具系统是镗铣类工具系统。这种工具系统一般由与机床主轴连接的锥柄、延伸部分的连杆和工作部分的刀具组成，它们经组合后可以完成钻孔、扩孔、铰孔、镗孔、攻螺纹等加工工艺。镗铣类工具系统分为整体式结构和模块式结构两大类。

1）整体式结构　我国 TSG82 工具系统就属于整体式结构的工具系统，它的特点是将锥柄和接杆连成一体。不同品种和规格的工作部分都必须带有与机床相连的柄部。其优点是结构简单、使用方便、可靠、更换迅速等。缺点是锥柄的品种和数量较多。图 4－9 所示为 TSG82 工具系统，选用时一定要按图示进行配置。表 4－11 是 TSG82 工具系统的代码和意义。

表 4－11　TSG82 工具系统的代码和意义

代码	代码的意义	代码	代码的意义	代码	代码的意义
J	装接长刀杆用锥柄	KJ	用于装扩、铰刀	TF	浮动镗刀
Q	弹簧夹头	BS	倍速夹头	TK	可调镗刀
KH	7∶24 锥柄快换夹头	H	倒锪端面刀	X	用于装铣削刀具
Z(J)	用于装钻夹头(莫氏锥度注 J)	T	镗孔刀具	XS	装三面刃铣刀
MW	装无扁尾莫氏锥柄刀具	TZ	直角镗刀	XM	装面铣刀
M	装有扁尾莫氏锥柄刀具	TQW	倾斜式微调镗刀	XDZ	装直角端铣刀
G	攻螺纹夹头	TQC	倾斜式粗镗刀	XD	装端铣刀
C	切内槽工具	TZC	直角形粗镗刀		
规格	用数字表示工具的规格，其含义随工具不同而异。有些工具该数字为轮廓尺寸 D－L；有些工具该数字表示应用范围。还有表示其他参数值的，如锥度号等				

2）模块式结构　模块式结构是把工具的柄部和工作部分分开，制成系统化的主柄模块、中间模块和工作模块，每类模块中又分为若干小类和规格，然后用不同规格的中间模块组装成不同用途、不同规格的模块式刀具，这样一来就方便了制造、使用和保管，减少了工具规格的储备，对加工中心较多的企业有很高的实用价值。目前，模块式工具系统已成为数控加工刀具发展的方向。国外有许多应用比较成熟和广泛的模块化工具系统。例如瑞士的山特维克(SANDVIK)公司有比较完善的模块式工具系统，在我国的许多企业得到了很好的应用。国内的 TGM10 和 TGM21 工具系统也属于这一类。图 4－10 所示为 TMG 工具系统的示意图。

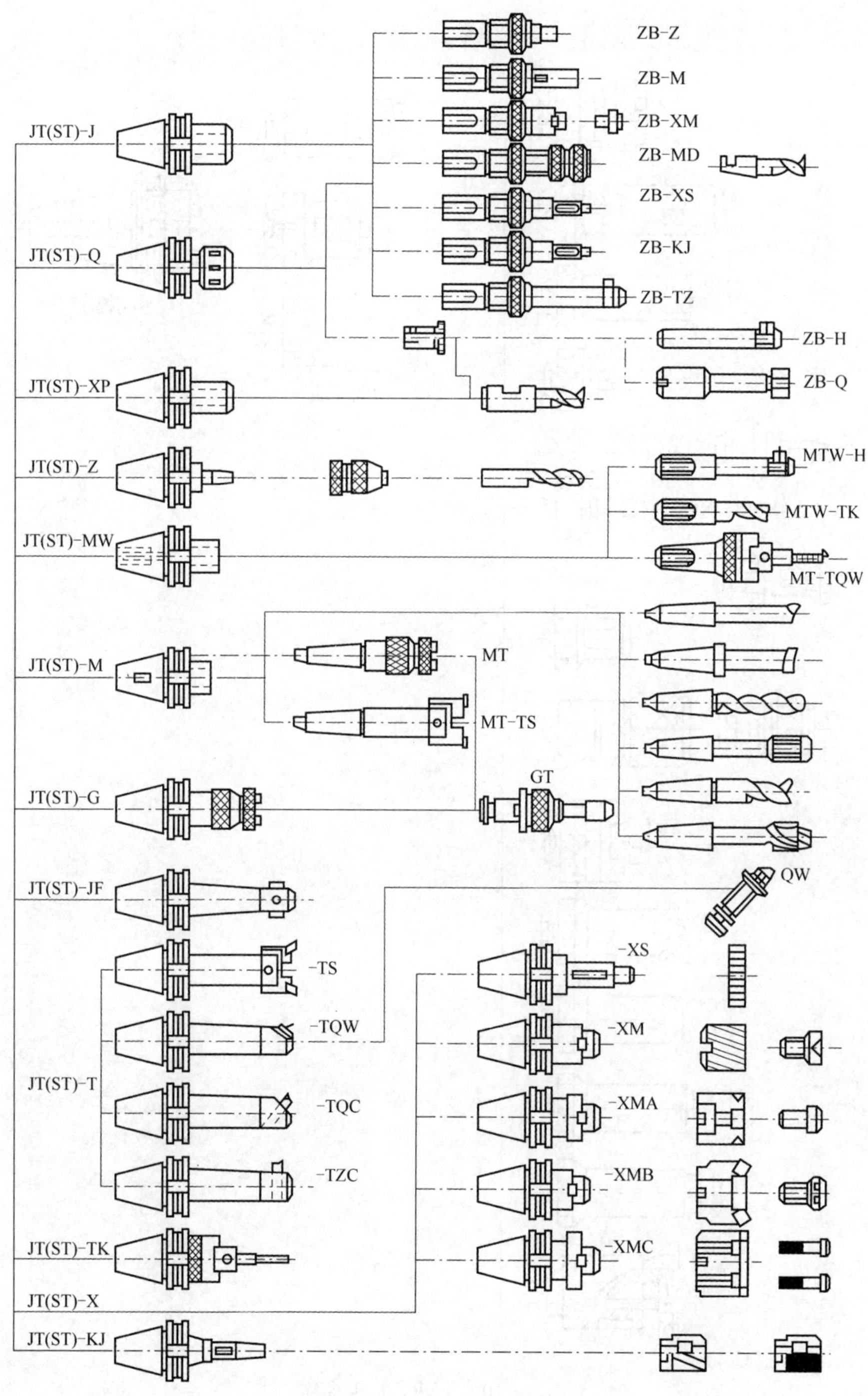

图 4－9　TSG82 工具系统

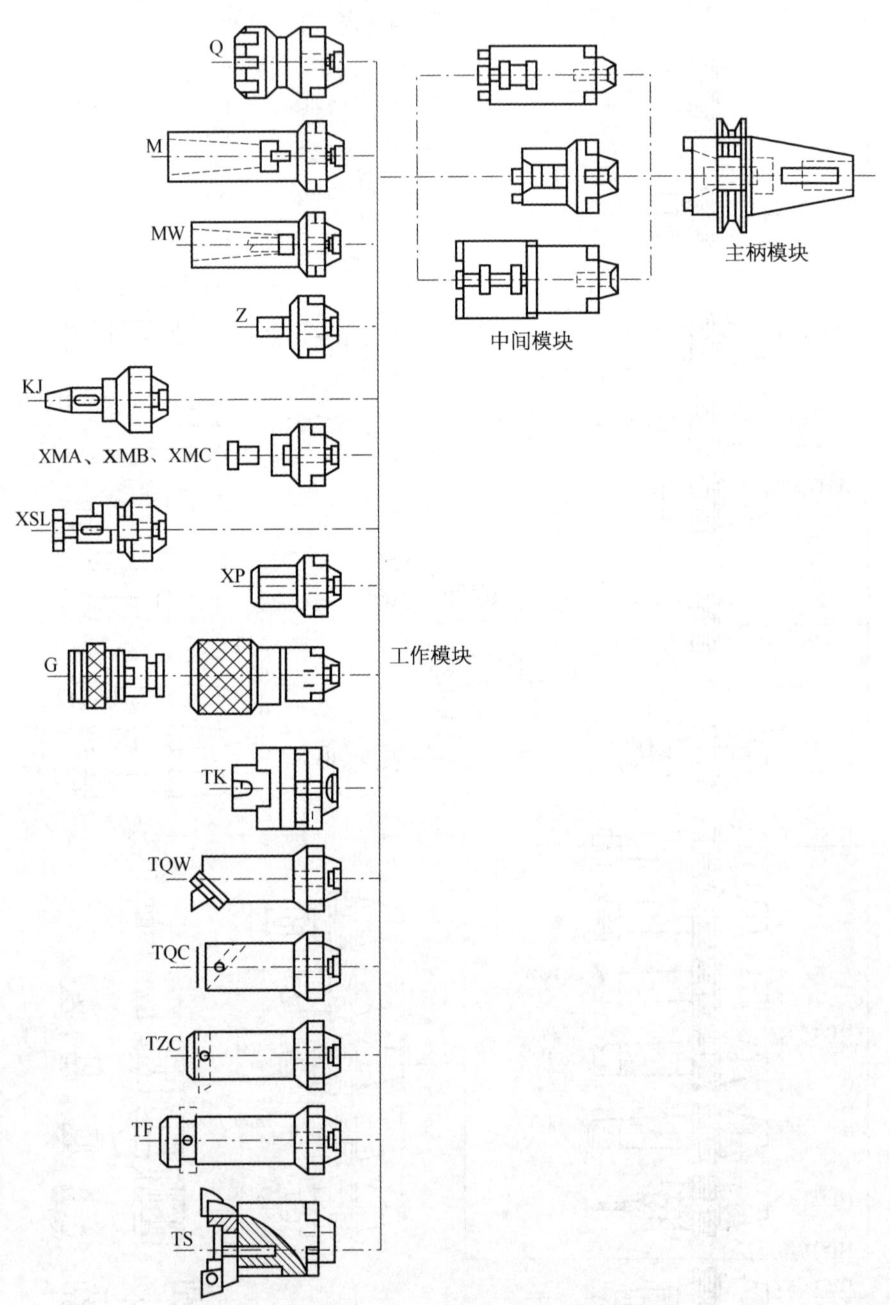

图 4-10　TMG 工具系统

四、　数控机床刀具的选择

1. 选择刀片(刀具)应考虑的要素

选择刀片或刀具应考虑的因素是多方面的。随着机床种类、型号的不同，生产经验和习惯的不同以及其他因素而得到的效果是不相同的，归纳起来应该考虑的要素有以下几点：

(1) 被加工工件材料的类别。常用的材料有：有色金属(铜、铝、钛及其合金)，黑色金属(碳钢、低合金钢、工具钢、不锈钢、耐热钢等)，复合材料，塑料类等。

(2) 被加工件材料性能。包括硬度、韧性、组织状况等。

(3) 切削工艺的类别。分车、钻、铣、镗，粗加工、精加工、超精加工，切削流动状态，刀具变位时间间隔等。

(4) 被加工工件的几何形状(影响到连续切削或间断切削、刀具的切入或退出角度)、零件精度(尺寸公差、形位公差、表面粗糙度)和加工余量等因素。

(5) 要求刀片(刀具)能承受的切削用量(切削深度、进给量、切削速度)。

(6) 生产现场的条件(操作间断时间、振动、电力波动或突然中断)。

(7) 被加工工件的生产批量，影响到刀片(刀具)的经济寿命。

2. 选择镗孔(内孔)刀具的考虑要点

镗孔刀具的选择，主要问题是刀杆的刚性，要尽可能地防止或消除振动。

(1) 尽可能选择大的刀杆立径，接近镗孔直径。

(2) 尽可能选择短的刀臂(工作长度)，当工作长度小于 4 倍刀杆直径时可用钢制刀杆，加工要求高的孔时最好采用硬质合金制刀杆，当工作长度为 4～7 倍的刀杆直径时，小孔用硬质合金制刀杆，大孔用减振刀杆。当工作长度为 7～10 倍的刀杆直径时，要采用减振刀杆。

(3) 选择主偏角(切入角 κ_r)大于 75 ℃，接近 90 ℃。

(4) 选择无涂层的刀片品种(刀刃圆弧小)和小的刀尖半径(r_ε=0.2 mm)。

(5) 精加工采用正切削刃(正前角)刀片和刀具，粗加工采用负切削刃(负前角)刀片和刀具。

(6) 镗深的盲孔时，采用压缩空气(气冷)或冷却液(排屑和冷却)。

(7) 选择正确的、快速的镗刀柄夹具。

图 4－11 所示是车削加工时工件形状和刀具形状的关系。

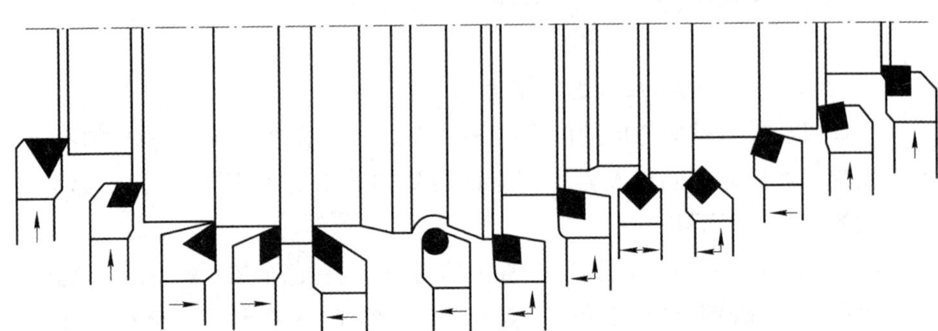

图 4－11 车削加工时工件形状和刀具形状的关系

3. 选用数控铣刀的注意事项

(1) 在数控机床上铣削平面时，应采用可转位式硬质合金刀片铣刀。一般采用两次走刀，一次粗铣、一次精铣。当连续切削时，粗铣刀直径要小些以减小切削扭矩，精铣时直径要大一些，最好能包容待加工表面的整个宽度。加工余量大且加工表面又不均匀时，刀具直径要选得小一些，否则，当粗加工时会因接刀刀痕过深而影响加工质量。

(2) 高速钢立铣刀多用于加工凸台和凹槽，最好不要用于加工毛坯面，因为毛坯面有硬化层和夹砂现象，会加速刀具的磨损。

(3) 加工余量较小，并且要求表面粗糙度较低时，应采用立方氮化硼(CBN)刀片端铣刀或陶瓷刀片端铣刀。

(4) 镶硬质合金立铣刀可用于加工凹槽、窗口面、凸台面和毛坯表面。

(5) 镶硬质合金的立铣刀可以进行强力切削，用于铣削毛坯表面和孔的粗加工。

(6) 加工精度要求较高的凹槽时，可采用直径比槽宽小一些的立铣刀，先铣槽的中间部分，然后利用刀具的半径补偿功能铣削槽的两边，直到达到精度要求。

(7) 在数控铣床上钻孔，一般不采用钻模，钻孔深度为直径的 5 倍左右的深孔加工容易折断钻头，可采用固定循环程序，多次自动进退，以利于冷却和排屑。钻孔前最好先用中心钻钻一个中心孔或采用一个刚性好的短钻头锪窝引正。锪窝除了可以解决毛坯表面钻孔引正问题外，还可以替代孔倒角。

第三节　数控机床夹具

为保证加工精度，在数控机床上加工零件时，必须使工件在机床上占据一个正确的位置，即定位，然后将其夹紧。这种定位与夹紧的过程称为工件的装夹，用于装夹工件的工艺装备就是机床夹具。

一、　机床夹具的分类

机床夹具的种类很多，按使用机床类型分类，可分为车床夹具、铣床夹具、钻床夹具、镗床夹具、加工中心夹具和其他机床夹具等。按驱动夹具工作的动力源分类，可分为手动夹具、气动夹具、液压夹具、电动夹具、磁力夹具、真空夹具和自夹紧夹具等。按专门化程度可分为以下几种类型的夹具：

1）通用夹具　通用夹具是指已经标准化、无需调整或稍加调整就可以用来装夹不同工件的夹具。如三爪自定心卡盘、四爪单动卡盘、平口虎钳和万能分度头等。这类夹具主要用于单件小批生产。

2）专用夹具　专用夹具指专为某一工件的某一加工工序而设计制造的夹具，结构紧凑，操作方便，主要用于固定产品的大批大量生产。

3）组合夹具　组合夹具是指按一定的工艺要求，由一套预先制造好的通用标准元件和部件组装而成的夹具。使用完毕后，可方便地拆散成元件或部件，待需要时重新组合成其他加工过程的夹具。适用于数控加工、新产品的试制和中、小批量的生产。

4）可调夹具　可调夹具包括通用可调夹具和成组夹具，它们都是通过调整或更换少量元件就能加工一定范围内的工件，兼有通用夹具和专用夹具的优点。通用可调夹具适用范围较宽，加工对象并不十分明确；成组夹具是根据成组工艺要求，针对一组形状公差尺寸相似、加工工艺相近的工件加工而设计的，其加工对象和范围很明确，又称为专用可调夹具。数控机床夹具常用通用可调夹具、组合夹具。

二、　车床夹具

车床要用于加工内外圆柱面、圆锥面、回转成形面、螺纹及端平面等。上述各表面都是绕车床主轴轴心的旋转而形成的，根据这一加工特点和夹具在车床上安装的位置，将车床夹具分为两种基本类型：一类是安装在车床主轴上的夹具，这类夹具和车床主轴相连接并带动工件一起随主轴旋转，除了各种卡盘、顶尖等通用夹具或其他机床附件外，往往根据加工的需要设计出各种心轴或其他专用夹具；另一类是安装在滑板或床身上的夹具，对于某些形状不规则和尺寸较大的工件，常常把夹具安装在车床滑板上，刀具则安装在车床主轴上作旋转运动，夹具作进给运动。车床夹具的典型结构如下：

(1) 三爪自定心卡盘。如图 4-12 所示，三爪自定心卡盘是一种常用的自动定心夹具。适用于装夹轴类、盘套类零件。

(2) 四爪单动卡盘。如图 4-13 所示，适用于外形不规则、非圆柱体、偏心、有孔距要求(孔距不能太大)及位置与尺寸精度要求高的零件。

(3) 花盘。如图 4-14 所示，与其他车床附件一起使用，适用于外形不规则、偏心及需要端面定位夹紧的工件。

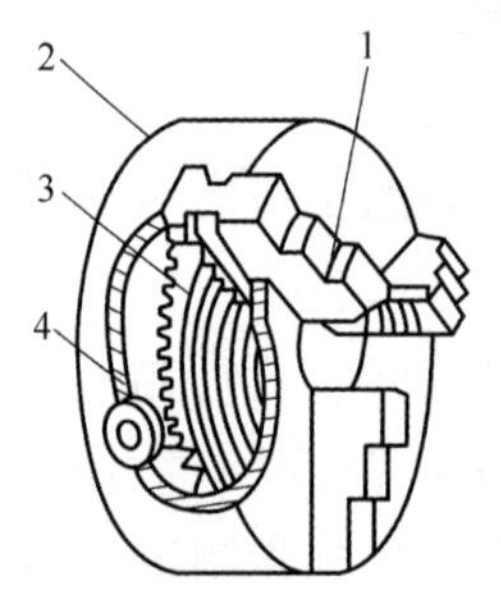

图 4-12 三爪自定心卡盘

1—卡爪；2—卡盘体；
3—锥卡端面螺纹圆盘；
4—小锥齿轮

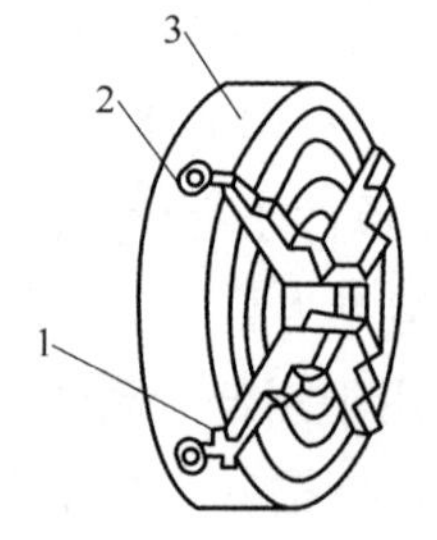

图 4-13 四爪单动卡盘

1—卡爪；2—螺杆；
3—卡盘体

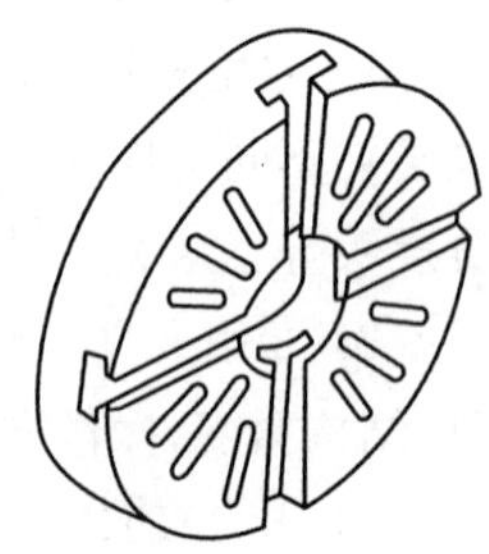

图 4-14 花盘

(4) 心轴。常用的心轴有圆柱心轴、圆锥心轴和花键心轴。圆柱心轴(图 4-15)主要用于筒和盘类零件的装夹；圆锥心轴(小锥度心轴)的定心精度高，但工件的轴向位移误差加大，多用于以孔为定位基准的工件；花键心轴(图 4-16)用于以花键孔定位的工件。

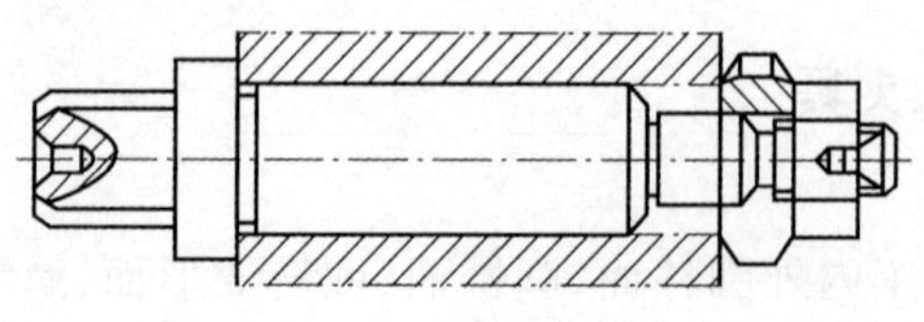

图 4-15 圆柱心轴

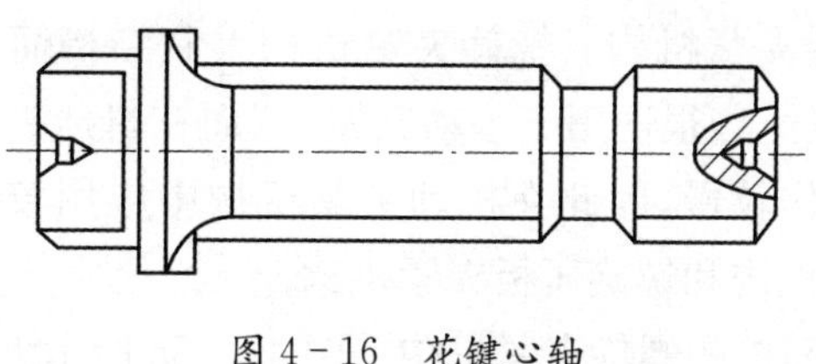

图 4-16　花键心轴

三、　铣床夹具

铣床夹具中使用最普遍的是机械夹紧机构，这类机构大多数是利用机械摩擦的原理来夹紧工件的。斜楔夹紧是其中最基本的形式，螺旋、偏心等机构是斜楔夹紧机构的演变形式。

1）斜楔夹紧机构　采用斜楔作为传力元件或夹紧元件的夹紧机构，称为斜楔夹紧机构。图 4-17a 所示为斜楔夹紧机构的应用示例，敲入斜楔 1 大头，使滑柱 2 下降，装在滑柱上的浮动压板 3 可同时夹紧两个工件 4。加工完后，敲斜楔 1 的小头，即可松开工件。采用斜楔直接夹紧工件的夹紧力较小、操作不方便，因此实际生产中一般与其他机构联合使用。如图 4-17b 为斜楔与螺旋夹紧机构的组合形式，当拧紧螺旋时，楔块向左移动，使杠杆压板转动夹紧工件。当反向转动螺旋时，楔块向右移动，杠杆压板在弹簧力的作用下松开工件。

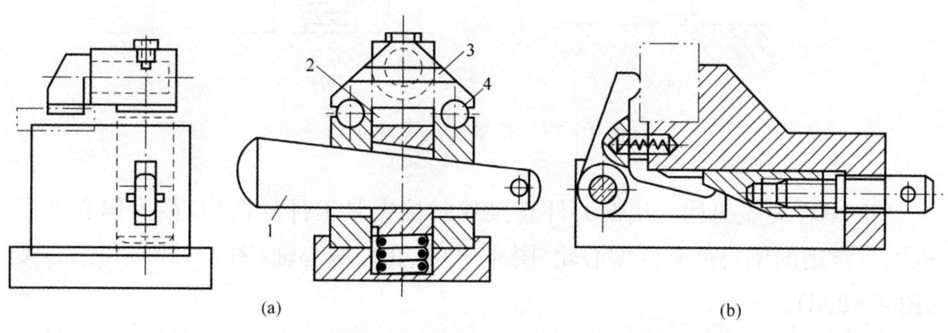

图 4-17　斜楔夹紧机构

1—斜楔；2—滑柱；3—浮动压板；4—工件

2）螺旋夹紧机构　采用螺旋直接夹紧或采用螺旋与其他元件组合实现夹紧的机构，称为螺旋夹紧机构。螺旋夹紧机构具有结构简单、夹紧力大、自锁性好和制造方便等优点，很适用于手动夹紧，因而在机床夹具中得到广泛的应用。缺点是夹紧动作较慢，因此在机动夹紧机构中应用较少。螺旋夹紧机构分为简单螺旋夹紧机构和螺旋压板夹紧机构。

图 4－18 为最简单的螺旋夹紧机构。图 4－18a 所示为螺栓头部直接对工件表面施加夹紧力，螺栓转动时，容易损伤工件表面或使工件转动。解决这一问题的办法是在螺栓头部套上一个摆动压块，如图 4－18b 所示，这样既能保证与工件表面有良好的接触，防止夹紧时螺栓带动工件转动，又能避免螺栓头部直接与工件接触而造成压痕。摆动压块的结构已经标准化，可根据夹紧表面来选择。实际生产中使用较多的是如图 4－19 所示的螺旋压板夹紧机构，利用杠杆原理实现对工件的夹紧，杠杆比不同，夹紧力也不同。其结构形式变化很多，图 4－19a、b 为移动压板，图 4－19c、d 为转动压板。其中图 4－19d 的增力倍数最大。

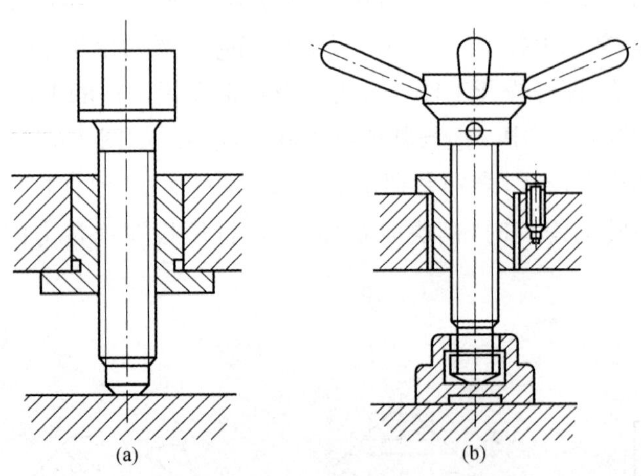

图 4－18　简单螺旋夹紧机构

3）偏心夹紧机构　用偏心件直接或间接夹紧工件的机构，称为偏心夹紧机构。常用的偏心件有圆偏心轮（图 4－20a、b）、偏心轴（图 4－20c）和偏心叉（图 4－20d）。

偏心夹紧机构操作简单、夹紧动作快，但夹紧行程和夹紧力较小，一般用于没有振动或振动较小、夹紧力要求不大的场合。

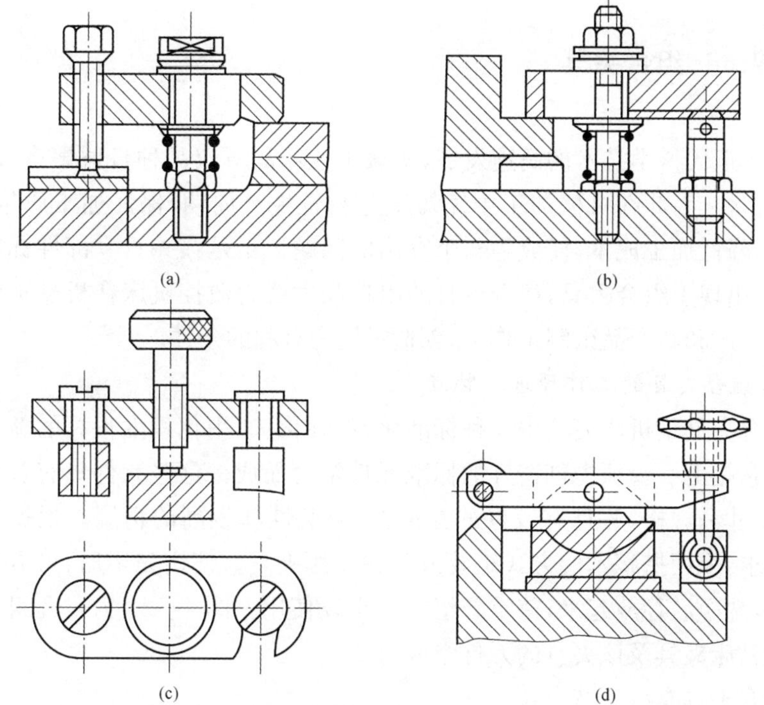

图 4-19　螺旋压板夹紧机构

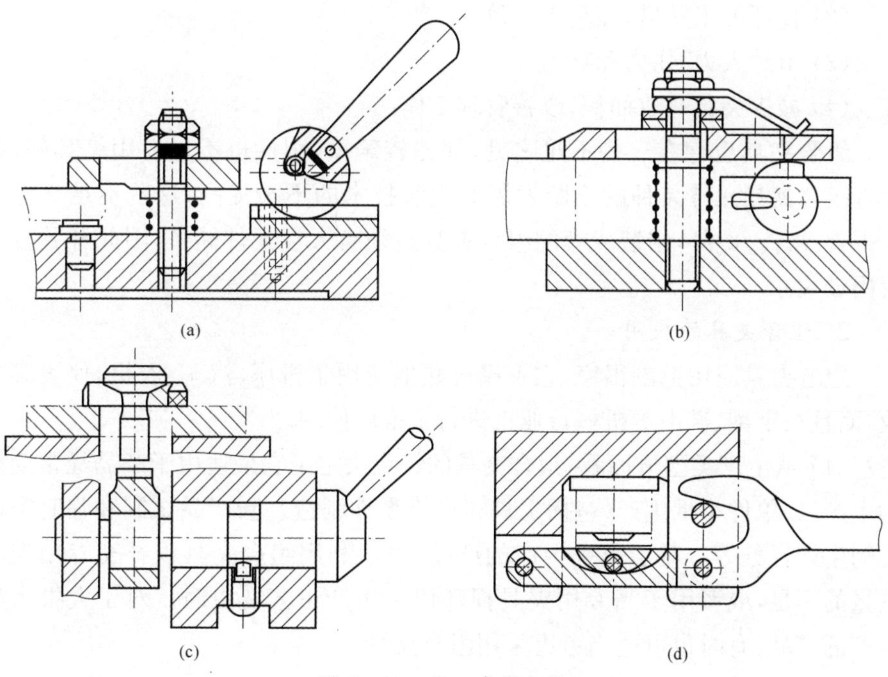

图 4-20　偏心夹紧机构

四、 组合夹具

由于近代科学技术的高速发展，机械工业产品不仅品种日益繁多，而且产品更新很快，因此在机械加工中缩短工艺装备生产周期，保证加工质量、提高生产率、降低加工成本，便成为一个突出的问题。于是在夹具零部件标准化的基础上，出现了组合夹具，组合夹具的出现和发展为数控机床在机械工业中单件小批生产和新产品试制工作上，创造了极为有利的条件。

1. 组合夹具的工作原理与特点

组合夹具是机床夹具中一种标准化、系列化、通用化程度很高的新型工艺装备。它是由一套预先创造好的标准元件组合而成。这些元件具有各种不同形状、尺寸和规格，并且有较好的互换性、耐磨性和较高的精度。根据工件的工艺要求，采用搭积木的方式组装成各种专用夹具。使用完毕后，可方便地拆开元件，洗净后存放起来，待重新组装时重复使用。图 4－21 为一套组合成的回转式钻床夹具及该夹具的元件组成。

组合夹具有以下特点：

(1) 灵活多变，为生产迅速提供夹具，缩短生产准备周期。

(2) 保证加工质量，提高生产效率。

(3) 节约人力、物力和财力。

(4) 减少夹具存放面积，改善管理工作。

组合夹具也存在一些不足之处，如比较笨重，刚性也不如专用夹具好，但随着组合夹具元件品种的不断发展和组装技术的不断提高，这些不足必将逐步得到改善。此外，组装成套的组合夹具必须有大量元件储备，因此开始投资费用较大。

2. 组合夹具的应用

组合夹具应用范围很广，它不仅成熟地应用于机床、汽车、农机、仪表等行业，而且在重型、矿山等机械行业也进行了推广使用。

(1) 从生产类型方面看，组合夹具的特点决定了它最适用于产品经常变换的生产，如单件小批生产(包括工具和机修零件制造)、新产品试制和临时突击性的生产任务等。对于成批生产的产品，也可利用组合夹具以补充专用夹具数量的不足，或者用于当专用夹具损坏以及生产工艺变更时。对于大批大量生产的产品，有时也可适当考虑采用组合夹具。

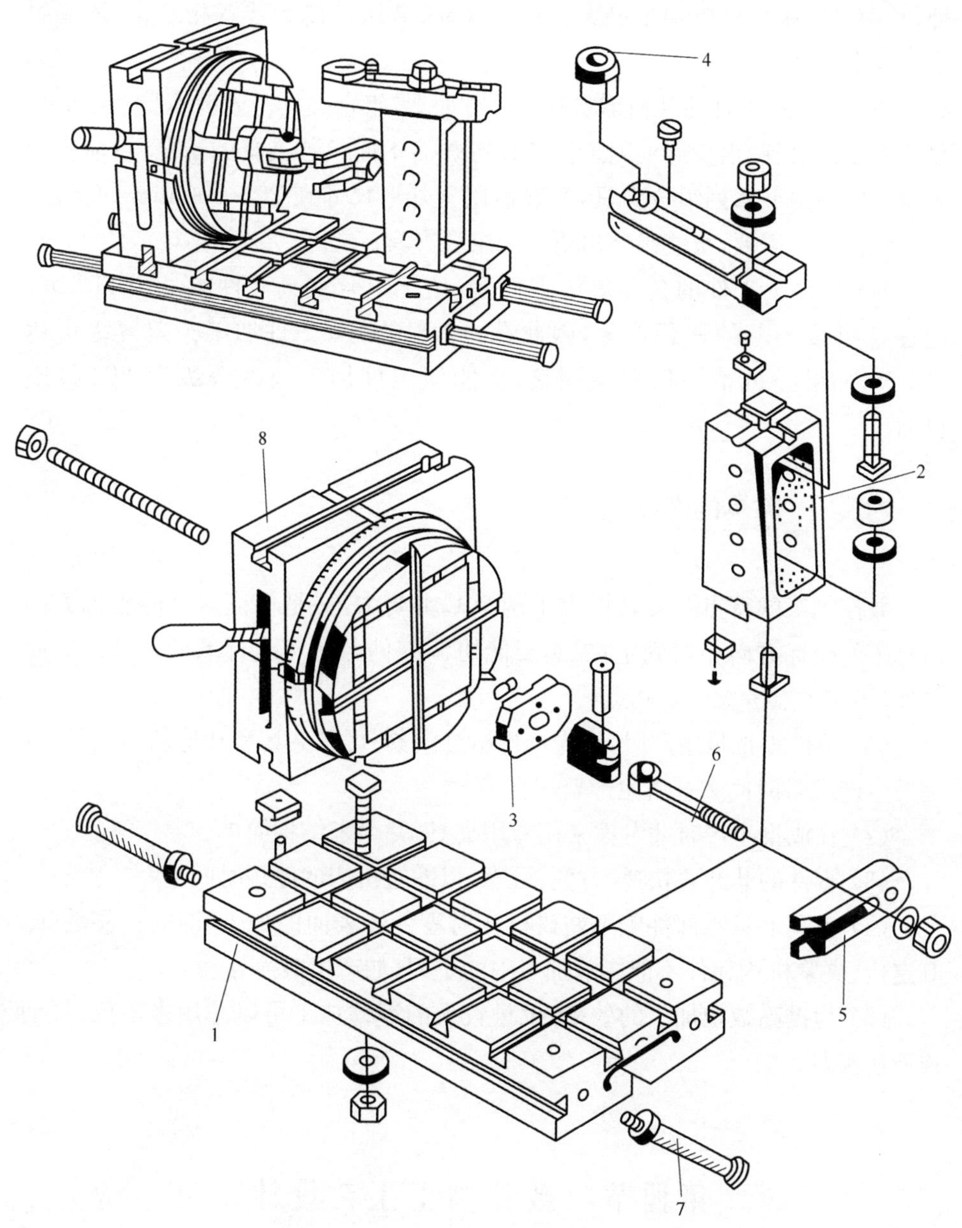

图 4-21 回转式钻床夹具

1—长方形基础板；2—方形支撑件；3—菱形定位盘；4—快换钻套；5—叉形压板；6—螺栓；7—手柄杆；8—分度合件

(2) 从加工工种方面看，组合夹具可用于钻、车、铣、刨、磨、镗、检验等工种，其中以钻床夹具应用量最大。若与气动、液压等传动装置相结合，还能组成高效率的夹具。

(3) 从加工工件的几何形状和尺寸方面看，组合夹具一般可不受工件形状复杂程度的限制，很少遇到因工件形状特殊而不能组装夹具的情况，目前我国大量采用的中型系列组合夹具，一般适用于外形尺寸在 20～600 mm 的工件，有时根据生产需要，也能组装出更大的组合夹具。

(4) 从加工工件的公差等级方面看，出于组合夹具元件本身为 IT2 级，通过各组装环节的累积误差，因此在一般情况下，工件加工公差等级可达 IT3 级，如果经过精心选配与调整，也能使工件加工公差等级达 IT2 级或更高。

五、 夹具的选择

数控加工的特点对夹具提出了两个基本要求：一是保证夹具的坐标方向与机床的坐标方向相对固定；二是要能协调零件与机床坐标系的尺寸。除此之外，还应重点考虑以下几点：

(1) 单件小批量生产时，优先选用组合夹具、可调夹具和其他通用夹具，以缩短生产准备时间和节省生产费用。

(2) 在成批生产时才考虑采用专用夹具，并力求结构简单。

(3) 零件的装卸要快速、方便、可靠，以缩短机床的停顿时间。

(4) 夹具上各零部件应不妨碍机床对零件各表面的加工，即夹具要敞开，其定位、夹紧机构元件不能影响加工中的走刀(如产生碰撞等)。

(5) 为提高数控加工的效率，批量较大的零件加工可以采用多工位、气动或液压夹具。

第四节 数控加工工艺设计

在进行数控加工工艺设计时，一般应进行以下几方面的工作：数控加工工艺内容的选择；数控加工工艺性分析；数控加工工艺路线的设计。

一、 数控加工工艺内容选择

对于一个零件来说，并非全部加工工艺过程都适合在数控机床上完成，而往往只是其中的一部分工艺内容适合数控加工。这就需要对零件图样进行仔细的工艺分析，选择那些最适合、最需要进行数控加工的内容和工序。在考虑选择内容时，应结合本企业设备的实际，立足于解决难题、攻克关键问题和提高生产效率，充分发挥数控加工的优势。

1. 适于数控加工的内容

在选择时，一般可按下列顺序考虑：

(1) 通用机床无法加工的内容应作为优先选择内容；

(2) 通用机床难加工，质量也难以保证的内容应作为重点选择内容；

(3) 通用机床加工效率低、工人手工操作劳动强度大的内容，可在数控机床尚存在富裕加工能力时选择。

2. 不适于数控加工的内容

一般来说，上述这些加工内容采用数控加工后，在产品质量、生产效率与综合效益等方面都会得到明显提高。相比之下，下列一些内容不宜选择采用数控加工：

(1) 占机调整时间长。如以毛坯的粗基准定位加工第一个精基准，需用专用工装协调的内容。

(2) 加工部位分散，需要多次安装、设置原点。这时，采用数控加工很麻烦，效果不明显，可安排通用机床补加工。

(3) 按某些特定的制造依据(如样板等)加工的型面轮廓。主要原因是获取数据困难，易于与检验依据发生矛盾，增加了程序编制的难度。

此外，在选择和决定加工内容时，也要考虑生产批量、生产周期、工序间周转情况等。总之，要尽量做到合理，达到多、快、好、省的目的。要防止把数控机床降格为通用机床使用。

二、 数控加工工艺性分析

被加工零件的数控加工工艺性问题涉及面很广，下面结合编程的可能性和方便性提出一些必须分析和审查的主要内容。

1) 尺寸标注应符合数控加工的特点　在数控编程中，所有点、线、面的尺寸和位置都是以编程原点为基准的。因此零件图样上最好直接给出坐标尺寸，或尽量以同一基准引注尺寸。

2) 几何要素的条件应完整、准确　在程序编制中，编程人员必须充分掌握构成零件轮廓的几何要素参数及各几何要素间的关系。因为在自动编程时，要对零件轮廓的所有几何元素进行定义，手工编程时要计算出每个节点的坐标，无论哪一点不明确或不确定，编程都无法进行。但由于零件设计人员在设计过程中考虑不周或被忽略，常常出现参数不全或不清楚，如圆弧与直线、圆弧与圆弧是相切还是相交或相离。所以在审查与分析图纸时，一定要仔细核算，发现问题及时与设计人员联系。

3) 定位基准可靠　在数控加工中，加工工序往往较集中，以同一基准定位十分重要。因此往往需要设置一些辅助基准，或在毛坯上增加一些工艺凸台。如图 4－22a 所示的零件，为增加定位的稳定性，可在底面增加一工艺凸台，如图 4－22b 所示。在完成定位加工后再除去。

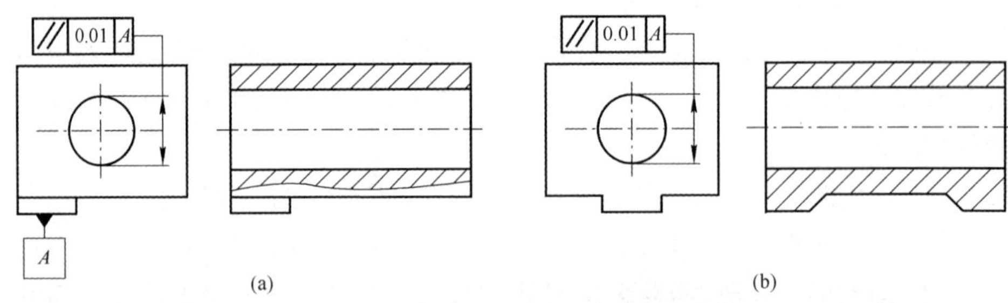

图 4－22　工艺凸台的应用

(a) 改进前的结构；(b) 改进后的结构

4) 统一几何类型及尺寸　零件的外形、内腔最好采用统一的几何类型及尺寸，这样可以减少换刀次数，还可能应用控制程序或专用程序以缩短程序长度。零件的形状尽可能对称，便于利用数控机床的镜像加工功能来编程，以节省编程时间。

三、数控加工工艺路线的设计

数控加工工艺路线设计与通用机床加工工艺路线设计的主要区别，在于它往往不是指从毛坯到成品的整个工艺过程，而仅是几道数控加工工序工艺过程的具体描述。因此在工艺路线设计中一定要注意到，由于数控加工工序一般都穿插于零件加工的整个工艺过程中，因而要与其他加工工艺衔接好。常见工艺流程如图 4 - 23 所示。

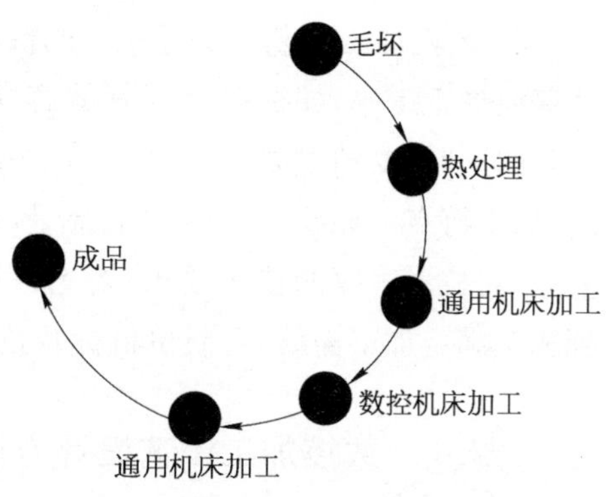

图 4 - 23　工艺流程

数控加工工艺路线设计中应注意以下几个问题：

1) 工序的划分　根据数控加工的特点，数控加工工序的划分一般可按下列方法进行：

(1) 以一次安装、加工作为一道工序。这种方法适合于加工内容较少的零件，加工完后就能达到待检状态。

(2) 以同一把刀具加工的内容划分工序。有些零件虽然能在一次安装中加工出很多待加工表面，但考虑到程序太长，会受到某些限制，如控制系统的限制(主要是内存容量)，机床连续工作时间的限制(如一道工序在一个工作班内不能结束)等。此外，程序太长会增加出错与检索的困难。因此程序不能太长，一道工序的内容不能太多。

(3) 以加工部位划分工序。对于加工内容很多的工件，可按其结构特点将加工部位分成几个部分，如内腔、外形、曲面或平面，并将每一部分的加工作为一道工序。

(4) 以粗、精加工划分工序。对于经加工后易发生变形的工件，由于对粗加工后可能发生的变形需要进行校形，故一般来说，凡要进行粗、精加工的过程，都要将工序分开。

2) 顺序的安排　顺序的安排应根据零件的结构和毛坯状况以及定位、安装与夹紧的需要来考虑。顺序安排一般应按以下原则进行：

(1) 上道工序的加工不能影响下道工序的定位与夹紧，中间穿插有通用机床加工工序的也应综合考虑。

(2) 先进行内腔加工，后进行外形加工。

(3) 以相同定位、夹紧方式加工或用同一把刀具加工的工序，最好连续加工，以减少重复定位次数、换刀次数与挪动压板次数。

3）数控加工工艺与普通工序的衔接　数控加工工序前后一般都穿插有其他普通加工工序，如衔接得不好就容易产生矛盾。因此在熟悉整个加工工艺内容的同时，要清楚数控加工工序与普通加工工序各自的技术要求、加工目的、加工特点。如要不要留加工余量，留多少；定位面与孔的精度要求及形位公差；对校形工序的技术要求；对毛坯的热处理状态等，这样才能使各工序达到相互满足加工需要，且质量目标及技术要求明确，交接验收有依据。

四、　数控加工工艺设计方法

在选择了数控加工工艺内容和确定了零件加工路线后，即可进行数控加工工序的设计。数控加工工序设计的主要任务是进一步把本工序的加工内容、切削用量、工艺装备、定位夹紧方式及刀具运动轨迹确定下来，为编制加工程序作好准备。

1. 确定走刀路线和安排加工顺序

走刀路线就是刀具在整个加工工序中的运动轨迹，它不但包括了工步的内容，也反映出工步顺序。走刀路线是编写程序的依据之一。确定走刀路线时应注意以下几点：

(1) 寻求最短加工路线。如加工图 4－24a 所示零件上的孔系。图 4－24b 的走刀路线为先加工完外圈孔后，再加工内圈孔。若改用图 4－24c 的走刀路线，减少空刀时间，则可节省定位时间近一倍，提高了加工效率。

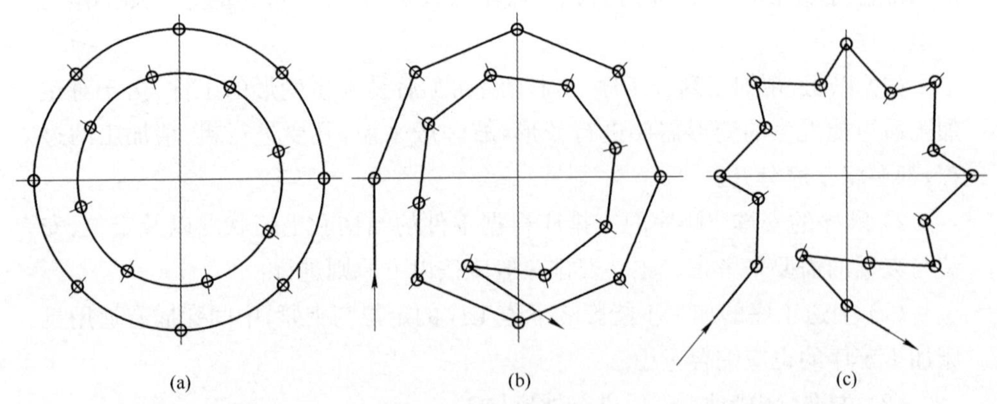

图 4－24　最短走刀路线的设计

(a) 零件图样；(b) 路线 1；(c) 路线 2

图 4－25 为采用矩形循环方式进行粗车的进给路线。考虑到换刀方便，换刀点设在距离坯件较远的地方。图 a 换刀点 A 与起刀点重合，图 b 起刀点 B 与换刀点 A 分离。在相同的背吃刀量下，按图 b 方式加工，刀具空行程时间比图 a 短。

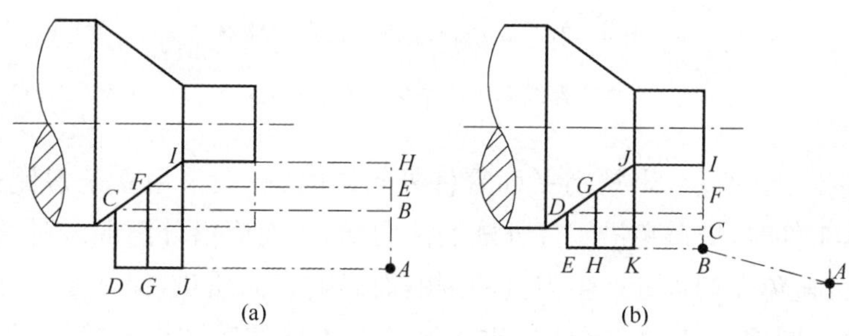

图 4－25　粗车矩形循环进给路线

图 4－26 给出了三种不同的粗车切削进给路线图。其中图 a 是利用数控系统具有的封闭式复合循环功能控制车刀沿着工件轮廓进行进给的路线，刀具切削总行程最长，一般只用于零件小批量生产；图 b 为三角形固定循环进给路线；图 c 矩形循环进给路线最短。因此在同等切削条件下，图 c 的切削时间最短，刀具损耗最少，适用于大批量生产。

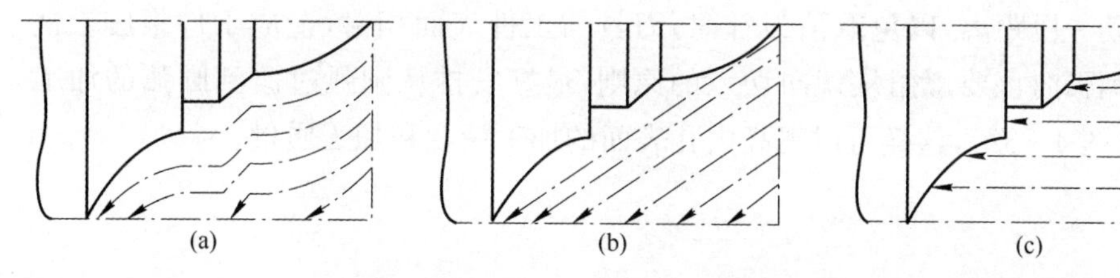

图 4－26　粗车进给路线示例

（2）应能保证零件的加工精度和表面粗糙度要求。为保证工件轮廓表面加工后的粗糙度要求，最终轮廓应安排在最后一次走刀中连续加工出来。

如图 4－27a 所示为用行切方式加工内腔的走刀路线，这种走刀能切除内腔中的全部余量，不留死角，不伤轮廓。但行切法将在两次走刀的起点和终点间留下残留高度，而达不到要求的表面粗糙度。所以如采用图 4－27b 所示的走刀路线，先用行切法，最后沿周向环切一刀，光整轮廓表面，能获得较好的效果。图 4－27c 所示也是一种较好的走刀路线方式。

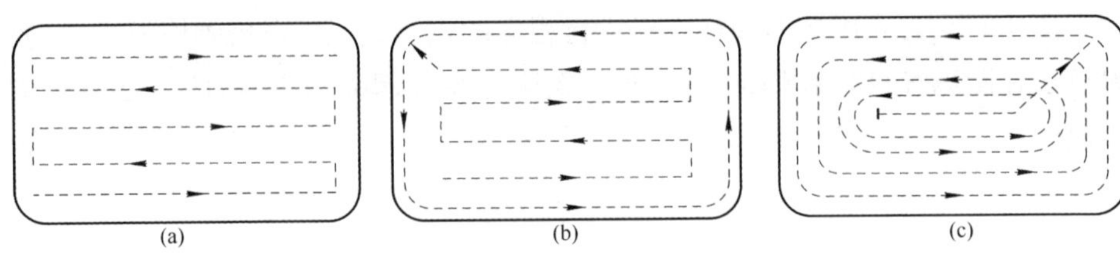

图 4-27 铣削内腔的三种走刀路线

(a) 路线 1；(b) 路线 2；(c) 路线 3

如图 4-28 所示，当铣削平面零件外轮廓时，一般采用立铣刀侧刃切削。刀具切入工件时，应避免沿零件外廓的法向切入，而应沿外廓曲线延长线的切向切入，以避免在切入处产生刀具的刻痕而影响表面质量，保证零件外廓曲线平滑过渡。同理，在切离工件时，也应避免在工件的轮廓处直接退刀，而应该沿零件轮廓延长线的切向逐渐切离工件。铣削封闭的内轮廓表面时，若内轮廓曲线允许外延，则应沿切线方向切入、切出。若内轮廓曲线不允许外延(图 4-29)，刀具只能沿内轮廓曲线的法向切入、切出，此时刀具的切入、切出点应尽量选在内轮廓曲线两几何元素的交点处，当内部几何元素相切无交点时(图 4-30)，为防止刀具施加刀偏时在轮廓拐角处留下凹口(图 4-30a)，刀具切入、切出点应远离拐角(图 4-30b)，如图 4-31 所示，用圆弧插补方式铣削外整圆时，当整圆加工完毕时，不要在切点处直接退刀，而应让刀具沿切线方向多运动一段距离，以免取消刀补时，刀具与工件表面相碰，造成工件报废。铣削内圆弧时也要遵循从切向切入的原则，最好安排从圆弧过渡到圆弧的加工路线(图 4-32)，这样可以提高内孔表面的加工精度和加工质量。

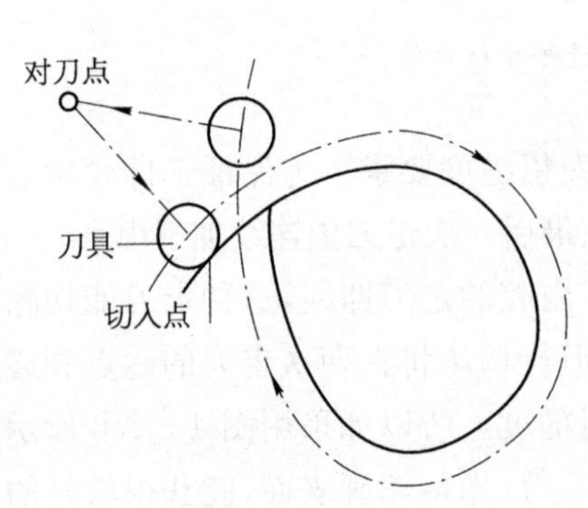

图 4-28 外轮廓加工刀具的切入和切出

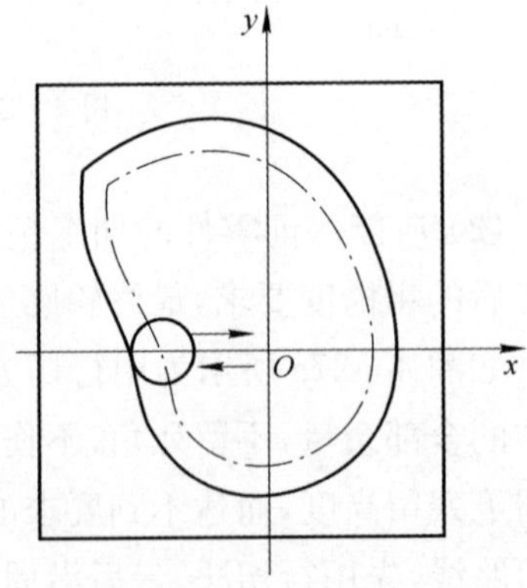

图 4-29 内轮廓加工刀具的切入和切出

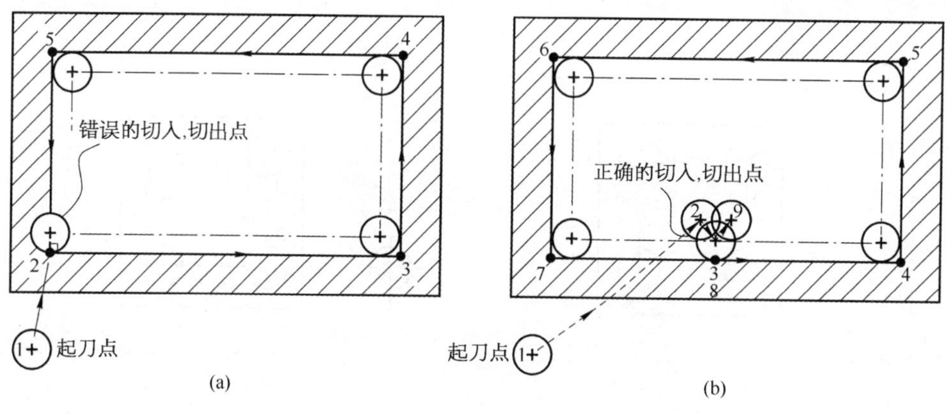

图 4-30　无交点内轮廓加工刀具的切入和切出

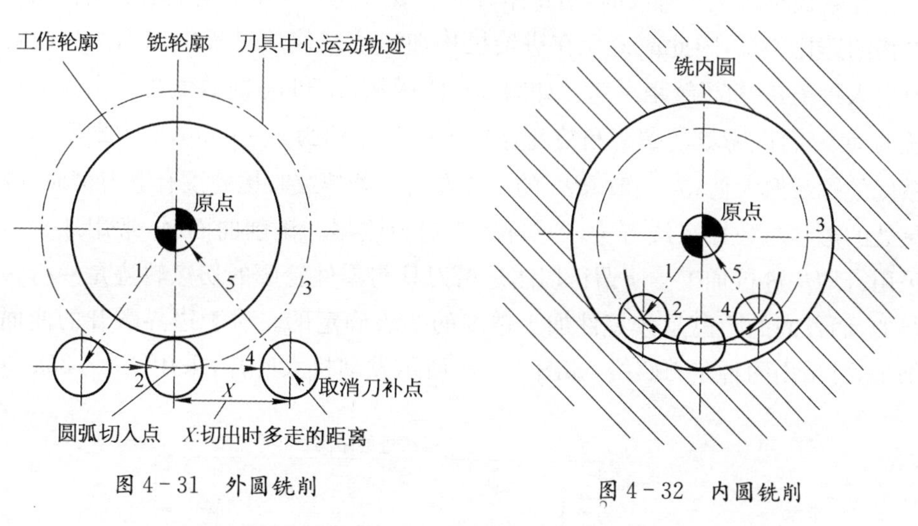

图 4-31　外圆铣削

图 4-32　内圆铣削

对于孔位置精度要求较高的零件，在精镗孔系时，镗孔路线一定要注意各孔的定位方向一致，即采用单向趋近定位点的方法，以避免传动系统反向间隙误差或测量系统的误差对定位精度的影响。例如图 4-33a 所示的孔系加工路线，在加工孔Ⅳ时，x 方向的反向间隙将会影响Ⅲ、Ⅳ两孔的孔距精度；如果改为图 4-33b 所示的加工路线，可使各孔的定位方向一致从而提高了孔距精度。

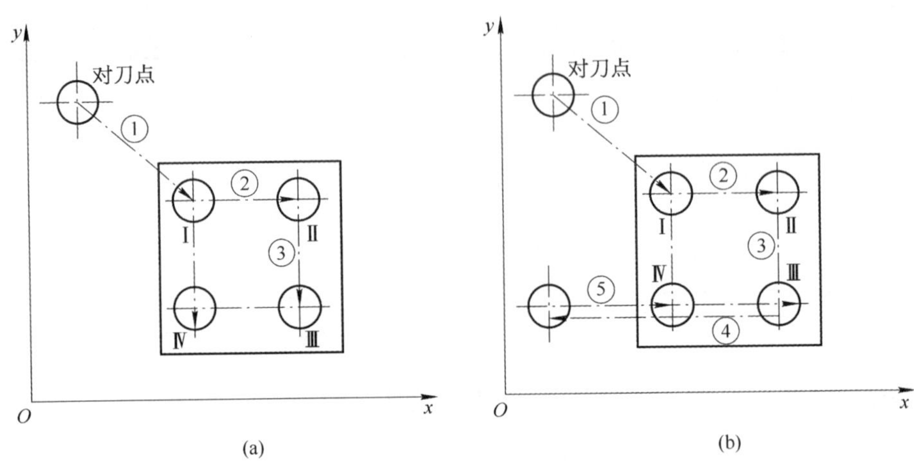

图 4-33 孔系加工路线方案比较

在数控车床上车螺纹时，沿螺距方向的 z 向进给应和车床主轴的旋转保持严格的速比关系，因此应避免在进给机构加速或减速的过程中切削。为此要有引入距离 δ_1 和超越距离 δ_2。如图 4-34 所示，δ_1 和 δ_2 的数值与车床拖动系统的动态特性、螺纹的螺距和精度有关。一般 δ_1 约为 2～5 mm，对大螺距和高精度的螺纹取大值；δ_2 一般取 δ_1 的 1/4 左右。若螺纹收尾处没有退刀槽时，收尾处的形状与数控系统有关，一般按 45°退刀收尾。铣削曲面时，常用球头刀采用行切法进行加工。所谓行切法是指刀具与零件轮廓的切点轨迹是一行一行的，而行间的距离是按零件加工精度的要求确定的。对于边界敞开的曲面加工，可采用两种走刀路线，如图 4-35 所示发动机大叶片，采用图 4-35a 所

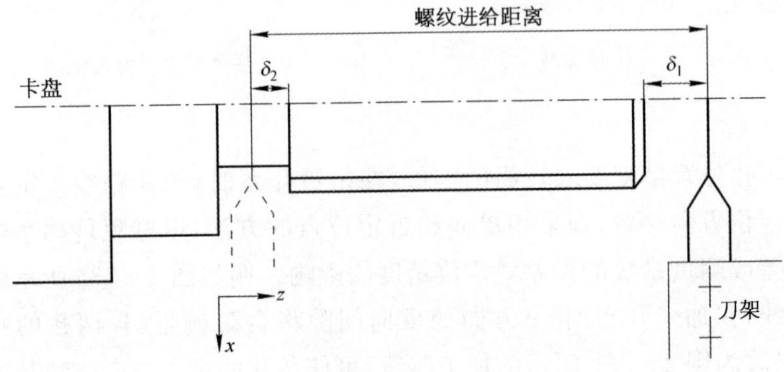

图 4-34 切削螺纹时引入/超越距离

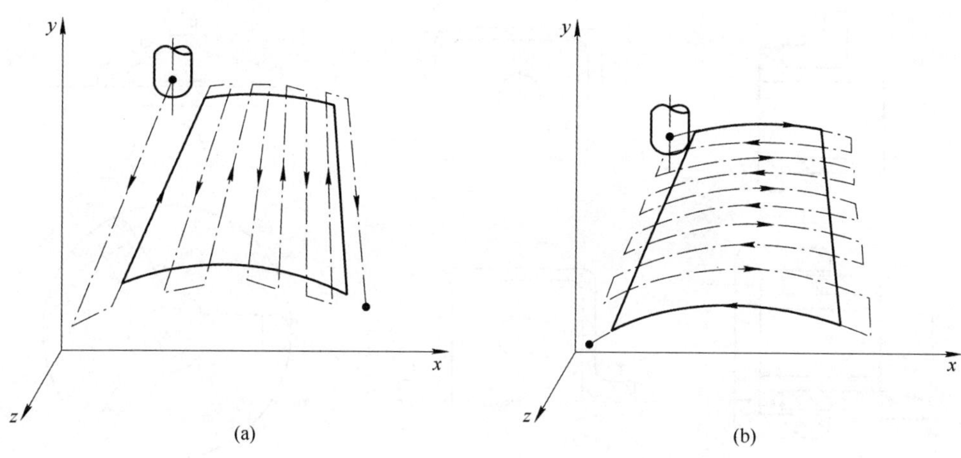

图 4－35　凹槽加工走刀路线

示的加工方案时，每次沿直线加工，刀位点计算简单，程序少，加工过程符合直纹面的形成，可以准确保证母线的直线度。当采用图 4－35b 所示的加工方案时，符合这类零件数据给出情况，便于加工后检验，叶形的准确度较高，但程序较多。由于曲面零件的边界是敞开的，没有其他表面限制，所以边界曲面可以延伸，球头刀应由边界外开始加工。

(3) 选择使工件在加工后变形小的路线。对横截面积小的细长零件或薄板零件应采用分几次走刀加工到最后尺寸或对称去除余量法安排走刀路线。安排工步时，应先安排对工件刚性破坏较小的工步。

2. 确定定位和夹紧方案

在确定定位和夹紧方案时应注意以下几个问题：

(1) 尽可能做到设计基准、工艺基准与编程计算基准的统一；

(2) 尽量将工序集中，减少装夹次数，尽可能在一次装夹后能加工出全部待加工表面；

(3) 避免采用占机人工调整时间长的装夹方案；

(4) 夹紧力的作用点应落在工件刚性较好的部位。

如图 4－36a 所示的薄壁套的轴向刚性比径向刚性好，用卡爪径向夹紧时工件变形大，若沿轴向施加夹紧力，变形会小得多。在夹紧图 4－36b 所示的薄壁箱体时，夹紧力不应作用在箱体的顶面，而应作用在刚性较好的凸边上，或改为在顶面上三点夹紧，改变着力点位置，以减小夹紧变形，如图 4－36c 所示。

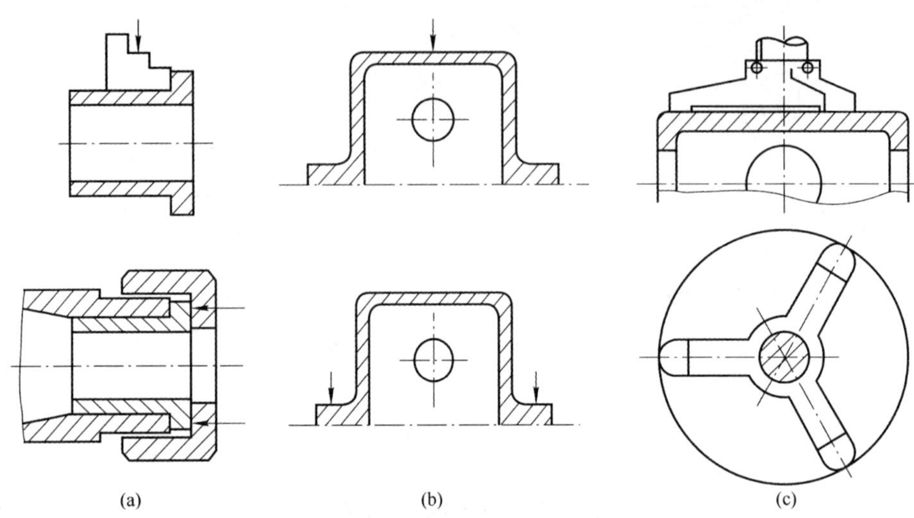

(a) (b) (c)

图 4-36 夹紧力作用点与夹紧变形的关系

(a) 薄壁套；(b) 改进方法 1；(c) 改进方法 2

3. 确定刀具与工件的相对位置

对于数控机床来说，在加工开始时，确定刀具与工件的相对位置是很重要的，这一相对位置是通过确认对刀点来实现的。对刀点是指通过对刀确定刀具与工件相对位置的基准点。对刀点可以设置在被加工零件上，也可以设置在夹具上与零件定位基准有一定尺寸联系的某一位置，对刀点往往就选择在零件的加工原点。对刀点的选择原则如下：

(1) 所选的对刀点应使程序编制简单；

(2) 对刀点应选择在容易找正、便于确定零件加工原点的位置；

(3) 对刀点应选在加工时检验方便、可靠的位置；

(4) 对刀点的选择应有利于提高加工精度。

例如，加工图 4-37 所示的零件时，当按照图示路线来编制数控加工程序时，选择夹具定位元件圆柱销的中心线与定位平面 A 的交点作为加工的对刀点。显然，这里的对刀点也恰好是加工原点。在使用对刀点确定加工原点时，就需要进行对刀。所谓对刀是指使刀位点与对刀点重合的操作。每把刀具的半径与长度尺寸都是不同的，刀具装在机床上后，应在控制系统中设置刀具的基本位置。刀位点是指刀具的定位基准点。如图 4-38 所示，圆柱铣刀的刀位点是刀具中心线与刀具底面的交点；球头铣刀的刀位点是球头的球心点或球头顶点；车刀的刀位点是刀尖或刀尖圆弧中心；钻头的刀位点是钻头顶点。各类数控机床的对刀方法是不完全一样的，这一内容将结合各类机床分别讨论。

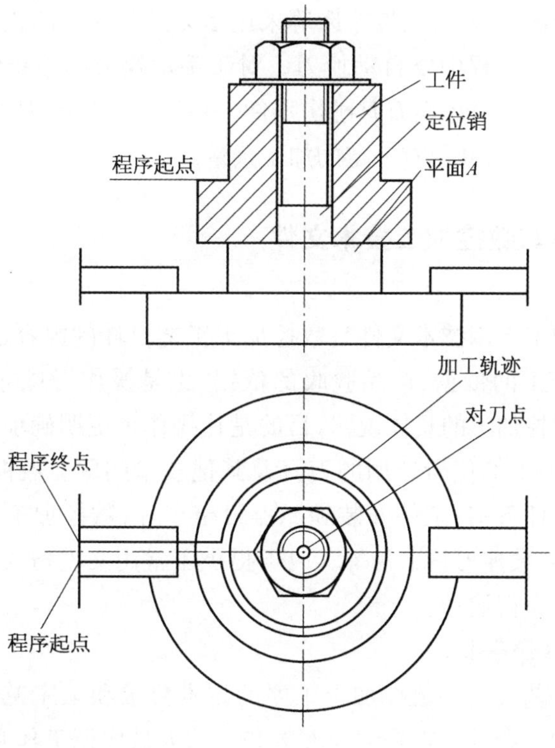

图 4-37　对刀点

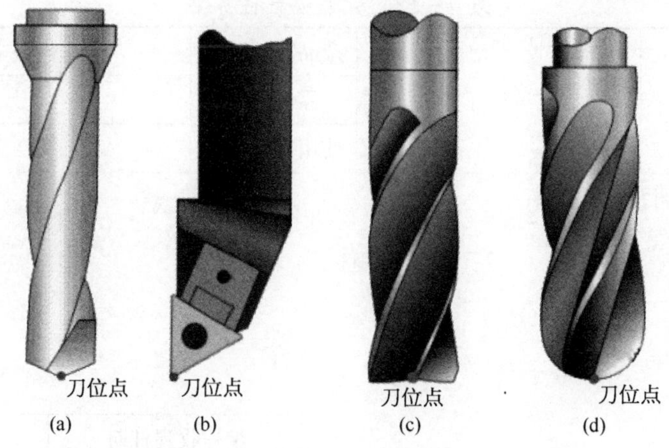

图 4-38　刀位点

(a) 钻头的刀位点；(b) 车刀的刀位点；
(c) 圆柱铣刀的刀位点；(d) 球头铣刀的刀位点

换刀点是为加工中心、数控车床等采用多刀进行加工的机床而设置的，因为这些机床在加工过程中要自动换刀。对于手动换刀的数控铣床，也应确定相应的换刀位置。为防止换刀时碰伤零件、刀具或夹具，换刀点常常设置在被加工零件的轮廓之外，并留有一定的加工余量。

五、 填写数控加工技术文件

填写数控加工专用技术文件是数控加工工艺设计的内容之一。这些技术文件既是数控加工的依据、产品验收的依据，也是操作者遵守、执行的规程。技术文件是对数控加工的具体说明，目的是让操作者更明确加工程序的内容、装夹方式、各个加工部位所选用的刀具及其他技术问题。数控加工技术文件主要有数控编程任务书、工件安装和原点设定卡片、数控加工工序卡片、数控加工走刀路线图、数控刀具卡片等。以下提供了常用文件格式，文件格式可根据企业实际情况自行设计。

1. 数控编程任务书

它阐明了工艺人员对数控加工工序的技术要求和工序说明，以及数控加工前应保证的加工余量。它是编程人员和工艺人员协调工作和编制数控程序的重要依据之一，详见表 4－12。

表 4－12 数控编程任务书

<table>
<tr><td colspan="2" rowspan="3">工艺处</td><td colspan="3" rowspan="3">数控编程任务书</td><td colspan="2">产品零件图号</td><td></td><td colspan="2">任务书编号</td></tr>
<tr><td colspan="2">零件名称</td><td></td><td colspan="2"></td></tr>
<tr><td colspan="2">使用数控设备</td><td></td><td colspan="2">共　页第　页</td></tr>
<tr><td colspan="10">主要工序说明及技术要求：</td></tr>
<tr><td colspan="6" rowspan="2"></td><td colspan="3">编程收到日期</td><td>经手人</td></tr>
<tr><td colspan="3">月　日</td><td></td></tr>
<tr><td>编制</td><td></td><td>审核</td><td></td><td>编程</td><td></td><td>审核</td><td></td><td>批准</td><td></td></tr>
</table>

2. 数控加工工件安装和原点设定卡片(简称装夹图和零件设定卡)

它应表示出数控加工原点定位方法和夹紧方法,并应注明加工原点设置位置和坐标方向,使用的夹具名称和编号等,详见表 4-13。

表 4-13 工件安装和原点设定卡片

<table>
<tr><td>零件图号</td><td>J30102-4</td><td colspan="3" rowspan="2">数控加工工件安装和原点设定卡片</td><td>工序号</td><td></td></tr>
<tr><td>零件名称</td><td>行星架</td><td>装夹次数</td><td></td></tr>
<tr><td colspan="7">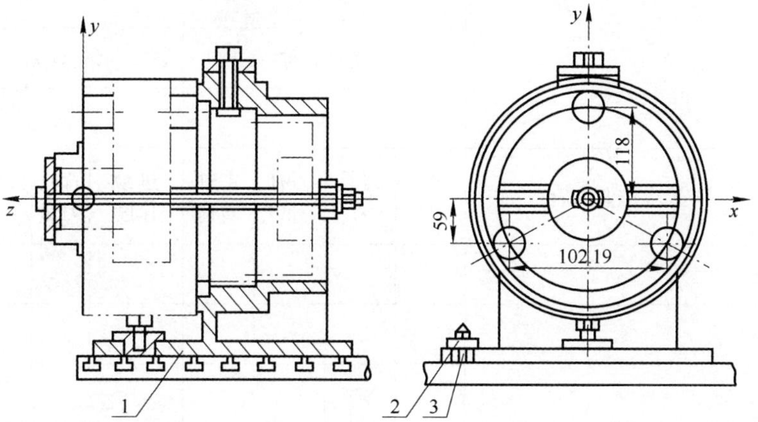
</td></tr>
<tr><td colspan="4" rowspan="3"></td><td>3</td><td>梯形槽螺栓</td><td></td></tr>
<tr><td>2</td><td>压板</td><td></td></tr>
<tr><td>1</td><td>镗铣夹具板</td><td>GS53-61</td></tr>
<tr><td>编制(日期)
审核(日期)</td><td></td><td>批准(日期)</td><td>第 页</td><td></td><td></td><td></td></tr>
<tr><td></td><td></td><td></td><td>共 页</td><td>序号</td><td>夹具名称</td><td>夹具图号</td></tr>
</table>

3. 数控加工工序卡片

数控加工工序卡与普通加工工序卡有许多相似之处,所不同的是:工序简图中应注明编程原点与对刀点,要进行简要编程说明(如所用机床型号、程序编号、刀具半径补偿、镜像对称加工方式等)及切削参数(即程序编入的主轴转速、进给速度、最大背吃刀量或宽度等)的选择,详见表 4-14。

表 4-14 数控加工工序卡片

<table>
<tr><td rowspan="2">单位</td><td rowspan="2">数控加工工序卡片</td><td colspan="4">产品名称或代号</td><td colspan="2">零件名称</td><td>零件图号</td></tr>
<tr><td colspan="4"></td><td colspan="2"></td><td></td></tr>
<tr><td colspan="2" rowspan="6">工序简图</td><td colspan="4">车　间</td><td colspan="3">使用设备</td></tr>
<tr><td colspan="4"></td><td colspan="3"></td></tr>
<tr><td colspan="4">工艺序号</td><td colspan="3">程序编号</td></tr>
<tr><td colspan="4"></td><td colspan="3"></td></tr>
<tr><td colspan="4">夹具名称</td><td colspan="3">夹具编号</td></tr>
<tr><td colspan="4"></td><td colspan="3"></td></tr>
<tr><td>工步号</td><td>工步作业内容</td><td>加工面</td><td>刀具号</td><td>刀补量</td><td>主轴转速</td><td>进给速度</td><td>背吃刀量</td><td>备注</td></tr>
<tr><td></td><td></td><td></td><td></td><td></td><td></td><td></td><td></td><td></td></tr>
<tr><td></td><td></td><td></td><td></td><td></td><td></td><td></td><td></td><td></td></tr>
<tr><td></td><td></td><td></td><td></td><td></td><td></td><td></td><td></td><td></td></tr>
<tr><td>编制</td><td></td><td>审核</td><td></td><td>批准</td><td></td><td>年　月　日</td><td>共　页</td><td>第　页</td></tr>
</table>

4. 数控加工走刀路线图

在数控加工中，常常要注意并防止刀具在运动过程中与夹具或工件发生意外碰撞，为此必须设法告诉操作者关于编程中的刀具运动路线（如从哪里下刀、在哪里抬刀、哪里是斜下刀等）。为简化走刀路线图，一般可采用统一约定的符号来表示。不同的机床可以采用不同的图例与格式，表 4-15 为一种常用格式。

5. 数控刀具卡片

数控刀具卡片是调刀人员调整刀具输入的主要依据。刀具卡片格式见表 4-16。

不同的机床或不同的加工目的可能会需要不同形式的数控加工专用技术文件。在工作中，可根据具体情况设计文件格式。

表 4-15 数控加工走刀路线

数控加工走刀路线图			零件图号	NC01	工序号		工步号		程序号	O100
机床型号	XK5032	程序段号	N10～N170	加工内容	铣轮廓周边				共1页	第 页
									编程	
									校对	
									审批	
符号	⊙	⊗								
含义	抬刀	下刀	编程原点	起刀点	走刀方向	走刀线相交	爬斜坡	铰孔	行切	

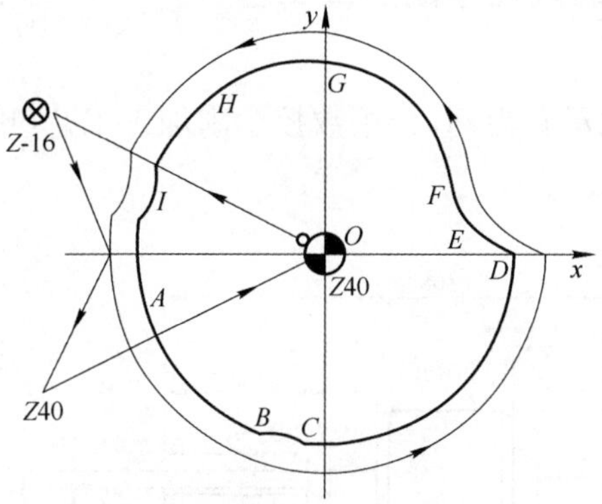

表 4-16 数控刀具卡片

产品名称或代号			零件名称		零件图号	
序号	刀具号	刀具规格名称	数量	加工表面	刀尖半径(mm)	备注

编制	×××	审核	×××	批准	×××	××年×月×日	共 页	第 页

第五节　典型零件加工工艺

一、　轴套类零件的数控车削加工工艺

下面以图 4－39 所示轴承套为例，介绍数控车削加工工艺(单件小批量生产)，所用机床为 CJK6240。

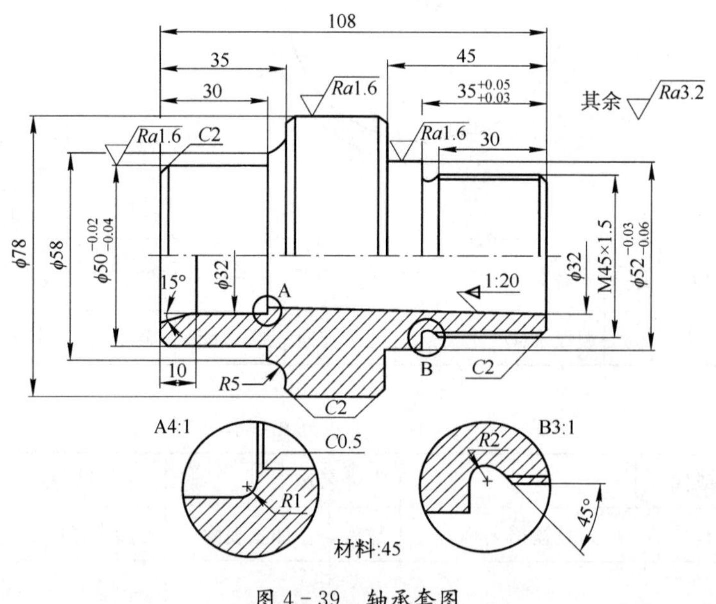

图 4－39　轴承套图

1. 零件图工艺分析

该零件表面由内外圆柱面、内圆锥面、顺圆弧、逆圆弧及外螺纹等表面组成，其中多个直径尺寸与轴向尺寸有较高的尺寸精度和表面粗糙度要求。零件图尺寸标注完整，符合数控加工尺寸标注要求；轮廓描述清楚完整；零件材料为 45 钢，切削加工性能较好，无热处理和硬度要求。

通过上述分析，采取以下几点工艺措施：

(1) 零件图样上带公差的尺寸，因公差值较小，故编程时不必取其平均值，而取基本尺寸即可。

(2) 左、右端面均为多个尺寸的设计基准，相应工序加工前，应该先将左、右端面车出来。

(3) 内孔尺寸较小，镗 1∶20 锥孔、ϕ32 孔及 15°斜面时需掉头装夹。

2. 确定装夹方案

内孔加工时以外圆定位，用三爪自定心卡盘夹紧。加工外轮廓时，为保证一次安装加工出全部外轮廓，需要设一圆锥心轴装置，用三爪卡盘夹持心轴左端，心轴右端留有中心孔并用尾座顶尖顶紧以提高工艺系统的刚性，如图 4-40 所示。

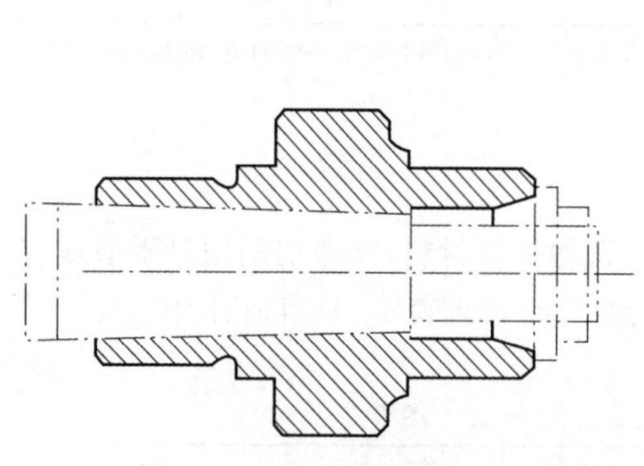

图 4-40 外轮廓车削装夹方案

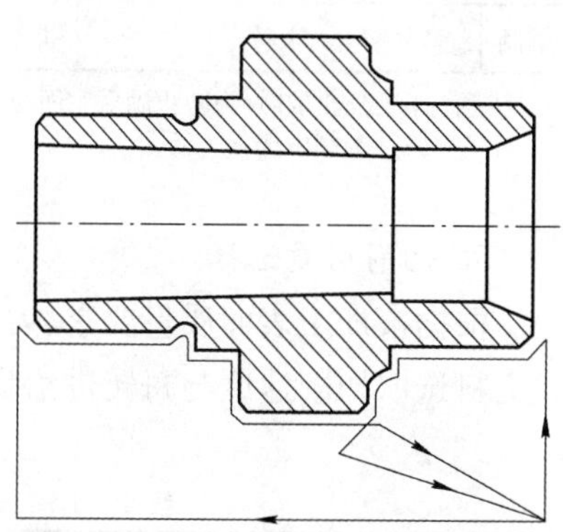

图 4-41 外轮廓加工走刀路线

3. 确定加工顺序及走刀路线

加工顺序的确定按由内到外、由粗到精、由近到远的原则确定，在一次装夹中尽可能加工出较多的工件表面。结合本零件的结构特征，可先加工内孔各表面，然后加工外轮廓表面。由于该零件为单件小批量生产，走刀路线设计不必考虑最短进给路线或最短空行程路线，外轮廓表面车削走刀路线可沿零件轮廓顺序进行，如图 4-41 所示。

4. 刀具选择

将所选定的刀具参数填入表 4-17 轴承套数控加工刀具卡片中，以便于编程和操作管理，见表 4-17。

表 4-17 轴承套数控加工刀具卡片

产品名称或代号		数控车工艺分析实例	零件名称	轴承套	零件图号	Lathe-01
序号	刀具号	刀具规格名称	数量	加工表面	刀尖半径(mm)	备注
1	T01	45°硬质合金端面车刀	1	车端面	0.5	25×25
2	T02	ϕ5 中心钻	1	钻 ϕ5 中心孔		

（续表）

序号	刀具号	刀具规格名称	数量	加工表面	刀尖半径(mm)	备注
3	T03	ϕ26 钻头	1	钻底孔		
4	T04	镗刀	1	镗内孔各表面	0.4	20×20
5	T05	93°右手偏刀	1	自右至左车外表面	0.2	25×25
6	T06	93°左手偏刀	1	自左至右车外表面		
7	T07	60°外螺纹车刀	1	车 M45 螺纹		
编制 ×××	审核 ×××	批准 ×××		××年×月×日	共1页	第1页

注意：车削外轮廓时，为防止副后对面与工件表面发生干涉，应选择较大的副偏角，必要时可作图检验。本例中选 $\kappa_r'=55°$。

5. 切削用量选择

根据被加工表面质量要求、刀具材料和工件材料，参考切削用量手册或有关资料选取切削速度与每转进给量，计算结果填入表 4-18 工序卡中。

表 4-18 轴承套数控加工工序卡

工厂名称		产品名称或代号	零件名称	零件图号
		数控车工艺分析实例	轴承套	Lethe-01
工序号	程序编号	夹具名称	使用设备	车间
001	Letheprg-01	三爪卡盘和自制心轴	CJK6240	数控中心

工步号	工步内容	刀具号	刀具规格(mm)	主轴转速(r/min)	进给速度(mm/min)	背吃刀量(mm)	备注
1	平端面	T01	25×25	320		1	手动
2	钻 ϕ5 中心孔	T02	ϕ5	950		2.5	手动
3	钻底孔	T03	ϕ26	200		13	手动
4	粗镗 ϕ32 内孔、15°斜面及 C0.5 倒角	T04	20×20	320	40	0.8	自动
5	精镗 ϕ32 内孔、15°斜面及 C0.5 倒角	T04	20×20	400	25	0.2	自动
6	掉头装夹粗镗 1∶20 锥孔	T04	20×20	320	40	0.8	自动
7	精镗 1∶20 锥孔	T04	20×20	400	20	0.2	自动
8	心轴装夹自右至左粗车外轮廓	T05	25×25	320	40	1	自动

（续表）

工步号	工步内容			刀具号	刀具规格（mm）	主轴转速（r/min）	进给速度（mm/min）	背吃刀量（mm）	备注
9	自左至右粗车外轮廓			T06	25×25	320	40	1	自动
10	自右至左精车外轮廓			T05	25×25	400	20	0.1	自动
11	自左至右精车外轮廓			T06	25×25	400	20	0.1	自动
12	卸心轴改为三爪装夹粗车 M45 螺纹			T07	25×25	320	480	0.4	自动
13	精车 M45 螺纹			T07	25×25	320	480	0.1	自动
编制	×××	审核	×××	批准	×××	××年×月×日		共 1 页	第 1 页

背吃刀量的选择因粗、精加工而有所不同。粗加工时，在工艺系统刚性和机床功率允许的情况下，尽可能取较大的背吃刀量，以减少进给次数；精加工时，为保证零件表面粗糙度要求，背吃刀量一般取 0.1～0.4 mm 较为合适。

6. 数控加工工艺卡片拟订

将前面分析的各项内容综合成如表 4－14 所示的数控加工工艺卡片。

二、　支承套的数控加工工艺

如图 4－42 所示为升降台铣床的支承套，在两个互相垂直的方向上有多个孔要加工，若在普通机床上加工，则需多次安装才能完成，且效率低，在加工中心上加工，只需一次安装即可完成，现将其工艺介绍如下：

1. 分析图样并选择加工内容

支承套的材料为 45 钢，毛坯选棒料。支承套 ϕ35 H7 孔对 ϕ100f9 外圆、ϕ60 mm 孔底平面对 ϕ35H7 孔、2×ϕ15H7 孔对端面 C 及端面 C 对内 ϕ100f9 外圆均有位置精度要求。

为便于在加工中心上定位和夹紧，将 ϕ100f9 外圆、$80^{+0.5}_{0}$ mm 尺寸两端面、$78^{0}_{-0.5}$ mm 尺寸上平面均安排在前面工序中由普通机床完成。其余加工表面（2×ϕ15H7 孔、ϕ35H7 孔、ϕ60 mm 孔、2×ϕ11 mm 孔、2×ϕ17 mm 孔、2×M8－6H 螺孔）确定在加工中心上一次安装完成。

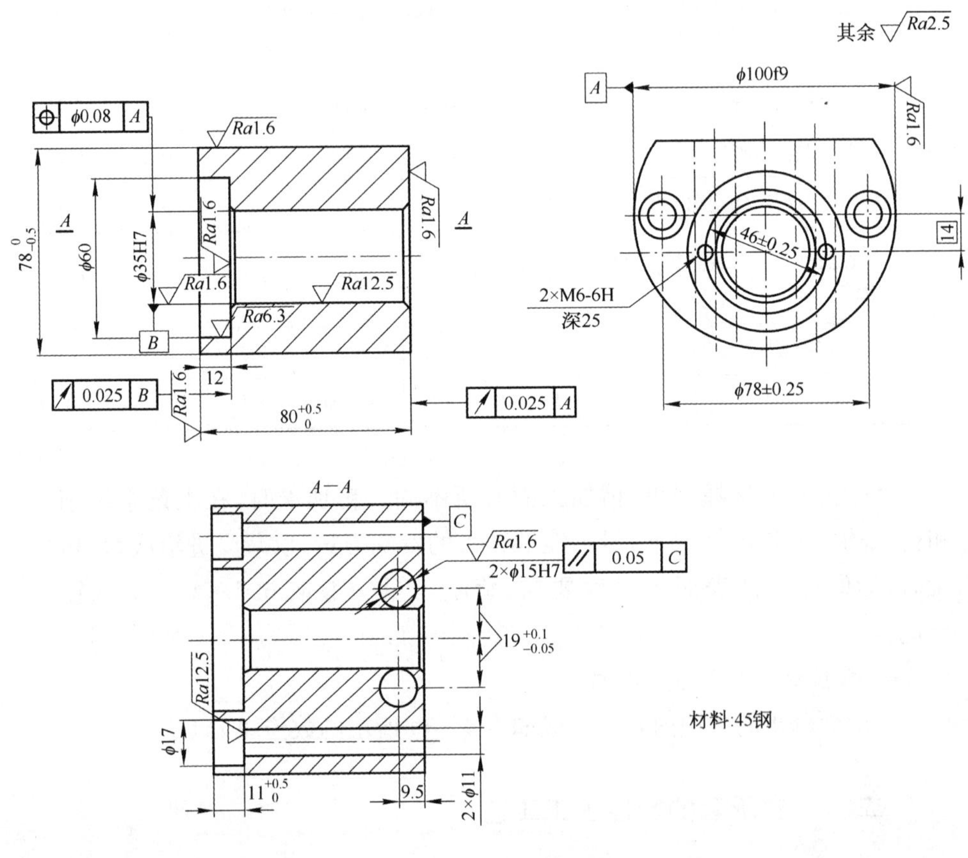

图 4-42 支承套简图

2. 选择加工中心

因加工表面位于支承套互相垂直的两个表面(左侧面及上平面)上,需要两工位加工才能完成,故选择卧式加工中心。加工工步有钻孔、扩孔、镗孔、锪孔、铰孔及攻螺纹等,所需刀具不超过 20 把。国产 XH754 型卧式加工中心可满足上述要求。该机床工作台尺寸为 400 mm×400 mm,x 轴行程为 500 mm,z 轴行程为 400 mm,y 轴行程为 400 mm,主轴中心线至工作台距离为 100～500 mm,主轴端面至工作台中心线距离为 150～550 mm,主轴锥孔为 ISO40,定位精度和重复定位精度分别为 0.02 mm 和 0.01 mm,工作台分度精度和重复分度精度分别为 7″和 4″。

3. 工艺设计

1）选择加工方法　所有孔都是在实体上加工，为防钻偏，均先用中心钻钻引正孔，然后再钻孔。为保证 ϕ35H7 及 2×ϕ15H7 孔的精度，根据其尺寸，选择铰削作其最终加工方法。对 ϕ60 mm 的孔，根据孔径精度，孔深尺寸和孔底平面要求，用铣削方法同时完成孔壁和孔底平面的加工。各加工表面选择的加工方案如下：

ϕ35H7 孔：钻中心孔—钻孔—粗镗—半精镗—铰孔。

ϕ15H7 孔：钻中心孔—钻孔—扩孔—铰孔。

ϕ60 孔：粗铣—精铣。

ϕ11 孔：钻中心孔—钻孔。

ϕ17 孔：锪孔（在 ϕ11 mm 底孔上）。

M6－6H 螺孔：钻中心孔—钻底孔—孔端倒角—攻螺纹。

2）确定加工顺序　为减少变换工位的辅助时间和工作台分度误差的影响，各个工位上的加工表面在工作台一次分度下按先粗后精的原则加工完毕。具体的加工顺序是：第一工位（B0°）：钻 ϕ35H7、2×ϕ11 mm 中心孔，钻 ϕ35H7 孔，钻 2×ϕ11 mm 孔，锪 2×ϕ17 mm 孔，粗镗 ϕ35H7 孔，粗铣、精铣 ϕ60 mm×12 孔，半精镗 ϕ35H7 孔，钻 2×M6－6H 螺纹中心孔，钻 2×M6－6H 螺纹底孔，2×M6－6H 螺纹孔端倒角，攻 2×M6－6H 螺纹，铰 ϕ35H7 孔。第二工位（B90°）：钻 2×ϕ15H7 中心孔，钻 2×ϕ15H7 孔，扩 2×ϕ15H7 孔，铰 2×15H7 孔。详见表 4－15 数控加工工序卡片。

3）确定装夹方案和选择夹具　ϕ35H7 孔、ϕ60 mm 孔、2×ϕ11 mm 孔及 2×ϕ17 mm 孔的设计基准均为 ϕ100f9 外圆中心线，遵循基准重合原则，选择 ϕ100f9 外圆中心线为主要定位基准。因 ϕ100 f9 外圆不是整圆，故用 V 形块作定位元件。在支承套长度方向，若选右端面定位，则难以保证 ϕ17 mm 孔深尺寸 $11^{+0.5}_{0}$ mm，故选择左端面定位。所用夹具为专用夹具，工件的装夹简图如图 4－43 所示。在装夹时应使工件上平面在夹具中保持垂直，以消除转动自由度。

4）选择刀具　各工步刀具直径根据加工余量和孔径确定，详见表 4－19 数控加工刀具卡片。刀具长度与工件在机床工作台上的装夹位置有关，在装夹位置确定之后，再计算刀具长度。

5）选择切削用量　在机床说明书允许的切削用量范围内查表选取切削速度和进给量，然后算出主轴转速和进给速度，其值见表 4－20 数控加工工序卡片。

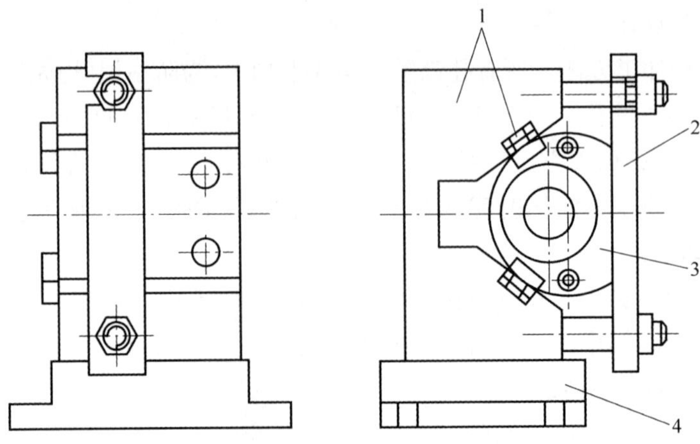

图 4－43 支承套装夹示意图

1—定位元件；2—夹紧机构；3—工件；4—夹具体

表 4－19 数控加工刀具卡片

产品名称或代号			零件名称	盖板	零件图号		程序编号	
工步号	刀具号	刀具名称	刀柄型号	刀具 直径（mm）	刀具 长度（mm）	补偿值（mm）	备注	
1	T01	中心钻 ϕ3 mm	JT40－Z6－45	ϕ3	280			
2	T13	锥柄麻花钻 ϕ31 mm	JT40－M3－75	ϕ31	330			
3	T02	锥柄麻花钻 ϕ11 mm	JT40－M1－35	ϕ11	330			
4	T03	锥柄埋头钻 ϕ17 mm×11 mm	JT40－M2－50	ϕ17	300			
5	T04	粗镗刀 ϕ34 mm	JT40－TQC30－165	ϕ34	320			
6	T05	硬质合金立铣刀 ϕ32 mm	JT40－MW4－85	ϕ32T	300			
7	T05							
8	T06	镗刀 ϕ34. 85 mm	JT40－TZC30－165	ϕ34. 5	320			
9	T01							
10	T07	直柄麻花钻 ϕ5 mm	JT40－Z6－45	ϕ5	300			
11	T02							
12	T08	机用丝锥 M6 mm	JT40－G1JT3	M6	280			

（续表）

工步号	刀具号	刀具名称	刀柄型号	刀具		补偿值（mm）	备注
				直径（mm）	长度（mm）		
13	T09	套式铰刀 ϕ35AH7	JT40－K19－140	ϕ35AH7	330		
14	T01						
15	T10	锥柄麻花钻 ϕ14	JT40－M1－30	ϕ14	320		
16	T11	扩孔钻 ϕ14.85	JT40－M2－50	ϕ14.85	320		
17	T12	铰刀 ϕ15AH7	JT40－M2－50	ϕ15AH7	320		
编制		审核		批准		共1页	第1页

表4－20　数控加工工序卡片

（工厂）	数控加工工艺卡片		产品名称或代号	零件名称	材料	零件图号
				支承套	45钢	
工序号	程序编号	夹具名称	夹具编号	使用设备		车间
		专用夹具		XH754		

工步号	工步内容	加工面	刀具号	刀具规格（mm）	主轴转速（r/mm）	进给速度（mm/min）	背吃刀量（mm）	备注
	B0°							
1	钻 ϕ35H孔、2×ϕ17 mm×11 mm孔中心孔		T01	ϕ3	1 200	40		
2	钻 ϕ35H孔至 ϕ31 mm		T13	ϕ31	150	30		
3	钻 ϕ11 mm孔		T02	ϕ11	500	70		
4	锪 2×ϕ17 mm		T03	ϕ17	150	15		
5	粗镗 ϕ35H7孔至 ϕ34 mm		T04	ϕ34	400	30		
6	粗铣 ϕ60×12 mm至 ϕ59 mm×11.5 mm		T05	ϕ32T	500	70		
7	精铣 ϕ60×12 mm		T05	ϕ32T	600	45		
8	半精镗 ϕ35H7孔至 ϕ34.85 mm		T06	ϕ34.85	450	35		

（续表）

工步号	工步内容	加工面	刀具号	刀具规格（mm）	主轴转速（r/mm）	进给速度（mm/min）	背吃刀量（mm）	备注
9	钻 2×M6－6H 螺纹中心孔		T01		1 200	40		
10	钻 2×M6－6H 底孔至 ϕ5 mm		T07	ϕ5	650	35		
11	2×M6－6H 孔端倒角		T02		500	20		
12	攻 2×M6－6H 螺纹		T08	M6	100	100		
13	铰 ϕ35H7 孔		T09	ϕ35AH7	100	50		
	B90°							
14	钻 2×ϕ15H7 至中心孔		T01		1 200	40		
15	钻 2×ϕ15H7 至 ϕ14 mm		T10	ϕ14	450	60		
16	扩 2×ϕ15H7 至 ϕ14.85 mm		T11	ϕ14.85	200	40		
17	铰 2×ϕ15H7 孔		T12	ϕ15AH7	100	60		
编制		审核		批准			共 2 页	第 2 页

注：“B0°”和“B90°”表示加工中心上两个互成 90°的工位。

Chapter 5

第五章 数控加工程序编制

数控编程是使用数控机床的一项重要技术工件，理想的数控程序不仅应该保证加工出符合零件图样要求的合格零件，还应该使数控机床的功能得到合理的应用与充分的发挥，使数控机床能安全、可靠、高效地工作。数控机床控制系统的种类繁多，它们使用的数控程序语言规则和格式也不尽相同。当针对某一台数控机床编制加工程序时，应该严格按该机床编程手册中的规定进行程序编制。

第一节 数控加工程序编制基础

数控机床是一种装有程序控制系统的机床，该系统能有逻辑地处理具有特定代码和其他符号编码指令规定的程序。数控编程就是将工艺人员和加工人员考虑的被加工零件的全部工艺过程、工艺参数和位移数据等细节，按规定格式以数字信息的形式输入给数控装置，使数控机床严格按照加工程序，对工件进行自动化加工。

一、 数控程序编制的概念

1. 数控程序编制的定义

1）数控程序编制的内容及步骤

数控编程是指从零件图纸到获得数控加工程序的全部工作过程。如图5-1所示，编程工作主要包括：

(1) 分析零件图样并制定工艺方案。编程人员首先要根据零件图，分析零件的材料、形状、尺寸、精度及毛坯形状和热处理要求等，明确加工的内容和要求，选择适合的数控机床，拟定零件加工方案，确定加工顺序、走刀路线、装夹

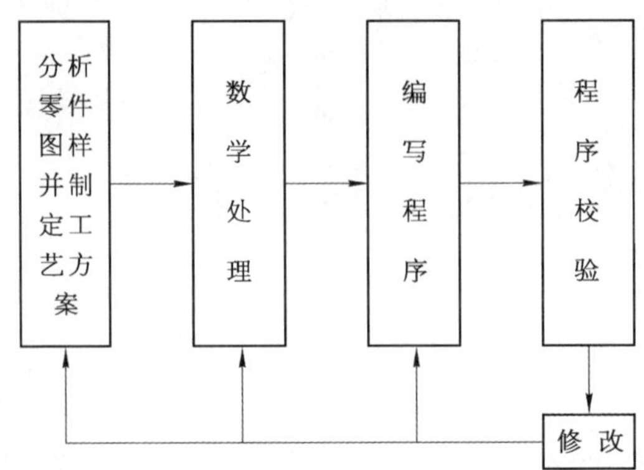

图 5-1 数控程序编制的内容及步骤

方法、刀具及合理的切削用量。并结合数控机床的规格、性能、数控系统的功能等,充分发挥机床的效能。加工路线尽可能短,要正确选择对刀点、换刀点、减少换刀次数,提高加工效率。

(2) 数学处理。在确定了工艺方案后,就需要根据零件的几何尺寸、加工路线等,计算刀具中心运动轨迹,以获得刀位数据。数控系统一般均具有直线插补与圆弧插补功能,对于加工由圆弧和直线组成的较简单的平面零件,只需要计算出零件轮廓上相邻几何元素交点或切点的坐标值,得出各几何元素的起点、终点、圆弧的圆心坐标值等,就能满足编程要求。当零件的几何形状与控制系统的插补功能不一致时,就需要进行较复杂的数值计算,一般需要使用计算机辅助计算,否则难以完成。

(3) 编写零件加工程序。在完成上述工艺处理及数值计算工作后,即可编写零件加工程序。按照规定的程序格式和使用数控系统的程序指令,程序编制人员逐段编写加工程序。对于形状复杂、工序很多长、计算烦琐的零件,需采用计算机辅助数控编程。

(4) 程序检验。一般在正式加工之前,要对程序进行检验。通常可采用机床空运转的方式,来检查机床动作和运动轨迹的正确性,以检验程序。在具有图形模拟显示功能的数控机床上,可通过显示走刀轨迹或模拟刀具对工件的切削过程,对程序进行检查,检验刀具轨迹是否正确,有无刀具与机床、夹具运动干涉的可能。

2) 数控程序编制的方法　数控加工程序的编制方法主要有两种:手工编制程序和自动编制程序。

(1) 手工编程。手工编程指数控编程中各个阶段的工作由人工来完成,如图 5-2 所示。

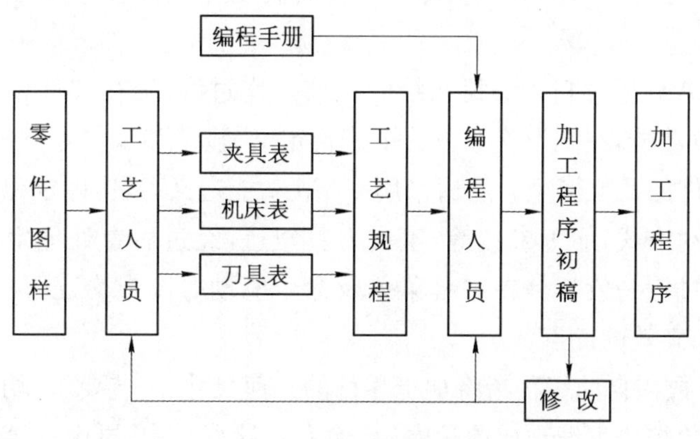

图 5-2　手工编程

对于加工形状简单、计算量不大、程序段不多的零件，可采用手工编程实现，并且经济、及时。因此对于点位加工或由直线或圆弧组成的轮廓加工中，手工编程仍广泛应用。但对于一些形状复杂的零件，手工编程比较困难，计算相当繁琐，且容易出错，有时甚至无法编程，必须采用自动编程才能实现。

（2）自动编程。自动编程是指在编程过程中，除了分析零件图样和制定工艺方案由人工进行外，其余工作均由计算机辅助完成。

采用计算机自动编程时，数学处理、编写程序、检验程序等工作是由计算机自动完成的，由于计算机可自动绘制出刀具中心运动轨迹，使编程人员可及时检查程序是否正确，需要时可及时修改，以获得正确的程序。又由于计算机自动编程代替程序编制人员完成了繁琐的数值计算，可提高编程效率几十倍乃至上百倍，因此解决了手工编程无法解决的许多复杂零件的编程难题。因而，自动编程的特点就在于编程工作效率高，可解决复杂形状零件的编程难题。

根据输入方式的不同，可将自动编程分为图形数控自动编程、语言数控自动编程和语音数控自动编程等。

① 图形数控自动编程是指将零件的图形信息直接输入计算机，通过自动编程软件的处理，得到数控加工程序。图形数控自动编程要借助于 CAD/CAM 软件（如 UG、Master-CAM、Pro/E 等）的帮助。

CAD/CAM 图形自动编程系统首先通过计算辅助设计建立零件几何模型，再以计算机辅助制造为手段，以图形交互方式生成数控加工程序。零件

CAD模型描述方法多种多样，其中以表面模型在数控程序编程中应用较为广泛。

CAD/CAM图形自动编程系统的主要工作过程是：在零件设计阶段采用系统的CAD功能，在图形交互方式下进行定义、显示和编辑零件的几何形状，最终得到零件的几何模型。然后采用CAM功能定义刀具，确定刀具相对于零件表面的运动方式、加工参数等，生成刀具轨迹，经过后置处理生成数控加工程序。整个过程一般都是在屏幕菜单及命令驱动等图形交互下完成的，具有形象、直观和高效的优点。

② 语言数控自动编程指将加工零件的几何尺寸、工艺要求、切削参数及辅助信息等用数控语言编写成源程序后，输入到计算机中，再由计算机进一步处理得到零件加工程序。

③ 语音数控自动编程是采用语音识别器，将编程人员发出的加工指令声音转变为加工程序。

2. 字与字的功能

1）字符与代码　字符是用来组织、控制或表示数据的一些符号，如数字、字母、标点符号、数学运算符等。数控系统只能接受二进制信息，所以必须把字符转换成8bit信息组合成的字节(byte)，用“0”和“1”组合的代码来表达。国际上广泛采用两种标准代码：ISO国际标准化组织标准代码、EIA美国电子工业协会标准代码。

这两种标准代码的编码方法不同，在大多数现代数控机床上这两种代码都可以使用，只需用系统控制面板上的开关来选择，或用G功能指令来选择。

2）字　在数控加工程序中，字是指一系列按规定排列的字符，作为一个信息单元存储、传递和操作。字是由一个英文字母与随后的若干位十进制数字组成，这个英文字母称为地址符。如：“X2500”是一个字，X为地址符，数字“2500”为地址中的内容。

3）字的功能　组成程序段的每一个字都有其特定的功能含义，以下是以FANUC-OM数控系统的规范为主来介绍的，实际工作中，请遵照机床数控系统说明书来使用各个功能字。

(1) 顺序号字N。顺序号又称程序段号或程序段序号。顺序号位于程序段之首，由顺序号字N和后续数字组成。顺序号字N是地址符，后续数字一般为1～4位的正整数。数控加工中的顺序号实际上是程序段的名称，与程序执行的先后次序无关。数控系统不是按顺序号的次序来执行程序，而是按照程序段编写时的排列顺序逐段执行。

顺序号的作用：对程序的校对和检索修改；作为条件转向的目标，即作为转向目的程序段的名称。有顺序号的程序段可以进行复归操作，这是指加工可以从程序的中间开始，或回到程序中断处开始。

一般使用方法：编程时将第一程序段冠以 N10，以后以间隔 10 递增的方法设置顺序号，这样在调试程序时，如果需要在 N10 和 N20 之间插入程序段时，就可以使用 N11、N12 等。

(2) 准备功能字 G。准备功能字的地址符是 G，又称为 G 功能或 G 指令，是用于建立机床或控制系统工作方式的一种指令。G 指令分为模态指令和非模指令，模态指令除了在本程序段有效外，在后续程序段也起作用，直到出现同组的另一个指令时才失效。非模态指令只在本程序段有效。G 指令后续数字一般为 1～3 位正整数，见表 5-1。

(3) 尺寸字。尺寸字用于确定机床上刀具运动终点的坐标位置。

其中，第一组 X、Y、Z、U、V、W、P、Q、R 用于确定终点的直线坐标尺寸；第二组 A、B、C、D、E 用于确定终点的角度坐标尺寸；第三组 I、J、K 用于确定圆弧轮廓的圆心坐标尺寸。在一些数控系统中，还可以用 P 指令暂停时间、用 R 指令圆弧的半径等。

多数数控系统可以用准备功能字来选择坐标尺寸的制式，如 FANUC 系统可用 G21/G20 来选择米制单位或英制单位，也有些系统用系统参数来设定尺寸制式。

程序中控制刀具移动的指令中尺寸字的表示方式有两种：用小数点表示法和不用小数点表示法。

① 用小数点表示法。即数值的表示用小数点“.”明确地标示出个位的位置，如“X12.89”，其中“2”为个位，故数值大小很明确。

② 不用小数点表示法。即数值中没有小数点者，这时数控装置会将此数值乘以最小移动量（米制：0.001 mm；英制：0.000 1 in）作为输入数值。如“X35”，则数控装置会将 35×0.001=0.035 mm 作为输入数值。

一般程序中都采用小数点表示方式来描述坐标尺寸字，故在编制和输入数控程序时应特别小心，尤其是尺寸字是整数时，常常可能会遗漏小数点。如欲输入“Z25.”，但键入“Z25”，其实际数值是 0.025 mm，相差了 1 000 倍，可能会造成重大事故。

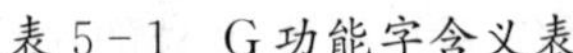
表 5-1 G 功能字含义表

G 功能字	FANUC 系统	SIEMENS 系统
G00	快速移动点定位	快速移动点定位
G01	直线插补	直线插补
G02	顺时针圆弧插补	顺时针圆弧插补
G03	逆时针圆弧插补	逆时针圆弧插补
G04	暂停	暂停
G05		通过中间点圆弧插补
G17	XY 平面选择	XY 平面选择
G18	ZX 平面选择	ZX 平面选择
G19	YZ 平面选择	YZ 平面选择
G32	螺纹切削	
G33		恒螺距螺纹切削
G40	刀具补偿注销	刀具补偿注销
G41	刀具补偿(左)	刀具补偿—左
G42	刀具补偿(右)	刀具补偿—右
G43	刀具长度补偿(正)	
G44	刀具长度补偿(负)	
G49	刀具长度补偿注销	
G50	主轴最高转速限制	
G54～G59	加工坐标系设定	零点偏置
G65	用户宏指令	
G70	精加工循环	英制
G71	外圆粗切循环	米制
G72	端面粗切循环	
G73	封闭切削循环	
G74	深孔钻循环	
G75	外径切槽循环	
G76	复合螺纹切削循环	
G80	撤销固定循环	撤销固定循环
G81	定点钻孔循环	固定循环
G90	绝对值编程	绝对尺寸
G91	增量值编程	增量尺寸
G92	螺纹切削循环	主轴转速极限
G94	每分钟进给量	直线进给率
G95	每转进给量	旋转进给率
G96	恒线速控制	恒线速度
G97	恒线速取消	注销 G96
G98	返回起始平面	
G99	返回 R 平面	

(4) 进给功能字 F。进给功能字的地址符是 F,又称为 F 功能或 F 指令,用于指定切削的进给速度,属于模态指令。在 G01、G02、G03 和循环指令程序段中,必须要有 F 指令,或者在这些程序段之前已经写入了 F 指令。如果没有 F 指令,不同的系统处理方法不一样,有的系统显示出错,有的系统自动取轴参数中各轴"最高允许速度"的最小设置值。G00 指令的快速移动与 F 指令无关。对于车床,F 可分为每分钟进给和主轴每转进给两种,对于其他数控机床,一般只用每分钟进给。F 指令在螺纹切削程序段中常用来指令螺纹的导程。

(5) 主轴转速功能字 S。主轴转速功能字的地址符是 S,又称为 S 功能或 S 指令,用于指定主轴转速,单位为 r/min。对于具有恒线速度功能的数控车床,程序中的 S 指令用来指定车削加工的线速度数。

(6) 刀具功能字 T。刀具功能字的地址符是 T,又称为 T 功能或 T 指令,用于指定加工时所用刀具的编号。刀具功能指令的编程格式因数控系统不同而不完全一样,主要有两种格式:

① "T"指令编程:T 加 4 位数字表示,前两位是刀具号,后两位是刀补号。刀补号即刀具参数补偿号,一把刀具可以多个补偿号。如果后两位是 00,则表示刀具补偿取消。数控车床编程时选择这种方式。

② "T、D"指令编程:T 后接两位数字,表示刀具号,D 后也接两位数字表示刀补号,编程时 T、D 可以写在一起也可以分开写,D00 表示取消刀补。数控铣床和加工中心编程时选择这种方式。

(7) 辅助功能字 M。辅助功能字的地址符是 M,后续数字一般为 1～3 位正整数,又称为 M 功能或 M 指令,用于指定数控机床辅助装置的开关动作,见表 5-2。

表 5-2 M 功能字含义表

M 功能字	含 义	M 功能字	含 义
M00	程序停止	M07	2 号冷却液开
M01	计划停止	M08	1 号冷却液开
M02	程序停止	M09	冷却液关
M03	主轴顺时针旋转	M30	程序停止并返回开始处
M04	主轴逆时针旋转	M98	调用子程序
M05	主轴旋转停止	M99	返回子程序
M06	换刀		

3. 程序格式

1) 程序段格式　程序段是可作为一个单位来处理的、连续的字组，是数控加工程序中的一条语句。一个数控加工程序是若干个程序段组成的。

程序段格式是指程序段中的字、字符和数据的安排形式。现在一般使用字地址可变程序段格式，每个字长不固定，各个程序段中的长度和功能字的个数都是可变的。地址可变程序段格式中，在上一程序段中写明的、本程序段里又不变化的那些字仍然有效，可以不再重写。这种功能字称之为续效字。

程序段格式举例：

N30 G01 X88.1 Y30.2 F500 S3000 T02 M08

N40 X90.0（本程序段省略了续效字“G01，Y30.2，F500，S3000，T02，M08”，但它们的功能仍然有效）

在程序段中，必须明确组成程序段的各要素：

移动目标：终点坐标值 X、Y、Z。

沿怎样的轨迹移动：准备功能字 G。

进给速度：进给功能字 F。

切削速度：主轴转速功能字 S。

使用刀具：刀具功能字 T。

机床辅助动作：辅助功能字 M。

2) 加工程序的一般格式

(1) 程序开始。程序开始是由英文字母 O 和 1～4 位正整数组成。一般要求单列一段。

(2) 程序主体。程序主体是由若干个程序段组成的，每个程序段一般占一行。

(3) 程序结束指令。程序结束指令可以用 M02 或 M30，一般要求单列一段。

加工程序的一般格式举例：

```
O1000                                    （程序开始）
N10 G00 G54 X50.0 Y30.0 M03 S3000 ┐
N20 G01 X88.1 Y30.2 F500 T02 M08   │     （程序主体）
N30 X90.0                          ┘
…
N300 M30                                 （结束）
```

二、 数控机床坐标系

在数控编程时，为了描述机床的运动、简化程序编制的方法及保证记录数据的互换性，数控机床的坐标系和运动方向均已标准化，ISO 和我国都拟定了命名的标准。

1. 机床坐标系

1）机床坐标系的确定

（1）机床相对运动的规定。为使编程时能够正确确定机床的加工过程，特规定：不论具体机床的结构是工件静止、刀具运动还是刀具静止、工件运动，都假定刀具相对于静止工件的坐标系运动。

（2）机床坐标系的规定。标准机床坐标系中 x、y、z 坐标轴的相互关系用右手笛卡尔直角坐标系决定。

在数控机床上，机床的动作是由数控装置来控制的，为了确定数控机床上的成形运动和辅助运动，必须先确定机床上运动的位移和运动的方向，这就需要通过坐标系来实现，这个坐标系被称之为机床坐标系。

例如铣床上，有机床的纵向运动、横向运动以及垂向运动，如图 5－3 所示。在数控加工中就应该用机床坐标系来描述。

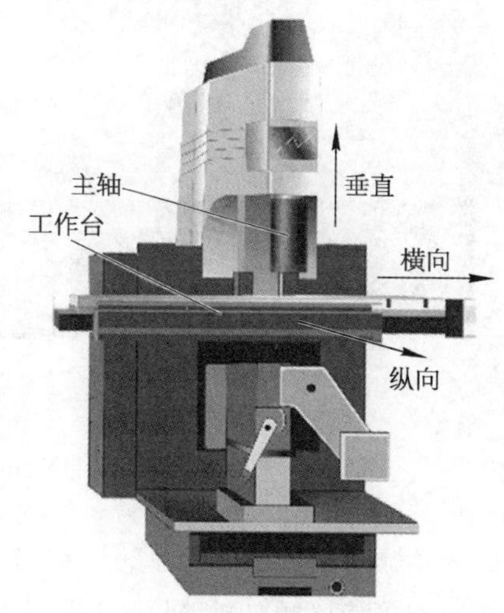

图 5－3 立式数控机床

标准机床坐标系中 x、y、z 坐标轴的相互关系用右手笛卡尔直角坐标系决定：

① 伸出右手的大拇指、食指和中指，并互为 90°。则大拇指代表 x 坐标，食指代表 y 坐标，中指代表 z 坐标。

② 大拇指的指向为 x 坐标的正方向，食指的指向为 y 坐标的正方向，中指的指向为 z 坐标的正方向。

③ 围绕 x、y、z 坐标旋转的旋转坐标分别用 A、B、C 表示，根据右手螺旋定则，大拇指的指向为 x、y、z 坐标中任意轴的正向，则其余四指的旋转方向即为旋转坐标 A、B、C 的正向，如图 5－4 所示。

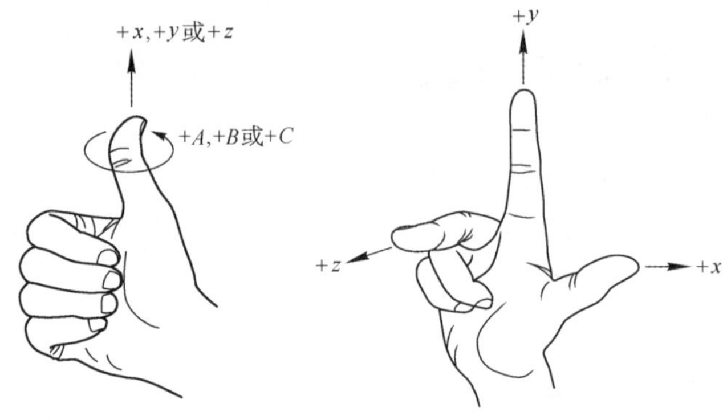

图 5-4 直角坐标系

(3) 运动方向的规定。增大刀具与工件距离的方向即为各坐标轴的正方向,如图 5-5 所示为数控车床上两个运动的正方向。

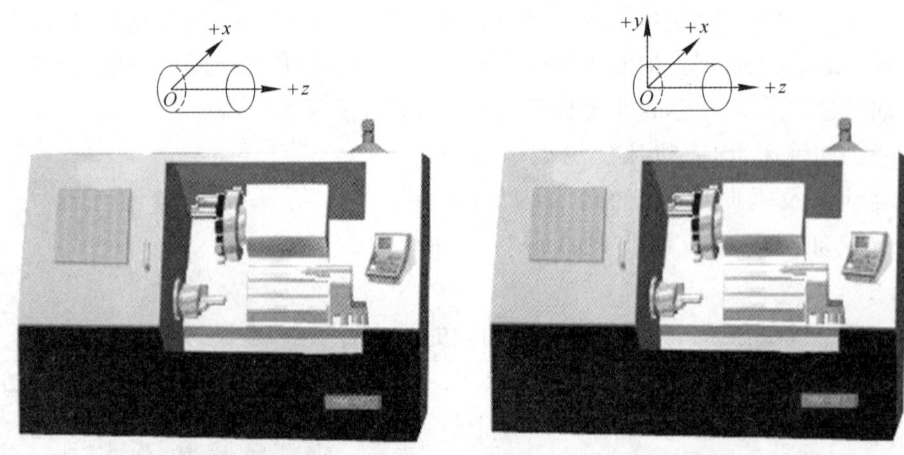

图 5-5 机床运动的方向　　图 5-6 数控车床的坐标系

2) 坐标轴方向的确定

(1) z 坐标。z 坐标的运动方向是由传递切削动力的主轴所决定的,即平行于主轴轴线的坐标轴为 z 坐标,z 坐标的正向为刀具离开工件的方向。

如果机床上有几个主轴,则选一个垂直于工件装夹平面的主轴方向为 z 坐标方向;如果主轴能够摆动,则选垂直于工件装夹平面的方向为 z 坐标方向;如果机床无主轴,则选垂直于工件装夹平面的方向为 z 坐标方向(图 5-6)。

(2) x 坐标。x 坐标平行于工件的装夹平面,一般在水平面内。确定 x 轴的方向时，要考虑两种情况：

① 如果工件做旋转运动，则刀具离开工件的方向为 x 坐标的正方向(图 5-6)。

② 如果刀具做旋转运动，则分为两种情况：z 坐标水平时，观察者沿刀具主轴向工件看时，$+x$ 运动方向指向右方；z 坐标垂直时，观察者面对刀具主轴向立柱看时，$+x$ 运动方向指向右方。

(3) y 坐标。在确定 x、z 坐标的正方向后，可以用根据 x 和 z 坐标的方向，按照右手直角坐标系来确定 y 坐标的方向。图 5-6 所示为数控车床的 y 坐标。

例：根据图 5-7 所示的数控立式铣床结构图，可以确定 x、y、z 直线坐标。

① z 坐标：平行于主轴，刀具离工件的方向为正。

② x 坐标：z 坐标垂直，且刀具旋转，所以面对刀具主轴向立柱方向看，向右为正。

③ y 坐标：在 z、x 坐标确定后，用右手直角坐标系来确定。

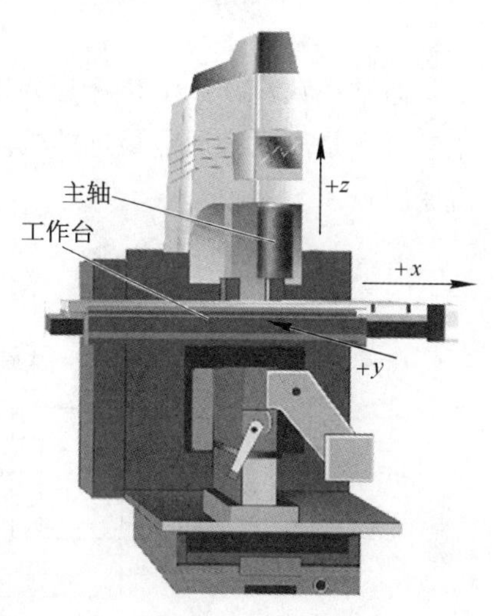

图 5-7　数控立式铣床的坐标系

3) 机床原点的设置　机床原点是指在机床上设置的一个固定点，即机床坐标系的原点。它在机床装配、调试时就已确定下来，是数控机床进行加工运动的基准参考点。

(1) 数控车床的原点。在数控车床上，机床原点一般取在卡盘端面与主轴中心线的交点处，如图 5-8 所示。同时，通过设置参数的方法，也可将机床原点设定在 x、z 坐标的正方向极限位置上。

(2) 数控铣床的原点。在数控铣床上，机床原点一般取在 x、y、z 坐标的正方向极限位置上，如图 5-9 所示。

4) 机床参考点　机床参考点是用于对机床运动进行检测和控制的固定位置点。

机床参考点的位置是由机床制造厂家在每个进给轴上用限位开关精确调整好的，坐标值已输入数控系统中。因此参考点对机床原点的坐标是一个已知数。

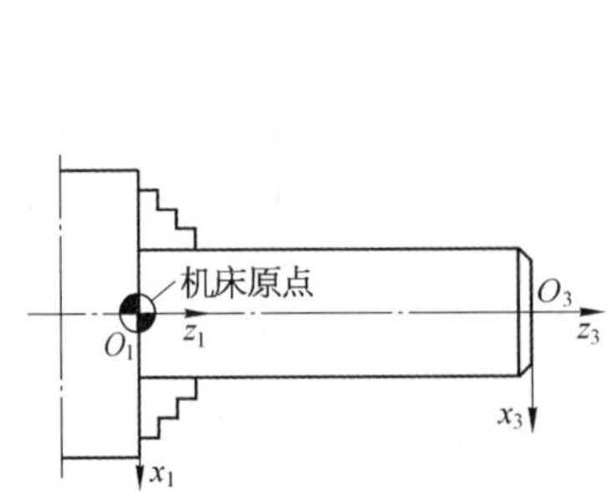

图 5－8　车床的机床原点

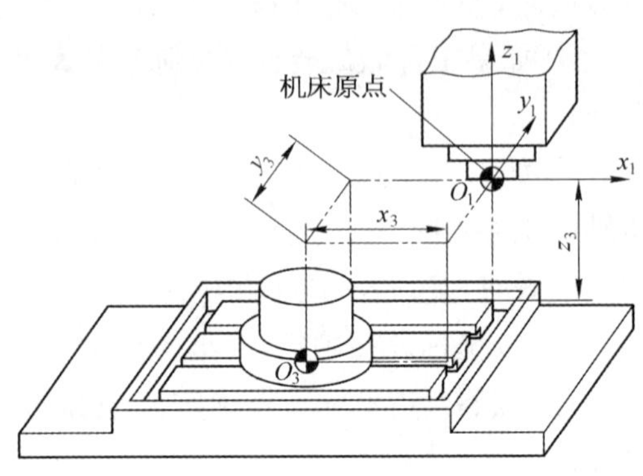

图 5－9　铣床的机床原点

通常在数控铣床上机床原点和机床参考点是重合的；而在数控车床上机床参考点是离机床原点最远的极限点。图 5－10 所示为数控车床的参考点与机床原点。

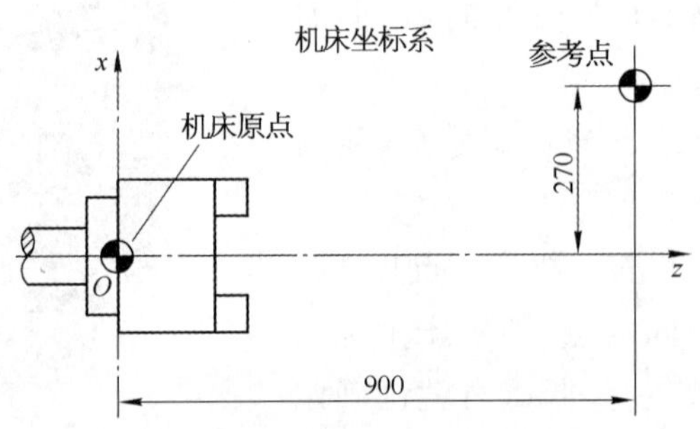

图 5－10　数控车床的参考点

数控机床开机时，必须先确定机床原点，而确定机床原点的运动就是刀架返回参考点的操作，这样通过确认参考点，就确定了机床原点。只有机床参考点被确认后，刀具(或工作台)移动才有基准。

2. 编程坐标系

编程坐标系是编程人员根据零件图样及加工工艺等建立的坐标系。

编程坐标系一般供编程使用，确定编程坐标系时不必考虑工件毛坯在机床上的实际装夹位置。如图 5－11 所示，其中 O_2 即为编程坐标系原点。

编程原点是根据加工零件图样及加工工艺要求选定的编程坐标系的原点。

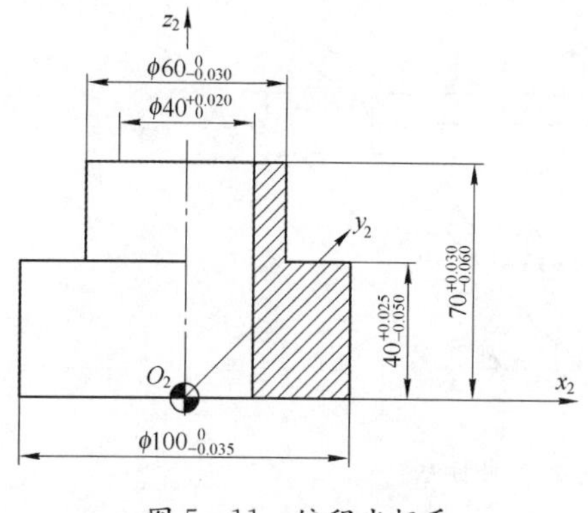

图 5-11　编程坐标系

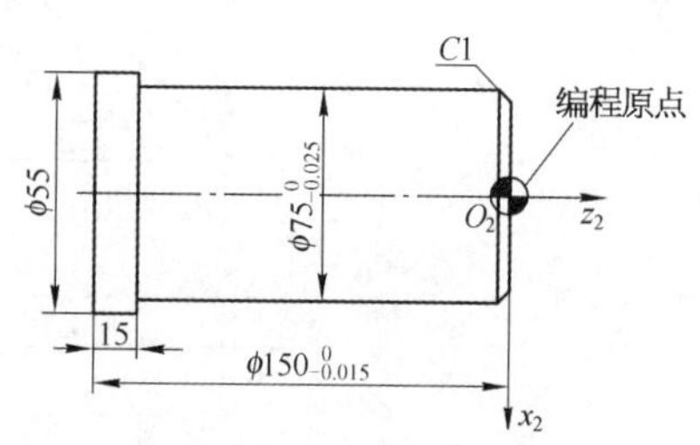

图 5-12　确定编程原点

编程原点应尽量选择在零件的设计基准或工艺基准上，编程坐标系中各轴的方向应该与所使用的数控机床相应的坐标轴方向一致，如图 5-12 所示为车削零件的编程原点。

3. **加工坐标系**

1）加工坐标系的确定　加工坐标系是指以确定的加工原点为基准所建立的坐标系。加工原点也称为程序原点，是指零件被装夹好后，相应的编程原点在机床坐标系中的位置。

在加工过程中，数控机床是按照工件装夹好后所确定的加工原点位置和程序要求进行加工的。编程人员在编制程序时，只要根据零件图样就可以选定编程原点、建立编程坐标系、计算坐标数值，而不必考虑工件毛坯装夹的实际位置。对于加工人员来说，则应在装夹工件、调试程序时，将编程原点转换为加工原点，并确定加工原点的位置，在数控系统中给予设定（即给出原点设定值），设定加工坐标系后就可根据刀具当前位置，确定刀具起始点的坐标值。在加工时，工件各尺寸的坐标值都是相对于加工原点而言的，这样数控机床才能按照准确的加工坐标系位置开始加工。图 5-11 中 O_2 为加工原点。

2）加工坐标系的设定

（1）方法一：在机床坐标系中直接设定加工原点。

G54、G55、G56、G57、G58、G59 选择 1～6 号加工坐标系。这些指令可以分别用来选择相应的加工坐标系。

编程格式：G54 G90 G00 (G01) X～ Y～ Z～ (F～)

该指令执行后，所有坐标值指定的坐标尺寸都是选定的工件加工坐标系中的位置。1～6 号工件加工坐标系是通过 CRT/MDI 方式设置的。

例：在图 5-13 中，用 CRT/MDI 在参数设置方式下设置了两个加工坐标系：

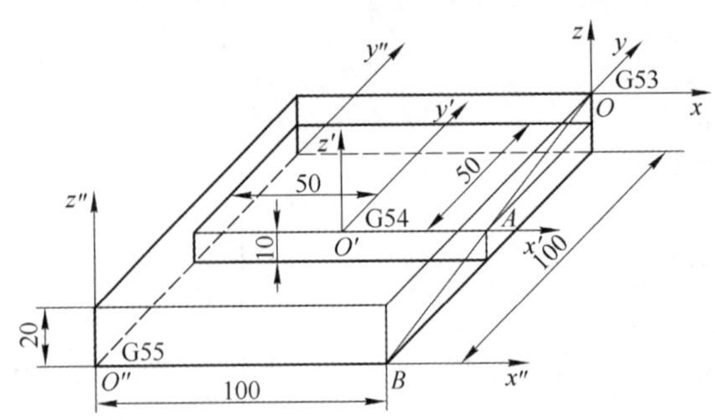

图 5-13 设置加工坐标系

G54:X—50.0 Y—50.0 Z—10.0

G55:X—100.0 Y—100.0 Z—20.0

这时,建立了原点在 O′的 G54 加工坐标系和原点在 O″的 G55 加工坐标系。若执行下述程序段:

N10 G53 G90 X0.0 Y0.0 Z0.0

N20 G54 G90 G01 X50.0 Y0.0 Z0.0 F100

N30 G55 G90 G01 X100.0 Y0.0 Z0.0 F100

则刀尖点的运动轨迹如图 5-13 中 *OAB* 所示。

(2) 方法二:通过刀具起始点来设定加工坐标系。

① 加工坐标系的选择。加工坐标系的原点可设定在相对于刀具起始点的某一符合加工要求的空间点上。应注意的是,当机床坐标系建立之后,无论刀具运动到哪一点,数控系统对其位置都是已知的。也就是说,刀具起始点是一个已知点。

② 设定加工坐标系指令。G92、G50 为设定加工坐标系指令。在程序开始部分出现 G92、G50 程序段时,即通过刀具当前所在位置即刀具起始点来设定加工坐标系。

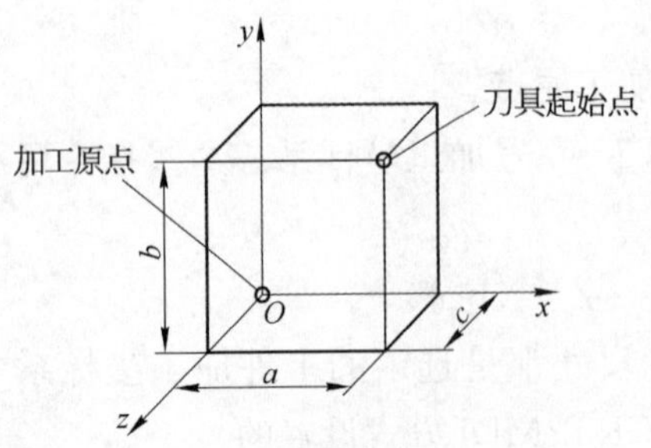

图 5-14 设定加工坐标系

G50 指令的编程格式:G50 X a Z c (在数控车床设定加工坐标系)

G92 指令的编程格式:G92 X a Y b Z c(在数控铣床或者加工中心设定加工坐标系)

该程序段运行后,就根据刀具起始点设定了加工原点,如图 5-14 所示。从图

5-14 中可看出，用 G92 设置加工坐标系，也可看作是：在加工坐标系中，确定刀具起始点的坐标值，并将该坐标值写入 G92 编程格式中。

三、　常用编程指令

数控加工程序是由各种功能字按照规定的格式组成的。正确地理解各个功能字的含义，恰当地使用各种功能字，按规定的程序指令编写程序，是编好数控加工程序的关键。

程序编制的规则，首先是由所采用的数控系统来决定的，所以应详细阅读数控系统编程、操作说明书，以下按常用数控系统的共性概念进行说明。

1. 绝对值编程指令和增量值编程指令

在加工程序中，绝对值编程指令和增量值编程指令有两种表达方法。

绝对值编程指机床运动部件的坐标尺寸值相对于工件坐标系原点给出，如图 5-15 所示。增量值编程指机床运动部件的坐标尺寸值相对于前一位置给出，如图 5-16 所示。

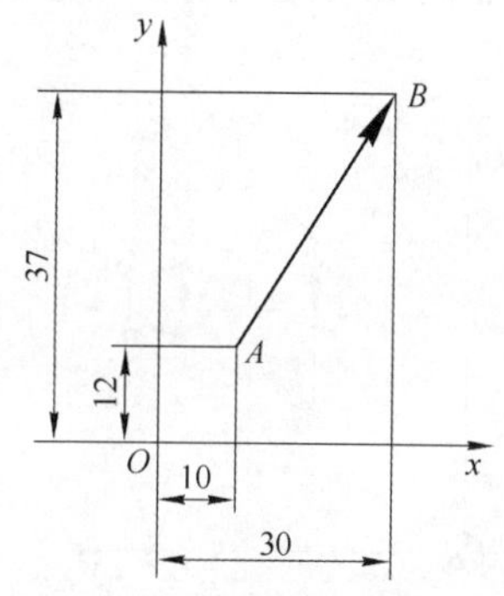

图 5-15　绝对值编程

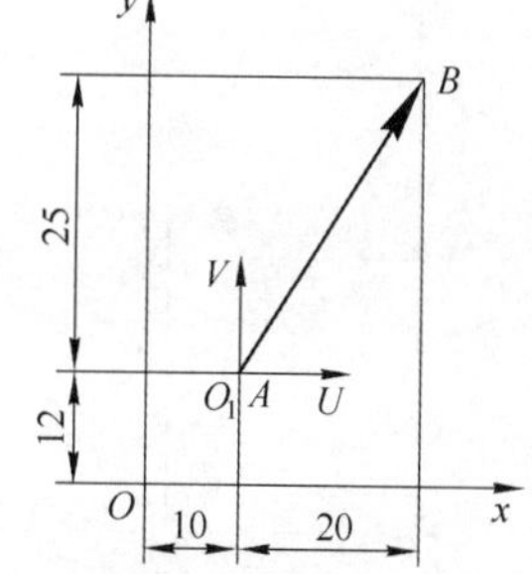

图 5-16　增量值编程

1) G 功能字指定　G90 指定尺寸值为绝对值，G91 指定尺寸值为增量值。

这种表达方式的特点是同一条程序段中只能用一种，不能混用。

2) 用尺寸字的地址符指定(部分车床采用)　绝对值的尺寸字的地址符用 X、Y、Z。增量值的尺寸字的地址符用 U、V、W。

这种表达方式的特点是同一程序段中绝对值编程和增量值编程可以混用，这给编程带来很大方便。

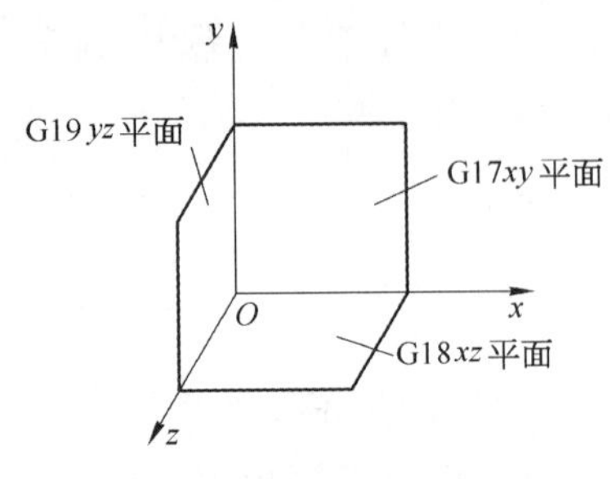

图 5-17 坐标平面选择

2. 坐标平面选择指令

坐标平面选择指令是用来选择圆弧插补的平面和刀具补偿平面的。

G17 表示选择 xy 平面，G18 表示选择 zx 平面，G19 表示选择 yz 平面。各坐标平面如图 5-17 所示。一般数控车床默认在 zx 平面内加工，数控铣床默认在 xy 平面内加工。

3. 快速点定位指令

快速点定位指令控制刀具以点位控制的方式快速移动到目标位置，其移动速度由参数来设定。指令执行开始后，刀具沿着各个坐标方向同时按参数设定的速度移动，最后减速到达终点，如图 5-18a 所示。注意：在各坐标方向上有可能不是同时到达终点。刀具移动轨迹是几条线段的组合，不是一条直线。例如，在 FANUC 系统中，运动总是先沿 45°角的直线移动，最后再在某一轴单向移动至目标点位置，如图 5-18b 所示。编程人员应了解所使用的数控系统的刀具移动轨迹情况，以避免加工中可能出现的碰撞。

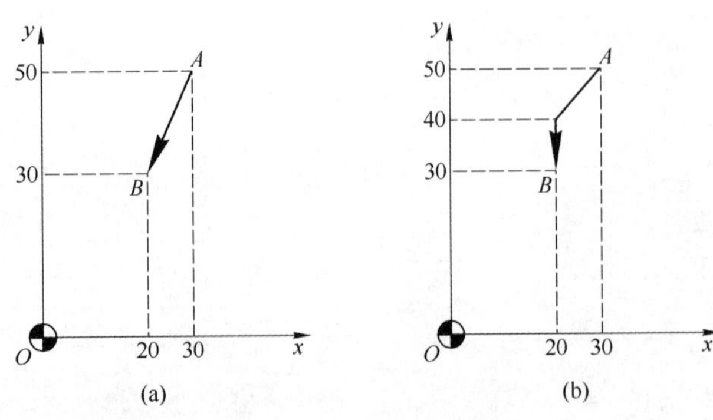

图 5-18 快速点定位

(a) 同时到达终点；(b) 单向移动至终点

编程格式：

G00 X～ Y～ Z～

式中，X、Y、Z 的值是快速点定位的终点坐标值。

例：从 A 点到 B 点快速移动的程序段为：

G90 G00 X20.0 Y30.0

4. **直线插补指令**

直线插补指令用于产生按指定进给速度 F 实现的空间直线运动。

程序格式：

G01 X～ Y～ Z～ F～

其中，X、Y、Z 的值是直线插补的终点坐标值。

例：实现图 5-19 中从 A 点到 B 点的直线插补运动，其程序段为

绝对值方式编程：

G90 G01 X10.0 Y10.0 F100

增量值方式编程：

G91 G01 X−10.0 Y−20.0 F100

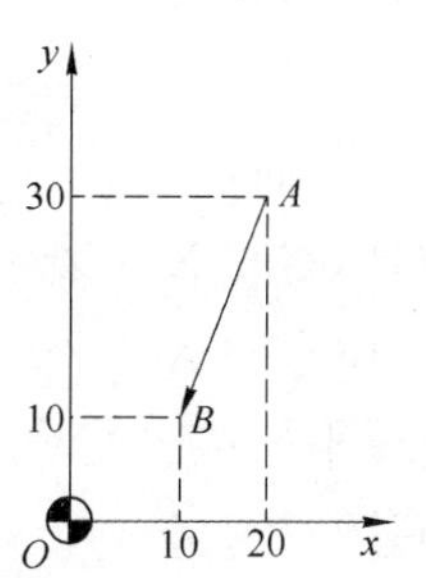

图 5-19　直线插补运动

5. **圆弧插补指令**

G02 为按指定进给速度的顺时针圆弧插补。G03 为按指定进给速度的逆时针圆弧插补。

圆弧顺逆方向的判别：沿着不在圆弧平面内的坐标轴，由正方向向负方向看，顺时针方向 G02，逆时针方向 G03，如图 5-20 所示。

各平面内圆弧情况如图 5-21 所示，图 5-21a 表示 xy 平面的圆弧插补，图 5-21b 表示 zx 平面圆弧插补，图 5-21c 表示 yz 平面的圆弧插补。

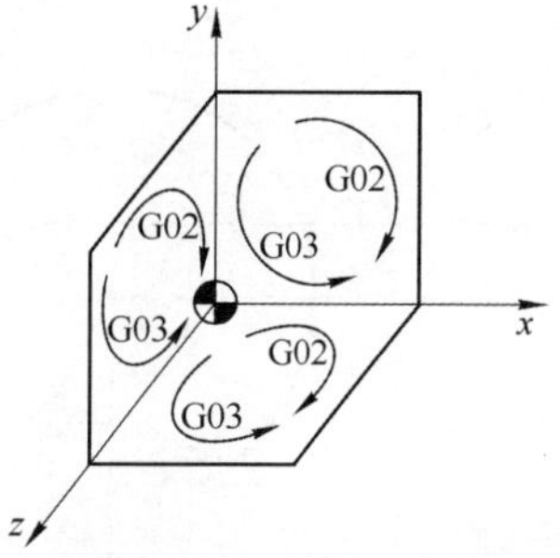

图 5-20　圆弧方向判别

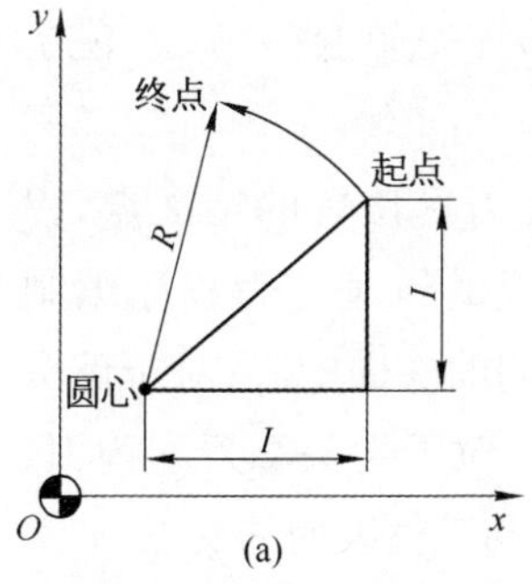

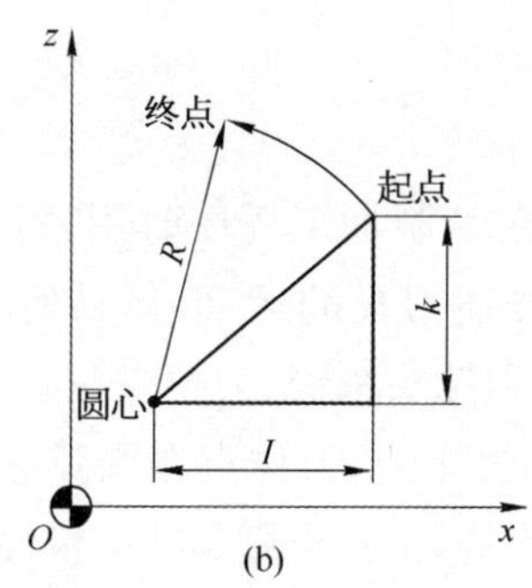

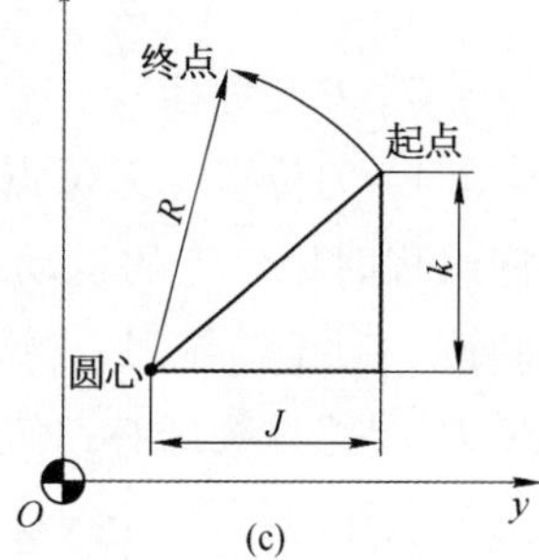

图 5-21　各平面内圆弧情况

(a) xy 平面圆弧；(b) zx 平面圆弧；(c) yz 平面圆弧；

程序格式：

xy 平面：

G17 G02 X～ Y～ I～ J～（R～）F～

G17 G03 X～ Y～ I～ J～（R～）F～

zx 平面：

G18 G02 X～ Z～ I～ K～（R～）F～

G18 G03 X～ Z～ I～ K～（R～）F～

yz 平面：

G19 G02 Z～ Y～ J～ K～（R～）F～

G19 G03 Z～ Y～ J～ K～（R～）F～

其中，X、Y、Z 的值是指圆弧插补的终点坐标值；I、J、K 是指圆弧起点到圆心的增量坐标，与 G90，G91 无关；R 为指定圆弧半径，当圆弧的圆心角≤180°时，R 值为正，当圆弧的圆心角＞180°时，R 值为负。

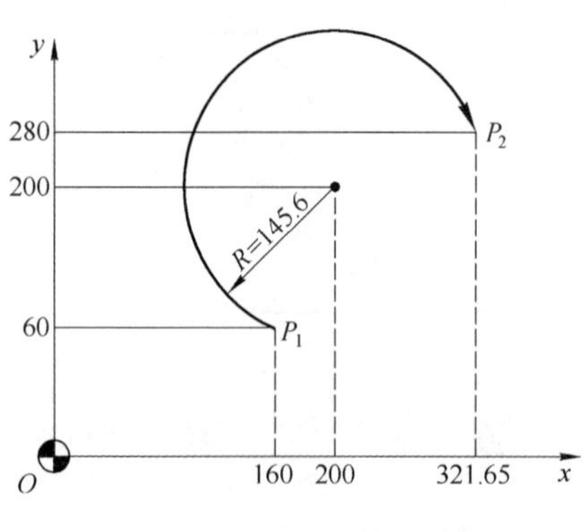

图 5－22 圆弧插补应用

例：在图 5－22 中，当圆弧 A 的起点为 P_1，终点为 P_2，圆弧插补程序段为

G02 X321.65 Y280.0 I40.0 J140.0 F50

或 G02 X321.65 Y280.0 R－145.6 F50

当圆弧 A 的起点为 P_2，终点为 P_1 时，圆弧插补程序段为

G03 X160.0 Y60.0 I－121.65 J－80.0 F50

或 G03 X160.0 Y60.0 R－145.6 F50

6. 刀具补偿

1）刀位点　刀位点是在编制加工程序时用来代表刀具位置的特征点，程序编程时用该点的运动来描述刀具的运动，运动所形成的轨迹称为程序编制轨迹。对于端铣刀、立铣刀和钻头来说，刀位点是旨它们的底面中心；对于球头铣刀，是指球头球心；对于圆弧车刀，刀位点在圆弧圆心；对于尖头车刀和镗刀，刀位点在刀尖；对于线切割来说，刀位点则是线电极轴心与工件表面的交点。

数控加工程序控制刀具的运动轨迹，实际上是控制刀位点的运动轨迹。对于不具备刀具补偿功能的数控机床，数控系统是按照刀位点的运动轨迹来运动的，与零件轮廓相差一个偏差值。因此程序编制时需根据零件轮廓计算出刀位点的运动轨迹坐标，即对于具有刀具半径补偿的球头铣刀、车刀等应该计算出刀具中心的运动轨迹。这样，根据计算出的刀位点的程序编制轨迹，才能加工出符合要求的零件轮廓轨迹。

现代数控机床都具有刀具补偿功能，一般不再需要进行刀具补偿的繁琐计算。

2）刀具半径补偿　在零件轮廓铣削加工时，由于刀具半径尺寸影响，刀具的中心轨迹与零件轮廓往往不一致。为了避免计算刀具中心轨迹，直接按零件图样上的轮廓尺寸编程，数控系统提供了刀具半径补偿功能，如图 5-23 所示。G41 为左偏刀具半径补偿，定义为假设工件不动，沿刀具运动方向向前看，刀具在零件左侧的刀具半径补偿，如图 5-24 所示。G42 为右偏刀具半径补偿，定义为假设工件不动，沿刀具运动方向向前看，刀具在零件右侧的刀具半径补偿，如图 5-25 所示。G40 为补偿撤销指令。

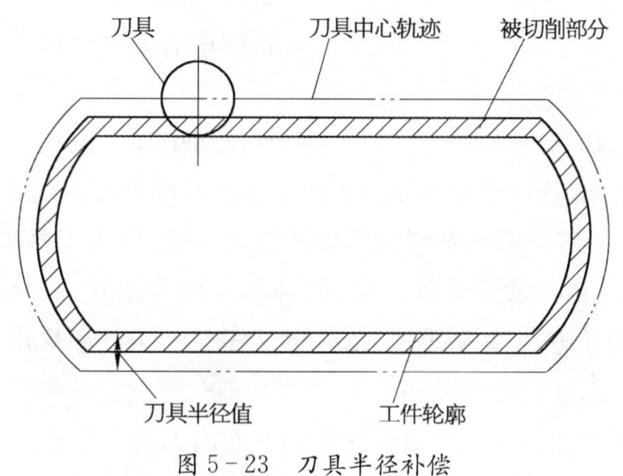

图 5-23　刀具半径补偿

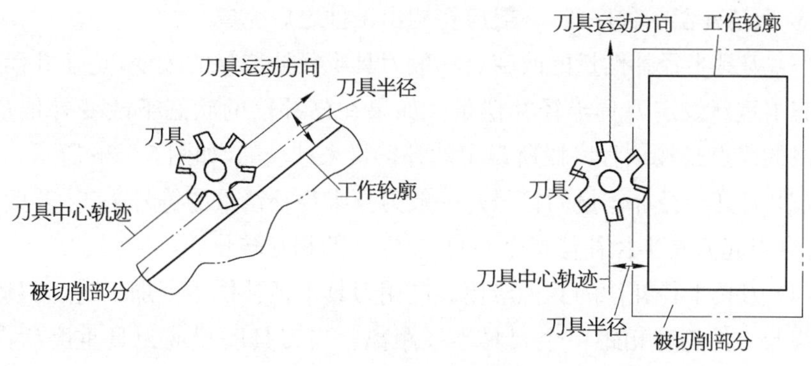

图 5-24　左偏刀具半径补偿

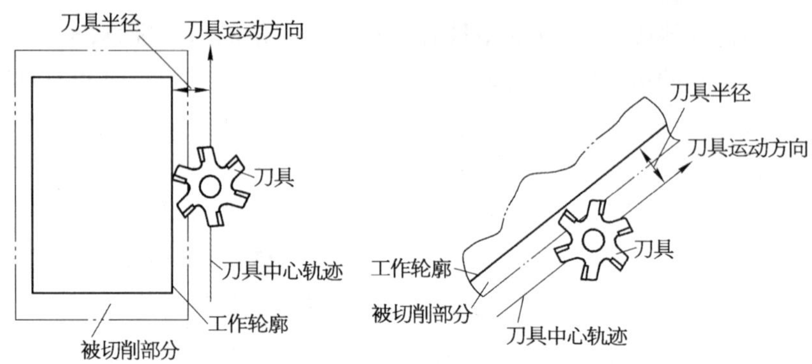

图 5-25 右偏刀具半径补偿

(1) 编程格式。程序格式：

G00/G01 G41/G42 X～ Y～ D～ （建立补偿程序段）

… （轮廓切削程序段）

…

G00/G01 G40 X～ Y～ （补偿撤销程序段）

其中 G41/G42 程序段中的 X、Y 值是建立补偿直线段的终点坐标值，G40 程序段中的 X、Y 值是撤销补偿直线段的终点坐标，H 为刀具半径补偿代号地址字，后面一般用两位数字表示代号，代号与刀具半径值一一对应。刀具半径值可用 CRT/MDI 方式输入，即在设置时，(H～)＝R。如果用 H00 也可取消刀具半径补偿。需注意以下几点：

① 建立补偿的程序段，必须是在补偿平面内不为零的直线移动；

② 建立补偿的程序段，一般应在切入工件之前完成；

③ 撤销补偿的程序段，一般应在切出工件之后完成。

(2) 刀具半径补偿量的改变。一般刀具半径补偿量的改变，是在补偿撤销的状态下重新设定刀具半径补偿量。如果在已补偿的状态下改变补偿量，则程序段的终点是按该程序段所设定的补偿量来计算的，如图 5-26 所示。

(3) 刀具半径补偿量的符号。一般刀具半径补偿量的符号为正，若取为负值时，会引起刀具半径补偿指令 G41 与 G42 的相互转化。

(4) 刀具半径补偿的其他应用。应用刀具半径补偿指令加工时，刀具的中心始终与工件轮廓相距一个刀具半径距离。当刀具磨损或刀具重磨后，刀具半径变小，只需在刀具补偿值中输入改变后的刀具半径，而不必修改程序。在

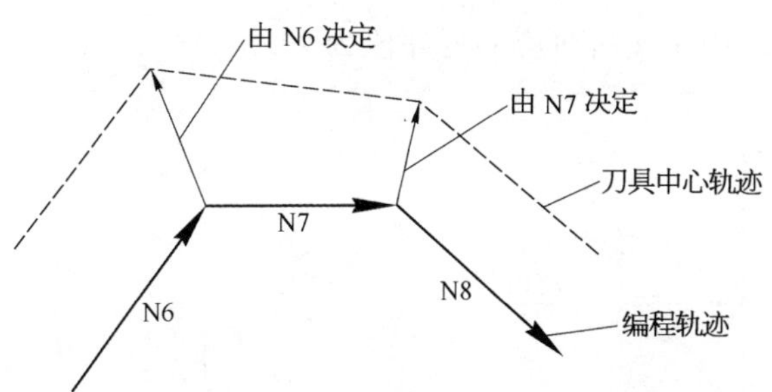

图 5-26　刀具半径补偿量的改变

采用同一把半径为 R 的刀具，并用同一个程序进行粗、精加工时，设精加工余量为 Δ，则粗加工时设置的刀具半径补偿量为 $R+\Delta$，精加工时设置的刀具半径补偿量为 R，就能在粗加工后留下精加工余量 Δ，然后，在精加工时完成切削。运动情况如图 5-27 所示。

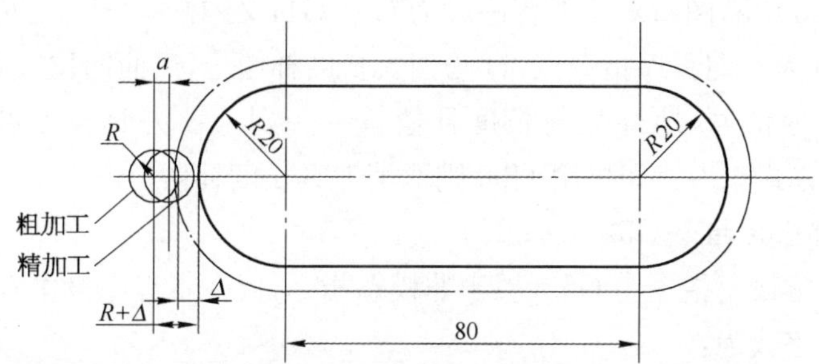

图 5-27　刀具半径补偿的应用实例

3）刀具长度补偿指令　使用刀具长度补偿指令，在编程时就不必考虑刀具的实际长度及各把刀具不同的长度尺寸。加工时，用 MDI 方式输入刀具的长度尺寸，即可正确加工。当由于刀具磨损、更换刀具等原因引起刀具长度尺寸变化时，只要修正刀具长度补偿量，而不必调整程序或刀具。

G43 为正补偿，即将 z 坐标尺寸字与 H 代码中长度补偿的量相加，按其结果进行 z 轴运动。G44 为负补偿，即将 z 坐标尺寸字与 H 中长度补偿的量相减，按其结果进行 z 轴运动。G49 为撤销补偿。

编程格式为

G01 G43/G44 Z～ H～　（建立补偿程序段）
…　（切削加工程序段）
G49　Z～　（补偿撤销程序段）

例:图 5-28 中左图所对应的程序段为 G01 G43 Zs H~

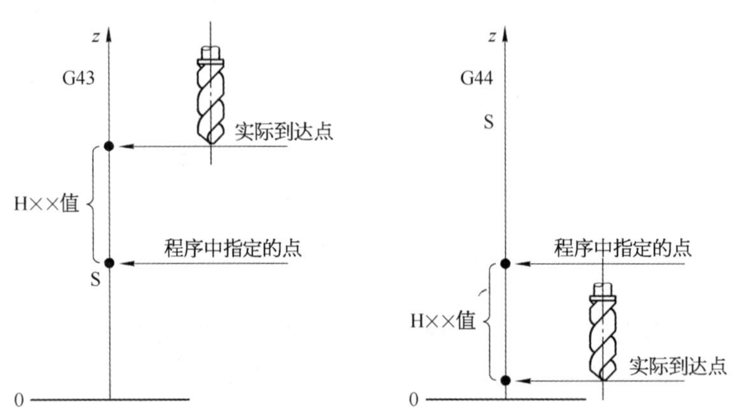

图 5-28 刀具长度补偿

图 5-28 中右图所对应的程序段为 G01 G44 Zs H~

其中,S 为 Z 向程序指令点,H 为刀具长度补偿号,后面两位数字表示刀具补偿寄存器地址号,地址号与长度补偿量一一对应。刀具长度补偿量可用 CRT/MDI 方式输入。如果用 H00 则取消刀具长度补偿。

7. **局部坐定指令 G52**

局部坐标设定指令为 G52,属于非模态指令,仅在本程序段中有效。

程序段格式为:

G52 X~Y~Z~A~B~C~

其中 X、Y、Z 为局部坐标系原点在工件坐标系中的有向距离;A、B、C 是相对于 x、y、z 三个轴的旋转坐标。G52 指令可以在 G54~G59 指定的工件坐标系中设定局部坐标系,局部坐标系建立以后,绝对值方式编程的移动指令就是在该局部坐标系中的坐标值。

8. **直接机床坐标系编程指令 G53**

直接机床坐标系编程指令 G53,属于非模态指令,在 G53 指令的程序段中,利用绝对值编程的移动指令的坐标位置是相对于机床坐标系。

9. **尺寸单位设定指令 G20、G21**

G20 表示英制尺寸(以英寸输入),G21 表示公制尺寸(以毫米输入),G21 为缺省值表示开机后不指定单位制情况机床自动以毫米输入。

10. **暂停指令**

G04 为暂停指令,该指令的功能是使刀具做短暂的无进给加工(主轴仍在转动)，G04 指令为非模态指令。

编程格式：

G04 P(或 X 或 F)～

P 后面的单位为 ms，X、F 后面的单位为 s。

暂停指令 G04 主要用于以下几种情况：

(1) 横向切槽、倒角、车顶尖孔，为了得到光滑平整的表面。

(2) 对盲孔进行钻削加工时，用暂停指令保证孔底平整。

(3) 钻深孔时，为了保证良好的排屑及冷却。

(4) 锪孔、车台阶轴清根时，用暂停指令保证平整表面。

四、　程序编制中的数学处理

根据被加工零件图样，按照已经确定的加工工艺路线和允许的编程误差，计算数控系统所需要输入的数据，称为数学处理。数学处理一般包括两个内容：根据零件图样给出的形状，尺寸和公差等直接通过数学方法(如三角、几何与解析几何法等)，计算出编程时所需要的有关各点的坐标值；当按照零件图样给出的条件不能直接计算出编程所需的坐标，也不能按零件给出的条件直接进行工件轮廓几何要素的定义时，就必须根据所采用的具体工艺方法、工艺装备等加工条件，对零件原图形及有关尺寸进行必要的数学处理或改动，才可以进行各点的坐标计算和编程工作。

1. 基点

零件的轮廓是由许多不同的几何要素所组成，如直线、圆弧、二次曲线等，各几何要素之间的连接点称为基点。基点坐标是编程中必需的重要数据。

例：图 5-29 所示零件中，A、B、C、D、E 为基点。A、B、D、E 的坐标值从图中很容易找出，C 点是直线与圆弧切点，要联立方程求解。以 B 点为计算坐标系原点，联立下列方程：

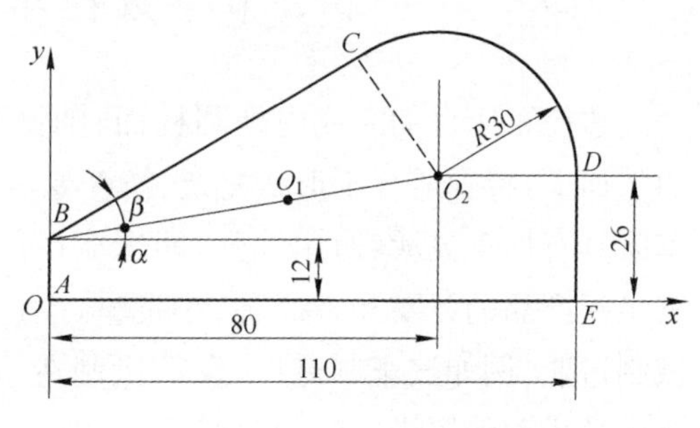

图 5-29　零件图样

直线方程：$y = \tan(\alpha + \beta)x$

圆弧方程：$(x - 80)^2 + (y -$

$14)^2 = 30$

可求得(65.278 6, 39.550 7),换算到以 A 点为原点的编程坐标系中,C 点坐标为(65.278 6, 51.550 7)。

可以看出,对于如此简单的零件,基点的计算都很麻烦。对于复杂的零件,其计算工作量可想而知,为提高编程效率,可应用 CAD/CAM 软件辅助编程,请参考本书 CAD/CAM 部分。

2. 非圆曲线数学处理的基本过程

数控系统一般只能作直线插补和圆弧插补的切削运动。如果工件轮廓是非圆曲线,数控系统就无法直接实现插补,而需要通过一定的数学处理。数学处理的方法是,在满足允许加工误差要求下用直线段或圆弧段去逼近非圆曲线,逼近线段与被加工曲线交点或切点称为节点。

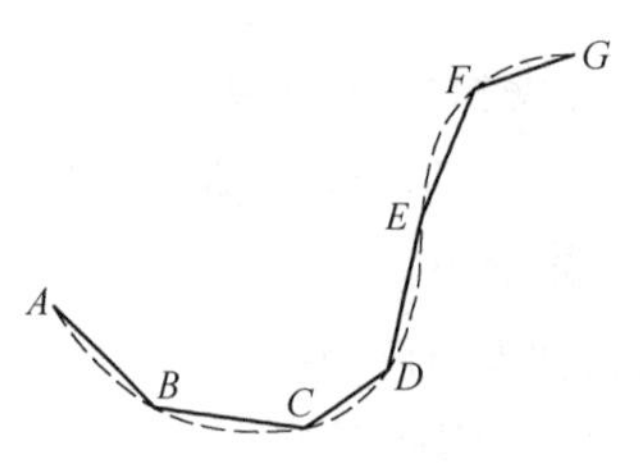

图 5-30 零件轮廓的节点

例如,对图 5-30 所示的曲线用直线逼近时,其交点 A、B、C、D、E、F、G 等即为节点。在编程时,首先要计算出节点的坐标,节点的计算一般都比较复杂,靠手工计算已很难胜任,必须借助计算机辅助处理。求得各节点后,就可按相邻两节点间的直线来编写加工程序。

这种通过求得节点,再编写程序的方法,使得节点数目决定了程序段的数目。如图 5-30 中有 7 个节点,即用 6 段直线逼近了曲线,因而就有 6 个直线插补程序段。节点数目越多,由直线逼近曲线产生的误差 δ 越小,程序的长度则越长。可见,节点数目的多少,决定了加工的精度和程序的长度。因此,正确确定节点数目是个关键。

第二节 数控车床程序编制

数控车床自动完成内外圆柱面、圆锥面、成形表面、螺纹和端面等工序的切削加工,特别适合于形状复杂、精度要求高的轴类和盘类零件的加工。数控车床具有加工灵活、通用性强,能适应产品品种和规格频繁变化的特点,能够满足新产品的开发和多品种、小批量、生产自动化的要求,因此被广泛用于机械制造业,例如汽车制造厂、发动机制造厂、航空航天业、机床制造业等,数控车床是目前使用最广泛的数控机床之一。

一、　数控车床程序编制基础

针对回转体零件加工的数控车床，在车削加工工艺、车削工艺装备、编程指令应用等方面都有鲜明的特色。为充分发挥数控车床的效益，下面将结合HM－077数控车床的使用，分析数控车床加工程序编制的基础，首先讨论以下三个问题：数控车床的工艺装备，对刀方法，数控车床的编程特点。

1. 数控车床的工艺装备

由于数控车床的加工对象多为回转体，一般使用通用三爪卡盘夹具，因而在工艺装备中，我们将以WALTER系列车削刀具为例，重点讨论车削刀具的选用及使用问题。

1）数控车床可转位刀具特点　数控车床所采用的可转位车刀，与通用车床相比一般无本质的区别，其基本结构、功能特点是相同的。但数控车床的加工工序是自动完成的，因此对可转位车刀的要求又有别于通用车床所使用的刀具，具体要求和特点见表5－3。

表5－3　可转位车刀具体要求和特点

要求	特　点	目　的
精度高	采用M级或更高精度等级的刀片； 多采用精密级的刀杆； 用带微调装置的刀杆在机外预调好	保证刀片重复定位精度，方便坐标设定，保证刀尖位置精度
可靠性高	采用断屑可靠性高的断屑槽型或有断屑台和断屑器的车刀； 采用结构可靠的车刀，采用复合式夹紧结构和夹紧可靠的其他结构	断屑稳定，不能有紊乱和带状切屑； 适应刀架快速移动和换位以及整个自动切削过程中夹紧不得有松动的要求
换刀迅速	采用车削工具系统；采用快换小刀夹	迅速更换不同形式的切削部件，完成多种切削加工，提高生产效率
刀片材料	刀片较多采用涂层刀片	满足生产节拍要求，提高加工效率
刀杆截形	刀杆较多采用正方形刀杆，但因刀架系统结构差异大，有的需采用专用刀杆	刀杆与刀架系统匹配

2）数控车床的刀片夹紧系统　刀片夹紧系统常用杠杆式夹紧系统，杠杆式夹紧系统如图5－31所示。

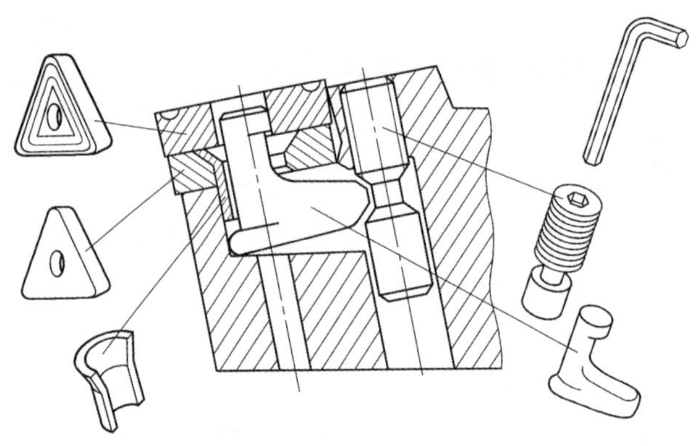

图 5-31 杠杆式夹紧系统

(1) 杠杆式夹紧系统。杠杆式夹紧系统是最常用的刀片夹紧方式。其特点为定位精度高,切屑流畅,操作简便,可与其他系列刀具产品通用。

(2) 螺钉夹紧系统。其特点在于适用于小孔径内孔以及长悬伸加工。

2. 对刀

数控车削加工中,应首先确定零件的加工原点,以建立准确的加工坐标系,同时考虑刀具的不同尺寸对加工的影响。这些都需要通过对刀来解决。

1) 一般对刀　一般对刀是指在机床上使用相对位置检测手动对刀。下面以 z 向对刀为例说明对刀方法,如图 5-32 所示。

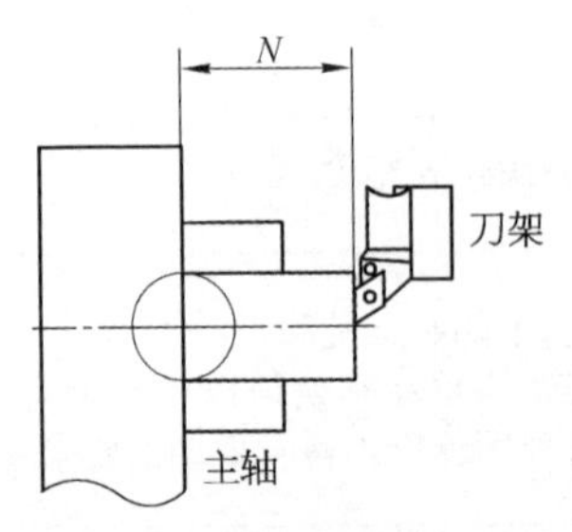

图 5-32 相对位置检测对刀

刀具安装后,先移动刀具手动切削工件右端面,再沿 x 向退刀,将右端面与加工原点距离 N 输入数控系统,即完成这把刀具 z 向对刀过程。

手动对刀是基本对刀方法,但它还是没跳出传统车床的“试切—测量—调整”的对刀模式,占用较多的时间在机床上。此方法较为落后。

2) 机外对刀仪对刀　机外对刀的本质是测量出刀具假想刀尖点到刀具台基准之间 x 及 z 方向的距离。利用机外对刀仪可将刀具预先在机床外校对好,以便装上机床后将对刀长度输入相应刀具补偿号即可以使用。

3) 自动对刀　自动对刀是通过刀尖检测系统实现的,刀尖以设定的速度向接触式传感器接近,当刀尖与传感器接触并发出信号,数控系统立即记下该瞬间的坐标值,并自动修正刀具补偿值。自动对刀过程如图 5-33 所示。

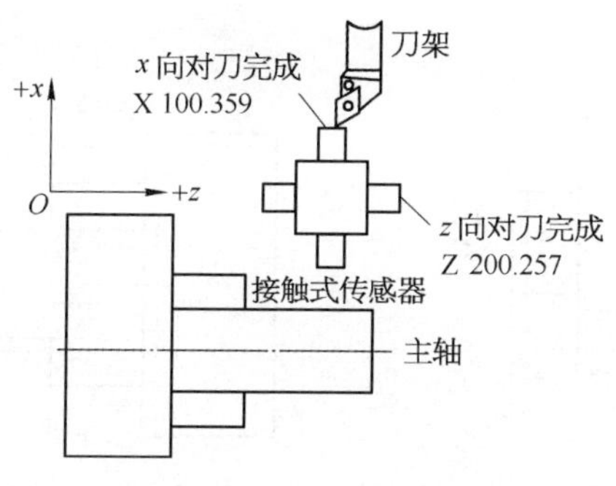

图 5-33　自动对刀过程

3. 数控车床的编程特点

1）加工坐标系　加工坐标系应与机床坐标系的坐标方向一致，x 轴对应径向，z 轴对应轴向，c 轴（主轴）的运动方向则以从机床尾架向主轴看，逆时针为 $+c$ 向，顺时针为 $-c$ 向，如图 5-34 所示，加工坐标系的原点选在便于测量或对刀的基准位置，一般在工件的右端面或左端面上。

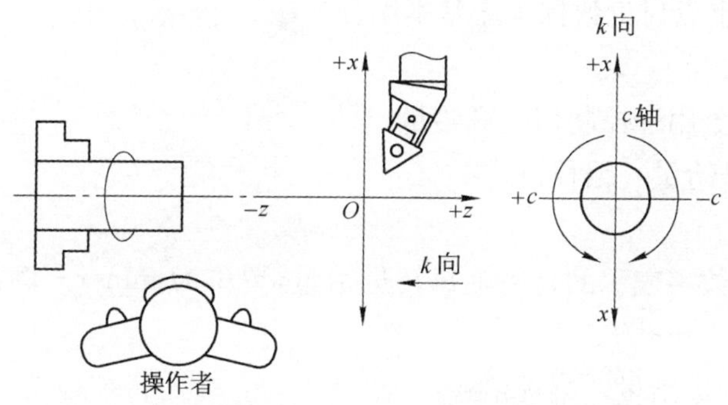

图 5-34　数控车床坐标系

2）直径编程方式　在车削加工的数控程序中，x 轴的坐标值取为零件图样上的直径值。如图 5-35 所示，图中 A 点的坐标值为(30, 80)，B 点的坐标值为(40, 60)。采用直径尺寸编程与零件图样中的尺寸标注一致，这样可避免尺寸换算过程中可能造成的错误，给编程带来很大方便。

3）进刀和退刀方式　对于车削加工，进刀时采用快速走刀接近工件切削起点附近的某个点，再改用切削进给，以减少空走刀的时间，提高加工效率。切削起点的确定与工件毛坯余量大小有关，应以刀具快速走到该点时刀尖不与工件发生碰撞为原则，如图 5-36 所示。

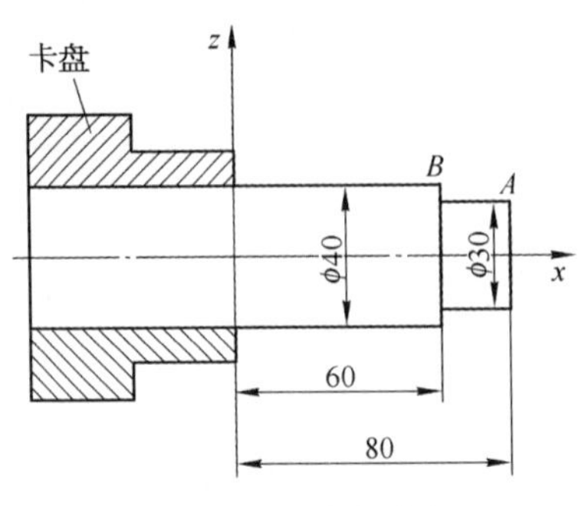

图 5-35 直径编程

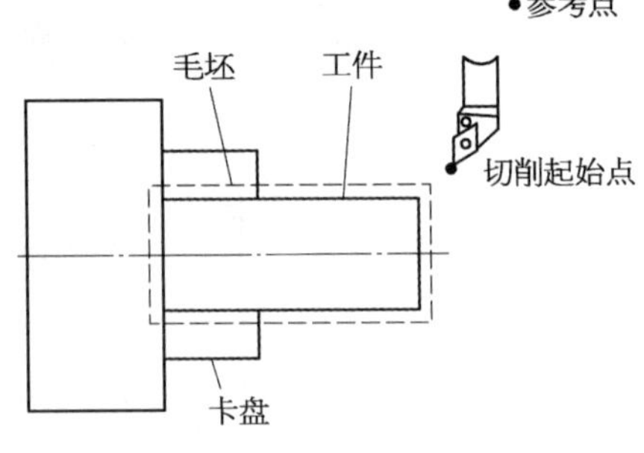

图 5-36 切削起始点的确定

二、 数控车床的基本编程方法

数控车削加工包括内外圆柱面的车削加工、端面车削加工、钻孔加工、螺纹加工、复杂外形轮廓回转面的车削加工等,在分析了数控车床工艺装备和数控车床编程特点的基础上,下面将结合配置 FANUC-Oi 数控系统的 HM-077 数控车床重点讨论数控车床基本编程方法。

1. **F 功能**

F 功能指令用于控制切削进给量。

1) 每转进给量 编程格式:

G99 F～

F 后面的数字表示的是主轴每转进给量,单位为 mm/r。例:G99 F0.2 表示进给量为 0.2 mm/r。

2) 每分钟进给量 编程格式:

G98 F～

F 后面的数字表示的是每分钟进给量,单位为 mm/min。例:G98 F100 表示进给量为 100 mm/min。

2. **S 功能**

S 功能指令用于控制主轴转速。

编程格式:S～

S 后面的数字表示主轴转速,单位为 r/min。在具有恒线速功能的机床上,S 功能指令还有如下作用。

1) 最高转速限制 编程格式:

G50 S～

S后面的数字表示的是最高转速，单位为 r/min。例：G50 S3000 表示最高转速限制为 3 000 r/min。

2）恒线速控制　编程格式：

G96 S~

S后面的数字表示的是恒定的线速度，单位为 m/min。例：G96 S150 表示切削点线速度控制在 150 m/min。

对图 5－37 中所示的零件，为保持 A、B、C 各点的线速度在 150 m/min，则各点在加工时的主轴转速分别为：

A：$n = 1\,000 \times 150 \div (\pi \times 40) = 1\,193$ r/min

B：$n = 1\,000 \times 150 \div (\pi \times 60) = 795$ r/min

C：$n = 1\,000 \times 150 \div (\pi \times 70) = 682$ r/min

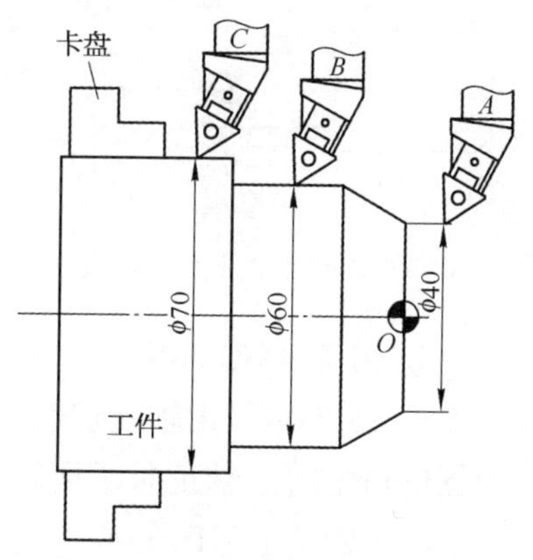

图 5－37　恒线速切削方式

3）恒线速取消　编程格式：

G97 S~

S后面的数字表示恒线速度控制取消后的主轴转速，如S未指定，将保留G96的最终值。例：G97 S3000 表示恒线速控制取消后主轴转速 3 000 r/min。

3. T功能

T功能指令用于选择加工所用刀具。

编程格式：

T~

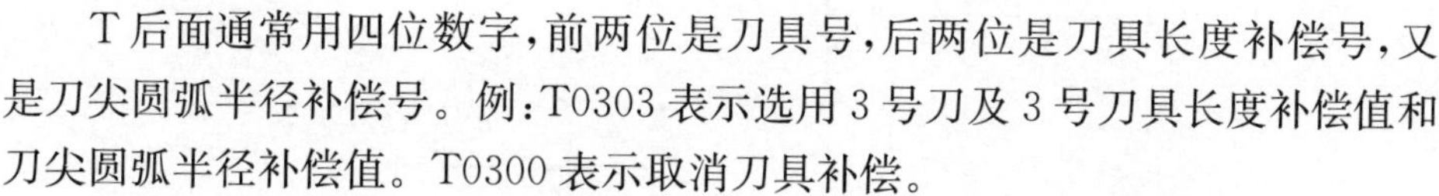

T后面通常用四位数字，前两位是刀具号，后两位是刀具长度补偿号，又是刀尖圆弧半径补偿号。例：T0303 表示选用3号刀及3号刀具长度补偿值和刀尖圆弧半径补偿值。T0300 表示取消刀具补偿。

4. M功能

M00：程序暂停，可用 NC 启动命令（CYCLE START）使程序继续运行；

M01：计划暂停，与 M00 作用相似，但 M01 可以用机床“任选停止按钮”选择是否有效；

M03：主轴顺时针旋转；

M04：主轴逆时针旋转；

M05：主轴旋转停止；

M08:冷却液开;

M09:冷却液关;

M30:程序停止,程序复位到起始位置。

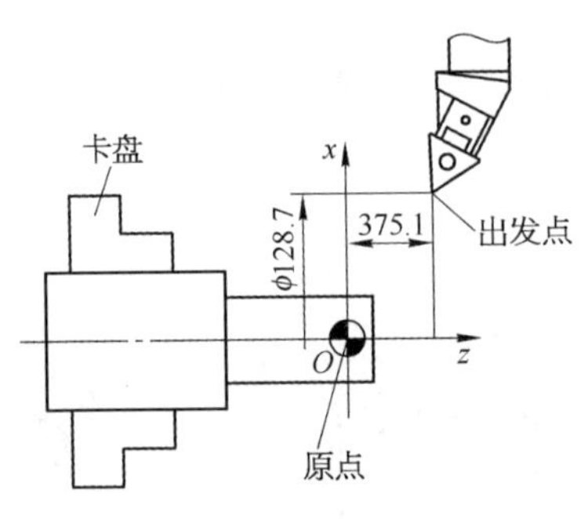

图 5-38 设定加工坐标系

5. 加工坐标系设置

编程格式:

G50 X~ Z~

式中 X、Z 的值是起刀点相对于加工原点的位置。G50 使用方法与 G92 类似。在数控车床编程时,所有 x 坐标值均使用直径值,如图 5-38 所示。例:按图 5-38 设置加工坐标的程序段如下:

G50 X128.7 Z375.1

6. 倒角、倒圆编程

1) 45°倒角　由轴向切削向端面切削倒角,即由 z 轴向 x 轴倒角,i 的正负根据倒角是向 x 轴正向还是负向,如图 5-39a 所示。其编程格式:

G01 Z(W)~ I±i

由端面切削向轴向切削倒角,即由 x 轴向 z 轴倒角,k 的正负根据倒角是向 z 轴正向还是负向,如图 5-39b 所示。编程格式:

G01 X(U)~ K±k

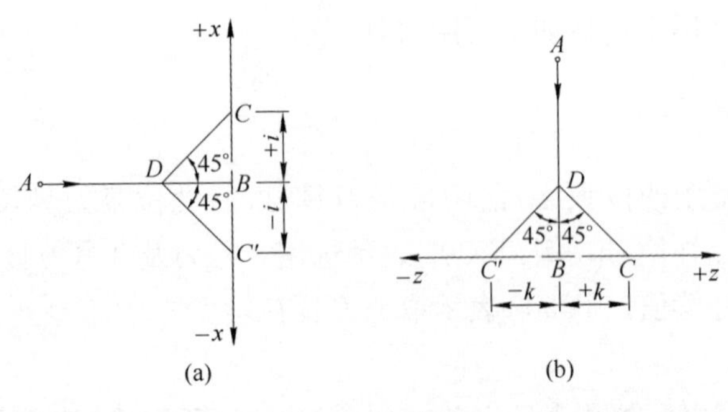

图 5-39 倒角

(a) z 轴向 x 轴; (b) x 轴向 z 轴

2) 倒圆角　由 z 轴向 x 轴倒圆角。编程格式:

G01 Z(W)~ R±r

圆弧倒角情况如图 5-40a 所示。

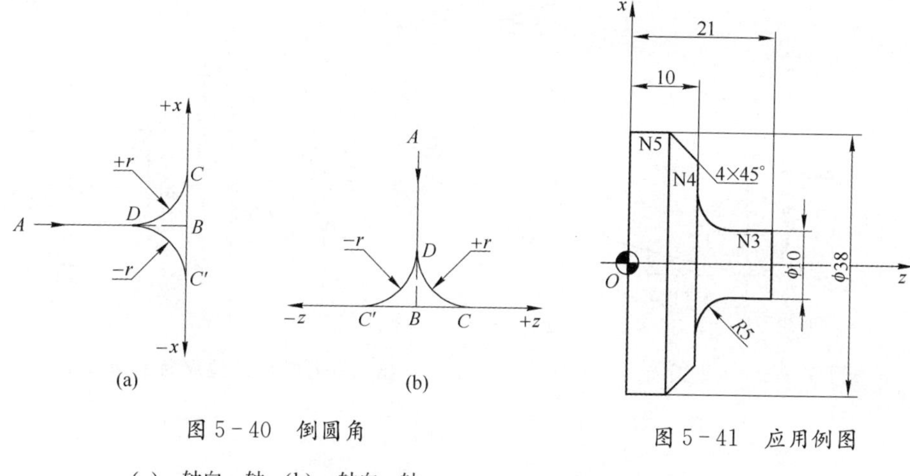

图 5-40　倒圆角

(a) z 轴向 x 轴；(b) x 轴向 z 轴

图 5-41　应用例图

由 x 轴向 z 轴倒角。编程格式：

G01 X(U)～ R±r

圆弧倒角情况如图 5-40b 所示。例:加工图 5-41 所示零件的轮廓,程序如下：

```
G00 X10.0 Z22.0
G01 Z10.0 R5.0 F0.2
    X38.0 K−5.0
    Z0.0
```

7. *刀尖圆弧自动补偿功能*

编程时,通常都将车刀刀尖作为一点来考虑,但实际上刀尖处存在圆角,如图 5-42 所示。当用按理论刀尖点编出的程序进行端面、外径、内径等与轴线平行或垂直的表面加工时,是不会产生误差的。但在进行倒角、锥面及圆弧切削时,则会产生少切或过切现象,如图 5-43 所示。具有刀尖圆弧自动补偿功能的数控系统能根据刀尖圆弧半径计算出补偿量,避免少切或过切现象的产生。

G40——取消刀具半径补偿,按程序路径进给。

G41——左偏刀具半径补偿。

G42——右偏刀具半径补偿。

例:应用刀尖圆弧自动补偿功能加工图 5-44 所示零件。

N10 G50 X200.0 Z175.0 T0101

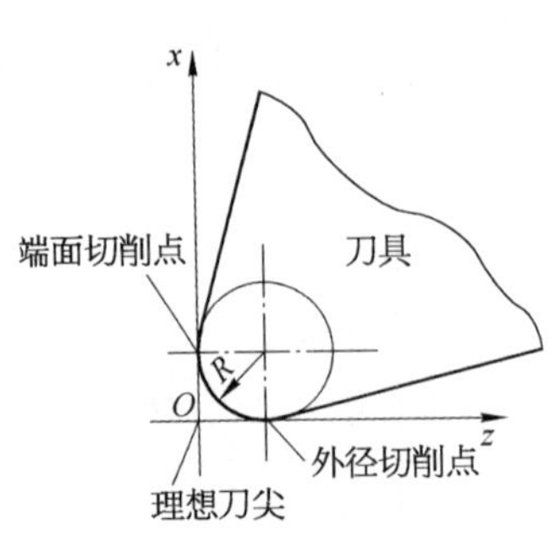

图 5-42 刀尖圆角 R

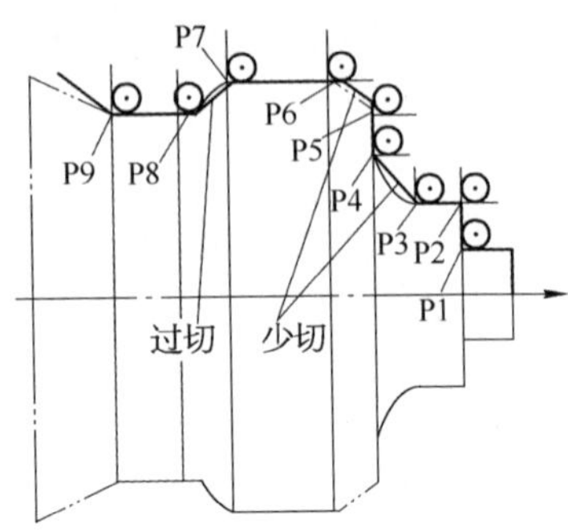

图 5-43 刀尖圆角 R 造成的少切与过切

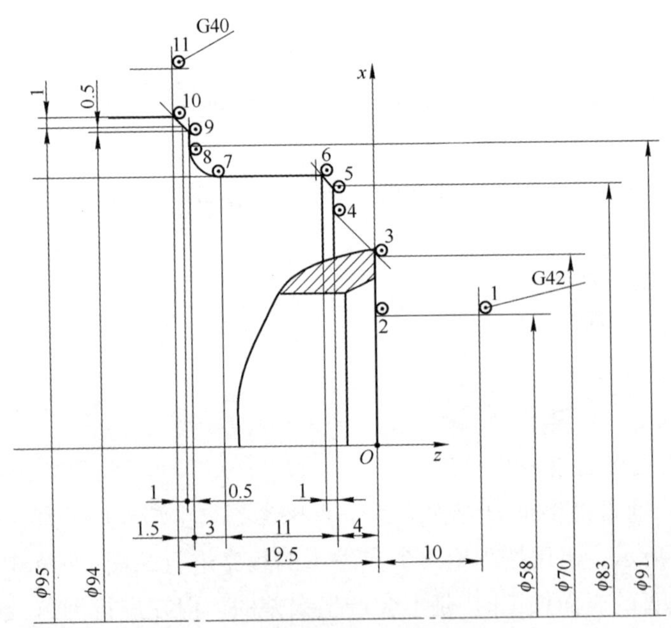

图 5-44 刀具补偿编程

N20 M03 S1500

N30 G00 G42 X58.0 Z10.0 M08

N40 G96 S200

N50 G01 Z0.0 F1.5

N60 X70.0 F0.2

N70 X78.0 Z—5.0

N80 X83.0

N90 X85.0 Z—5.0

N100 Z—15.0

N110 G02 X91.0 Z—18.0 R3.0 F0.15

N120 G01 X95.0

N130 X97.0 Z—19.5

N140 X100.0

N150 G00 G40 G97 X200.0 Z175.0 S1000

N160 M30

8. 单一固定循环

单一固定循环可以将一系列连续加工动作，如“切入—切削—退刀—返回”，用一个循环指令完成，从而简化程序。

1）圆柱面或圆锥面切削循环　圆柱面或圆锥面切削循环是一种单一固定循环，圆柱面单一固定循环如图 5-45 所示，圆锥面单一固定循环如图 5-46 所示。

（1）圆柱面切削循环。编程格式：

G90 X(U)～ Z(W)～ F～

其中，X、Z 为圆柱面切削的终点坐标值，U、W 为圆柱面切削的终点相对于循环起点坐标增量。

例：应用圆柱面切削循环功能加工图 5-47 所示零件。

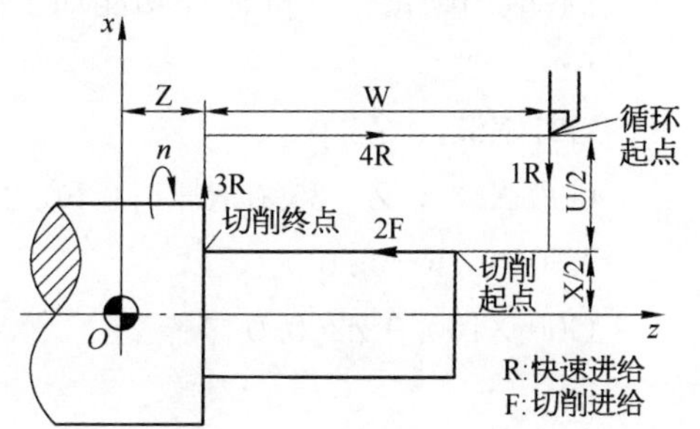

图 5-45　圆柱面切削循环

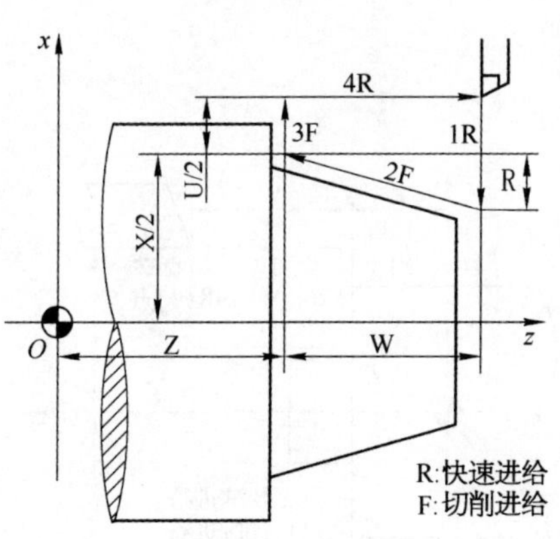

图 5-46　圆锥面切削循环

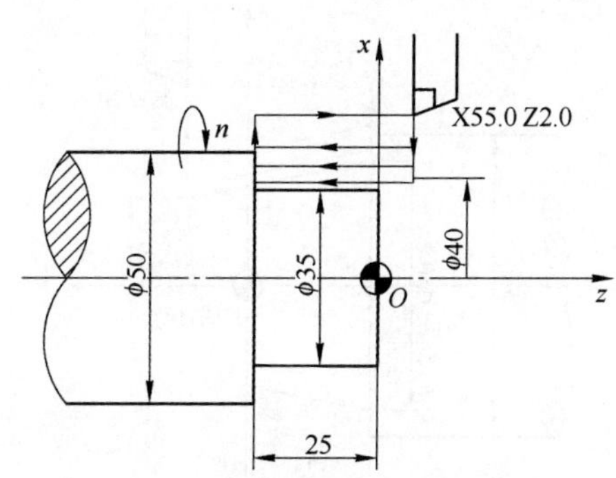

图 5-47　G90 的用法(圆柱面)

```
N10 G50 X200.0 Z200.0 T0101
N20 M03 S1000
N30 G00 X55.0 Z5.0 M08
N40 G01 G96 Z2.0 F2.5 S150
N50 G90 X45.0 Z—25.0 F0.2
N60 X40.0
N70 X35.0
N80 G00 X200.0 Z200.0
N90 M30
```

(2) 圆锥面切削循环。编程格式：

G90 X(U)～ Z(W)～ R～ F～

其中，X、Z 为圆锥面切削的终点坐标值，U、W 为圆柱面切削的终点相对于循环起点的坐标，R 为圆锥面切削的起点相对于终点的半径差。如果切削起点的 x 向坐标小于终点的 x 向坐标，R 值为负，反之为正。如图 5-46 所示。

例：应用圆锥面切削循环功能加工图 5-48 所示零件。

```
…
G01 X65.0 Z2.0
G90 X60.0 Z—35.0 R—5.0 F0.2
X50.0  R—5.0
G00 X100.0 Z200.0
…
```

2）端面切削循环　端面切削循环是一种单一固定循环。适用于端面切削加工，如图 5-49 所示。

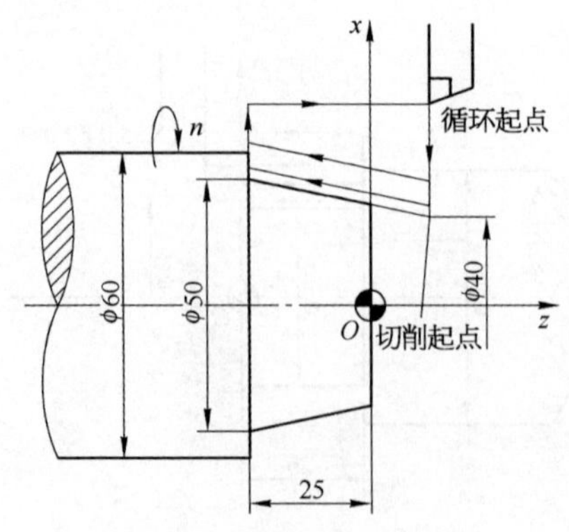

图 5-48　G90 的用法(圆锥面)

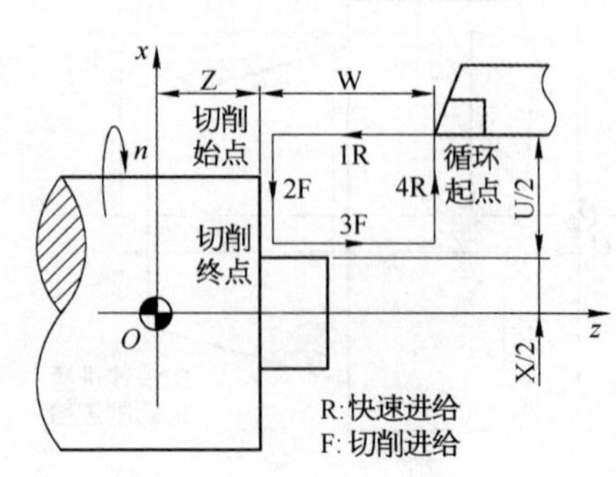

图 5-49　端面切削循环

(1) 平面端面切削循环。编程格式：

G94 X(U)～ Z(W)～ F～

其中，X、Z 为端面切削的终点坐标值，U、W 为端面切削的终点相对于循环起点的坐标。

(2) 锥面端面切削循环。编程格式：

G94 X(U)～ Z(W)～ R～ F～

其中，X、Z 为端面切削的终点坐标值，U、W 为端面切削的终点相对于循环起点的坐标，R 为端面切削的起点相对于终点在 z 轴方向的坐标分量。当起点 z 向坐标小于终点 z 向坐标时 R 为负，反之为正。如图 5－50 所示。

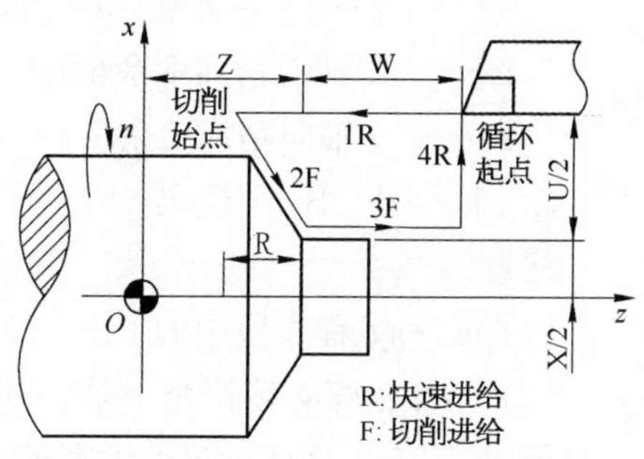

图 5－50　锥面端面切削循环

9. 复合固定循环

在复合固定循环中，对零件的轮廓定义之后，即可完成从粗加工到精加工的全过程，使程序得到进一步简化。

1) 外圆粗切循环　外圆粗切循环是一种复合固定循环。适用于外圆柱面需多次走刀才能完成的粗加工，如图 5－51 所示。

编程格式：

G71 U(Δd) R(e)

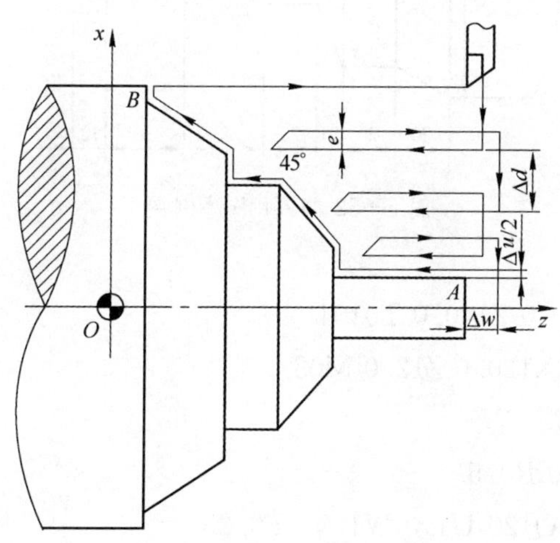

图 5－51　外圆粗切循环

G71P(ns)Q(nf)U(Δu)W(Δw)F(f) S(s) T(t)

式中 Δd——背吃刀量；

e——退刀量；

ns——精加工轮廓程序段中开始程序段的段号；

nf——精加工轮廓程序段中结束程序段的段号；

Δu——x 轴向精加工余量；

Δw——z 轴向精加工余量；

f、s、t——F、S、T 代码。

注意：

(1) $ns \rightarrow nf$ 程序段中的 F、S、T 功能，即使被指定也对粗车循环无效。

(2) 零件轮廓必须符合 x 轴、z 轴方向同时单调增大或单调减少。

例：按图 5－52 所示尺寸编写外圆粗切循环加工程序。

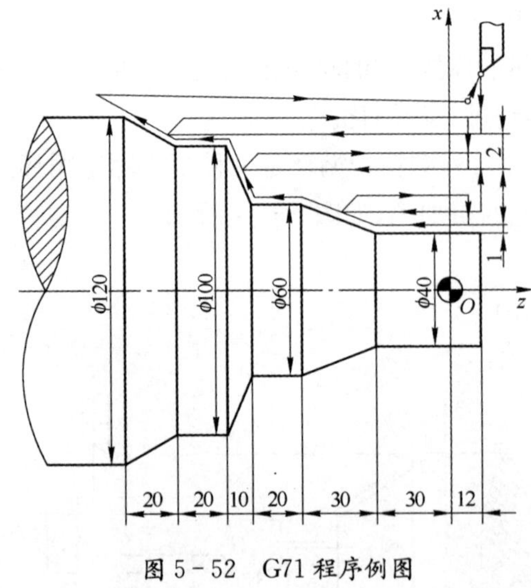

图 5－52 G71 程序例图

```
N10 G50 X200.0 Z140.0 T0101
N20 G00 G42 X120.0 Z12.0 M08
N30 G96 S120
N40 G71 U2.0 R0.5
N50 G71 P60 Q120 U1.0 W1.0  F0.25
N60 G00 X40.0  (ns 程序段)
```

N70 G01 Z—30.0 F0.15

N80 X60.0 Z—60.0

N90 Z—80.0

N100 X100.0 Z—90.0

N110 Z—110.0

N120 X120.0 Z—130.0　（*nf* 程序段）

N130 G00 G40 X125.0

N140 X200.0 Z140.0

N150 M02

2）端面粗切循环　端面粗切循环是一种复合固定循环。端面粗切循环适于 z 向余量小，x 向余量大的棒料粗加工，如图 5-53 所示。

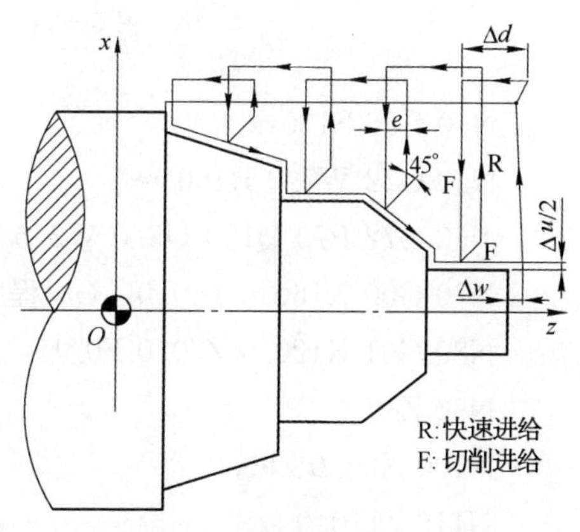

图 5-53　端面粗加工切削循环

编程格式：

G72 W(Δd) R(e)

G72 P（ns） Q（nf） U（Δu） W(Δw)　F(f) S(s) T(t)

式中　Δd——背吃刀量；

e——退刀量；

ns——精加工轮廓程序段中开始程序段的段号；

nf——精加工轮廓程序段中结束程序段的段号；

Δu——x 轴向精加工余量；

Δw——z 轴向精加工余量；

f、s、t——F、S、T 代码。

注意：

(1) $ns \rightarrow nf$ 程序段中的 F、S、T 功能，即使被指定对粗车循环无效。

(2) 零件轮廓必须符合 x 轴、z 轴方向同时单调增大或单调减少。

例：按图 5-54 所示尺寸编写端面粗切循环加工程序。

N10 G50 X200.0 Z200.0 T0101

N20 M03 S800

N30 G90 G00 G41 X176.0 Z2.0 M08

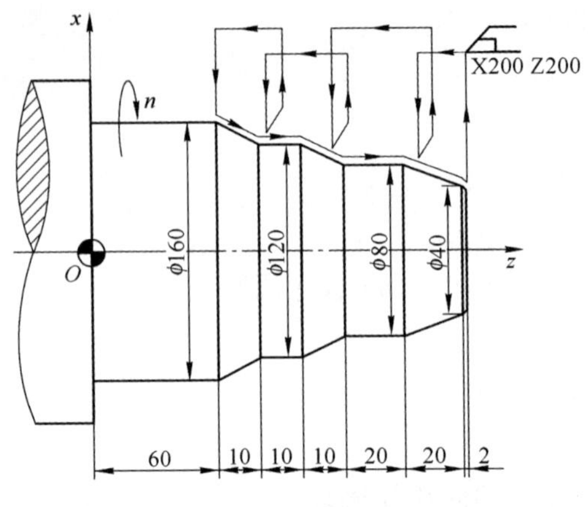

图 5－54　G72 程序例图

N40 G96 S120

N50 G72 W7.0 R1.0

N60 G72 P70 Q120 U5.0 W2.0 F0.2

N70 G00 X160.0 Z60.0　（*ns* 程序段）

N80 G01 X120.0 Z70.0 F0.15

N90 Z80.0

N100 X80.0 Z90.0

N110 Z110.0

N120 X36.0 Z132.0　　　（*nf* 程序段）

N130 G00 G40 X200.0 Z200.0

N140 M30

3）封闭切削粗车循环　封闭切削粗车循环是一种复合固定循环，如图 5－55 所示。封闭切削粗车循环适于对铸、锻毛坯切削，对零件轮廓的单调性则没有要求。

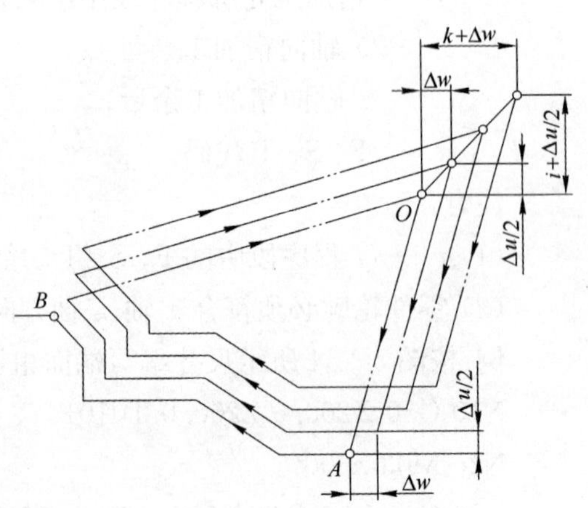

图 5－55　封闭切削粗车循环

编程格式：

G73 U(i) W(k) R(d)

G73 P(ns) Q(nf) U(Δu) W(Δw) F(f) S(s) T(t)

式中　i——x 轴粗加工切削量（半

径值)；

k——z 轴粗加工切削量(半径值)；

d——重复加工次数；

ns——精加工轮廓程序段中开始程序段的段号；

nf——精加工轮廓程序段中结束程序段的段号；

Δu——x 轴向精加工余量；

Δw——z 轴向精加工余量；

f、s、t——F、S、T 代码。

例:按图 5－56 所示尺寸编写封闭切削循环加工程序。

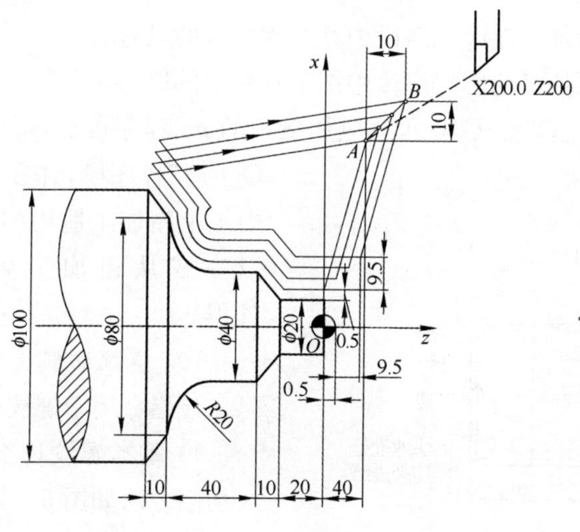

图 5－56　G73 程序例图

```
N10 G50 X200.0 Z200.0 T0101
N20 M03 S2000
N30 G00 G42 X140.0 Z40.0 M08
N40 G96 S150
N50 G73 U9.5 W9.5 R3.0
N60 G73 P70 Q130 U1.0 W0.5 F0.3
N70 G00 X20.0 Z0.0 (ns 程序段)
N80 G01 Z-20.0 F0.15
N90 X40.0 Z-30.0
N100 Z-50.0
```

N110 G02 X80.0 Z−70.0 R20.0

N120 G01 X100.0 Z−80.0

N130 X105.0 （*nf* 程序段）

N140 G00 G40 X200.0 Z200.0

N150 M30

4) 精加工循环 由 G71、G72、G73 完成粗加工后，可以用 G70 进行精加工。精加工时，G71、G72、G73 程序段中的 F、S、T 指令无效，只有在 *ns*→*nf* 程序段中的 F、S、T 才有效。

编程格式：

G70 P(*ns*) Q(*nf*)

式中 *ns*——精加工轮廓程序段中开始程序段的段号；

nf——精加工轮廓程序段中结束程序段的段号。

例：在 G71、G72、G73 程序应用例中的 *nf* 程序段后再加上“G70 P(*ns*) Q(*nf*)”程序段，并在 *ns*→*nf* 程序段中加上精加工适用的 F、S、T，就可以完成从粗加工到精加工的全过程。

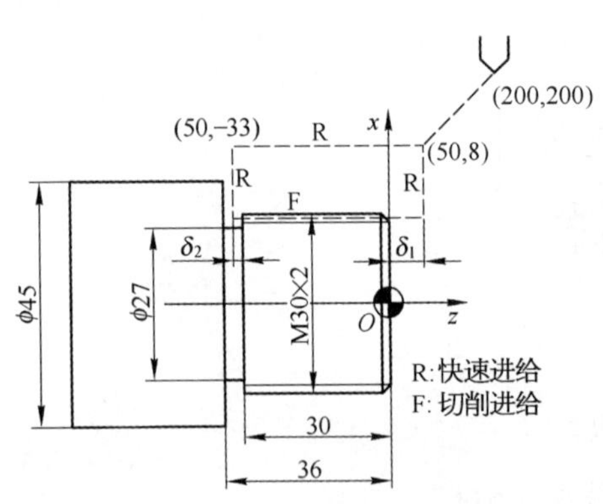

图 5-57 普通圆柱螺纹加工

10. 螺纹切削指令

该指令用于螺纹切削加工。

1) 基本螺纹切削指令 基本螺纹切削方法如图 5-57 所示。

编程格式：

G32 X(U)～ Z(W)～ F～

式中 X(U)、Z(W)——螺纹切削的终点坐标值；X 省略时为圆柱螺纹切削，Z 省略时为端面螺纹切削；X、Z 均不省略时为锥螺纹切削；

F——螺纹导程 *L*。

注意：

(1) 螺纹切削应注意在两端设置足够的升速进刀段 δ_1 (3～4*L*)和降速退刀段 δ_2 (1～1.5*L*)(图 5-57)。

(2) 螺纹加工不能在一次走刀加工中完成，一次走刀只能加工出低质量的螺纹。较好的方法是通过几次切削加工，每次切削的深度逐渐递减。普通螺纹的螺纹切削深度及切削次数可参考表 5-4。

表 5-4　对应走刀次序与背吃刀量　(mm)

螺距		1.0	1.5	2.0	2.5	3.0	3.5	5.0
牙高		0.649	0.974	1.299	1.624	1.949	2.273	2.598
对应走刀次序与背吃刀量								
走刀次序	第 1 次	0.7	0.8	0.9	1.0	1.2	1.5	1.5
	第 2 次	0.4	0.6	0.6	0.7	0.7	0.7	0.8
	第 3 次	0.2	0.4	0.6	0.6	0.6	0.6	0.6
	第 4 次		0.16	0.4	0.4	0.4	0.6	0.6
	第 5 次			0.1	0.4	0.4	0.4	0.4
	第 6 次				0.15	0.4	0.4	0.4
	第 7 次					0.2	0.2	0.4
	第 8 次						0.15	0.3
	第 9 次							0.2

注：普通螺纹牙高＝0.649 5P，P:螺距，表中背吃刀量为直径值。

例:试编写图 5-58 所示螺纹的加工程序 M30X2。用 G32 指令编程。

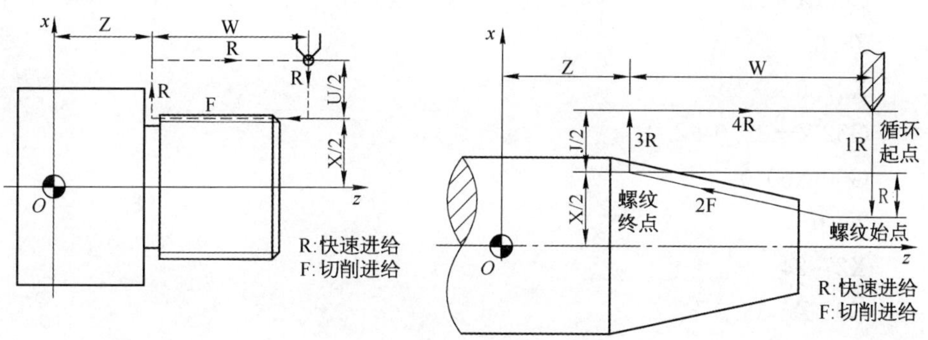

图 5-58　螺纹切削循环

在编程前,先作下列计算:

$\delta_1 = 4L = 4 \times 2 = 8$，$\delta_2 = 1.5L = 1.5 \times 2 = 3$

螺纹大径 = 公称直径 − 0.13L = 30 − 0.13 × 2 = 29.74

最小加工直径 = 29.74 − 2 × 0.649 5L = 27.142

每次加工直径见表 5-5。

表 5-5 普通螺纹 M30×2 的对应走刀次序的背吃刀量和螺纹加工直径

(mm)

走刀次序	第 1 次	第 2 次	第 3 次	第 4 次	第 5 次
背吃刀量	0.45	0.30	0.30	0.20	0.049
每次走刀螺纹加工直径	28.84	28.24	27.64	27.24	27.142

注：普通螺纹 M30×2，牙高＝0.649 5×2＝1.299 mm，螺距＝2.0 mm。

程序编制如下：

```
…
G97 S1000
G00 X50.0 Z8.0
X28.84
G32 Z—33.0  F2.0
G00 X50.0
Z8.0
X28.24
G32 Z—33.0 F2.0
G00 X50.0
Z8.0
X27.64
G32 Z—33.0 F2.0
G00 X50.0
Z8.0
X27.24
G32 Z—33.0 F2.0
G00 X50.0
Z8.0
X27.142
G32 Z—33.0 F2.0
G00 X50.0
Z8.0
…
```

2）螺纹切削循环指令　螺纹切削循环指令把“切入——螺纹切削——退

刀——返回”四个动作作为一个循环(图 5-58),用一个程序段来指令。

编程格式:

G92 X(U)~Z(W)~ R~ F~

式中 X(U)、Z(W)——螺纹切削的终点坐标值;

R——螺纹部分半径之差,即螺纹切削起始点与切削终点的半径差。加工圆柱螺纹时,R=0。加工圆锥螺纹时,当 x 向切削起始点坐标小于切削终点坐标时,R 为负,反之为正。

例:试将上例用 G92 编程。

```
…
G97 S1000
G00 X50.0 Z8.0
G92 X28.84 Z-33.0 F2.0
X28.24   F2.0
X27.64   F2.0
X27.24   F2.0
X27.142   F2.0
…
```

3) 复合螺纹切削循环指令 复合螺纹切削循环指令可以完成一个螺纹段的全部加工任务。它的进刀方法有利于改善刀具的切削条件,在编程中应优先考虑应用该指令,如图 5-59 所示。

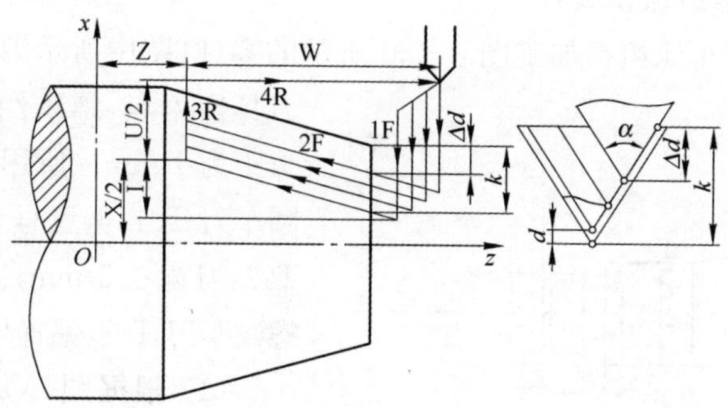

图 5-59 复合螺纹切削循环与进刀法

编程格式:

G76 P (m) (r) (α) Q (Δd_{min}) R(d)

G76 X(U) Z(W) R(I) P(k) Q(Δd) F(f)

式中 m——精加工重复次数，用 2 位数表示；

r——螺纹末端倒角量，必须是 2 位数字，为 $0.1f$ 的整数倍，如螺纹末端倒角量为 $1.5f=15\times 0.1f$，则 $r=15$；

α——刀尖角度；

Δd_{min}——最小切入量，此数值不可用小数点表示，单位为 μm；

d——精加工余量，单位为 mm；

X(U) Z(W)——终点坐标；

I——螺纹部分半径之差，即螺纹切削起始点与切削终点的半径差。加工圆柱螺纹时，I=0。加工圆锥螺纹时，当 x 向切削起始点坐标小于切削终点坐标时，I 为负，反之为正。

k——螺牙的高度（x 轴方向的半径值），单位为 μm；

Δd——第一次切入量（x 轴方向的半径值），单位为 μm；

f——螺纹导程。

例：试将上例用 G76 编程。

```
…
G97 S1000
G00 X50.0 Z8.0
G76 P011560 Q49 R0.049
G76 X27.142 Z−33.0 P1299 Q450 F2.0
…
```

11. 数控车削综合编程

例：用数控车床粗精加工图 5-60 所示的零件，图中所示刀具起刀点也为刀具换刀点，螺纹倒角为 $C1$，螺纹螺距为 1 mm。所用刀具分别为外圆车刀 T01，偏置号为 H01；切槽刀 T02，刀宽 3.5 mm，偏置号为 H02；螺纹车刀 T03，偏置号为 H03。

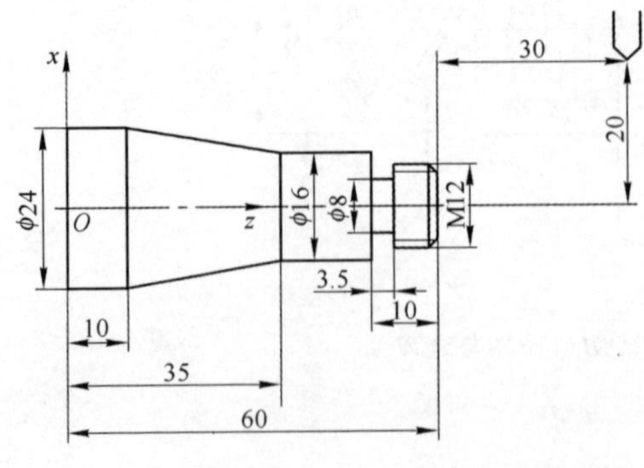

图 5-60 车削加工实例

（1）根据图样要求，确定工艺方案如下：

① 用粗、精车循环车外圆。自右向左进行外轮廓加工路线为倒

角—切削螺纹的实际外圆—切削 ϕ18 外圆—切削锥度部分—切削 ϕ24 外圆。

② 用切槽刀车 3.5×ϕ8 的槽。

③ 车 M12×1 的螺纹。

（2）选择切削用量如下：

① 粗车外圆：主轴转速 600 r/min，进给速度 0.5 mm/r。

② 精车外圆：主轴转速 900 r/min，进给速度 0.1 mm/r。

③ 切槽：主轴转速 600 r/min，进给速度 0.05 mm/r。

④ 加工螺纹：主轴转速 500 r/min，螺纹牙高 0.649 5 mm，分三次切入，切削深度分别为 0.7 mm、0.4 mm、0.2 mm(直径值)。

（3）在编程前，先对螺纹部分作下列计算：

$$\delta_1 = 4L = 4 \times 1 = 4,\ \delta_2 = 1.5L = 1.5 \times 1 = 1.5;$$

$$\text{螺纹大径} = \text{公称直径} - 0.13L = 12 - 0.13 \times 1 = 11.87;$$

最小加工直径=11.87−2×0.649 5=10.571；所以三次螺纹加工直径分别为：11.17 mm、10.77 mm、10.571 mm。

（4）程序如下：

```
O0048
N10 G50 X40.0 Z90.0
N20 T0101
N30 S600 M03
N40 G00 G42 X30.0 Z64.0  M08
N50 G71 U2.0 R0.8
N60 G71 P70 Q140 U1.0 W0.5 F0.5
N70 G00 X2.0
N80 G01 X12.0 Z59.0 S900 F0.1
N90 Z50.0
N100 X16.0
N110 Z35.0
N120 X24.0 Z10.0
N130 Z0.0
N140 G00 X30.0
N150 G70 P70 Q140
N160 G40 X40.0 Z90.0 T0100 M09
```

```
N170 T0202
N180 S600 M03
N190 G00 X18.0 Z50.0 M08
N200 G01 X8.0 F0.05
N210 G04 P500
N220 G00 X18.0
N230 X40.0 Z90.0 T0200 M09
N240 T0303
N250 S500 M03
N260 G00 X18.0 Z64.0 M08
N270 G92 X11.17 Z52.0 F1.0
N280 X10.77
N290 X10.571
N300 G00 X40.0 Z90.0 T0300 M09
N310 M05
N320 M02
```

第三节　数控铣床及加工中心编程

数控铣床是机床设备中应用非常广泛的加工机床，它可以进行平面铣削、平面型腔铣削、外形轮廓铣削、三维及三维以上复杂型面铣削，还可进行钻削、镗削、螺纹切削等孔加工。加工中心、柔性制造单元等都是在数控铣床的基础上产生和发展起来的。

一、数控铣削加工工艺基础

数控铣削加工工艺性分析是编程前的重要工艺准备工作之一，根据加工实践，数控铣削加工工艺分析所要解决的主要问题大致可归纳为以下几个方面。

1）选择并确定数控铣削加工部位及工序内容　在选择数控铣削加工内容时，应充分发挥数控铣床的优势和关键作用。主要选择的加工内容有：

(1) 工件上的曲线轮廓，特别是由数学表达式给出的非圆曲线与列表曲线等曲线轮廓，如图 5 - 61 所示的正弦曲线。

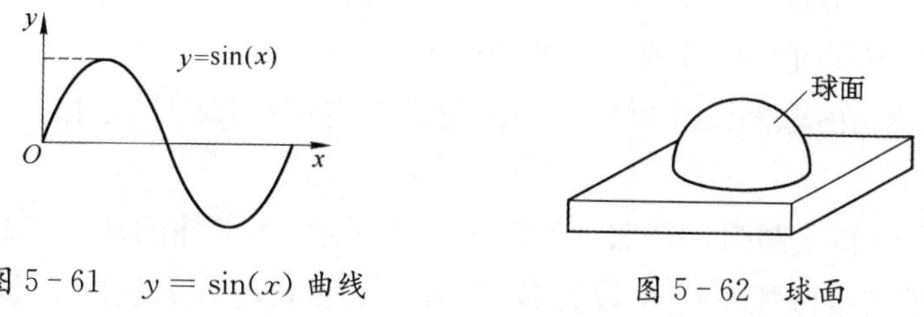

图 5 - 61　$y = \sin(x)$ 曲线　　图 5 - 62　球面

(2) 已给出数学模型的空间曲面，如图 5 - 62 所示的球面。

(3) 形状复杂、尺寸繁多、划线与检测困难的部位。

(4) 用通用铣床加工时难以观察、测量和控制进给的内外凹槽。

(5) 以尺寸协调的高精度孔和面。

(6) 能在一次安装中顺带铣出来的简单表面或形状。

(7) 用数控铣削方式加工后，能成倍提高生产率，大大减轻一般加工内容的劳动强度。

2) 零件图样的工艺性分析　根据数控铣削加工的特点，对零件图样进行工艺性分析时，应主要分析与考虑以下一些问题。

(1) 零件图样尺寸的正确标注。由于加工程序是以准确的坐标点来编制的，因此，各图形几何元素间的相互关系(如相切、相交、垂直和平行等)应明确，各种几何元素的条件要充分，应无引起矛盾的多余尺寸或者影响工序安排的封闭尺寸等。例如，零件在用同一把铣刀、同一个刀具半径补偿值编程加工时，由于零件轮廓各处尺寸公差带不同，如在图 5 - 63 中，就很难同时保证各处

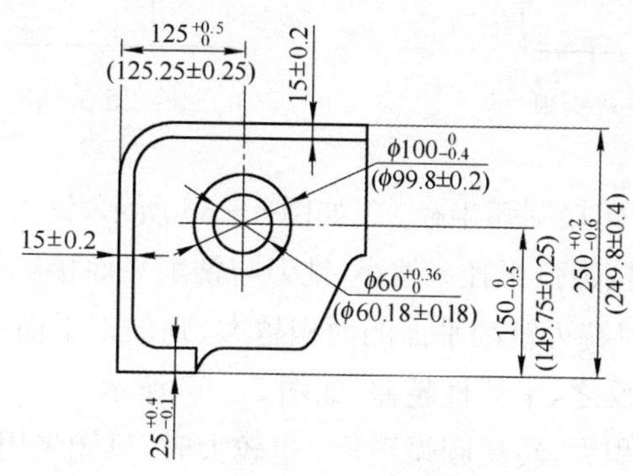

图 5 - 63　零件尺寸公差带的调整

尺寸在尺寸公差范围内。这时一般采取的方法是:兼顾各处尺寸公差,在编程计算时,改变轮廓尺寸并移动公差带,改为对称公差,采用同一把铣刀和同一个刀具半径补偿值加工,对图 5-63 中括号内的尺寸,其公差带均作了相应改变,计算与编程时用括号内尺寸来进行。

(2) 统一内壁圆弧的尺寸。加工轮廓上内壁圆弧的尺寸往往限制刀具的尺寸。

① 内壁转接圆弧半径 R。如图 5-64 所示,当工件的被加工轮廓高度 H 较小,内壁转接圆弧半径 R 较大时,则可采用刀具切削刃长度 L 较小,直径 D 较大的铣刀加工。这样,底面 A 的走刀次数较少,表面质量较好,因此,工艺性较好。反之如图 5-65 所示,铣削工艺性则较差。通常,当 $R<0.2H$ 时,则铣削工艺性较差。

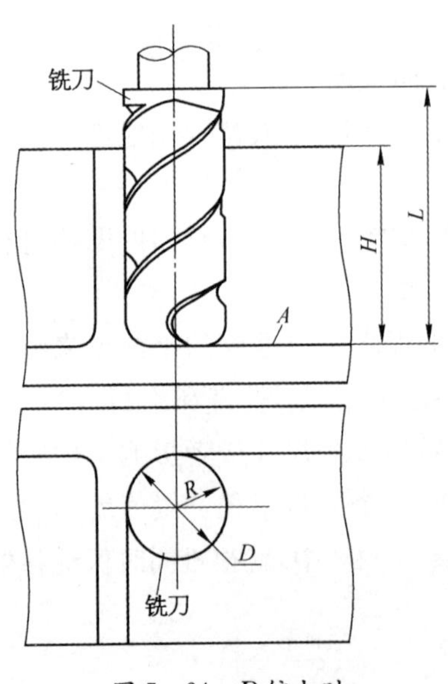

图 5-64 R 较大时

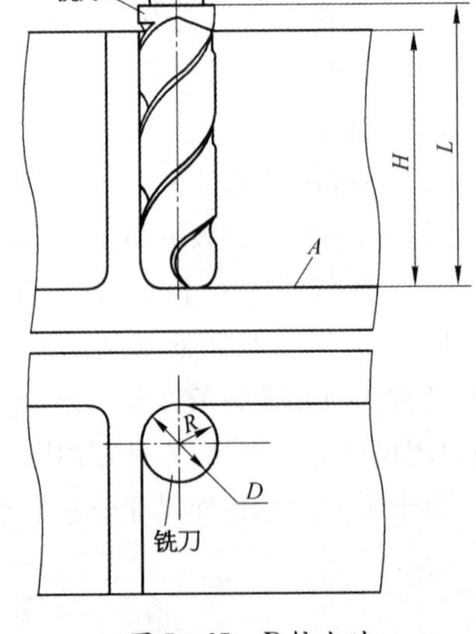

图 5-65 R 较小时

② 内壁与底面转接圆弧半径 r。如图 5-66 所示,铣刀直径 D 一定时,工件的内壁与底面转接圆弧半径 r 越小,铣刀与铣削平面接触的最大直径 d($d=D-2r$)也越大,铣刀端刃铣削平面的面积越大,则加工平面的能力越强,因而,铣削工艺性越好。反之,工艺性越差,如图 5-67 所示。

当底面铣削面积大,转接圆弧半径 r 也较大时,只能先用一把 r 较小的铣刀加工,再用符合要求 r 的刀具加工,分两次完成切削。

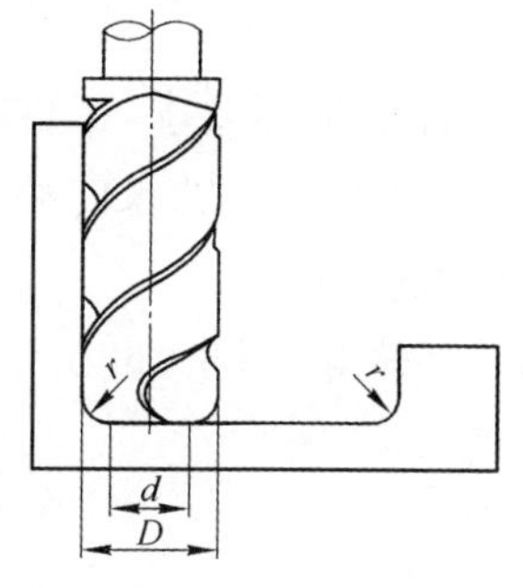

图 5-66 r 较小时

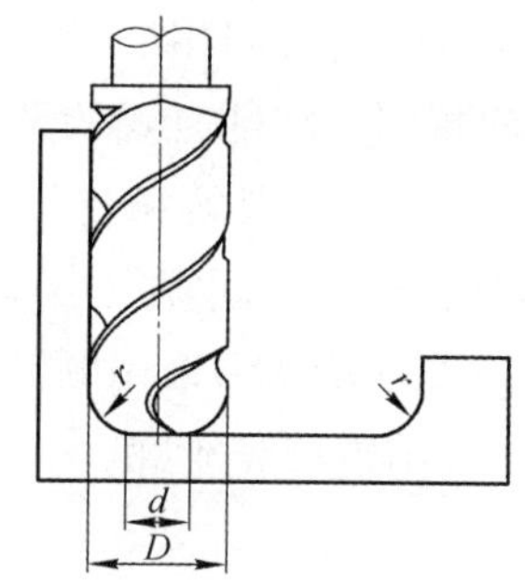

图 5-67 r 较大时

总之,一个零件上内壁转接圆弧半径尺寸的大小和一致性,影响着加工能力、加工质量和换刀次数等。因此,转接圆弧半径尺寸大小要力求合理,半径尺寸尽可能一致,至少要力求半径尺寸分组靠拢,以改善铣削工艺性。

3) 保证基准统一的原则 有些工件需要在铣削完一面后,再重新安装铣削另一面,由于数控铣削时,不能使用通用铣床加工时常用的试切方法来接刀,因此,最好采用统一基准定位。

4) 分析零件的变形情况 铣削工件在加工时的变形,将影响加工质量。这时,可采用常规方法如粗、精加工分开及对称去余量法等,也可采用热处理的方法,如对钢件进行调质处理,对铸铝件进行退火处理等。加工薄板时,切削力及薄板的弹性退让极易产生切削面的振动,使薄板厚度尺寸公差和表面粗糙度难以保证,这时应考虑合适的工件装夹方式。

总之,加工工艺取决于产品零件的结构形状、尺寸和技术要求等。

5) 零件的加工路线

(1) 铣削轮廓表面。在铣削轮廓表面时一般采用立铣刀侧面刃口进行切削。对于二维轮廓加工,通常采用的加工路线为

① 从起刀点移动到下刀点;

② 下刀点下刀;

③ 沿切向切入工件;

④ 轮廓切削;

⑤ 刀具向上抬刀,退离工件;

⑥ 返回起刀点。

(2) 顺铣和逆铣对加工的影响。在铣削加工中,采用顺铣还是逆铣方式是影响加工表面粗糙度的重要因素之一。逆铣时切削力 F 的水平分力 F_x 的方

向与进给运动 v_i 的方向相反,顺铣时切削力 F 的水平分力 F_x 的方向与进给运动 v_i 的方向相同。铣削方式的选择应视零件图样的加工要求,工件材料的性质、特点以及机床、刀具等条件综合考虑。通常,由于数控机床传动采用滚珠丝杠结构,其进给传动间隙很小,顺铣的工艺性就优于逆铣。

如图 5-68a 所示为采用顺铣切削方式精铣外轮廓,图 5-68b 所示为采用逆铣切削方式精铣型腔轮廓。

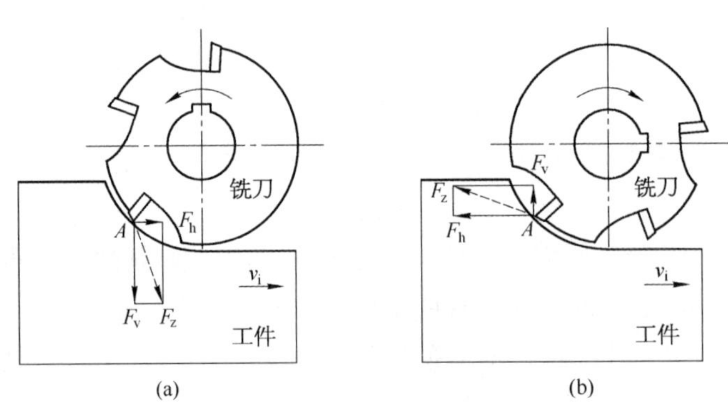

图 5-68 顺铣和逆铣切削方式

(a) 顺铣;(b) 逆铣

同时,为了降低表面粗糙度值,提高刀具耐用度,对于铝镁合金、钛合金和耐热合金等材料,尽量采用顺铣加工。但如果零件毛坯为黑色金属锻件或铸件,表皮硬而且余量一般较大,这时采用逆铣较为合理。

二、 数控铣床工艺装备

数控铣床的工艺装备较多,这里主要分析夹具和刀具。

1) 夹具 数控机床主要用于加工形状复杂的零件,但所使用夹具的结构往往并不复杂,数控铣床夹具的选用可首先根据生产零件的批量来确定。对单件、小批量、工作量较大的模具加工来说,一般可直接在机床工作台面上通过调整实现定位与夹紧,然后通过加工坐标系的设定来确定零件的位置。

对有一定批量的零件来说,可选用结构较简单的夹具。

2) 刀具 数控铣床上所采用的刀具要根据被加工零件的材料、几何形状、表面质量要求、热处理状态、切削性能及加工余量等,选择刚性好、耐用度高的刀具。常见刀具如图 5-69 所示。

(1) 铣刀类型选择。被加工零件的几何形状是选择刀具类型的主要依据。

① 加工曲面类零件时，为了保证刀具切削刃与加工轮廓在切削点相切，而避免刀刃与工件轮廓发生干涉，一般采用球头刀，粗加工用两刃铣刀，半精加工和精加工用四刃铣刀，如图 5-70 所示。

② 铣较大平面时，为了提高生产效率或提高加工表面粗糙度，一般采用刀片镶嵌式盘形铣刀，如图 5-71 所示。

图 5-69　常见刀具

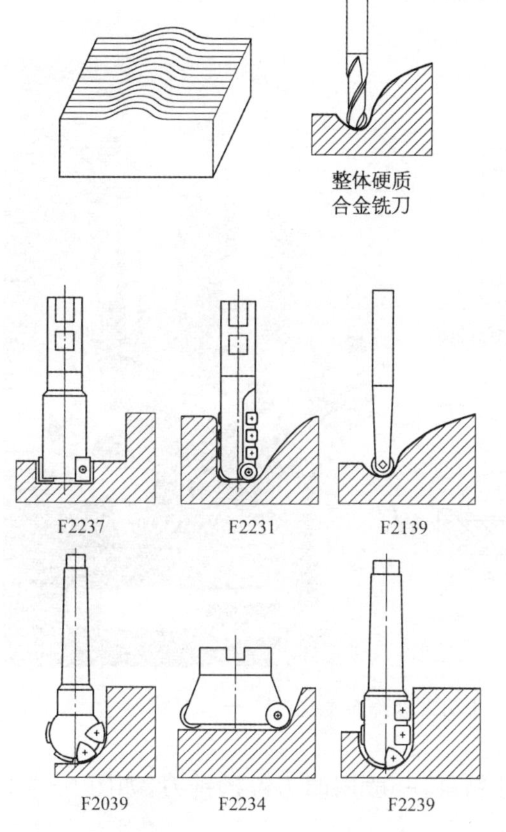

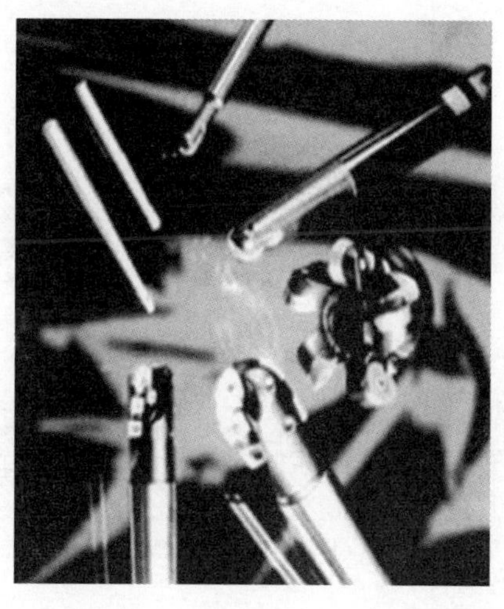

图 5-70　加工曲面类铣刀

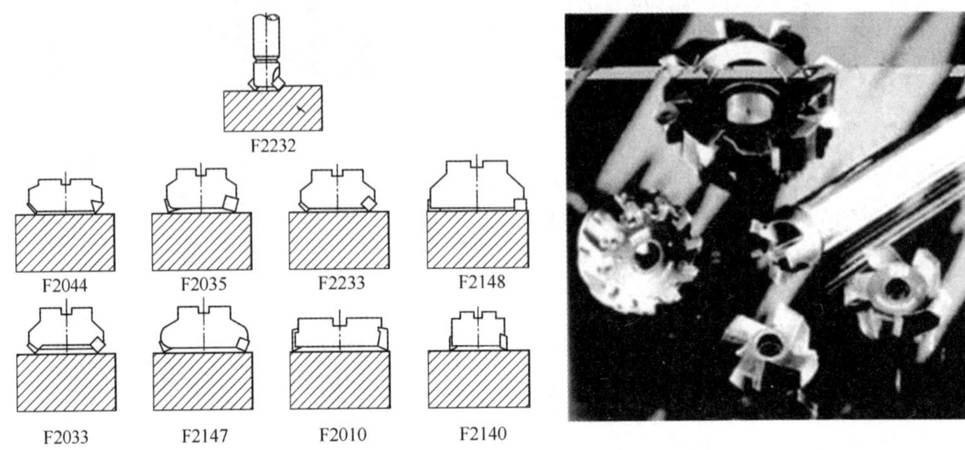

图 5-71 加工大平面类铣刀

③ 铣小平面或台阶面时一般采用通用铣刀，如图 5-72 所示。

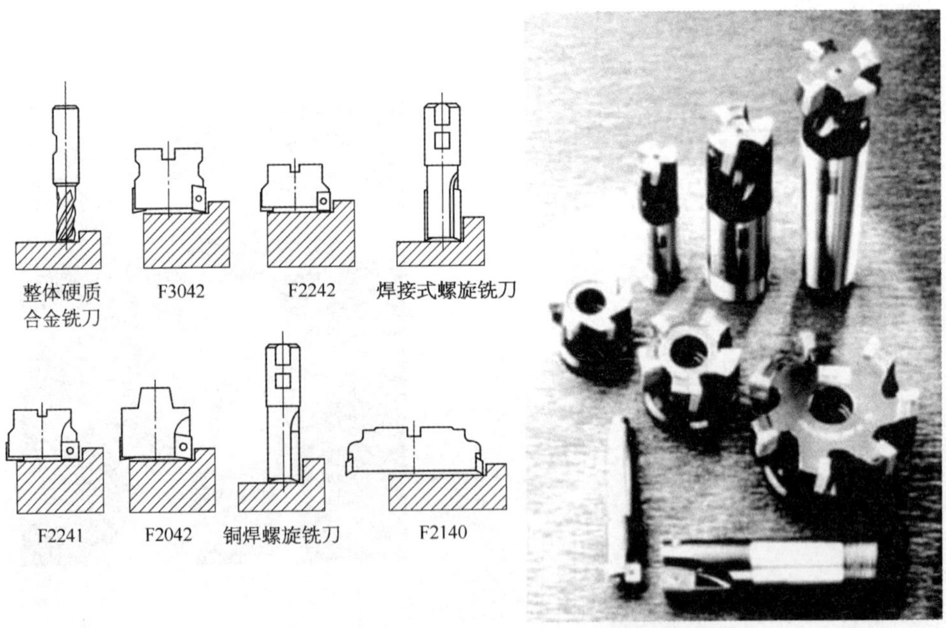

图 5-72 加工小平面或台阶面类铣刀

④ 铣键槽时，为了保证槽的尺寸精度，一般用两刃键槽铣刀，如图 5-73 所示。

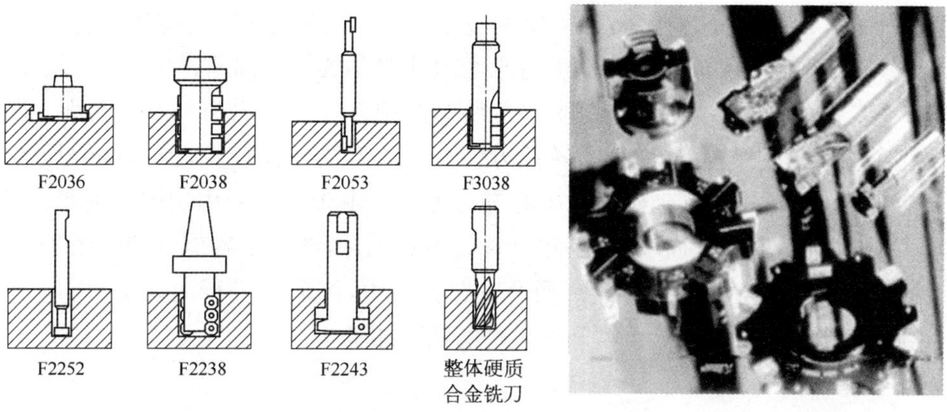

图 5-73　加工槽类铣刀

⑤ 孔加工时，可采用钻头、镗刀等孔加工类刀具，如图 5-74 所示。

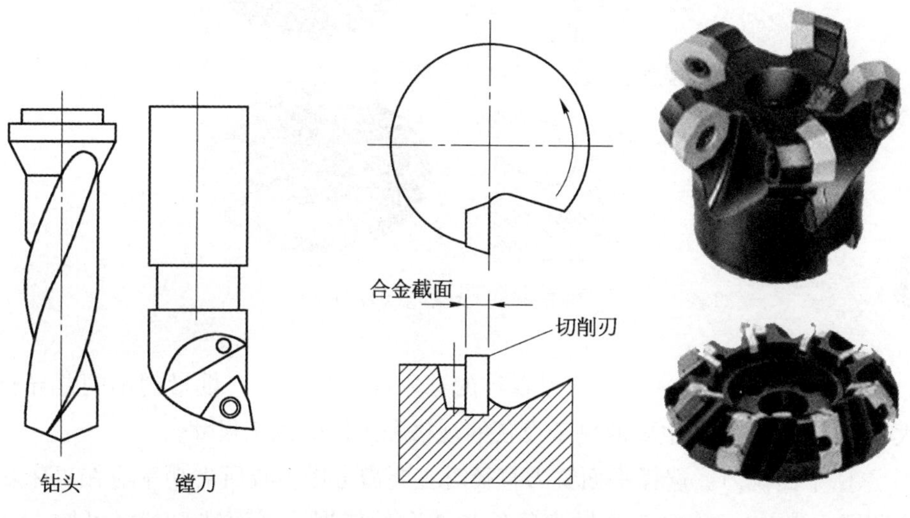

图 5-74　孔加工类刀具

图 5-75　平装结构铣刀

(2) 铣刀结构选择。铣刀一般由刀片、定位元件、夹紧元件和刀体组成。由于刀片在刀体上有多种定位与夹紧方式，刀片定位元件的结构又有不同类型，因此铣刀的结构形式有多种，分类方法也较多。选用时，主要可根据刀片排列方式。刀片排列方式可分为平装结构和立装结构两大类。

① 平装结构(刀片径向排列)。平装结构铣刀(图 5-75)的刀体结构工艺性好，容易加工，并可采用无孔刀片(刀片价格较低，可重磨)。由于需要夹紧

元件，刀片的一部分被覆盖，容屑空间较小，且在切削力方向上的硬质合金截面较小，故平装结构的铣刀一般用于轻型和中量型的铣削加工。

② 立装结构(刀片切向排列)。立装结构铣刀(图 5－76)的刀片只用一个螺钉固定在刀槽上，结构简单，转位方便。虽然刀具零件较少，但刀体的加工难度较大，一般需用五坐标加工中心进行加工。由于刀片采用切削力夹紧，夹紧力随切削力的增大而增大，因此可省去夹紧元件，增大了容屑空间。由于刀片切向安装，在切削力方向的硬质合金截面较大，因而可进行大切深、大走刀量切削，这种铣刀适用于重型和中量型的铣削加工。

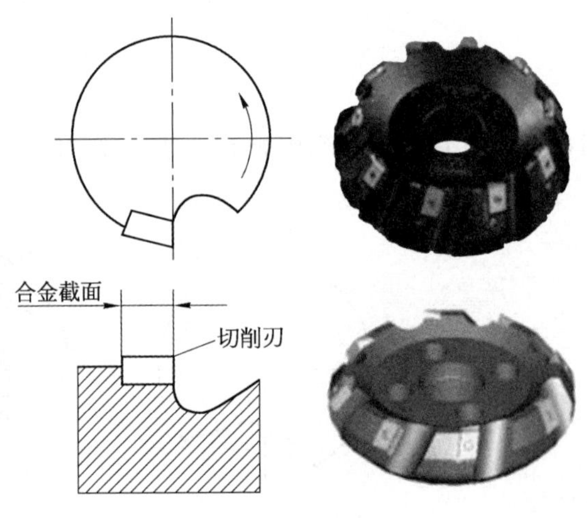

图 5－76　立装结构铣刀

(3) 铣刀直径的选择。铣刀直径的选用视产品及生产批量的不同差异较大，刀具直径的选用主要取决于设备的规格和工件的加工尺寸。

① 平面铣刀。选择平面铣刀直径时主要需考虑刀具所需功率应在机床功率范围之内，也可将机床主轴直径作为选取的依据。平面铣刀直径可按 $D=1.5d$(d为主轴直径)选取。在批量生产时，也可按工件切削宽度的 1.6 倍选择刀具直径。

② 立铣刀。立铣刀直径的选择主要应考虑工件加工尺寸的要求，并保证刀具所需功率在机床额定功率范围以内。如用小直径立铣刀，则应主要考虑机床的最高转数能否达到刀具的最低切削速度(60 m/min)。

③ 槽铣刀。槽铣刀的直径和宽度应根据加工工件尺寸选择，并保证其切削功率在机床允许的功率范围之内。

(4) 铣刀的最大切削深度。不同系列的可转位面铣刀有不同的最大切削深度。最大切削深度越大的刀具所用刀片的尺寸越大，价格也越高，因此从节约费用、降低成本的角度考虑，选择刀具时一般应按加工的最大余量和刀具的最大切削深度选择合适的规格。当然，还需要考虑机床的额定功率和刚性应能满足刀具使用最大切削深度时的需要。

(5) 刀片牌号的选择。合理选择刀片硬质合金牌号的主要依据是被加工材料的性能和硬质合金的性能。一般选用铣刀时，可按刀具制造厂提供加工的材料及加工条件，来配备相应牌号的硬质合金刀片。

由于各厂生产的同类用途硬质合金的成分及性能各不相同，硬质合金牌号的表示方法也不同，为方便用户，国际标准化组织规定，切削加工用硬质合金按其排屑类型和被加工材料分为三大类：P 类、M 类和 K 类。根据被加工材料及适用的加工条件，每大类中又分为若干组，用两位阿拉伯数字表示，每类中数字越大，其耐磨性越低、韧性越好。

P 类合金(包括金属陶瓷)用于加工产生长切屑的金属材料，如钢、铸钢、可锻铸铁、不锈钢、耐热钢等。其中，组号越大，则可选用越大的进给量和切削深度，而切削速度则应越小。

M 类合金用于加工产生长切屑和短切屑的黑色金属或有色金属，如钢、铸钢、奥氏体不锈钢、耐热钢、可锻铸铁、合金铸铁等。其中，组号越大，则可选用越大的进给量和切削深度，而切削速度则应越小。

K 类合金用于加工产生短切屑的黑色金属、有色金属及非金属材料，如铸铁、铝合金、铜合金、塑料、硬胶木等。其中，组号越大，则可选用越大的进给量和切削深度，而切削速度则应越小。上述三类牌号的选择原则见表 5 - 6。

表 5 - 6　P、M、K 类合金切削用量的选择

P 类	P01	P05	P10	P15	P20	P25	P30	P40	P50
M 类	M10	M20	M30	M40					
K 类	K01	K10	K20	K30	K40				
进给量	⟶								
背吃刀量	⟶								
切削速度	⟵								

三、 数控铣床程序编制

在这一部分中，将以XK5032立式数控铣床为基础，介绍数控铣床程序编制的基本方法。XK5032立式数控铣床所配置的是FANUC-0MC数控系统。该系统的主要特点是：轴控制功能强，其基本可控制轴数为x、y、z三轴，扩展后可联动控制轴数为四轴；编程代码通用性强，编程方便，可靠性高。

1. 刀具半径补偿功能G40、G41、G42

(1) 刀具半径补偿功能的定义及编程格式。刀具半径补偿功能的定义及编程格式在本书前面已讨论过，这里不详述。在针对具体零件编程中，要注意正确选择G41、G42，以保证顺铣和逆铣的加工要求。

(2) 刀具半径补偿设置方法。在机床控制面板上，按OFFSET键，进入WEAR界面，在所指定的寄存器号内输入刀具半径值即可。

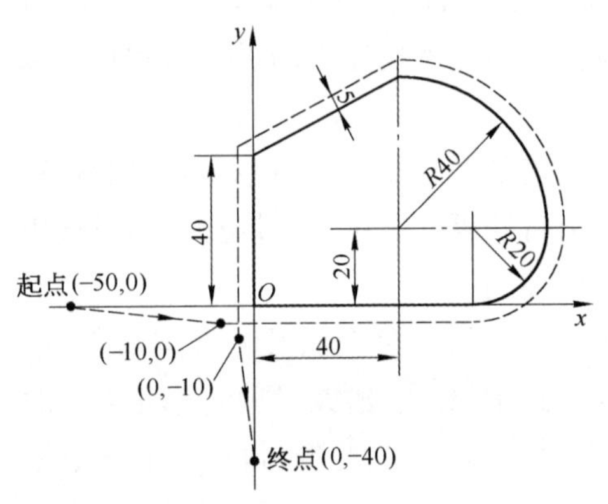

图5-77 零件图样

(3) 应用举例。

例：使用半径$R=5$ mm的刀具加工如图5-77所示的零件轮廓，加工深度为5 mm，加工程序编制如下：

```
O1000                  （程序开始）
G92 X400.0 Y150.0 Z50.0
M03 S500               （主轴起动）
G90 G00 X−50.0 Y0.0
Z−5.0                  （z向下刀）
G42 X−10.0 Y0.0 D01
（建立右偏刀具半径补偿）
G01 X60.0 Y0.0 F100    （切入轮廓）
G03 X80.0 Y20.0 R20.0  （切削轮廓）
X40.0 Y60.0 R40.0      （切削轮廓）
G01 X0.0 Y40.0         （切削轮廓）
X0.0 Y−10.0            （切削轮廓）
G00 G40 X0.0 Y−40.0    （撤销刀具半径补偿）
G00 Z50.0 F2000        （z坐标退刀）
X400.0 Y150.0          （返回起始点）
```

M05　　　（主轴停）

M30　　　（程序结束）

(4) 练习与思考。利用刀具半径补偿功能指令编写型腔轮廓加工程序，型腔轮廓如图 5-77 所示（即将上述例题的外轮廓加工，改为型腔内轮廓加工）。

2. 子程序调用

编程时，为了简化程序的编制，当一个工件上有相同的加工内容时，常用调子程序的方法进行编程。调用子程序的程序叫做主程序。子程序的编号与一般程序基本相同，只是程序结束字为 M99 表示子程序结束，并返回到调用子程序的主程序中。

编程格式：

M98　P～ L～

其中，P 后跟被调用的子程序号，L 后跟重复调用的次数，单次调用 L 可以省略。

主程序与子程序的调用关系如图 5-78 所示，子程序号是调用入口地址，必须和主程序中的子程序调用指令中所指向的程序号一致，子程序结束指令为 M99。

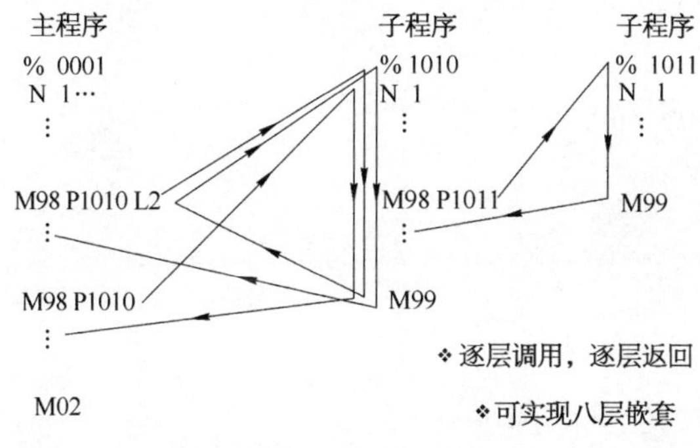

图 5-78　主程序与子程序的调用关系

主-子程序结构应用的关键：

(1) 找出重复程序段规律，确定子程序。

(2) 将要变化的部分写在主程序，不变的部分作子程序。

(3) 主-子程序接口：保证主程序调用和子程序返回正确的衔接。

例：如图 5-79 所示，在一块平板上加工 6 个边长为 10 mm 的等边三角形，每边的槽深 2 mm，工件上表面为 z 向零点。其程序的编制就可以采用调用子程序的方式来实现（编程时不考虑刀具补偿）。

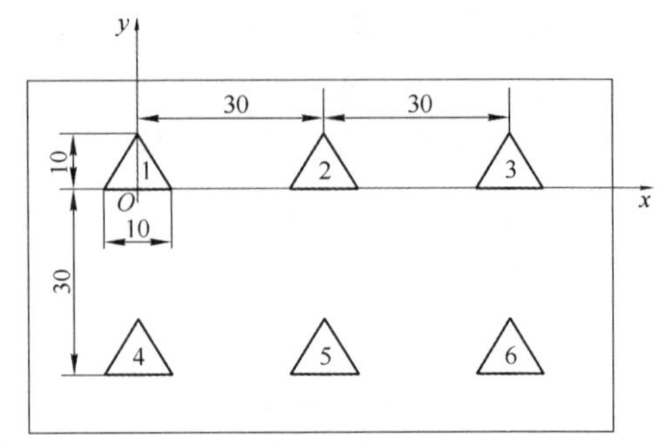

图 5-79 零件图样(二)

主程序:

```
O1000
N10 G92 X400.0 Y100.0 Z50.0
N20 M03 S800
N30 G90 G00 Z3.0
N40 G00 X0.0 Y8.66 M08
N50 M98 P20
N60 G90  X30.0 Y8.66
N70 M98 P20
N80 G90  X60.0 Y8.66
N90 M98 P20
N100 G90  X0 Y-21.34
N110 M98 P20
N120 G90  X30.0 Y-21.34
N130 M98 P20
N140 G90  X60.0 Y-21.34
N150 M98 P20
N160 G90 G00 Z50.0 M09
N170 M05
N180 M30
```

子程序:

```
O20
N10 G91 G01 Z-5.0 F100
N20 G01 X-5.0 Y-8.66
N30 G01 X10.0 Y0.0
N40 G01 X-5.0 Y8.66
N50 G00 Z5.0
N60 M99
```

3. 镜像功能 G24、G25(适用于华中数控系统)

当工件(或某部分)具有相对于某一轴对称的形状时,可以利用镜像功能和子程序的方法,简化编程。镜像指令能将数控加工刀具轨迹沿某坐标轴作镜像变换而形成对称零件的刀具轨迹。镜像的对称轴可以是 x 轴、y 轴,也可以是关于某点镜像。

编程格式：

G24 X～Y～Z～ 建立镜像

M98 P～

G25 X～Y～Z～ 取消镜像

说明：

(1) 建立镜像由指令坐标轴后的坐标值指定镜像位置(对称轴、线、点)。

(2) G24、G25 为模态指令，可相互注销，G25 为缺省值。

(3) 有刀补时，先镜像，然后进行刀具长度补偿、半径补偿。

例：如图 5-80 所示的四个轮廓，利用镜像功能加工。

主程序：

```
O0008
G92 X0.0 Y0.0 Z25.0
G90 G17 G00 Z5.0 M03
M98 P100      (加工图 1)
G24 X0.0      (坐标变换)
M98 P100      (加工图 2)
G24 Y0.0
M98 P100      (加工图 3)
G25 X0.0
M98 P100      (加工图 4)
G25 Y0.0
Z25.0 M05
M30
```

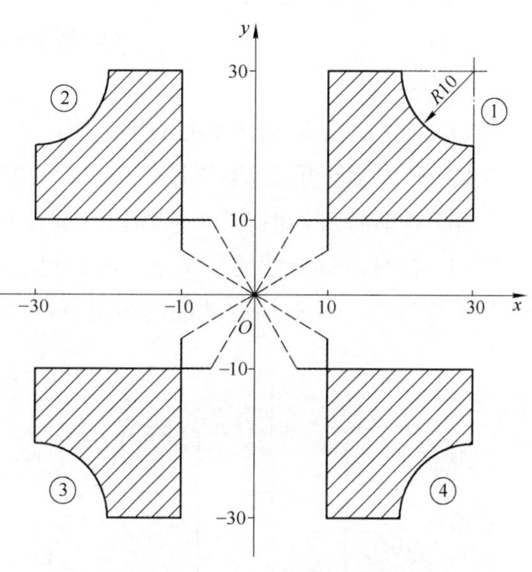

图 5-80 镜像功能

子程序：

```
O100
G41 X10.0 Y5.0 D01
G01 Z-5.0 F200
Y30.0
X20.0
G03 X30.0 Y20.0 R10.0
G01 Y10.0
```

X5.0

G00 Z5.0

G40 X0.0 Y0.0

M99

4. **旋转变换功能** G68、G69

该指令可使编程图形按照指定旋转中心及旋转方向旋转一定角度。它通常和子程序一起使用,加工旋转到一定位置的重复程序段。

编程格式:

G17　G68　X～Y～P～

G18 G68　X～Z～P～　　　（坐标旋转功能）

G19 G68　Y～Z～P～

G69　　　　　　　　　　（取消坐标旋转功能）

其中:

(1) X、Y、Z 是旋转中心的坐标值。

(2) P 为旋转角度,单位是(°),0≤P≤360°。

(3) 逆时针旋转时为"+",顺时针旋转时为"-"。

(4) 在有刀具补偿的情况下,先进行坐标旋转,然后才进行刀具半径补偿、刀具长度补偿。在有缩放功能的情况下,先缩放后旋转。

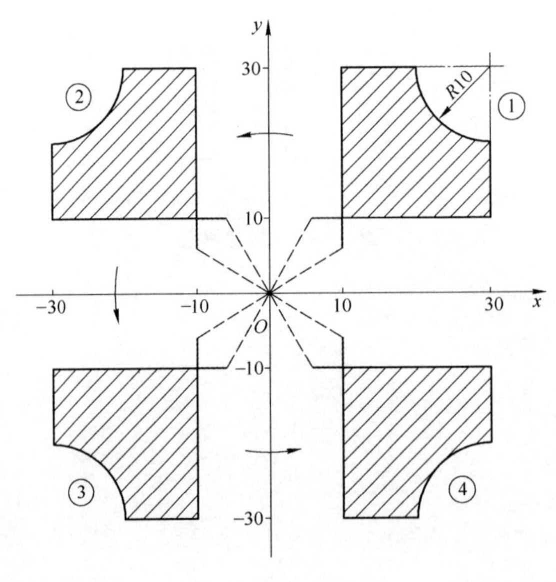

图 5-81　旋转功能

例:如图 5-81 所示的四个轮廓,利用旋转功能加工。

主程序:

O0009

G92 X0.0 Y0.0 Z25.0

G90 G17 G00 Z5.0 M03

M98 P100

G68 X0.0 Y0.0 P90.0

M98 P100

G69

G68 X0.0 Y0.0 P180.0

M98 P100

G69

G68 X0.0 Y0.0 P270.0

M98 P100
G69
Z25.0 M05
M30
子程序：
O100
G41 X10.0 Y5.0 D01
G01 Z—5.0 F200
Y30.0
X20.0
G03 X30.0 Y20.0 R10.0
G01 Y10.0
X5.0
G00 Z5.0
G40 X0.0 Y0.0
M99

5. **缩放功能 G50、G51**

格式：

G51 X_Y_Z_P_　　　　（缩放开）
(M98 P_)
G50　　　　　　　　（缩放关）

其中：

(1) X、Y、Z 给出缩放中心的坐标值，P 后跟缩放倍数。

(2) G51 既可指定平面缩放，也可指定空间缩放。

(3) G51、G50 为模态指令，可相互注销，G50 为缺省值。

(4) 有刀补时，先缩放，然后进行刀具长度补偿、半径补偿。

例：如图 5-82 所示的四个轮廓，利用缩放功能加工。

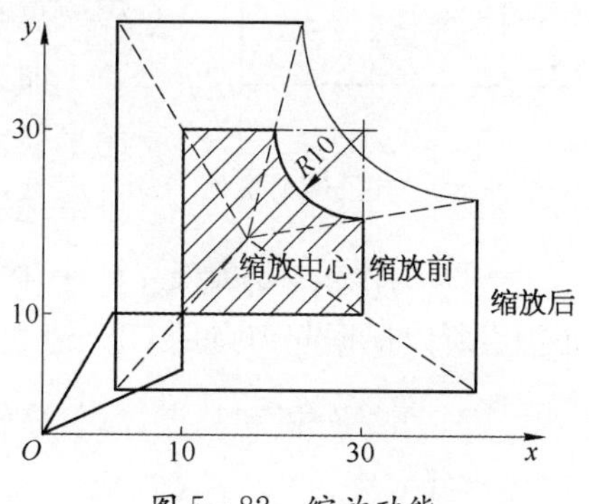

图 5-82　缩放功能

主程序：
O0007

```
G92 X0.0 Y0.0 Z25.0
G90 G00 Z5.0 M03 M08
G01 Z-10.0 F100
M98 P100
G01 Z-15.0
G51 X15.0 Y15.0 P2
M98 P100
G50
G00 Z25.0 M09
M05 M30
```

子程序：

```
O100
G41 G00 X10.0 Y5.0  D01
G01 Y30.0
    X20.0
G03 X30.0 Y20.0 R10.0
G01 Y10.0
    X5.0
G40 X0.0 Y0.0
M99
```

6. 数控铣削编程实例

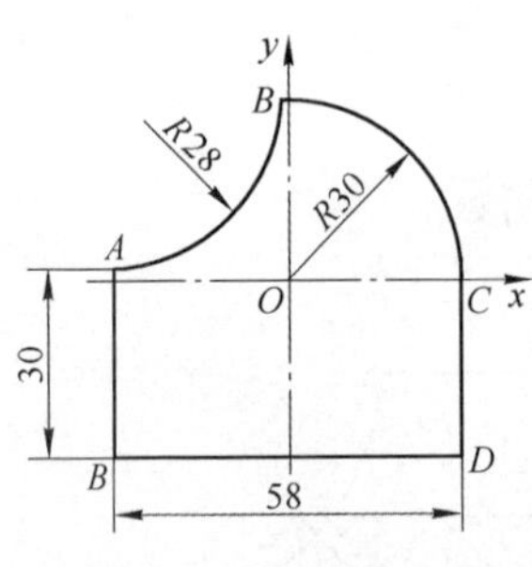

图 5-83 数控铣削实例

例：用数控铣床加工图 5-83 所示的轮廓，零件厚度为 5 mm，两段圆弧为 1/4 圆弧。在给定编程坐标系下用绝对坐标方式编写加工程序，起刀点在编程原点 O 上方距离工件上表面 30 mm 处，用立铣刀 T01 加工零件轮廓，只完成精加工程序。考虑刀具的半径补偿，半径补偿号为 D01，主轴转速 900 r/min，进给速度 150 mm/min。

(1) 编程坐标系确定：x、y 坐标如图所示，z 坐标在零件上表面，方向垂直向上，所以根据起刀点用 G92 建立零件的编程坐标系为 G92 X0 Y0 Z30。

(2) 图纸分析和基点计算：该轮廓由一段 $R28$ 的圆弧$\overset{\frown}{AB}$、$R30$ 的圆弧$\overset{\frown}{BC}$、三段直线 CD、DE、EA 构成。由于两段圆弧为 1/4 圆弧，所以容易计算出基点坐标分别为：$A(-29,2)$、$B(-1,30)$、$C(29,0)$、$D(29,-28)$、$E(-29,-28)$，图中未注公差，故可暂不考虑尺寸精度问题。

程序编程如下：

```
O0031
N10 G21G40
N20 G92 X0.0 Y0.0 Z30.0

N30 T01
N40 S900 M03
N50 G00 G42 X-35.0 Y-28.0 D01 M08
N60 Z-7.0
N70 G01 X29.0 F150
N80 Y0.0
N90 G03 X-1.0 Y30.0 R30.0
N100 G02 X-29.0 Y2.0 R28.0
N110 G01 Y-32.0
N120 G00 Z30.0
N130 G40 X0.0 Y0.0 M09
N140 M05
N150 M02
```

四、　加工中心及其程序编制

加工中心(machining center，MC)是由机械设备与数控系统组成的适用于加工复杂零件的高效率自动化机床。加工程序的编制，是决定加工质量的重要因素。

加工中心所配置的数控系统各有不同，各种数控系统程序编制的内容和格式也不尽相同，但是程序编制方法和使用过程是基本相同的。以下所述内容，均以配置 FANUC - 0i 数控系统的 XH714 加工中心为例展开讨论。

1. 加工中心的主要功能

加工中心能实现三轴或三轴以上的联动控制，以保证刀具进行复杂表面的加工。加工中心除具有直线插补和圆弧插补功能外，还具有各种加工固定循环、刀具半径自动补偿、刀具长度自动补偿、加工过程图形显示、人机对话、故障自动诊断、离线编程等功能。

加工中心是从数控铣床发展而来的。与数控铣床的最大区别在于加工中心具有自动交换加工刀具的能力，通过在刀库上安装不同用途的刀具，可在一次装夹中通过自动换刀装置改变主轴上的加工刀具，实现多种加工功能。

加工中心从外观上可分为立式、卧式和复合加工中心等。立式加工中心的主轴垂直于工作台，主要适用于加工板材类、壳体类工件，也可用于模具加工。卧式加工中心的主轴轴线与工作台台面平行，它的工作台大多为由伺服电动机控制的数控回转台，在工件一次装夹中，通过工作台旋转可实现多个加工面的加工，适用于箱体类工件加工。复合加工中心主要是指在一台加工中心上有立、卧两个主轴或主轴可 90°改变角度，因而可在工件一次装夹中实现五个面的加工。

2. 加工中心的工艺及工艺装备

加工中心是一种工艺范围较广的数控加工机床，能进行铣削、镗削、钻削和螺纹加工等多项工作。加工中心特别适合于箱体类零件和孔系的加工。

1）工艺性分析　一般主要考虑以下几个方面：

(1) 选择加工内容。加工中心最适合加工形状复杂、工序较多、要求较高的零件，这类零件常需使用多种类型的通用机床、刀具和夹具，经多次装夹和调整才能完成加工。

(2) 检查零件图样。零件图样应表达正确，标注齐全。同时要特别注意，图样上应尽量采用统一的设计基准，从而简化编程，保证零件的精度要求。

(3) 分析零件的技术要求。根据零件在产品中的功能，分析各项几何精度和技术要求是否合理；考虑在加工中心上加工，能否保证其精度和技术要求；选择哪一种加工中心最为合理。

(4) 审查零件的结构工艺性。分析零件的结构刚度是否足够，各加工部位的结构工艺性是否合理等。

2）工艺过程设计　工艺设计时，主要考虑精度和效率两个方面，一般遵循先面后孔、先基准后其他、先粗后精的原则。加工中心在一次装夹中，尽可能完成所有能够加工表面的加工。

加工过程中，为了减少换刀次数，可采用刀具集中工序，即用同一把刀具把零件上相应的部位都加工完，再换第二把刀具继续加工。但是，对于精度要求很高的孔系，若零件是通过工作台回转确定相应的加工部位时，因存在重复定位误差，不能采取这种方法。

3）零件的装夹

（1）定位基准的选择。在加工中心加工时，零件的定位仍应遵循六点定位原则。同时，还应特别注意以下几点：

① 进行多工位加工时，定位基准的选择应考虑能完成尽可能多的加工内容，即便于各个表面都能被加工的定位方式。例如，对于箱体零件，尽可能采用一面两销的组合定位方式。

② 当零件的定位基准与设计基准难以重合时，应认真分析装配图样，明确该零件设计基准的设计功能，通过尺寸链的计算，严格规定定位基准与设计基准间的尺寸位置精度要求，确保加工精度。

（2）夹具的选用。在加工中心上，夹具的任务不仅是装夹零件，而且要以定位基准为参考基准，确定零件的加工原点。因此，定位基准要准确可靠。

（3）零件的夹紧。在考虑夹紧方案时，应保证夹紧可靠，并尽量减少夹紧变形。

4）刀具的选择　加工中心对刀具的基本要求是：

（1）良好的切削性能：能承受高速切削和强力切削并且性能稳定。

（2）较高的精度：刀具的精度指刀具的形状精度和刀具与装卡装置的位置精度。

（3）配备完善的工具系统：满足多刀连续加工的要求。

加工中心所使用刀具的刀头部分与数控铣床所使用的刀具基本相同，加工中心所使用刀具的刀柄部分与一般数控铣床用刀柄部分不同，加工中心用刀柄带有夹持槽，供机械手夹持。

3. 加工中心编程的特点

由于加工中心的加工特点，在编写加工程序前，首先要注意换刀程序的应用。

不同的加工中心，其换刀过程是不完全一样的，通常选刀和换刀可分开进行。换刀完毕启动主轴后，方可进行下面程序段的加工内容。选刀动作可与机床的加工重合起来，即利用切削时间进行选刀。多数加工中心都规定了固定的换刀点位置，各运动部件只有移动到这个位置，才能开始换刀动作。

换刀程序的程序编制一般有两种方法：

方法1：

```
N10 G91 G28 Z0.0 T02
N11 M06
…
```

这种方法是在上一把刀具加工结束后，再执行找刀和换刀，在找刀时，机床处于待机状态。

方法 2：

N10 G01 X～ Y～ Z～ T02

…

N20 G91 G28 Z0.0 M06

N21 G01 X～ Y～ Z～ T03

这种方法的找刀和上一把刀具的加工时间重合，当执行换刀时无需要等待，因此比上一种方法更节约辅助时间。加工中心的编程方法与数控铣床的编程方法基本相同，加工坐标系的设置方法也一样。因而，下面将主要介绍加工中心的加工固定循环功能、A类宏程序应用。

4. FANUC系统的固定循环功能

在前面介绍的常用加工指令中，每一个G指令一般都对应机床的一个动作，它需要用一个程序段来实现。为了进一步提高编程工作效率，FANUC-0i系统设计有固定循环功能，它规定对于一些典型孔加工中的固定、连续的动作，用一个G指令表达，即用固定循环指令来选择孔加工方式。

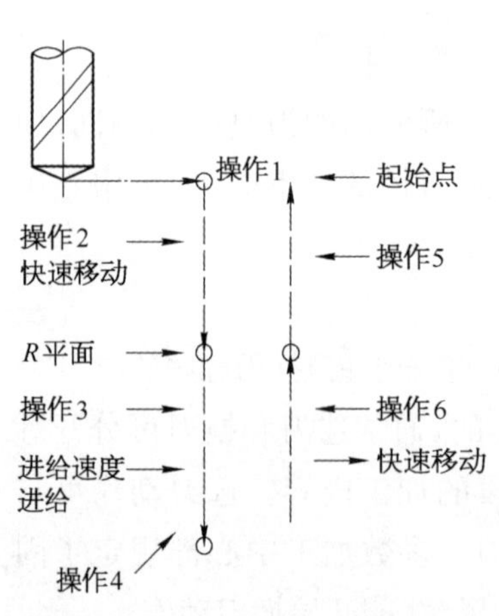

图 5-84 固定循环的基本动作

常用的固定循环指令能完成的工作有：钻孔、攻螺纹和镗孔等。这些循环通常包括下列六个基本操作动作：

① 在 xy 平面定位。

② 快速移动到 R 平面。

③ 孔的切削加工。

④ 孔底动作。

⑤ 返回到 R 平面或者返回到起始平面。

图 5-84 中实线表示切削进给，虚线表示快速运动。R 平面为在孔口时，快速运动与进给运动的转换位置。

常用的固定循环有高速深孔钻循环、螺纹切削循环、精镗循环等。

编程格式：

G90 (G91) G98 (G99) G73～G89 X～ Y～ Z～ R～ Q～ P～ F～ K～

式中 G90 (G91)——绝对坐标编程或增量坐标编程；

G98——返回起始平面；G99——返回 R 平面；

G73～G89——孔加工方式，如钻孔加工、高速深孔钻加工、镗孔加工等；

X、Y——孔的位置坐标；

Z——孔底坐标，增量方式时，为 R 面到孔底增量距离；在绝对方式时，为孔底的绝对坐标；

R——安全面（R 面）的坐标。增量方式时，为起始平面到 R 面的增量距离；在绝对方式时，为 R 面的绝对坐标；

Q——每次切削深度，在 G73、G83 中为每次加工深度，在 G76、G87 中为横移距离；

P——孔底的暂停时间（ms）；

F——切削进给速度；

K——规定重复加工次数。

固定循环由 G80 或 G01、G02、G03 撤销。

（1）一般钻孔循环指令 G81。编程格式：

G98（G99）G81 X～Y～Z～R～F～K～

图 5－85 所示为一般钻孔循环加工的工作过程。

（2）带停顿的钻孔循环指令 G82。编程格式：

G98（G99）G82 X～Y～Z～R～P～F～K～

与 G81 指令唯一的区别是有孔底暂停动作，暂停时间由 P 指定，执行该指令使孔的表面更光滑，孔底平整。常用于做沉头台阶孔。

（3）高速深孔钻循环指令 G73。编程格式：

G98（G99）G73 X～Y～Z～R～Q～F～K～

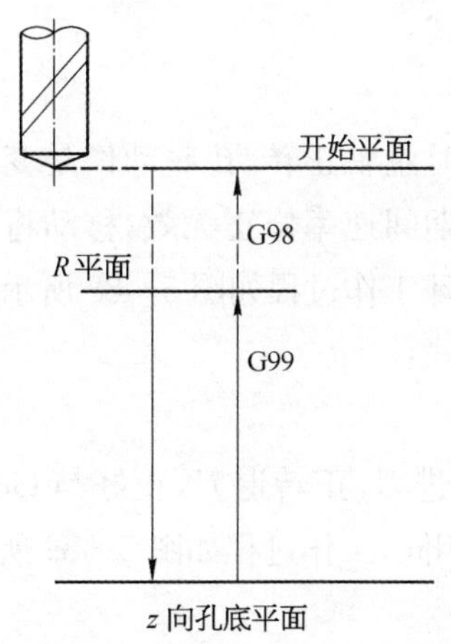

图 5－85　G81 一般钻孔循环

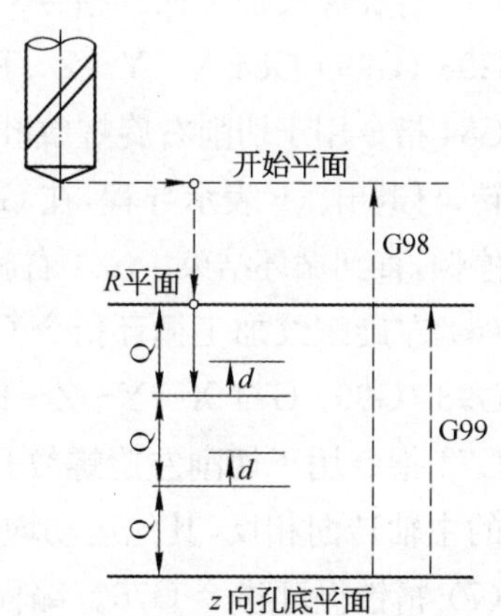

图 5－86　G73 高速深孔钻循环

G73 用于深孔钻削，在钻孔时采取间断进给，有利于断屑和排屑，适合深孔加工。图 5-86 所示为高速深孔钻加工的工作过程。其中 Q 为增量值，指令中用 Q＞0 指定每次切削深度(华中系统 Q＜0)。d 为排屑退刀量，由系统参数设定。

(4) 深孔加工循环指令 G83。编程格式：

G98 (G99) G83 X～Y～Z～R～Q～F～K～

与 G73 不同之处在每次进刀后都返回安全平面高度处。更有利于钻深孔时的排屑。d 为每次退刀后，再次进给时，由快速进给转换为切削进给时距上次加工面的距离，由系统参数设定，图 5-87 所示为高速深孔钻加工的工作过程。

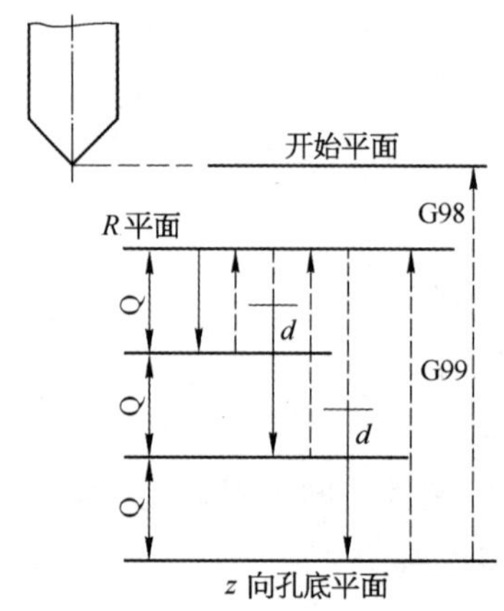

图 5-87 G83 高速深孔钻循环

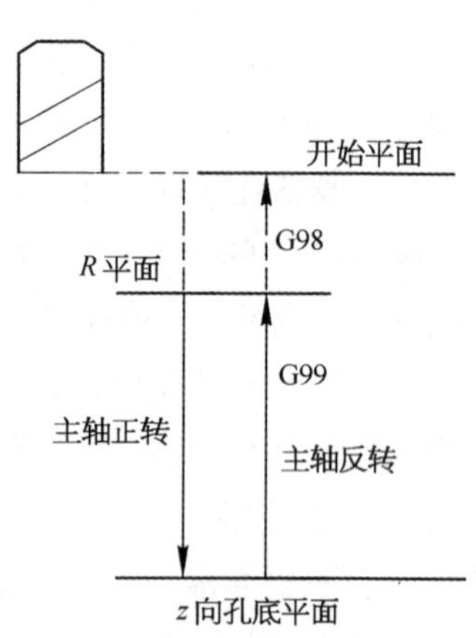

图 5-88 G84 右旋螺纹加工循环

(5) 右旋螺纹加工循环指令 G84。编程格式：

G98 (G99) G84 X～Y～Z～R～P～F～K～

G84 指令用于切削右旋螺纹孔。向下切削时主轴正转，孔底动作是变正转为反转，再退出。F 表示导程，在 G84 切削螺纹期间速率修正无效，移动将不会中途停顿，直到循环结束。G84 右旋螺纹加工循环工作过程如图 5-88 所示。

(6) 左旋螺纹加工循环指令 G74。编程格式：

G98 (G99) G74 X～Y～Z～R～P～F～K～

G74 指令用于切削左旋螺纹孔。主轴反转进刀，正转退刀，正好与 G84 指令中的主轴转向相反，其他运动均与 G84 指令相同，工作过程如图 5-89 所示。

(7) 精镗循环指令 G76。编程格式：

G98 (G99) G76 X～Y～Z～R～F～Q～K～

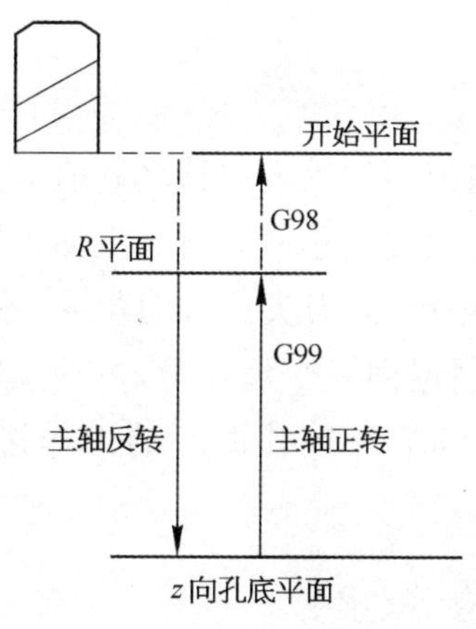

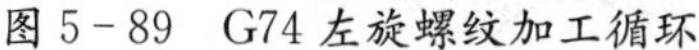

图 5-89 G74 左旋螺纹加工循环

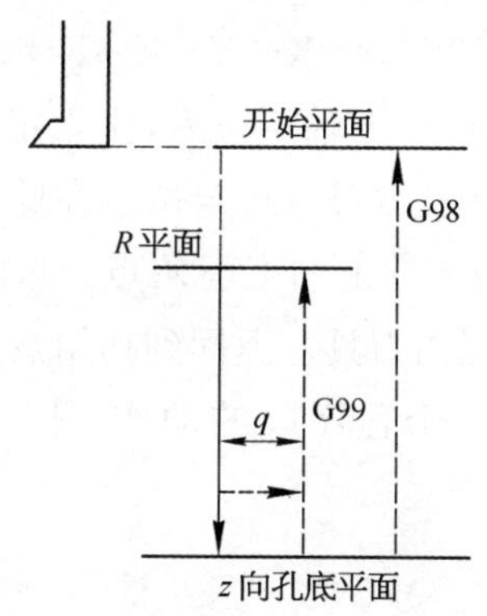

图 5-90 G76 精镗循环的加工

G76 指令用于精镗孔加工。镗削至孔底时，主轴停止在定向位置上(即准停)，再使刀尖偏移离开加工表面，然后再退刀。这样可以高精度、高效率地完成孔加工而不损伤工件已加工表面。

程序格式中，Q 表示刀尖的偏移量，其值为 q，一般为正数，移动方向由机床参数设定。图 5-90 所示为 G76 精镗循环的工作过程示意图。

(8) 镗孔循环指令 G85(G86)。编程格式：

G98(G99) G85(G86) X～Y～Z～R～F～K～

G85 该指令动作过程与 G81 指令相同，只是进刀和退刀都为工进速度，且回退时主轴不停转，但 G86 在孔底时主轴停止，然后快速退回，该指令退刀前没有让刀动作，退回时可能划伤已加工表面，因此只用于粗镗孔，图 5-91、图 5-92 分别为 G85、G86 镗孔循环的工作过程示意图。

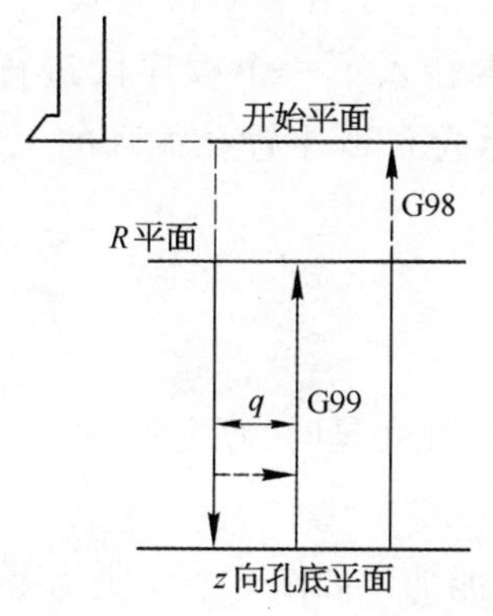

图 5-91 G85 镗孔循环的加工

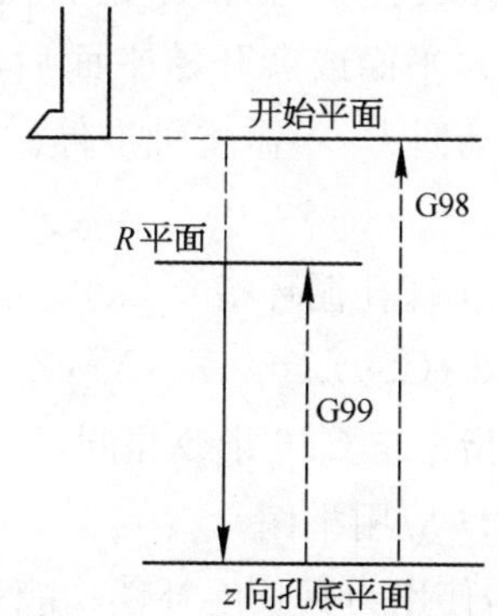

图 5-92 G86 镗孔循环的加工

(9) 反镗孔循环指令(G87)。编程格式:

G98 G87 X~Y~Z~R~Q~F~K~

在 x、y 轴定位后,主轴定向停止,然后向刀尖的反方向移动 q 值,再快速进给到孔底(R 点)定位。在此位置,刀具向刀尖方向移动 q 值。主轴正转,在 z 轴正方向上加工至 Z 点。这时主轴又定向停止,向刀尖反方向位移,然后从孔中退出刀具。返回到初始点(只能用 G98)后退回一个位移量,主轴正转,进行下一个程序段的动作。图 5-93 所示为 G87 反镗孔循环的工作过程示意图。

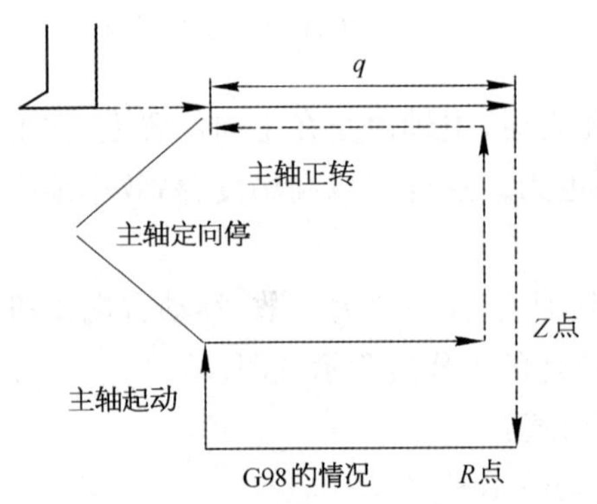

图 5-93 G87 反镗孔循环的加工

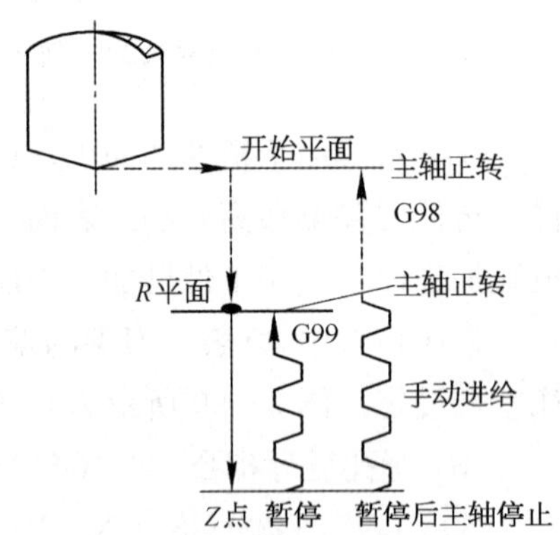

图 5-94 G88 手镗孔循环的加工

(10) 手镗孔循环指令 G88。编程格式:

G98 (G99) G88 X~Y~Z~R~P~F~K~

在孔底暂停,主轴停止后,转换为手动状态,可用手动将刀具从孔中退出。到 R 平面或者开始平面后,主轴正转,再转入下一个程序段进行加工。镗孔手动回刀,不需主轴准停。图 5-94 所示为 G88 手镗孔循环的工作过程示意图。

(11) 镗孔循环指令 G89。编程格式:

G98 (G99) G89 X~Y~Z~R~P~F~K~

此指令与 G86 指令相同,但在孔底有暂停(孔底延时、停主轴)。

(12) 应用举例

例:使用刀具长度补偿功能和固定循环功能加工如图 5-95 所示零件上的 12 个孔。

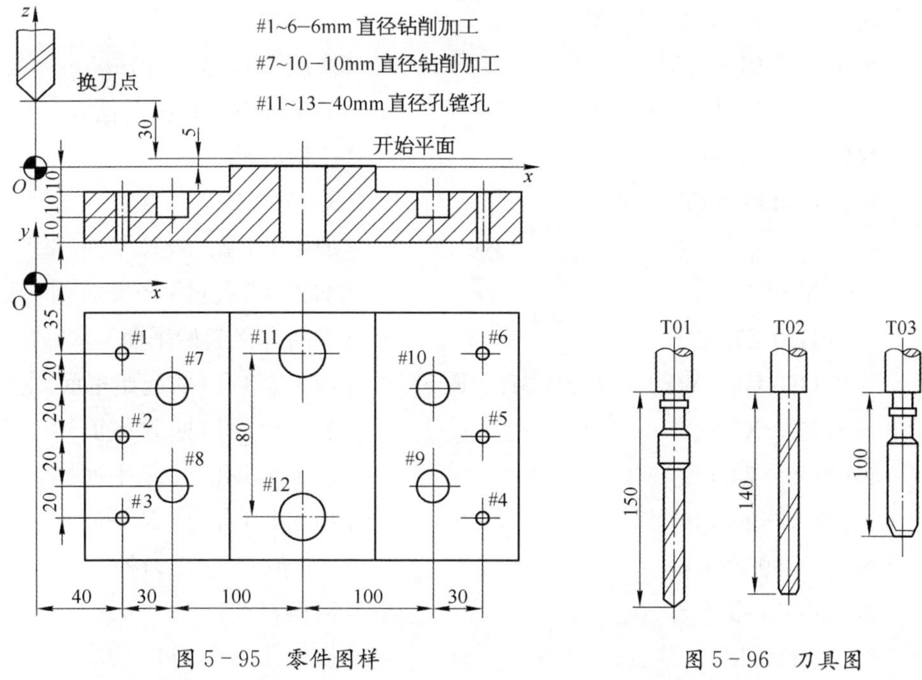

图 5-95 零件图样　　图 5-96 刀具图

① 分析零件图样，进行工艺处理。该零件孔加工中，有通孔、盲孔，需钻、扩和镗加工，故选择钻头 T01、扩孔刀 T02 和镗刀 T03，加工坐标系 z 向原点在零件上表面处。由于有三种孔径尺寸的加工，按照先小孔后大孔加工的原则，确定加工路线为：从编程原点开始，先加工 6 个 $\phi6$ 的孔，再加工 4 个 $\phi10$ 的孔，最后加工 2 个 $\phi40$ 的孔。T01、T02 的主轴转速 $S=600$ r/min，进给速度 $v=120$ mm/min；T03 主轴转速 $S=300$ r/min，进给速度 $v=50$ mm/min。

② 加工调整。T01、T02 和 T03 的刀具补偿号分别为 H01、H02 和 H03。对刀时，以 T01 刀为基准，H01 中刀具长度补偿值设置为零。对于 T02，因其刀具长度与 T01 相比为 $140-150=-10$ mm，即缩短了 10 mm，所以将 H02 的补偿值设为 -10。对 T03 同样计算，H03 的补偿值设置为 -50，如图 5-96 所示。因此，$H01=0$；$H02=-10$；$H03=-50$。

③ 数学处理。在多孔加工时，为了简化程序，采用固定循环指令。这时的数学处理主要是按固定循环指令格式的要求，确定孔位坐标、快进尺寸和工作进给尺寸值等。固定循环中的开始平面为 $Z=5$，R 点平面定为零件孔口表面 $+z$ 向 3 mm 处。

④ 编写零件加工程序。

```
N10 G92 X0.0 Y0.0 Z35.0                    (设定加工坐标系)
N20 T01 M06                                (换用 T01 号刀具)
N30 G43 G00 Z5.0 H01                       (T01 号刀具长度补偿)
N40 S600 M03                               (主轴起动)
N50 G90 G99 G81 X40.0 Y-35.0 Z-32.0 R-7.0 F120
                                           [加工#1 孔(回 R 平面)]
N60 Y-75.0                                 [加工#2 孔(回 R 平面)]
N70 G00 Z5.0                               (重新定义起始平面)
N80 G98 G81 Y-115.0 Z-32.0 R-7.0           [加工#3 孔(回起始平面)]
N90 G99 X300.0                             [加工#4 孔(回 R 平面)]
N100 Y-75.0                                [加工#5 孔(回 R 平面)]
N110 Y-35.0                                [加工#6 孔(回 R 平面)]
N120 G49 Z35.0                             (z 向抬刀,撤销刀补)
N130 G91 G28 Z0.0                          (回换刀点)
N140 T02 M06                               (换用 T02 号刀)
N150 G90 G43 Z5.0 H02                      (T02 刀具长度补偿)
N160 S600 M03                              (主轴起动)
N170 G98 G81 X70.0 Y-55.0 Z-20.0 R-7.0 F120
                                           [加工#7 孔(回起始平面)]
N180 Y-95.0                                [加工#8 孔(回起始平面)]
N190 G99 X270.0                            [加工#9 孔(回 R 平面)]
N200 Y-55.0                                [加工#10 孔(回 R 平面)]
N210 G49 Z3.0                              (z 向抬刀,撤销刀补)
N220 G91 G28 Z0.0                          (回换刀点)
N230 T03 M06                               (换用 T03 号刀具)
N240 G90 G43 Z5.0 H03                      (T03 号刀具长度补偿)
N250 S300 M03                              (主轴起动)
N260 G99 G76 X170.0 Y-35.0 Z-32.0 R3.0 Q2.0 F50
                                           [加工#11 孔(回 R 平面)]
N270 Y-115.0                               [加工#12 孔(回 R 平面)]
N280 G49 Z35.0                             (撤销刀补)
N290 M05 M30                               (程序结束)
```

5. A类宏功能应用

用户宏功能是提高数控机床性能的一种特殊功能。使用中，通常把能完成某一功能的一系列指令像子程序一样存入存储器，然后用一个总指令代表它们，使用时只需给出这个总指令就能执行其功能。用户宏功能主体是一系列指令，相当于子程序体，既可以由机床生产厂提供，也可以由机床用户自己编制。宏指令是代表一系列指令的总指令，相当于子程序调用指令。用户宏功能的最大特点是可以对变量进行运算，使程序应用更加灵活、方便。

用户宏功能有A、B两类。这里主要介绍A类宏功能。

1）变量　在常规的主程序和子程序内，总是将一个具体的数值赋给一个地址。为了使程序更具通用性、更加灵活，在宏程序中设置了变量，即将变量赋给一个地址。

(1) 变量的表示。变量可以用"#"号和跟随其后的变量序号来表示：#i ($i=1$, 2, 3…)。例：#5，#109，#501。

(2) 变量的引用。将跟随在一个地址后的数值用一个变量来代替，即引入了变量。例：对于F#103，若#103=50时，则为F50；对于Z－#110，若#110=100时，则Z为－100；对于G#130，若#130=3时，则为G03。

(3) 变量的类型。FANUC-OMC系统的变量分为公共变量和系统变量两类。

① 公共变量。公共变量是在主程序和主程序调用的各用户宏程序内公用的变量。也就是说，在一个宏指令中的#i与在另一个宏指令中的#i是相同的。

公共变量的序号为#100～#131，#500～#531。其中#100～#131公共变量在电源断电后即清零，重新开机时被设置为"0"；#500～#531公共变量即使断电后，它们的值也保持不变，因此也称为保持型变量。

② 系统变量。系统变量定义为有固定用途的变量，它的值决定系统的状态。系统变量包括刀具偏置变量、接口的输入/输出信号变量、位置信息变量等。

系统变量的序号与系统的某种状态有严格的对应关系。例如，刀具偏置变量序号为#01～#99，这些值可以用变量替换的方法加以改变，在序号1～99中，不用作刀偏量的变量可用作保持型公共变量#500～#531。

接口输入信号#1000～#1015，#1032。通过阅读这些系统变量，可以知道各输入口的情况。当变量值为"1"时，说明接点闭合；当变量值为"0"时，表明接点断开。这些变量的数值不能被替换。阅读变量#1032，所有输入信号一次读入。

2）宏指令 G65　宏指令 G65 可以实现丰富的宏功能，包括算术运算、逻辑运算等处理功能。一般形式：

G65 Hm P#i Q#j R#k

式中　m——宏程序功能，数值范围 01～99；

#i——运算结果存放处的变量名；

#j——被操作的第一个变量，也可以是一个常数；

#k——被操作的第二个变量，也可以是一个常数。

例如，当程序功能为加法运算时，程序：

P#100 Q#101 R#102…

含义为#100＝#101＋#102。

3）宏功能指令

(1) 算术运算指令(表 5－7)。

表 5－7　算术运算指令

G码	H码	功　能	定　义
G65	H01	定义，替换	#i＝#j
G65	H02	加	#i＝#j＋#k
G65	H03	减	#i＝#j－#k
G65	H04	乘	#i＝#j×#k
G65	H05	除	#i＝#j/#k
G65	H21	平方根	#i＝$\sqrt{\#j}$
G65	H22	绝对值	#i＝|#j|
G65	H23	求余	#i＝#j－Trunc(#j/#k)·#k
G65	H24	BCD 码→二进制码	#i＝BIN(#j)
G65	H25	二进制码→BCD 码	#i＝BCD(#j)
G65	H26	复合乘/除	#i＝(#i×#j)÷#k
G65	H27	复合平方根 1	#i＝$\sqrt{\#j^2+\#k^2}$
G65	H28	复合平方根 2	#i＝$\sqrt{\#j^2-\#k^2}$

注：Trunc——丢弃小于 1 的分数部分。

① 变量的定义和替换　＃i＝＃j。编程格式：

G65 H01 P＃i Q＃j

例：

G65 H01 P＃101 Q1005（＃101＝1005）

G65 H01 P＃101 Q－＃112（＃101＝－＃112）

② 加法　＃i＝＃j＋＃k。编程格式：

G65 H02 P＃i Q＃j R＃k

例：

G65 H02 P＃101 Q＃102 R＃103（＃101＝＃102＋＃103）

③ 减法　＃i＝＃j－＃k。编程格式：

G65 H03 P＃i Q＃j R＃k

例：

G65 H03 P＃101 Q＃102 R＃103（＃101＝＃102－＃103）

④ 乘法　＃i＝＃j×＃k。编程格式：

G65 H04 P＃i Q＃j R＃k

例：

G65 H04 P＃101 Q＃102 R＃103（＃101＝＃102×＃103）

⑤ 除法　＃i＝＃j/＃k。编程格式：

G65 H05 P＃i Q＃j R＃k

例：

G65 H05 P＃101 Q＃102 R＃103（＃101＝＃102/＃103）

⑥ 平方根　＃i＝$\sqrt{\#j}$。编程格式：

G65 H21 P＃i Q＃j

例：

G65 H21 P＃101 Q＃102（＃101＝$\sqrt{\#102}$）

⑦ 绝对值　＃i＝|＃j|。编程格式：

G65 H22 P＃i Q＃j

例：

G65 H22 P＃101 Q＃102（＃101＝|＃102|）

⑧ 复合平方根 1　＃i＝$\sqrt{\#j^2+\#k^2}$。编程格式：

G65 H27 P＃i Q＃j R＃k

例：

G65 H27 P#101 Q#102 R#103（$\#101=\sqrt{\#102^2+\#103^2}$）

⑨ 复合平方根 2　$\#i=\sqrt{\#j^2-\#k^2}$。编程格式：

G65 H28 P#i Q#j R#k

例：

G65 H28 P#101 Q#102 R#103（$\#101=\sqrt{\#102^2-\#103^2}$）

(2) 逻辑运算指令(表 5－8)。

表 5－8　逻辑运算指令

G码	H码	功　能	定　　义
G65	H11	逻辑“或”	#i=#j・OR・#k
G65	H12	逻辑“与”	#i=#j・AND・#k
G65	H13	异或	#i=#j・XOR・#k

① 逻辑或　#i=#j OR #k。编程格式：

G65 H11 P#i Q#j R#k

例：

G65 H11 P#101 Q#102 R#103（#101=#102 OR #103）

② 逻辑与　#i=#j AND #k。编程格式：

G65 H12 P#i Q#j R#k

例：

G65 H12 P#101 Q#102 R#103（#101=#102 AND #103）

(3) 三角函数指令(表 5－9)。

表 5－9　三角函数指令

G码	H码	功　能	定　　义
G65	H31	正弦	#i=#j・sin(#k)
G65	H32	余弦	#i=#j・cos(#k)
G65	H33	正切	#i=#j・tan(#k)
G65	H34	反正切	#i=arctan(#j/#k)

① 正弦函数　#i=#j×sin (#k)。编程格式：

G65 H31 P#i Q#j R#k(单位:°)

例:

G65 H31 P#101 Q#102 R#103 [#101=#102×sin(#103)]

② 余弦函数　#i=#j×cos (#k)。编程格式:

G65 H32 P#i Q#j R#k(单位:°)

例:

G65 H32 P#101 Q#102 R#103 [#101=#102×cos(#103)]

③ 正切函数　#i=#j×tan#k。编程格式:

G65 H33 P#i Q#j R#k(单位:°)

例:

G65 H33 P#101 Q#102 R#103 [#101=#102×tan(#103)]

④ 反正切　#i=arctan(#j/#k)。编程格式:

G65 H34 P#i Q#j R#k(单位:°,0°≤#j≤360°)

例:

G65 H34 P#101 Q#102 R#103 [#101=arctan(#102/#103)]

(4) 控制类指令(表 5-10)。

表 5-10　控制类指令

G码	H码	功　能	定　　义
G65	H80	无条件转移	GOTO n
G65	H81	条件转移 1	IF #j=#k, GOTO n
G65	H82	条件转移 2	IF #j≠#k, GOTO n
G65	H83	条件转移 3	IF #j>#k, GOTO n
G65	H84	条件转移 4	IF #j<#k, GOTO n
G65	H85	条件转移 5	IF #j≥#k, GOTO n
G65	H86	条件转移 6	IF #j≤#k, GOTO n
G65	H99	产生 PS 报警	PS 报警号 500+n 出现

① 无条件转移。编程格式:

G65 H80 Pn (n 为程序段号)

例:

G65 H80 P120 (转移到 N120)

② 条件转移 1：#j EQ #k(=)。编程格式：

G65 H81 Pn Q#j R#k (n 为程序段号)

例：

G65 H81 P1000 Q#101 R#102

当#101=#102,转移到 N1000 程序段;若#101≠#102,执行下一程序段。

③ 条件转移 2：#j NE #k(≠)。编程格式：

G65 H82 Pn Q#j R#k (n 为程序段号)

例：

G65 H82 P1000 Q#101 R#102

当#101≠#102,转移到 N1000 程序段;若#101=#102,执行下一程序段。

④ 条件转移 3：#j GT #k(>)。编程格式：

G65 H83 Pn Q#j R#k (n 为程序段号)

例：

G65 H83 P1000 Q#101 R#102

当#101>#102,转移到 N1000 程序段;若#101≤#102,执行下一程序段。

⑤ 条件转移 4：#j LT #k(<)。编程格式：

G65 H84 Pn Q#j R#k (n 为程序段号)

例：

G65 H84 P1000 Q#101 R#102

当#101<#102,转移到 N1000;若#101≥#102,执行下一程序段。

⑥ 条件转移 5：#j GE #k(≥)。编程格式：

G65 H85 Pn Q#j R#k (n 为程序段号)

例：

G65 H85 P1000 Q#101 R#102

当#101≥#102,转移到 N1000;若#101<#102,执行下一程序段。

⑦ 条件转移 6：#j LE #k(≤)。编程格式：

G65 H86 Pn Q#j Q#k (n 为程序段号)

例：

G65 H86 P1000 Q#101 R#102

当＃101≤＃102，转移到 N1000；若＃101＞＃102，执行下一程序段。

4）使用注意　为保证宏程序的正常运行，在使用用户宏程序的过程中，应注意以下几点：

（1）由 G65 规定的 H 码不影响偏移量的任何选择。

（2）如果用于各算术运算的 Q 或 R 未被指定，则作为 0 处理。

（3）在分支转移目标地址中，如果序号为正值，则检索过程是先向大程序号查找；如果序号为负值，则检索过程是先向小程序号查找。

（4）转移目标序号可以是变量。

5）用户宏程序应用举例　例：用宏程序和子程序功能顺序加工圆周等分孔。设圆心在 O 点，在半径为 r 的圆周上均匀地钻几个等分孔，起始角度为 α，孔数为 n。以零件上表面 O 点为工件坐标原点，z 方向垂直向上，刀具初始位置在 O 点上方 30，如图 5－97 所示。

使用以下保持型变量：

＃502：半径 r；

＃503：起始角度 α；

＃504：孔数 n，当 $n>0$ 时，按逆时针方向加工，当 $n<0$ 时，按顺时针方向加工；

＃505：孔底 z 坐标值；

＃506：R 平面 z 坐标值；

＃507：F 进给量。

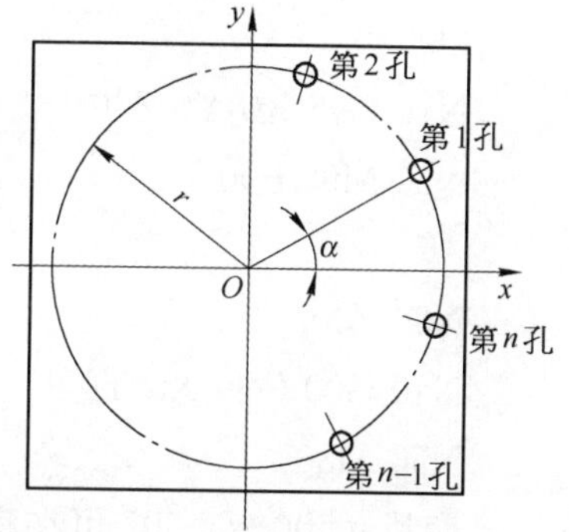

图 5－97　等分孔计算方法

使用以下变量进行操作运算：

＃100：表示第 i 步钻第 i 孔的记数器；

＃101：记数器的最终值（为 n 的绝对值）；

＃102：第 i 个孔的角度位置 θ_i 的值；

＃103：第 i 个孔的 x 坐标值；

＃104：第 i 个孔的 y 坐标值；

用用户宏程序编制的钻孔子程序如下：

```
O9010
N110 G65 H01 P#100 Q0                 (#100=0)
N120 G65 H22 P#101 Q#504              (#101=|#504|)
N130 G65 H04 P#102 Q#100 R360         (#102=#100×360°)
N140 G65 H05 P#102 Q#102 R#504        (#102=#102/#504)
```

N150 G65 H02 P＃102 Q＃503 R＃102　　[＃102＝＃503＋＃102：$\theta_i=\alpha+(360°\times i)/n$]
N160 G65 H32 P＃103 Q＃502 R＃102　　[＃103＝＃502×cos(＃102)当前孔的 x 坐标）]
N170 G65 H31 P＃104 Q＃502 R＃102　　[＃104＝＃502×sin(＃102)当前孔的 y 坐标]
N180 G90 G99 G81 X＃103 Y＃104 R＃506 Z＃505 F＃507　　（用循环加工孔）
N190 G65 H02 P＃100 Q＃100 R1　　（＃100＝＃100＋1 孔计数）
N200 G65 H84 P130 Q＃100 R＃101　　（当＃100＜＃101 时，向上返回到 130 程序段）
N210 M99　　（子程序结束）

调用上述子程序的主程序如下：

O0010
N10 G92 X0 Y0 Z30　　（建立加工坐标系）
N20 M98 P9010　　（调用钻孔子程序，加工圆周等分孔）
N30 Z30　　（抬刀）
N40 G00 G90 X0 Y0　　（返回加工坐标系零点）
N50 M30　　（程序结束）

变量＃500～＃507 可在程序中赋值，也可由 MDI 方式设定。

第六章 Chapter 6 数控加工自动编程

数控加工自动编程是利用计算机和相应的编程软件编制数控加工程序的过程。

第一节 自动编程技术概述

一、自动编程技术的定义和特点

数控加工自动编程是利用计算机和相应的编程软件编制数控加工程序的过程。随着现代加工业的发展，在实际生产过程中，比较复杂的二维零件、具有曲线轮廓和三维复杂零件越来越多，手工编程已满足不了实际生产的要求。如何在较短的时间内编制出高效、快速、合格的加工程序，在这种需求推动下，数控自动编程得到了很大的发展。

数控加工自动编程的初期是利用通用微机或专用的编程器，在专用编程软件(例如 APT 系统)的支持下，以人机对话的方式来确定加工对象和加工条件，然后编程器自动进行运算和生成加工指令。这种自动编程方式，对于形状简单(轮廓由直线和圆弧组成)的零件，可以快速地完成编程工作。目前在安装有高版本数控系统的机床上，这种自动编程方式，已经完全集成在机床的内部(例如西门子 810 系统)。但是如果零件的轮廓是曲线样条或由三维曲面组成，这种自动编程是无法生成加工程序的，解决的办法是利用 CAD/CAM 软件来进行数控自动编程。

随着微电子技术和 CAD 技术的发展，自动编程系统已逐渐过渡到以图形交互为基础，与 CAD 相集成的 CAD/CAM 一体化的编程方法。与以前的 APT 等语言型的自动编程系统相比，CAD/CAM 集成系统可以提供单一准确的产品几何模型，几何模型的产生和处理手段灵活、多样、方便，可以实现设计、制造一体化。采用CAD/CAM数控编程系统进行自动编程已经成为数控编程的主要方式。

二、 图形交互式自动编程的基本步骤

作为当前自动编程的主要方式，图形交互式自动编程可分为零件图及加工工艺分析、几何造型、生成刀具路径轨迹、后置处理、程序校验和程序传输。

1）零件图及加工工艺分析　零件图及加工工艺分析是数控编程的基础，这项工作的主要任务有：核准工件的几何尺寸、公差及精度要求；确定工件相对机床坐标系的装夹位置以及被加工部位所处的坐标平面；选择刀具并准确测定刀具的相关尺寸；确定工件坐标系、编程零点、找正基准面及对刀点；确定加工路线，选择合理的工艺参数。

2）几何造型　几何造型就是利用CAD/CAM软件中的二维、三维绘图功能将工件所需加工部位的几何图形准确地绘制出来，并在计算机中形成相应的工件图形数控文件。

3）生成刀具路径轨迹　图形交互式自动编程的基本过程为：首先进入生成刀位轨迹功能模块，然后根据实际加工需要用光标选择相应的图形目标，输入加工所需的各种参数。软件将自动从图形文件中提取所需的信息，进行分析判断，计算节点数据，并将其转换成刀位数据，存入指定的刀位文件夹中或直接进行后置处理生成数控加工程序，同时在屏幕上显示出刀位轨迹图形。

4）后置处理　后置处理的目的是形成数控指令文件。由于各种机床所用的系统不一样，所以，所用的数控指令文件的代码及格式也有所不同。为解决这一问题，软件通常设置一个后置文件。在进行后置处理前，编程人员需对该文件进行编辑，按文件规定的格式定义数控指令文件所需使用的代码、程序格式、圆整计算方式等内容。软件在执行后置处理命令时将自动按设计文件定义的内容，输出所需的数控指令文件。

5）程序校验　图形交互式自动编程方式生成的程序可调用CAD/CAM所提供的加工仿真模块进行程序的校验，编程人员可根据具体要求选择相应的或全部的刀位轨迹进行检查，编程人员可观察到实体加工仿真，从而确定刀具的实际加工情况。

6）程序传输　对于有标准通信接口的机床，可用通信线与计算机直接相

连，实现计算机与机床控制系统的程序相互传输。

三、 自动编程软件介绍

目前，商品化 CAD/CAM 软件比较多，应用情况也各有不同，表 6-1 列出了国内应用比较广泛的 CAM 软件的基本情况。当然，还有一些 CAM 软件，因为目前国内用户数量比较少，所以，没有出现在上面的表格内，如 Cam-tool、WorkNC 等。

表 6-1 国内应用比较广泛的 CAM 软件的基本情况

软件名称	基本情况
UG NX	是西门子 UGSPLM 软件公司出品的 CAD/CAM/CAE 一体化的大型软件，功能强大，在大型软件中，加工能力最强，支持三轴到五轴的加工。由于相关模块比较多，需要较多的时间来学习掌握
Pro/Engineer	是美国 PTC 公司出品的 CAD/CAM/CAE 一体化的大型软件，功能强大，支持三轴到五轴的加工。同样由于相关模块比较多，学习掌握需要较多的时间
CATIA	IBM 下属的 Dassault 公司出品的 CAD/CAM/CAE 一体化的大型软件，功能强大，支持三轴到五轴的加工，支持高速加工。由于相关模块比较多，学习掌握的时间也较长
Ideas	是美国 EDS 公司出品的 CAD/CAM/CAE 一体化的大型软件，由于目前与 UG 软件在功能方面有较多重复，EDS 公司准备将 Ideas 的优点融合到 UG 中，让两个软件合并成为一个功能更强的软件
Cimatron	是以色列的 CIMATRON 公司出品的 CAD/CAM 集成软件，相对于前面的大型软件来说，是一个中端的专业加工软件，支持三轴到五轴的加工，支持高速加工，在模具行业应用广泛
PowerMILL	是英国的 Delcam Plc 出品的专业 CAM 软件，是目前唯一一个与 CAD 系统相分离的 CAM 软件，其功能强大，是加工策略非常丰富的数控加工编程软件，目前，支持三轴到五轴的铣削加工，支持高速加工
MasterCAM	是美国 CNCSoftware，INC Inc. 开发的 CAD/CAM 系统，是最早在微机上开发应用的 CAD/CAM 软件，用户数量最多，许多学校都广泛使用此软件来作为机械制造及 NC 程序编制的范例软件
EdgeCAM	是英国 Pathtrace 公司开发的一个中端的 CAD/CAM 系统
CAXA	是国内北航海尔软件有限公司出品的数控加工软件，与前面介绍的软件相比较，在功能上稍弱一些，但价格便宜

上述的CAM软件在功能、价格、服务等方面各有侧重，功能越强大，价格也越贵，对于使用者来说，应根据自己的实际情况，在充分调研的基础上，来选择购买合适的CAD/CAM软件。

掌握并充分利用CAD/CAM软件，可以帮助我们将微型计算机与CNC机床组成面向加工的系统，大大提高设计效率和质量，减少编程时间，充分发挥数控机床的优越性，提高整体生产制造水平。

由于目前CAM系统在CAD/CAM中仍处于相对独立状态，因此无论表6-1中的哪一个CAM软件都需要在引入零件CAD模型中几何信息的基础上，由人工交互方式，添加被加工的具体对象、约束条件、刀具与切削用量、工艺参数等信息，因而这些CAM软件的编程过程基本相同。

四、 CAM系统简介

1. CAM系统简介

CAM是计算机辅助制造(computer aided manufacturing)的英文缩写，是一项利用计算机软件、硬件协助人完成产品的设计与制造的技术。广义的CAM是指工程技术人员的计算机组成的系统中以计算机为辅助工具，完成从准备到产品制造整个过程的活动，包括工艺过程设计、工装设计、NC自动编程、生产作业计划、生产控制、质量控制等。狭义的CAM一般仅指NC程序编制，包括刀具路经规划、刀位文件生成、刀具轨迹仿真及NC代码生成等。

一个典型的CAM系统由两个部分组成：一是计算机辅助编程系统，二是数控加工设备即数控机床，如图6-1所示。

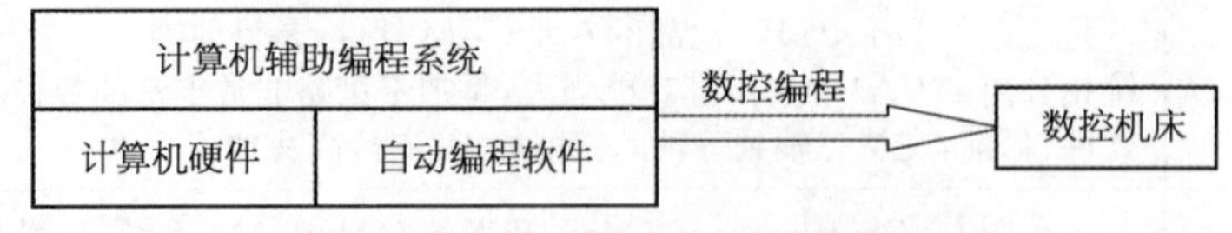

图6-1 典型CAM系统的组成

计算机辅助编程系统的任务是根据工件的几何信息计算出数控加工的轨迹，并编制出数控程序，它由计算机硬件设备和计算机辅助数控编程软件组成。

计算机硬件设备主要有工作站和微机两种。一般而言，工作站的图形性能要优于微机，但随着微机性能的飞速提高，它与工作站的性能差别也越来越小。而且由于微机的价格要远低于工作站，因此在CAD/CAM系统中的应用越来越广泛，其普及率远高于工作站。

计算机辅助数控编程软件即我们通常所说的CAM软件，它是计算机辅助编程系统的核心。它的主要功能包括数据输入/输出、加工轨迹计算与编辑、工艺参数设置、加工仿真、数控程序后处理、数据管理等。目前常用的CAM软件种类较多，其中的基本功能大同小异，并在此基础上发展出各自的特色。

数控加工设备的任务是接受数控程序，并按照程序完成各种加工动作。数控加工技术可以应用在几乎所有的加工类型中，如车、铣、刨、镗、磨、钻、拉、切断、插齿、点加工、板材成形、管料成形等。

数控铣床、数控车床、数控线切割机是模具行业最常用的数控加工设备。其中又以数控铣床和数控车床应用最为广泛。

2. Mastercam 简介

Mastercam是美国CNC公司开发的CAD/CAM一体化软件，自1984年诞生，就以其强大的加工能力而闻名于世。我们可以使用该软件设计绘制出零件的2D或3D图形，还可以通过设置刀具路径及参数让系统自动生成加工零件所需的数控程序，并且可以通过计算机的通讯端口，将生成的数控程序送入数控机床。这样就大大提高了工作效率，缩短了产品的制造周期，并显著提高了产品的质量，从而产生巨大的经济效益。

Mastercam对计算机硬件要求不高，可以在一般的微机上运行。而且该软件使用方便，容易掌握，目前已被广泛用于机械制造业。

Mastercam主要包括Design(设计)、Mill(铣削)、Lathe(车削)和Wire(线切割)四大模块。其中Design模块用于零件的造型设计，Mill、Lathe和Wire三个模块，既可以完成Design模块的零件造型设计功能，又可以分别用来生成铣削加工刀具路径、车削加工刀具路径和线切割加工刀具路径。本章仅对Mastercam 9.0版本中应用最广泛的Mill模块进行介绍。

1) 系统工作界面　启动Mastercam 9.0后，系统将进入相应模块的工作界面。各模块的工作界面稍有不同，Mill模块工作界面如图6-2所示。

(1) 标题栏。它用于显示系统的版本号和模块的名称，当打开一个已有的文件时，它将显示该文件的路径和文件名称。

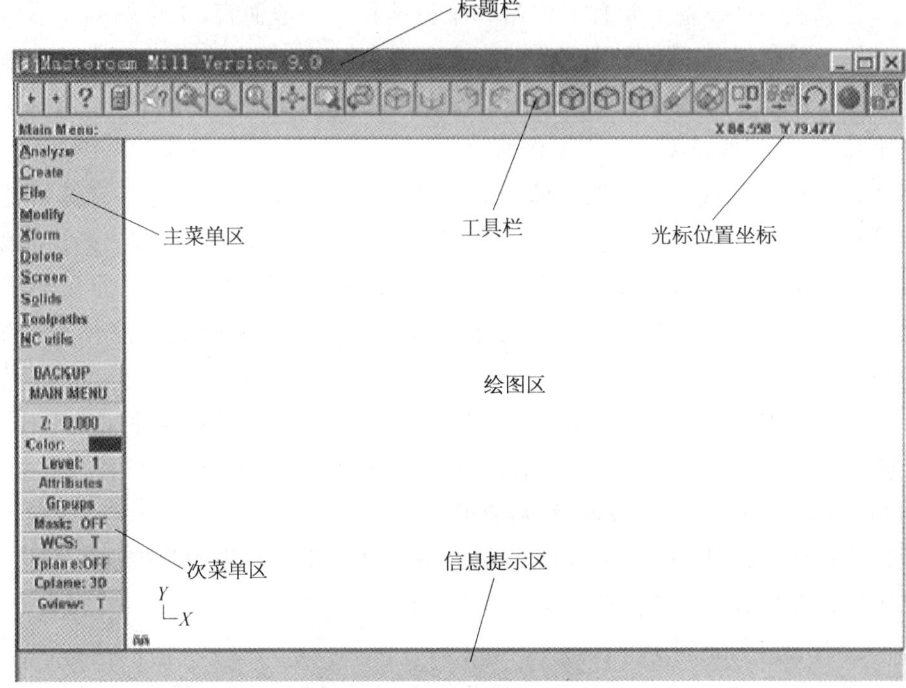

图 6-2 Mill 模块工作界面

(2) 工具栏。工具栏包含了许多用按钮图标表示的命令,单击这些按钮图标就可以激活相应的 Mastercam 命令。如果把光标放在某个按钮图标上,就可显示出该按钮图标所表示的命令名称。单击工具栏中的"←"或"→"按钮可以寻找所需的按钮图标。

(3) 主菜单区。Mastercam 所有的操作命令都放在主菜单里。当选择主菜单区中任一命令,随后在主菜单区就会弹出下一级菜单,可依次进行选择直到选定所需的命令为止。如想返回上一级菜单,则可单击主菜单下方的 **BACKUP** 按钮,每单击此按钮一次,菜单向前返回一级,直至返回到主菜单。如想直接返回主菜单,则可单击主菜单下方的 **MAIN MENU** 按钮。

(4) 次菜单区。次菜单区中的按钮主要用来设置图素属性、工作深度、构图平面、构图视角等。各按钮的功能将在以后详细介绍。

(5) 信息提示区。信息提示区主要用来显示操作过程中相应的提示信息,绘图所需的一些数据也在该区输入。

(6) 绘图区。该区域为图形的绘制、编辑和显示的区域。

2) 文件管理　Mastercam 9.0 提供了强大的文件管理功能,其基本操作包括创建新文件、打开和插入已有文件、存储文件、文件的导入和导出等。这些命令的调用是通过主菜单中 File 的子菜单中的各项命令来实现的，如图 6－3 所示。也可单击工具栏中的按钮调用 File 的子菜单。File 子菜单中各选项的功能见表 6－2。

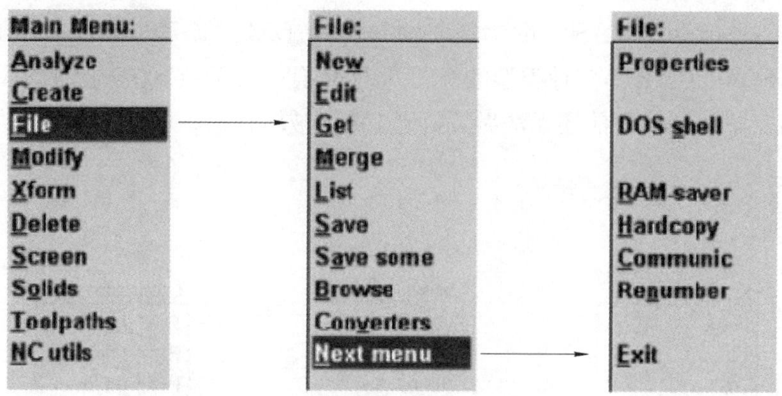

图 6－3 File 子菜单

表 6－2 File 子菜单中各选项的功能

选　项	功　能
New	创建新的图形文件
Edit	编辑、查阅各种 ASC Ⅱ 文件
Get	打开已创建图形文件
Merge	插入已创建图形文件
List	将 NC 等 ASC Ⅱ 文件显示在屏幕上
Save	保存文件
Save some	将当前图形文件的一部分保存为文件
Browse	浏览文件
Converters	图形文件的转换
Next menu	下一页
Properties	文件属性
Dos shell	切换到 DOS 窗口
RAM—saver	释放内存
Hardcopy	打印输出
Communic	将 NC 文件在计算机与数控机床之间传输
Exit	退出系统

下面分别介绍 File 的子菜单中的几项主要命令的使用方法：

(1) Coverters(文件转换)。Coverters 命令可将多种其他类型的文件读入 Mastercam 数据库中，并将它们转换为 Mastercam 文件，也可以将 Mastercam 文件写出为多种其他类型的文件。这些文件转换命令的调用是通过 Coverters 的子菜单中的各项命令来实现的，如图 6－4 所示。从 Coverters 子菜单可以看出 Mastercam 可与 ASC Ⅱ、STEP、DWG、DXF、IGES、Parasld、DXT、VAD、SAT、ProE 等多种类型的文件进行交换。由于技术上的原因，文件格式之间完整的转换目前还无法做到，所以文件被转换后，往往会出现丢失信息的现象。

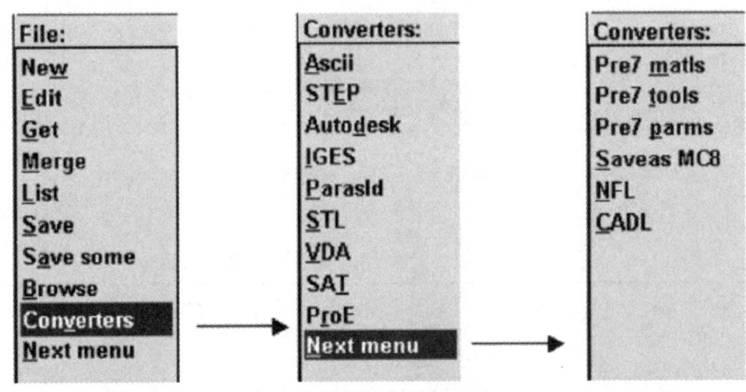

图 6－4 Coverters 子菜单

(2) Communic(数据通信)。Communic 命令可令计算机与数控机床之间进行数据传输。数据通信的操作步骤：

① 选择命令 File/Next menu/Communic。

② 在弹出的对话框(图 6－5)中设置数据格式、传输格式、传输速率、奇偶校验方式等。

③ 单击对话框中的 Send 按钮，可以将指定的数控程序送入到数控机床；单击对话框中 Receive 按钮，可以从数控机床中接收数控程序，将其存放到计算机中。

注意：图 6－5 对话框中的各项设置要与数控机床中的设置相同，而这些相关参数的设置会由数控机床生产厂家提供。

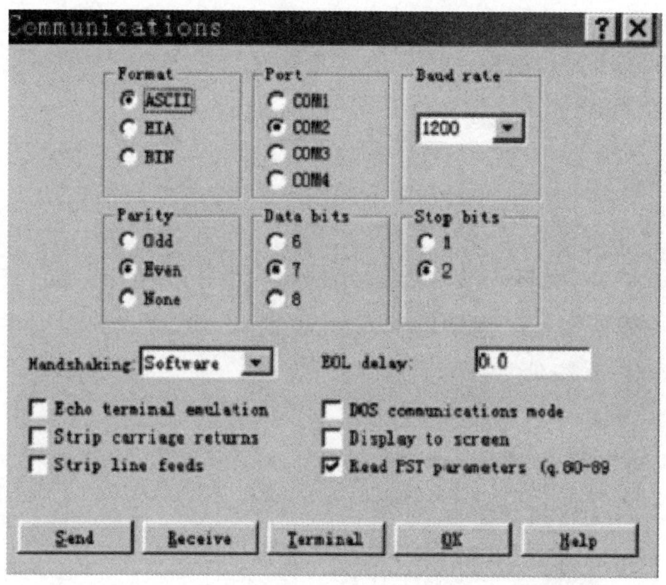

图 6-5　数据通信对话框

第二节　Mastercam 加工基础

Mastercam 9 中包含了二维加工刀具路径(2D)和三维加工刀具路径(3D)两大类别。二维加工包括了外形铣削、挖槽、钻孔和面铣削四种加工方式；三维曲面(实体表面包含在内)加工分粗加工和精加工两大类，共设计了十多种加工方式，此外，还设计了其他一些特殊情况下的加工方式，并可以对生成的刀具路径进行编辑修改等，所有命令全部都在 Toolpaths 菜单下，如图 6-6 所示。

CAM 中加工刀具路径实际上是用于数控机床加工中刀具相对于工件的运动轨迹和加工切削用量(切削速度、进给量和切削深度)的组合，因此加工刀具路径是一个广义的概念，不仅是刀具的运动轨迹，而且包含加工刀具类型(端铣刀、球形铣刀等)、切削用量选择、切削液是否使用、工件材料的选择、加工工艺方法选择以及数控加工中特有的坐标设定等，所有这些都反映在经加工刀具路径转化而成的数控加工代码(程序)中。所以若想产生一个满意的加工刀具路径，需要数控系统功能、数控加工工艺、切削原理等多方面的知识，CAM 软件提供了很便利的工具，可以帮助数控设计人员充分应用好上述知识，生成合理的加工刀具路径。

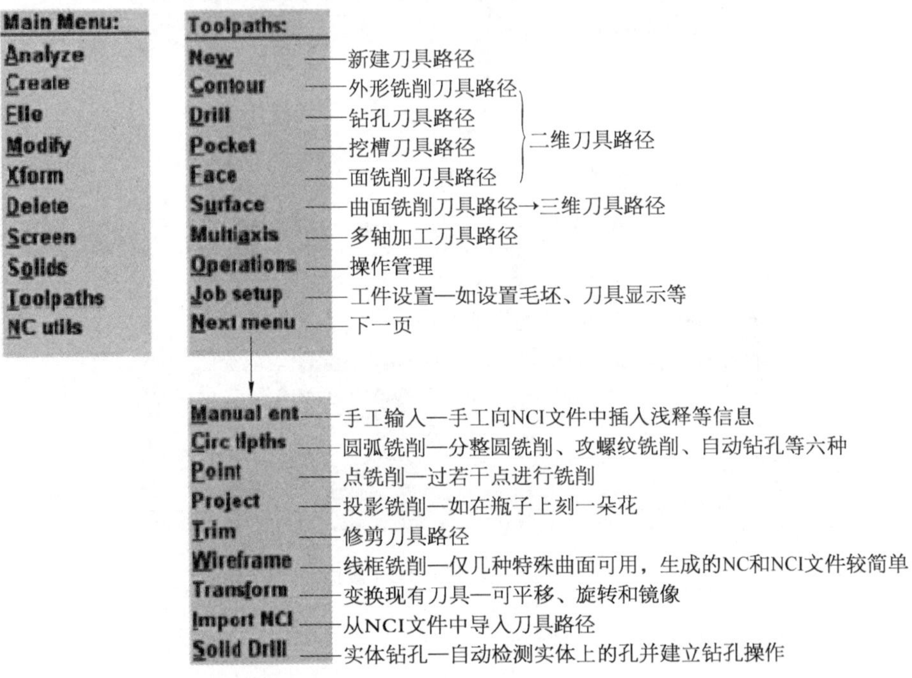

图 6-6　刀具路径菜单命令及功能

本节将介绍 Mastercam 机械加工中的一些基础知识，包括加工中刀具参数设置、加工材料及工件参数的设置、操作设置、刀具路径的模拟以及后处理等方法。

一、　刀具设置

Mastercam 9 中的刀具设置主要分为三个方面：一是从已有刀具库中选择刀具；二是创建、定义新刀具；三是对已有刀具进行编辑、修正。

1. 从已有刀具库中选择刀具

从刀具库中选择刀具无论采用哪种加工方式，在选用加工方式命令并选择加工对象后，将会弹出相应的加工参数设置对话框，如图 6-7 所示，该对话框是采用 Toolpaths/Contour 命令进入的，其中第一个选项卡是刀具参数选项卡。

在对话框的空白处单击右键，会弹出一个快捷菜单，如图 6-8 所示。

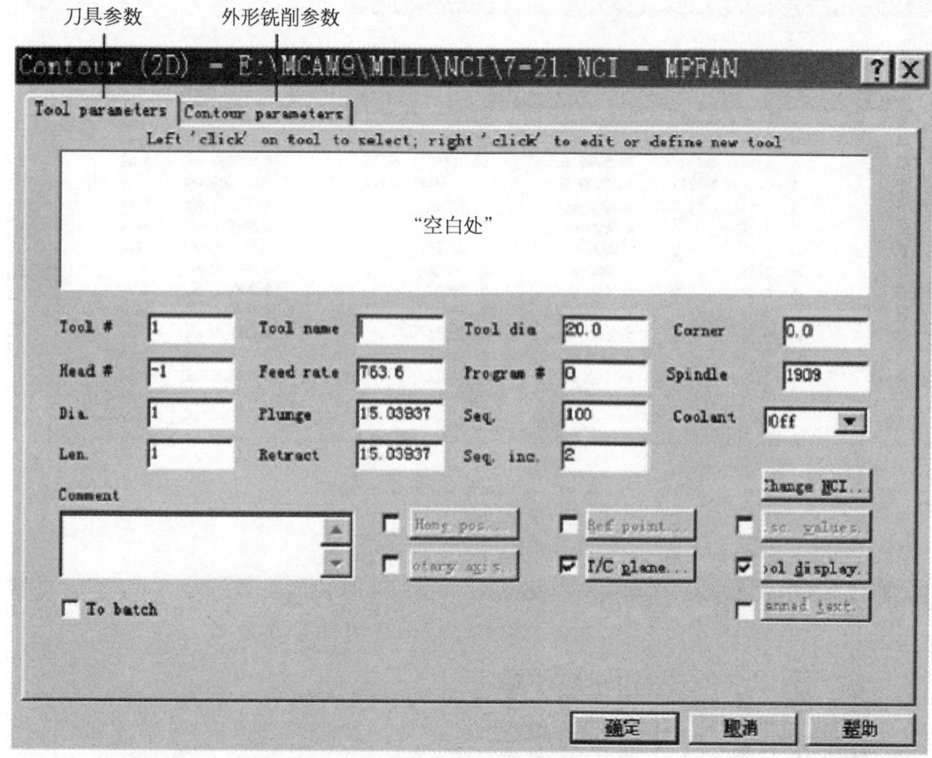

图 6-7 刀具参数选项卡

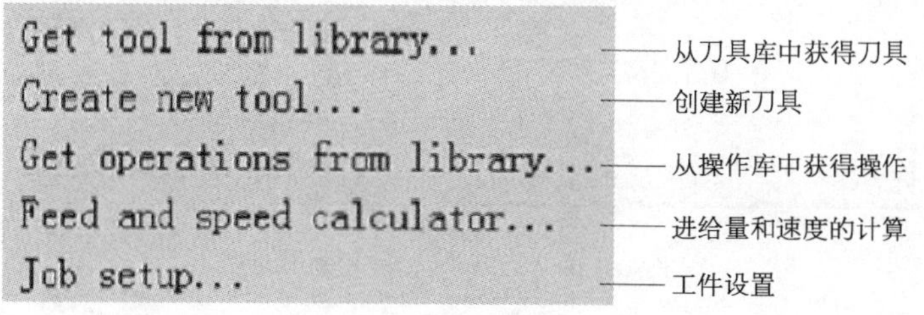

图 6-8 快捷菜单

点击快捷菜单的第一项:从刀具库中获得刀具,弹出如图 6-9 所示的 ToolsManager(刀具管理)对话框。当刀具列表中的刀具数量较多而不便查找时,可以单击该对话框左上角的 Filter...(过滤器)按钮,弹出如图 6-10 所示的对话框,可从许多种类刀具中选择符合要求的刀具类型。

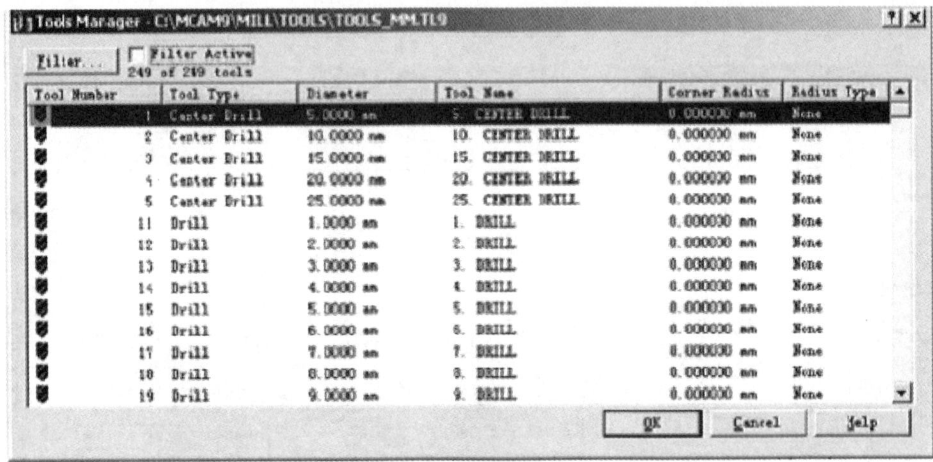

图 6-9 刀具管理对话框

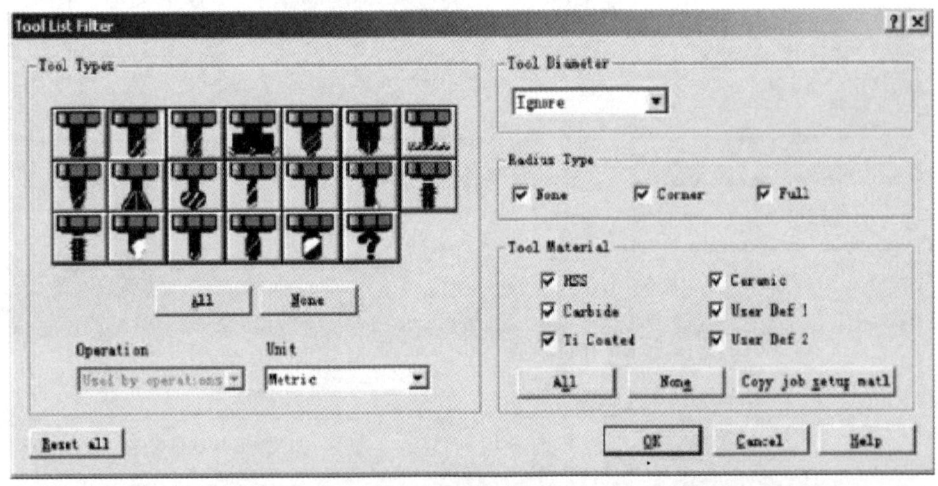

图 6-10 刀具列表过滤对话框

一般只需从图 6-10 对话框中选择要列出来的刀具类型，对话框中其他各项可以全部选中，单击 OK 按钮退出对话框，此时图 6-9 所示的对话框将只列出满足设置条件的刀具。从刀具列表中选择需要的一把刀具，然后单击 OK 按钮退出对话框，此时刀具参数选项卡的空白处出现了一个刀具的图标，如图 6-11 所示。

可以按照上面的步骤选择加工中用到的其他刀具，完成刀具选择。

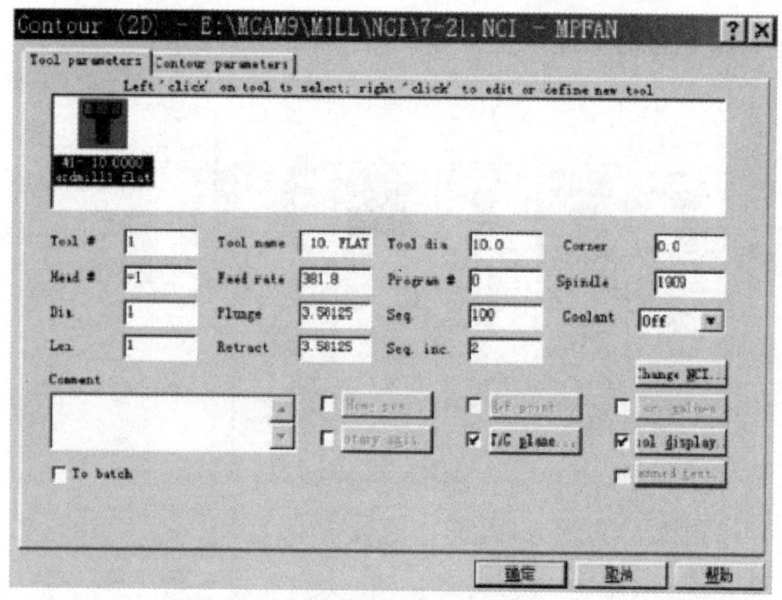

图 6-11　刀具参数选项卡

2. 创建新刀具

选择图 6-8 所示快捷菜单的第二项：选择创建新刀具，则系统弹出如图 6-12 所示的 Define Tool（定义刀具）对话框的 Tool Type（刀具类型）选项卡。选项卡中刀具名称中英文对照见表 6-3。该选项卡用来从刀具库中选取刀具的类型，然后通过其他选项卡设置刀具的有关参数，在刀具列表中添加一把新刀具。

表 6-3　刀具名称中英文对照

序号	英文名称	中文名称	序号	英文名称	中文名称
1	End Mill	平头铣刀	11	Drill	麻花钻
2	Spher Mill	球头铣刀	12	Reamer	铰刀
3	Bull Mill	圆鼻刀	13	Bore Bar	镗刀
4	Face Mill	端面铣刀	14	Tap RH	右旋丝锥
5	Rad Mill	圆角铣刀	15	Tap LH	左旋丝锥
6	Chfr Mill	倒角铣刀	16	Ctr Drill	中心钻
7	Slot Mill	槽铣刀	17	Spot Drill	点钻
8	Taper Mill	锥度铣刀	18	Cntr Bore	沉孔锪钻
9	Dove Mill	燕尾铣刀	19	C. Sink	锥孔锪钻
10	Lol Mill	圆球铣刀	20	Undefined	未定义刀具

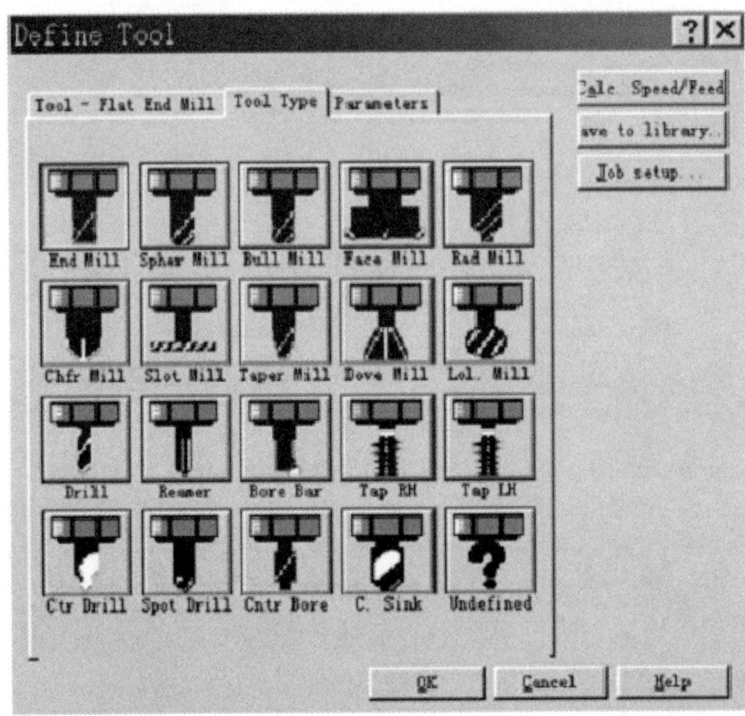

图 6－12　刀具类型设置选项卡

例如在图 6－12 中选择球头铣刀后，系统则自动打开如图 6－13 所示的 Tool－Spherical End Mill(刀具尺寸参数)选项卡。

下面需要对该刀具的几何外形参数进行设置。不同类型刀具的选项卡中的内容有所不同，但其主要参数都是一样的，下面以 Spherical End Mill(球头铣刀)为例来说明该选项卡的各参数的含义。

(1) Diameter(直径)：刀具的直径。

(2) Corner Radius(圆角半径)：球头铣刀的圆角半径即为刀具直径的一半。在圆鼻刀具的设置时，需根据加工使用的刀具设置该参数。

(3) Flute(切刃长度)：刀具有效切刃的长度。

(4) Shoulder(刀刃长度)：刀具刀刃的总长。

(5) Overall(刀长)：刀具从刀尖到夹头底端的长度。

(6) Arbor(刀柄直径)：刀柄直径。

(7) Holder(夹头)：有两个输入框，一个用来设置夹头直径，另一个用来设置夹头长度。

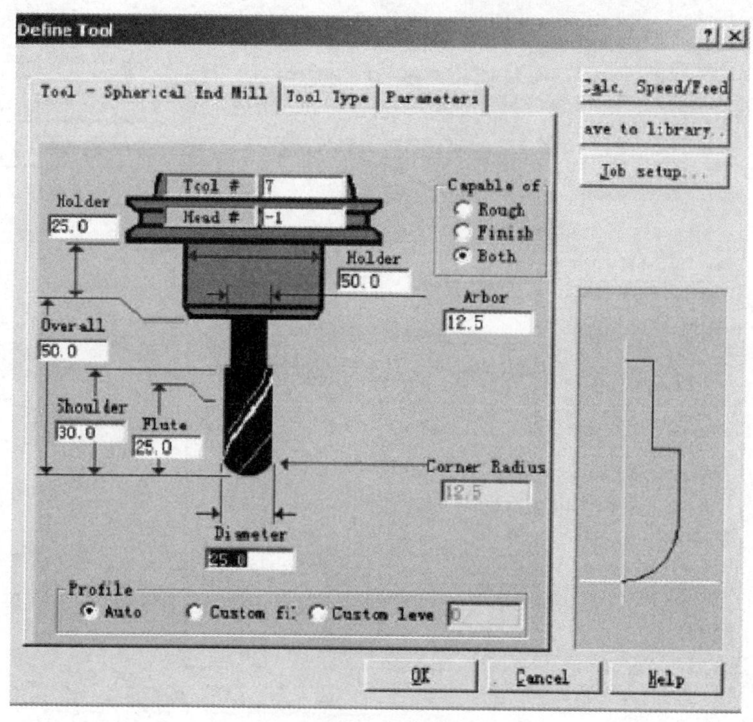

图 6-13 刀具尺寸参数设置选项卡

(8) Tools#(刀具编号):系统自动按创建的顺序给出刀具编号,用户也可以自己设置编号。

(9) Capabel of 栏:用来设置该刀具可用来加工的类型,设置为 Rough(粗加工)时,只能用于粗加工;设置为 Finish(精加工)时,只用于精加工;设置为 Both 时,在粗加工和精加工中都可以使用。

(10) Profile 栏:用来显示设置刀具的外形。

设置刀具各几何参数后,还要对刀具加工参数进行设定。刀具的加工参数可以通过如图 6-14 所示的 Parameters(刀具加工参数)选项卡来设置。该选项卡主要用来设置使用该刀具在加工时的进刀量、冷却方式等。这里面的参数设置很重要,但并不是每个框中的值都要进行选择或填写,主要要确定好前面两行的进刀量设置(百分比表示)和后面的两个百分比项,如果刀具和工件的材料都已选择,则按下对话框中右上角的 Calc. Speed/Feed 按钮,可以自动计算出加工所需的主轴转速和进给量等。

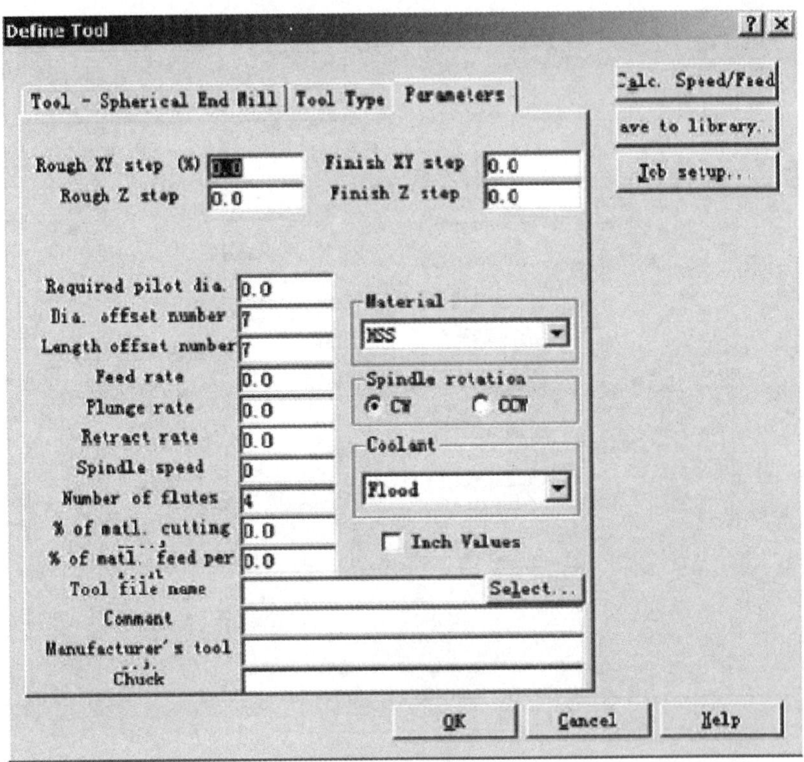

图 6-14　刀具加工参数设置选项卡

Parameters 选项卡中主要参数的含义如下：

(1) Rough XY Step(%)(粗加工 xy 向步进量)：以百分数形式设置刀具在平面 xy 方向的步进量，切削深度等于刀具直径乘以粗加工步进量(百分数)。例如：步进量为 40%，刀具直径为 10 mm，切削深度则为 4 mm。

(2) Finish XY Step(精加工 xy 向步进量)：设置精加工时刀具在平面 xy 方向的步进量。

(3) Rough Z Step(粗加工 z 向步进量)：设置粗加工时刀具在 z 轴方向的步进量。

(4) Finish Z Step(精加工 z 向步进量)：设置精加工时刀具在 z 轴方向的步进量。

(5) Required pilot dia(中心孔直径)：设置加工所需的中心孔直径，通常攻螺纹、镗孔的刀具需要设置该参数。一般可以不设置此值。

(6) Dia. offset number(直径补偿号)：指定刀具直径补偿值的寄存器编

号，该参数只有当系统设定刀具补偿为左或右时才使用。

(7) Length offset number(刀长补偿号)：指定刀具长度补偿值的寄存器编号。

(8) Feed rate(进给速度)：xy 面的刀具进给速度(mm/min)。

(9) Plunge rate(下刀速度)：z 向的刀具进给速度(mm/min)。

(10) Retract rate(提刀速度)：切削加工完毕后，z 向快速提刀返回的速度(mm/min)。

(11) Spindle speed(主轴转速)：主轴转速(r/min)。

(12) Number of flutes(刀槽数)：刀具排屑槽数。

(13) Spindl erotation(主轴转向)：设置主轴的旋转方向，可设置为顺时针方向或逆时针方向。

(14) Coolant(冷却方式)：有如图 6－15 所示的四种可选。

(15) Material(刀具材料)：有如图 6－16 所示的四种可选。

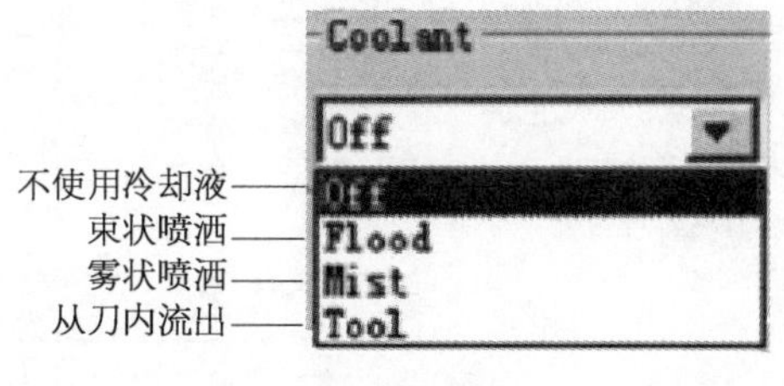

图 6－15 冷却方式

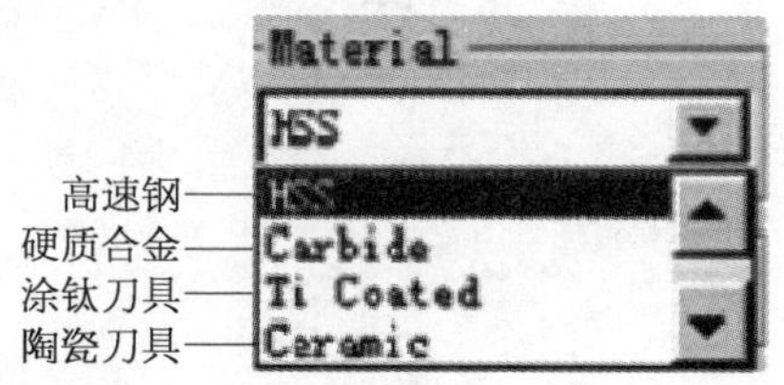

图 6－16 刀具材料

(16) % of matl. cutting feed(切削线速度的百分比)：设置该刀具切削线速度的百分比，根据刀具材料和工件材料确定。刀具实际进给速度、下刀速度、提刀速度、切削速度等与此百分比有一定关系。

(17) % of matl. feed per tooth(进刀量的百分比)：设置该刀具进刀量的百分比，即每齿进给量，根据刀具材料和工件材料确定。刀具实际进给速度、下刀速度、提刀速度、切削速度等与此百分比有一定关系。

参数设定完毕后，按 ave to library. 按钮保存，以便将来使用时调用该刀具资料。

3. 编辑刀具

如果用户已经选择了刀具库的某把刀具，现想要对其参数进行部分修改，那么只要在图 6－11 所示对话框的刀具区中，用鼠标右键点击要修改的刀具，则系统弹出如图 6－12 所示的 Define tool(定义刀具)对话框，用户可按前面介绍的创建新刀具的方法来编辑刀具的各项参数，最后点击 OK 按钮即可完成刀具的修改。

二、 刀具参数设置

在 Mastercam 中产生刀具路径时需要输入各种刀具工艺参数。图 6－11 所示的刀具参数表是每个刀具路径都要输入的参数，属于共同参数，表中大部分参数可以通过选择或新建刀具来更改，也可以在表中直接输入数值来更改。下面将介绍图 6－11 所示的对话框中各输入框和按钮的含义。

1. 各输入框的含义

刀具参数选项卡中各输入框的含义，如图 6－17 所示。

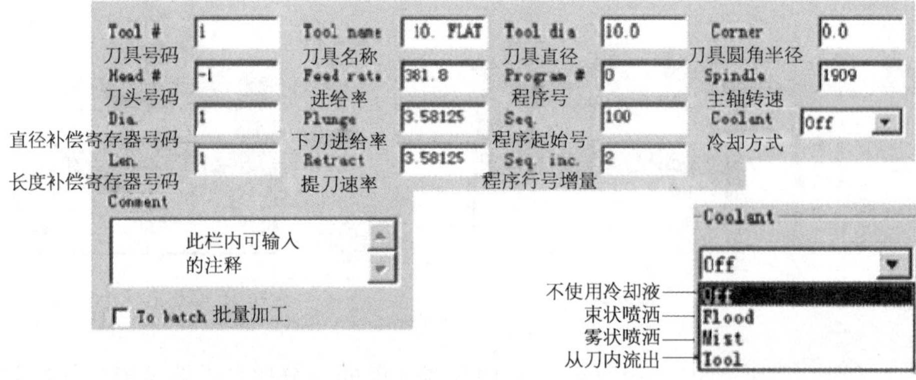

图 6－17　刀具参数选项卡中各输入框的含义

2. 八个按钮的含义

刀具参数选项卡中八个按钮的含义，如图 6－18 所示。

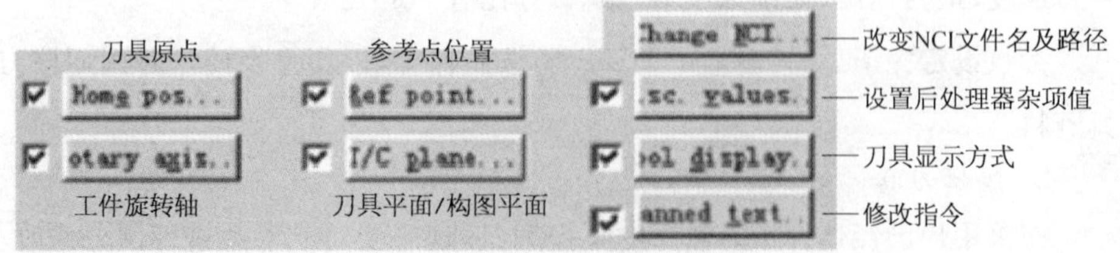

图 6－18　八个按钮的含义

（1）☑ Home pos... ——用于设置刀具的原点。激活并点击此按钮，系统弹出如图 6－19 所示对话框。

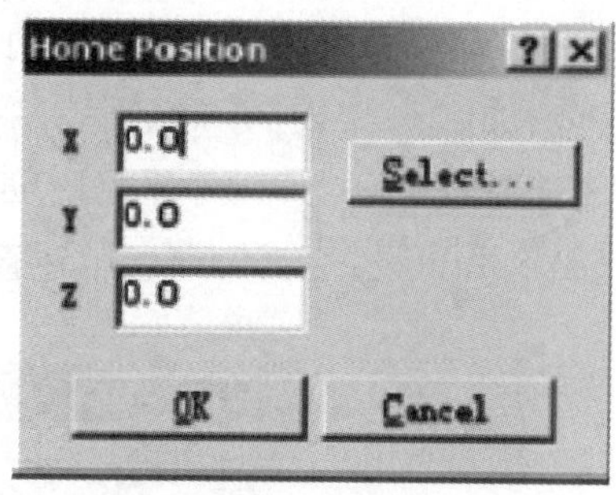

图 6－19　刀具原点对话框

用户可以在输入框中输入刀具原点的各坐标值，或通过 Select... 按钮用鼠标在绘图区选择某点作为原点。

（2）☑ Ref point... ——用于设置参考点位置。激活并点击此按钮，系统弹出如图 6－20 所示对话框。各选项含义如下：

① Approach：加工进入点。

② Retract：加工退出点。

③ Absolute：绝对坐标。

④ Incremental：相对坐标。

加工时，刀具先从图 6－19 所设的刀具原点位置移动到图 6－20 所示的 Approach 中指定的 x、y、z 坐标处，再开始第一条刀具路径的加工。加工完成后，先移动到 Retract 中指定的 x、y、z 坐标处，再返回到刀具原点。

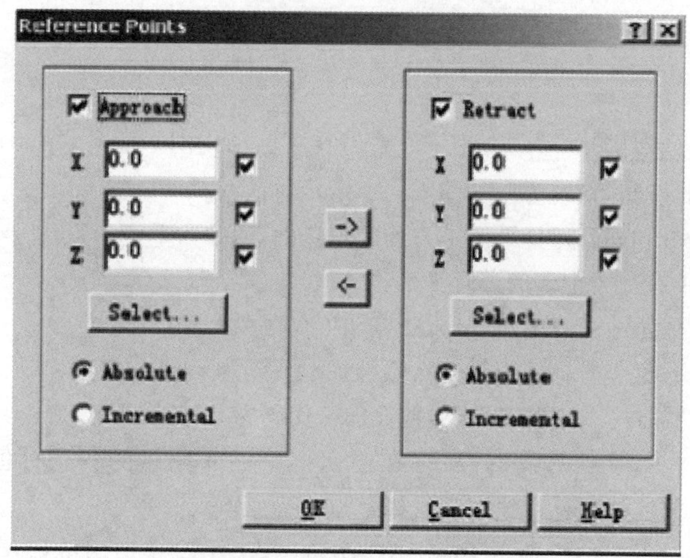

图 6－20　参考点位置对话框

(3) Rotary axis...——用于设置工件旋转轴。激活并点击此按钮，系统弹出如图6－21所示对话框。一般在铣床加工系统中不需进行此项设置，而在车床系统中则有必要。常用于四轴联动加工时选择x轴或y轴作为替代的旋转轴，并可设置旋转方向、旋转直径等参数。

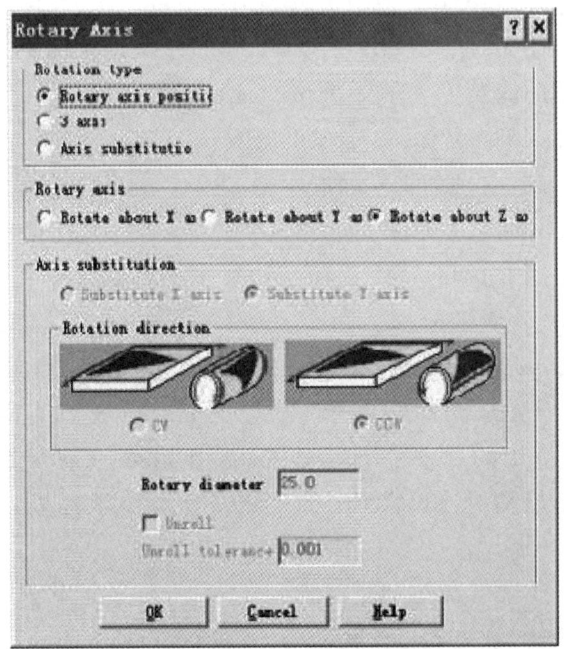

图6－21 工件旋转轴对话框

(4) T/C plane...——用于设置刀具平面和构图平面及它们的原点。激活并点击此按钮，系统弹出如图6－22所示对话框。

① Tool plane：刀具平面是刀具的工作面，通常为垂直于刀具轴线的平面。数控加工中有三个主要的刀具平面：

$x-y$平面——俯视面 Top，数控加工代码为G17；

$x-z$平面——前视面 Front，数控加工代码为G18；

$y-z$平面——侧视面 Side，数控加工代码为G19。

刀具平面原点的设置：可以在输入框中输入原点的各坐标值，或通过 Select... 按钮用鼠标在绘图区选择某点作为原点。

刀具平面的选择：通过 Plane 区域中的 Select... 按钮用鼠标在主菜单区中选择。

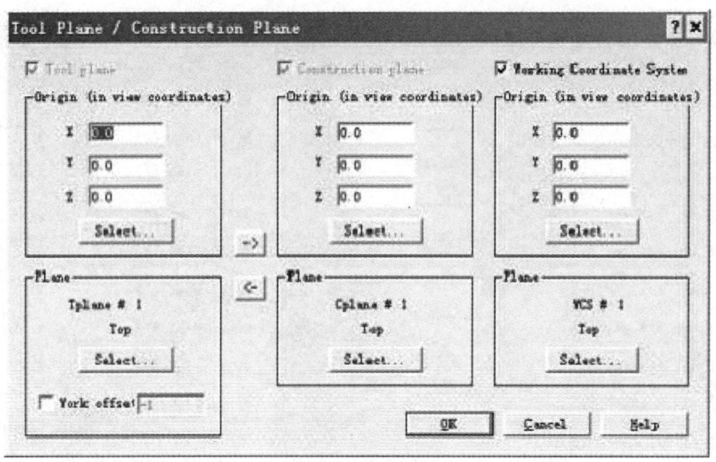

图 6-22　刀具平面/构图平面的设置

② Construction plane：构图平面 Mastercam 中有三个主要的构图平面：

$x-y$ 平面——俯视面 Top；

$x-z$ 平面——前视面 Front；

$y-z$ 平面——侧视面 Side。

构图原点的设置和构图平面的选择与刀具平面的选择方法相同。

（5）Change NCI...——用于设置生成的 NCI 文件名及 NCI 文件存储路径。单击该按钮后，系统弹出如图 6-23 所示对话框，可供用户设置。

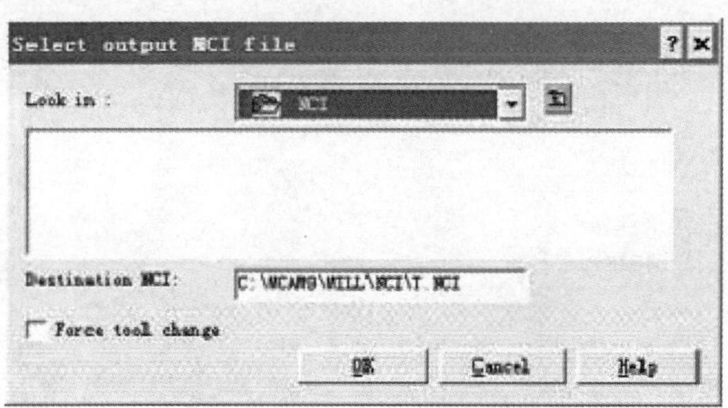

图 6-23　选择输出 NCI 文件对话框

（6）☑ Misc. values...——用于设置后处理器杂项值。激活并点击按钮，系统弹出如图 6-24 所示对话框。该对话框包含十个整数值和十个实数值，在创建 NCI 文件时，这些杂项值将出现在每个操作的开始位置，在后处理过程中这些杂项值是与适当的变量有链接关系的。

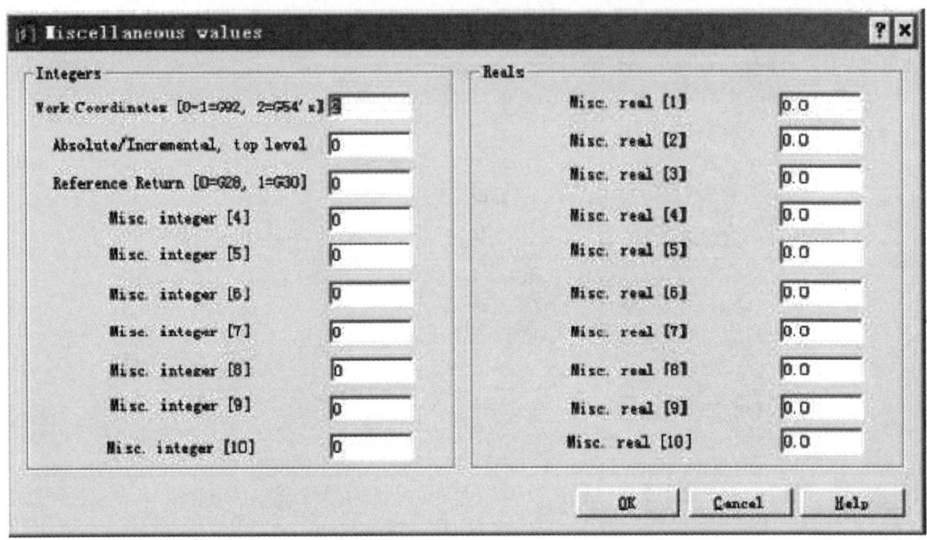

图 6-24　后处理器杂项值对话框

(7) Tool display...——用于设置在生成刀具路径时刀具移动在绘图区的显示方式。激活并点击此按钮，系统弹出如图 6-25 所示对话框，具体的设置方法与后面将要介绍的刀具路径模拟的设置方法相同。

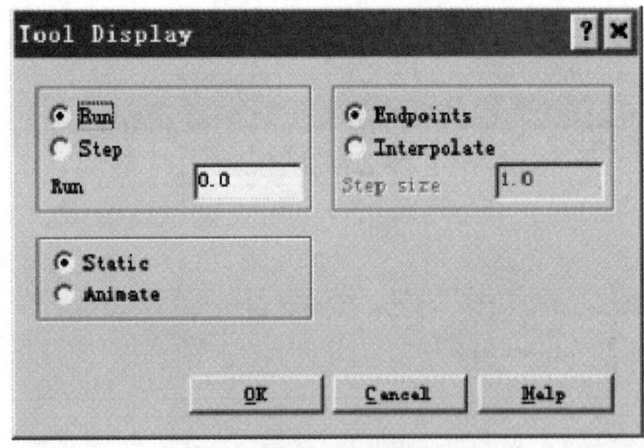

图 6-25　刀具显示对话框

(8) Canned text...——用于修改指令。激活并点击此按钮，系统弹出如图 6-26 所示对话框。该对话框中的 Canned text 列表中列出了后处理器用来控制加工机械命令的变量；Selected canned 列表中列出了指定给选择点或刀具的

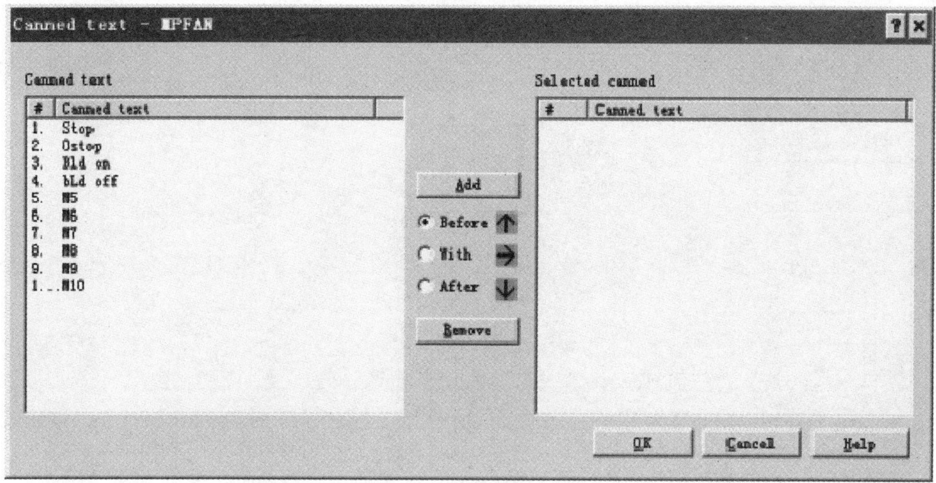

图 6－26　修改指令对话框

canned 文本的变量。用户可在 Canned text 列表中选择变量后单击 Add 按钮在 Selected canned 列表中添加该变量，点击确定，该变量即可插入到 NC 代码中去。也可在 Selected canned 列表中选择某变量后单击 Remove 按钮删除该变量。

三、　工件设置

工件设置主要是设置工件毛坯的大小、原点、材料等。点击定义刀具对话框(图 6－12)中右上角处的 Job setup... 按钮，可以打开工件设置对话框，但一般我们是采用 Tool paths/Job setup 命令直接打开工件设置对话框，如图 6－27 所示。

下面把工件设置对话框分成六个部分作介绍：

1) 毛坯设置区域　对话框的上半部分是毛坯设置区域，用于设置加工工件毛坯参数，有毛坯长、宽、高(分别对应图中的 X、Y、Z)尺寸的设置，工件原点设置等项目。

(1) 定义毛坯的四种方法：

① 直接在毛坯 X、Y、Z 输入框中输入毛坯的大小尺寸。

② 单击 Elect corners. 按钮，用鼠标点选两个对角点以确定毛坯的范围，系统返回工件设置对话框后，框中会显示出毛坯的长和宽尺寸以及毛坯原点的坐标值。

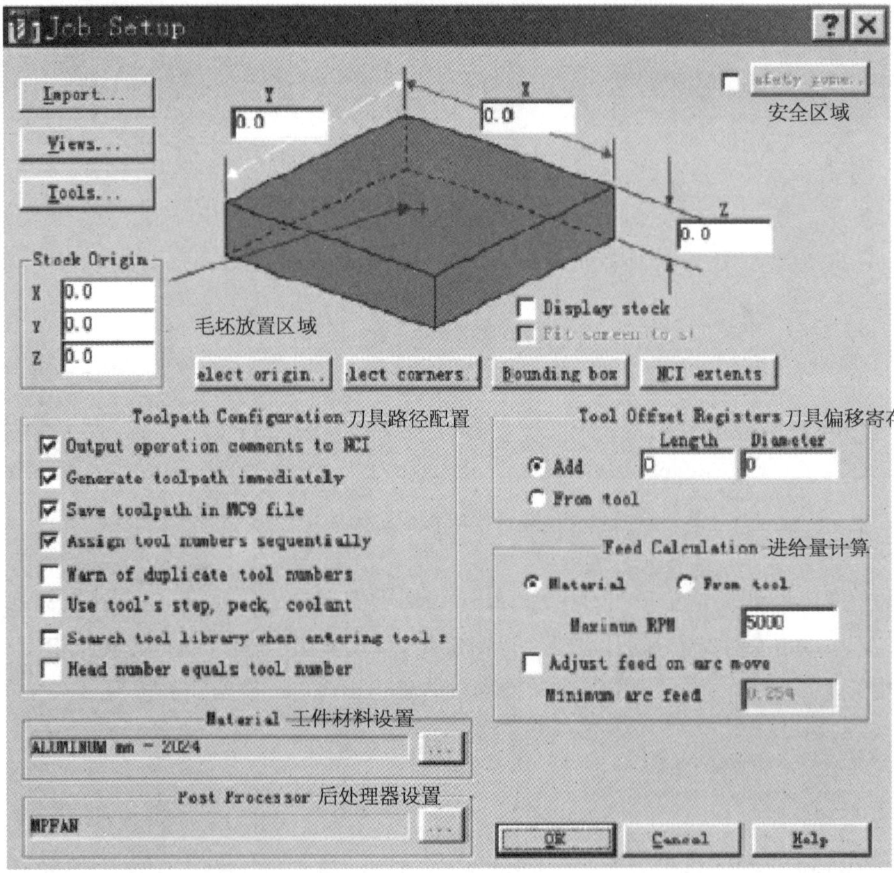

图 6－27　工件设置对话框

③ 单击 Bounding box 按钮，弹出 Bounding box（边界盒）对话框，如图 6－28 所示，完成对话框设置后系统返回工件设置对话框，框中会显示毛坯的长、宽尺寸和毛坯原点的坐标值。

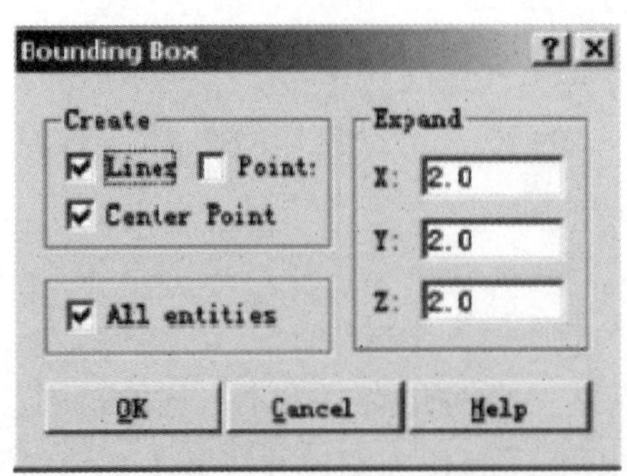

图 6－28　边界盒对话框图

④ 单击 NCI extents 按钮，根据 NCI 文件中刀具的移动范围来计算出毛坯的大小，求出毛坯原点的坐标值并显示。

（2）设置工件原点。Mastercam9 中，可将工件的原点定义在毛坯的十个特殊位置上，包括八个角落和两个上下面中心点。系统用一个小箭头来指示所选择原点在工件上的位置。将光标移到各特殊点位置上，单击鼠标左键即可将该点设置为工件原点。

工件原点的坐标也可以直接在 Stock Origin 输入框中输入坐标值，也可以单击 elect origin. 按钮返回绘图区用鼠标点选取某点，系统即把该点作为毛坯原点。

（3）工件显示控制。

① 若激活 ☑ Display stock ：屏幕中显示出设置的工件。

② 若激活 ☑ Fit screen to st ：在进行 Fit screen（全屏显示）操作时，显示的对象包括设置的毛坯。

2）刀具路径系统设置

（1）Output operation comments to NCI：选中该复选框时，在生成的 NCI 文件中包括操作注解。

（2）Generate toolpath immediately：选中该复选框时，在创建新的刀具路径时，立即生成一个 NCI 文件。

（3）Save toolpath in Mc9 file：选中该复选框时，将刀具路径储存在 MC9 文件中。

（4）Assign tool number sequentially：选中该复选框时，刀具自动被依次编号。

（5）Warn of duplicate tool numbers：选中该复选框时，刀具编号重名时发出警告。

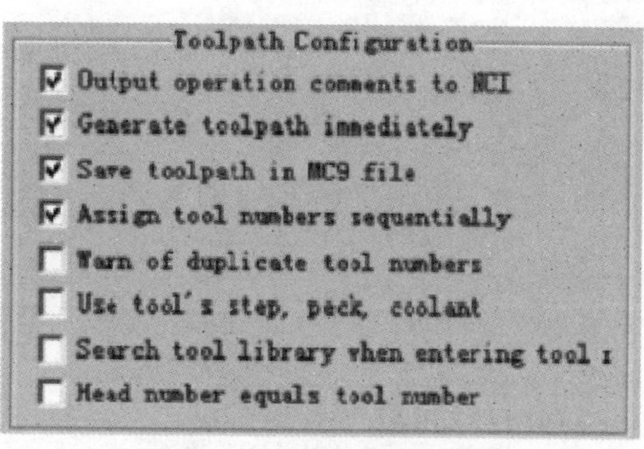

图 6-29　刀具路径配置区

(6) Use tool's step, peck, coolant:选中该复选框时,采用刀具的下刀量、步进量和冷却设置等参数。

(7) Search tool library when entering tool:选中该复选框时,当在 Tool parameter 选项卡中输入刀具号时,系统自动使用刀具库中的对应刀具号的刀具。

(8) Head number equal stool number:选中该复选框时,刀具夹头号与刀具号相同。

3) 工件材料设置　工件材料区域可选择工件材料,如果点击 Material(工件材料)按钮 ... (图 6-27),则会弹出工件材料列表对话框,如图 6-30 所示为"铣床-资料库(米制)"材料对话框,里面列出了很多种材料,不过与我国材料标准不一致,须查阅国内外材料对照才能正确选用。常见材料的中英文对照参见表 6-4。

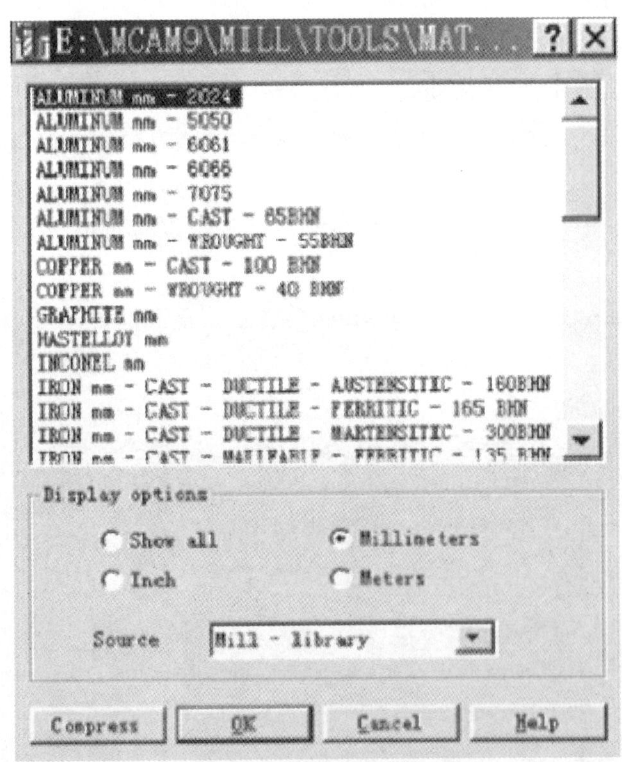

图 6-30　工件材料列表对话框

表 6-4 常用材料的中英文对照

序号	英文名称	中文名称	序号	英文名称	中文名称
1	ALUNINUM	铝	9	NICKEL	镍
2	COPPER	铜	10	PLASTIC	塑料
3	HASTELLOY	石墨	11	STEEL	钢
4	INCONEL	哈斯特合金（一种耐蚀耐热镍基合金）	12	TANTALUM	钽
5	IRON	铸铁	13	TITANIUMP	钛
6	MAGNESIUM	镁	14	WASPALOY	沃斯帕洛依合金（一种耐高热耐蚀镍基合金）
7	MOLYBDENUM	钼			
8	MONEL	蒙乃尔合金（一种高强度耐蚀铜镍合金）	15	WOOD	木材

4）刀具偏移寄存器　刀具偏移寄存器区域用来设置在生成刀具路径时的刀具偏移值。如图 6-31 所示，当选择 Add 单选框后，系统将输入框中的输入值与刀具的长度和直径相加作为的偏移值。当选择 From tool 单选框，系统直接使用刀具的长度和直径作为偏移值。

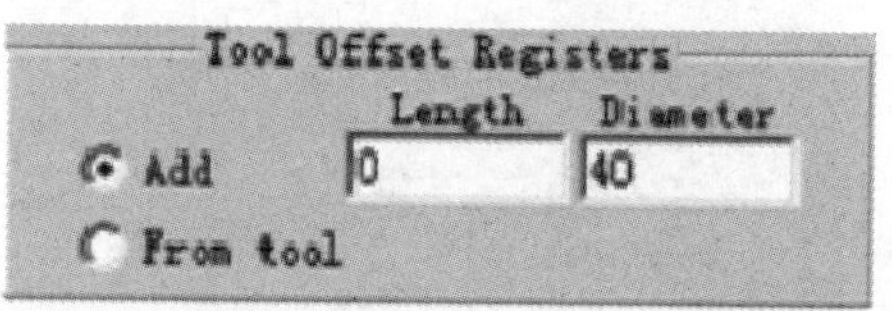

图 6-31　刀具偏移寄存器区

5）进给量计算　进给量计算区域用来设置在加工时进刀量的计算方法。如图 6-32 所示，当选择 Material 单选框后，将根据材料的设置参数计算进刀量，当选择 From tool 单选框后，将根据刀具的设置参数计算进刀量。Maximum PRM 输入框用来输入加工时刀具的最大转速。当选中 Adjust feed on arc move 复选框时，系统在进行圆弧加工时自动调整进刀量。其进刀量最大不超过线性加工时的进刀量，最小不小于 Minimum arc feed 输入框中输入的最小进刀量。

6）后处理器设置　后处理器设置区域可以选择不同厂家的数控系统。如果点击 Post Processor（后处理器）按钮 ... ，则会弹出后处理器设置对话框，供用户选择，如图 6-33 所示。

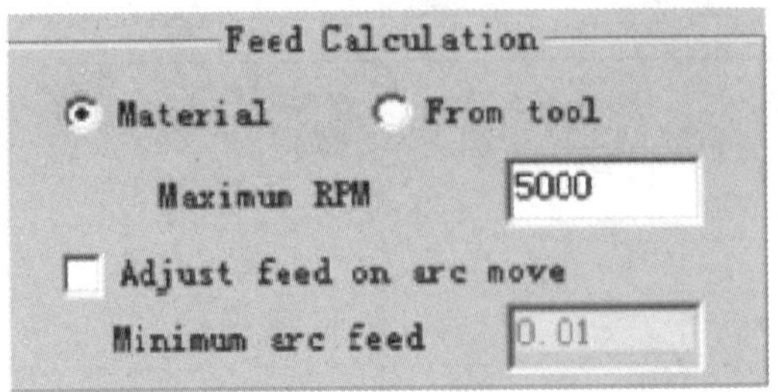

图 6-32 进给量计算区

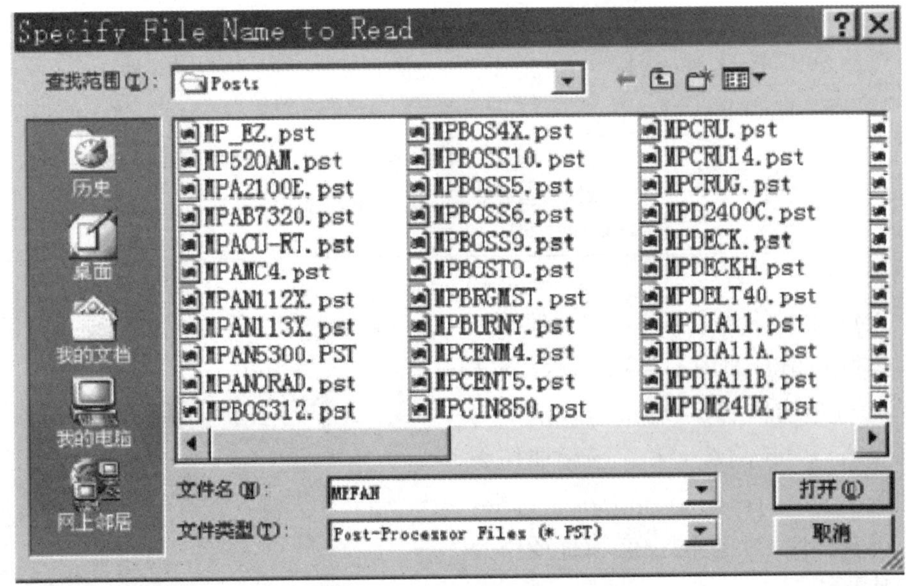

图 6-33 后处理器设置对话框

四、 操作管理

图形绘好后，即可进行刀具路径的设置(即对图形进行外形铣削、挖槽、曲面加工等)，当按要求设置好各项参数后，单击 Tool paths/Operations，系统会弹出如图 6-34 所示的操作管理对话框。其中列出了我们已经定义过的所有操作，用序号 1、2、…区分，而每项操作又包括了参数设置、刀具选择、图形和 NCI 文件的路径四类信息。当选择某一项操作或者全部操作后，就可以对其进行刀具路径的模拟和加工模拟，还可以编辑和修改刀具路径以及进行后处理等操作。

1. **操作选择**

操作管理器中列出了当前已定义的所有操作,用户可以进行操作选择。

(1) 选择某一项操作:用鼠标直接点选某项操作,在该操作前会出现一个蓝色的"√",说明该操作被选中,例如图 6-34 中的操作 2。

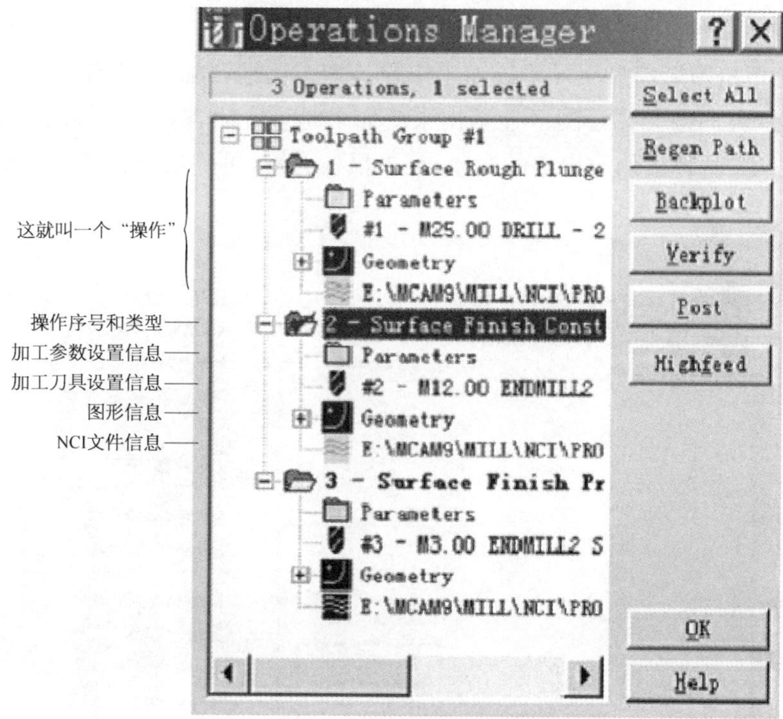

图 6-34　操作管理对话框

(2) 选择多项操作:同时按住键盘上的 Ctrl 键或 Shift 键,再用鼠标点选多项操作,在这些操作前均会出现蓝色的"√",说明这些操作被选中。

(3) 选择全部操作:直接用鼠标点击对话框右上角的按钮 Select All 即可。

2. **修改参数**

如果直接点击每个操作中四个项目中的任一项,将打开与之对应的对话框,可以重新设置相关参数。

1) 单击操作序号和类型项　可以更改操作名称、类型,还可用鼠标拖动某一操作名,上下移动重新进行操作排序。

2) 单击加工参数设置信息项　系统将返回该操作的参数设置对话框(图6-11),用户可修改该操作的各项参数,对已生成的不满意的路径可以非常方便地进行修改。修改完毕,系统返回操作管理对话框。

3) 单击加工刀具设置信息项　系统将返回定义刀具参数对话框(图6-14),用户可修改某一操作所用刀具的各单项参数,修改完毕,系统返回操作管理对话框。

4) 单击图形信息项　系统弹出串连管理对话框,同时该操作的串连对象及串连的方向都会在绘图区显示出来。如果是多个串连构成的加工对象,用户可以从中选择要修改串连的对象,点击鼠标右键,可弹出串连修改的快捷菜单,如图6-35所示。

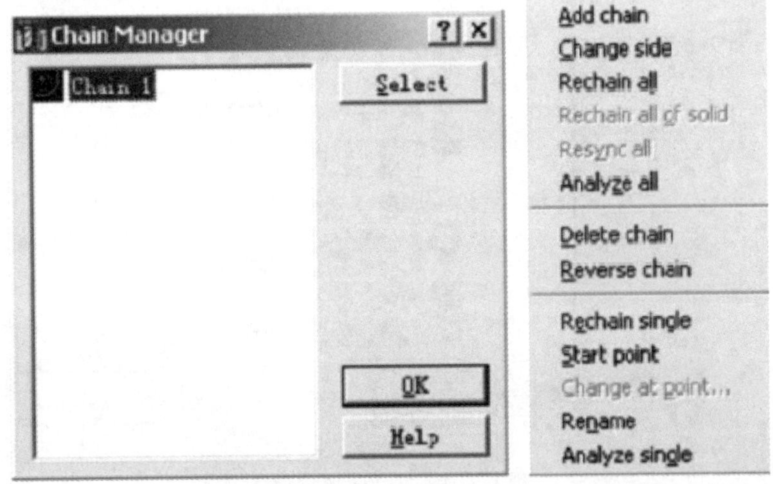

图6-35　串连管理对话框及快捷菜单

用户可根据修改要求,选择快捷菜单中的功能,在绘图区中可对原来串连的对象、串连的起点以及串连方向等进行修改。

5) 单击NCI文件信息项　系统返回到主菜单区刀具路径模拟子菜单,用户可直接对已生成的路径进行模拟,该功能与 Backplot 相同,具体详见 Backplot 解释。

3. **Select All ——全部选择按钮**

单击此按钮,可以选中对话框中所有的操作。

4. Regen Path——刷新操作按钮

对每个操作中四个项目中的任一项进行修改后，必须单击此按钮对修改结果进行刷新，才能使所做的修改生效。

注意：如果对某个操作做过修改，便会在该操作的 NCI 文件信息项的图标上出现红"×"标记，进行刷新操作后，则该标记消失。

5. Backplot——刀具路径模拟按钮

通过此按钮，可以对刀具的移动路径进行模拟显示。按下此按钮后，主菜单区会出现如图 6－36 所示的菜单。菜单中各命令的具体解释如下：

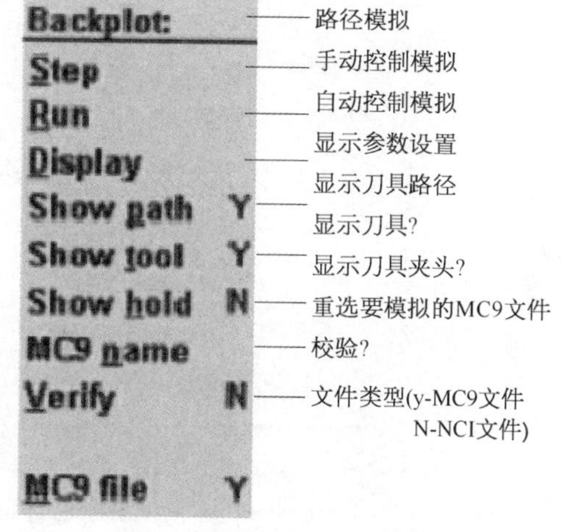

图 6－36　刀具路径模拟选项

(1) Step——单击该命令，将一步一步地显示进刀过程。若要连续显示下一步进刀过程，则需连续单击该命令。

(2) Run——单击该命令，刀具自动从头到尾连续不断地显示整个进刀过程。

(3) Display——用于设定刀具路径模拟时的显示参数，点击此项，将弹出如图 6－37 所示对话框。其中：

① General 选项卡(常规设置)：主要用于设置刀具移动的参数，包括刀具的步进方式、刀具的运动方式等参数。

② Appearance 选项卡(外观)：用来设置在路径模拟中刀具显示的外观效果，包括刀具和刀具夹头的颜色、刀具显示形式(线框或着色)、刀具类型等参数，同时还可设置多个路径的不同颜色显示，设置显示每个模拟点的坐标等。用户可按系统默认值使用。

③ Stop 选项卡(停止)：用来设置路径模拟时刀具暂停的有关参数。有四种设定方式可供选择。

(4) Show path——该命令设置为 Y 时，路径模拟时显示刀具路径。

(5) Show tool——该命令设置为 Y 时，路径模拟过程中显示刀具。

(6) Show hold——该命令设置为 Y 时，路径模拟过程中显示刀具夹头。

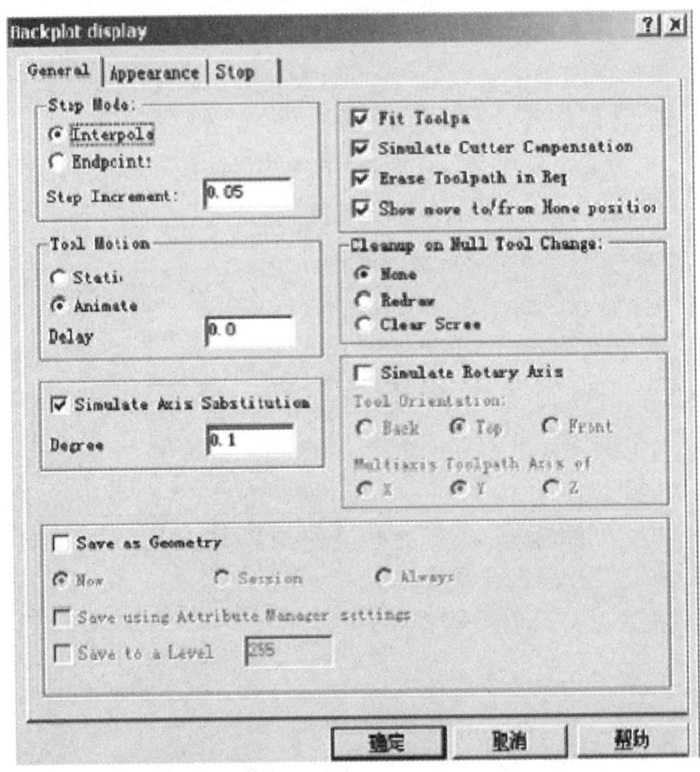

图 6－37　刀具路径模拟显示参数对话框

(7) MC9 name——一般情况下，是对屏幕显示的图形进行模拟，但利用该命令则可重新选择其他的 MC9 文件进行模拟操作。

(8) Verify——该命令设置为 Y 时，路径模拟时将显示刀具的加工痕迹。

(9) MC9 file——指定要进行刀具路径模拟的文件类型。

6. Verify——**加工模拟按钮**

单击该按钮，在绘图区弹出一个如图 6－38 所示的操作控制工具栏，通过该工具栏可以模拟真实加工状况，刀具和工件毛坯及加工过程都可十分逼真。通过加工模拟可以发现实际加工前某些存在的问题，以便事先修改处理。

操作控制工具栏中各按钮功能介绍如下：

：设置模拟参数（又可译为“配置”）按钮，单击该按钮后，弹出如图 6－39 所示的对话框，该项对话框用来设置加工模拟的有关参数，包括工件设置、刀具设置和显示控制等。该对话框主要有四个部分，因对话框较大，为清晰起见，按分区分别进行介绍。

图 6－38 加工模拟操作控制工具栏

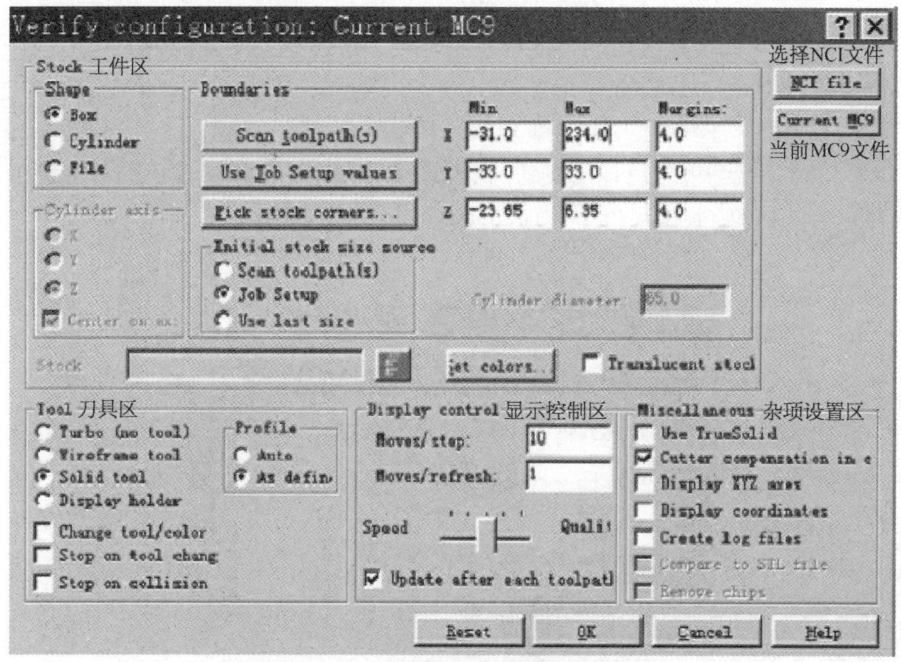

图 6－39 模拟加工参数设置对话框

1) Stock 工件区

(1) Shape(毛坯型式)：毛坯可设置为 Box(长方体)或 Cylinder(圆柱体)。

如果设置为圆柱体，可通过 Cylinderaxis(圆柱轴线)栏设置圆柱的轴线，在 X、Y、Z 单选框中任选一轴，并确定圆柱中心是否在该轴上。

如果设置为 File(文件)，可以接受按 IGES 格式、VDA 格式、STL 格式、SAT 格式、STEP 格式、支持 Parasolid 核心的文件格式(如 X—T、Solidworks 等)、MC9 格式、MC8 格式、GE3 格式定义的工件形状。

(2) Boundaries(毛坯范围)：用来指定加工模拟毛坯的大小，有以下四种方法：

① 直接在 Min 和 Max 输入框中输入毛坯的左下角点(最小点)坐标和右

上角点(最大点)的坐标。Margins(边界预留量)输入框用于输入加工模拟毛坯的预留值。

② Scan tool path(s)按钮:由系统根据刀具路径的范围来自动计算毛坯的大小。

③ Use Job Setup values 按钮:采用工件设置中定义的毛坯大小。

④ Pick stock corners 按钮:采用手动方式直接在绘图区的图形上选择角点作为模拟毛坯的范围。如果是圆柱体毛坯,直接在圆柱直径输入框中输入毛坯直径即可。

(3) 颜色设定:用于设定加工过程中的颜色特征。

① Set colors... 颜色设定按钮:点击该按钮,弹出如图 6-40 所示对话框,选择项目后,再按调色板设定该项的颜色。

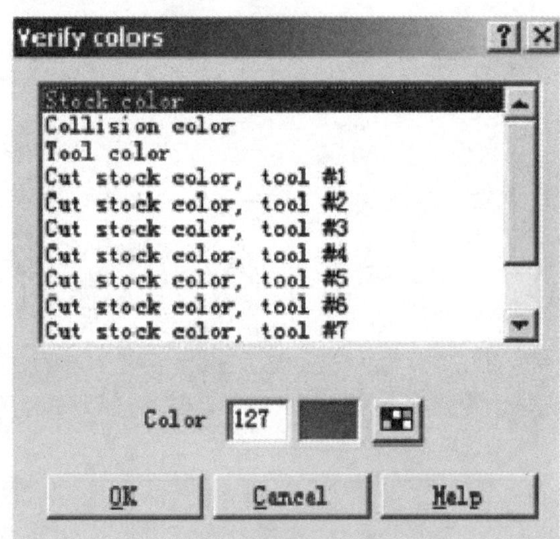

图 6-40 切削项目颜色设置对话框

② Translucent stock 透明化复选框:选择该复选框,毛坯素材为透明,方便用户看见刀具在挖槽或钻孔等操作中的位置。

2) Tool 刀具区 如图 6-41 所示。

3) Display control 显示控制区 如图 6-42 所示。

4) Miscellaneous 杂项设置区 如图 6-43 所示。

:单击该按钮后可以重新设置参数进行模拟加工。

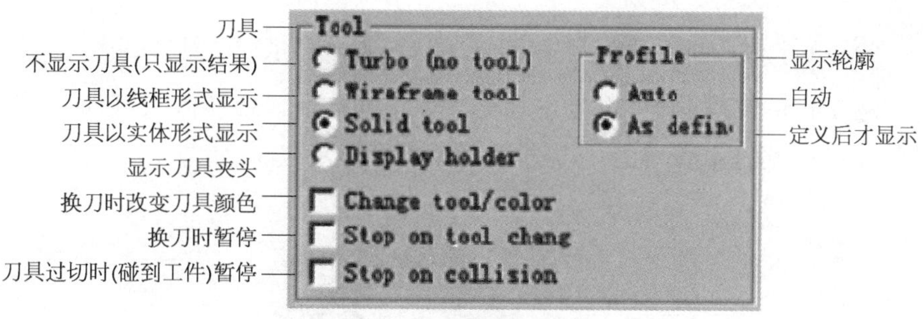

图 6-41　模拟加工刀具显示区

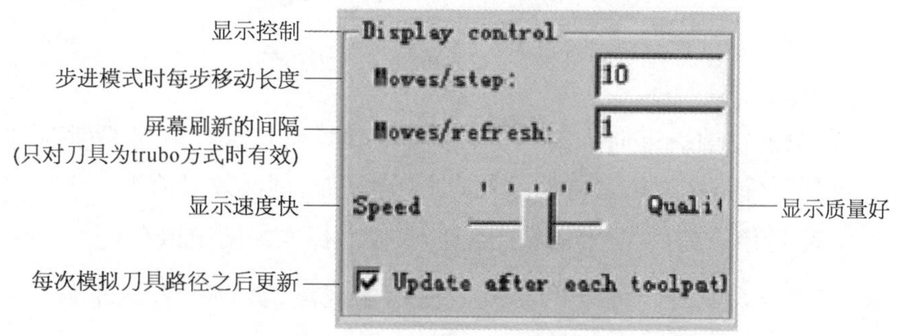

图 6-42　模拟加工显示控制区

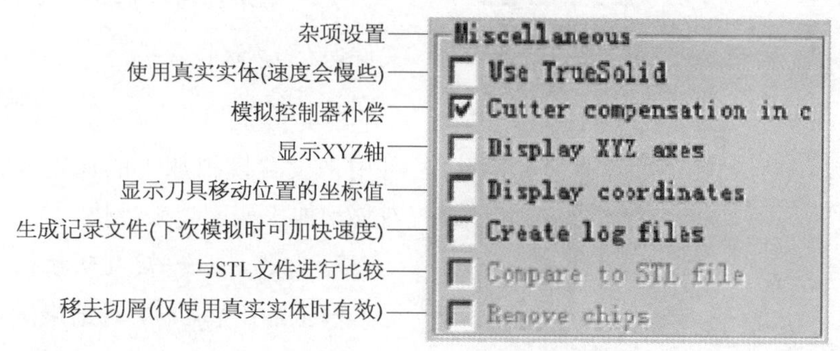

图 6-43　模拟加工杂项设置区

▶:单击该按钮后系统开始模拟加工。

■:单击该按钮后系统停止模拟加工。

▶:单击该按钮后系统逐段模拟加工,按图 6-42 设置的参数显示模拟加工。

:单击该按钮后系统不显示加工过程,直接显示加工结果。

:单击该按钮后可以显示加工后工件的截面。选择该项,在欲剖的位置点击一下,再在欲保留的一边点击一下,即可显示截面,如图 6-44 所示。

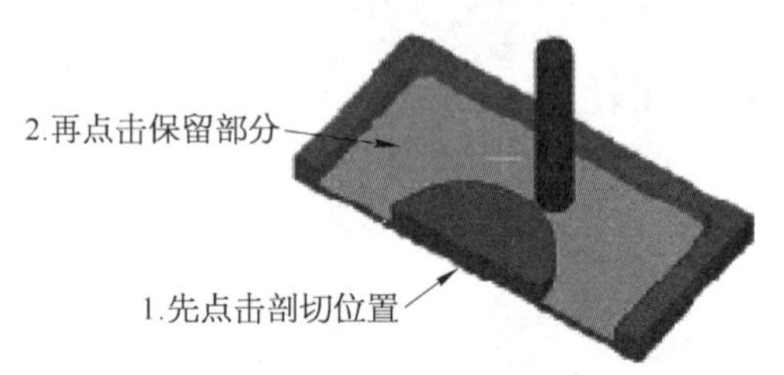

图 6-44　显示工件剖面

注意:只能在前后方向和左右方向进行剖切,而且这种效果是暂时的,再按一次剖切工件按钮或重新开始按钮,则立即复原,剖面效果消失。

:单击该按钮后可以重新配置灯光,仅对标准加工模拟有效。

:单击该按钮后可以刷新放大显示的区域,该项只有在工件选择为 User Tare Solid 和刀具设置为 Turbo 时才有效。

:单击该按钮后可将工件毛坯文件保存为 STL 文件。

:该滑动条可用来设置模拟加工的速度,滑块向右移动加工速度越来越快。

7. Post ——**后处理按钮**

模拟加工后,如果对结果满意,则下一步便可进行后处理。后处理就是根据图形和加工刀具路径等必需的信息资料,来生成 CNC 控制器可以识别的数控程序(NC 程序)。

按下此按钮后,将出现如图 6-45 所示的对话框。该对话框用于设置后

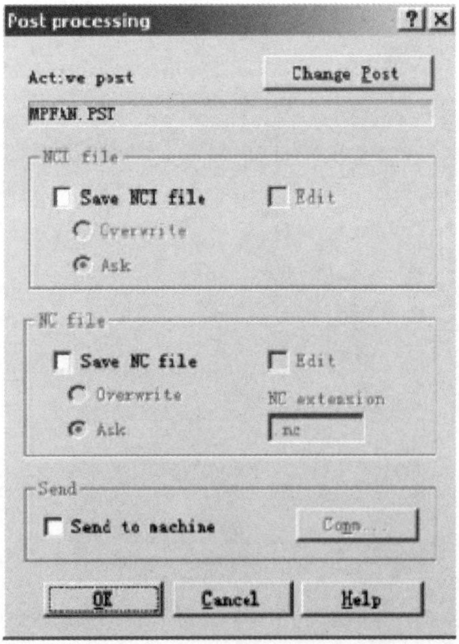

图 6-45　后处理器设置对话框

处理中的有关参数。其中 Change Post 按钮：用于选择数控机床的后处理器。系统默认的后处理器是支持日本 FANUC 控制系统的后处理器 MPFAM.PST。若用户的数控机床采用其他的控制系统，单击该按钮，在弹出的后处理器选择对话框中选择相适应的后处理器即可。NCIfile 和 NCfile 栏：分别用于设置两种文件的储存、编辑等操作。如选中 SaveNCI(或 NC)file 复选框，可以分别保存对同一零件所生成的 NCI 和 NC 文件，用记事本可以打开该零件的 NCI 和 NC 文件以供用户查看或编辑。如选中 Edit 复选框，则在保存文件后，系统会自动打开这两个文件。图 6－46 显示的是对同一零件所生成的 NCI 文件和 NC 文件。如选中 Over write 单选框，系统自动对 NCI 和 NC 文件进行更新。如选中 Ask 单选框，系统提示输入保存 NCI 和 NC 文件的名称和路径。

图 6－46　生成的 NCI 和 NC 文件

(a) NCI 文件；(b) NC 文件

Send to machine 复选框：用于传送 NC 代码至 CNC 控制器(数控机床)。

8. Highfeed ——高速进给加工按钮

可对二轴半和三轴机床的切削进给率进行优化，它按等体积切削的原则计算刀具在不同位置时的进给速度，可在不影响精度的前提下自动计算进给速度，减少加工时间，从而缩短加工周期和对切削力实行最佳的控制。

高速进给加工对粗加工刀具路径和精加工刀具路径均可进行优化。对粗加工刀具路径进行优化是按恒定切削体积的原则进行的，即在切除材料少的地方进给量大，而在切除材料多的地方进给量小；精加工刀具路径的优化则既按恒定切削体积的原则，还在圆弧和拐角处调整进给速度，以减少机床伺服系统滞后误差的影响。

注意:刀具路径经过高速进给加工处理的将不能再刷新。

五、 自动编程综合实例

例:加工如图 6－48 所示零件,零件毛坯尺寸 100 mm×100 mm×60 mm,材料铝材。零件基本尺寸如图 6－47 所示,底座尺寸 100 mm×100 mm×15 mm。

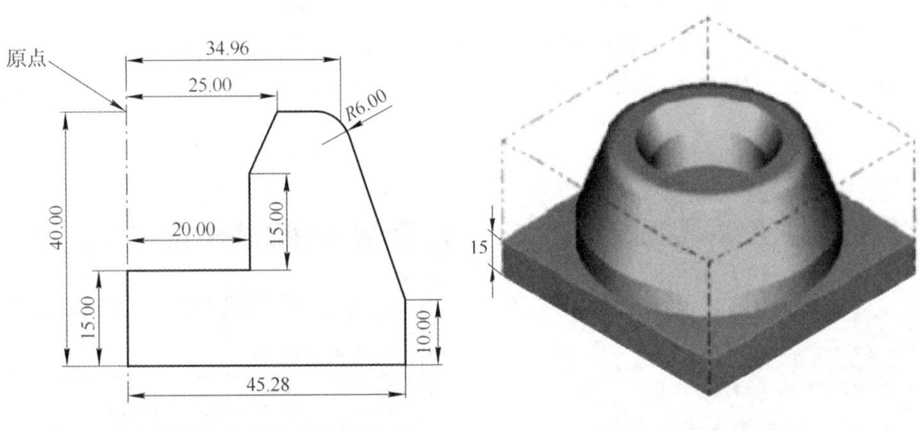

图 6－47 旋转实体的线框模型尺寸

图 6－48 实体模型

1. 零件加工中考虑的问题

(1) 首先确定粗加工完成后零件的尺寸。根据给定的毛坯尺寸和零件的极限尺寸这里确定粗加工后零件尺寸为 100 mm×100 mm×56 mm,高度尺寸预留 0.1 mm 左右用于精铣(上平面),加工设备可以选用普通铣床或数控铣,当然也可用加工中心。

(2) 为了使工序集中,提高效率,零件在完成毛坯的粗加工后所有工序均在加工中心上完成,且为一次装夹。以下程序的设计过程均针对加工中心,上一步的加工不再复述。

(3) 大家都知道零件的工艺编制必须依据工程制造条件,当然也与工艺员的习惯有一定关系,因此同一零件在不同的企业其加工工艺可能有所差异,但工艺的编制必须参照工艺规程。在此说明,以下的程序设计过程并不是唯一的。

2. 零件加工程序在 Mastercam 中的设计过程

(1) 绘制线框模型、创建实体或曲面,并设置好图层。绘制如图 6－47 所示的线框模型，Cplane＝Front，Gview＝Front，Z＝0，Level＝1，原点 Origin 设在零件上平面与中心线的交点处，用户要注意设置好图层和颜色，以便在复杂的图形中更好地观察和操作。具体操作步骤如图 6－49 所示，依次输入 X、Y 的基点坐标就可以得到图 6－47 线框，但要注意 X、Y 的零点在上面表中心。

Main Menu:	Create:	Line:	Point Entry:
Analyze	Point	Horizontal	Origin
Create	Line	Vertical	Center
File	Arc	Endpoints	Endpoint
Modify	Fillet	Multi	Intersec
Xform	Spline	Polar	Midpoint
Delete	Curve	Tangent	Point
Screen	Surface	Perpendclr	Last
Solids	Rectangle	Parallel	Relative
Toolpaths	Drafting	Bisect	Quadrant
NC utils	Next menu	Closest	Sketch

图 6－49　画出实体线框

(2) 改变图层后，选择已经建立的图形生成实体，步骤如图 6－50 所示，然后绘制 100 mm×100 mm×15 mm 的底座，步骤如图 6－51 所示，注意 Z＝－40，生成后的图形如图 6－48。

Main Menu:	Solids:	
Analyze	Extrude	Chain
Create	Revolve	Window
File	Sweep	Area
Modify	Loft	Single
Xform	Fillet	Section
Delete	Chamfer	Point
Screen	Shell	Last
Solids	Boolean	Unselect
Toolpaths	Solids mgr	Done
NC utils	Next menu	

图 6－50　旋转实体的线框模型尺寸

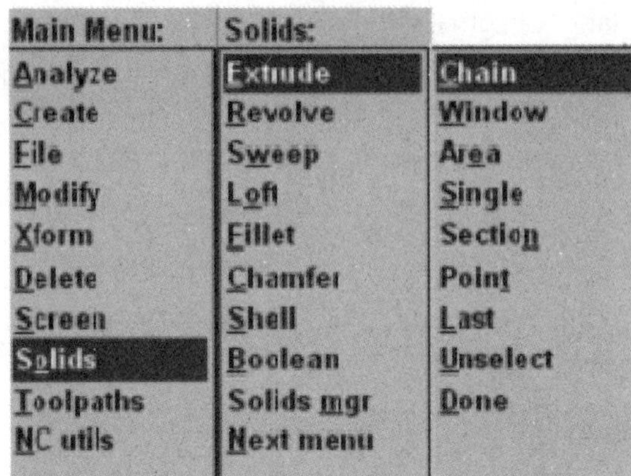

图 6－51 实体模型

(3) 改变图层后：调用命令 Create/Surface/Next menu/from solids，选择已经构建的实体，单击 Done 执行操作。

(4) 为使用 Face 命令创建辅助平面，调用命令：Cplane＝Top，Gview＝Top，Z＝0，结果如图 6－52 所示。

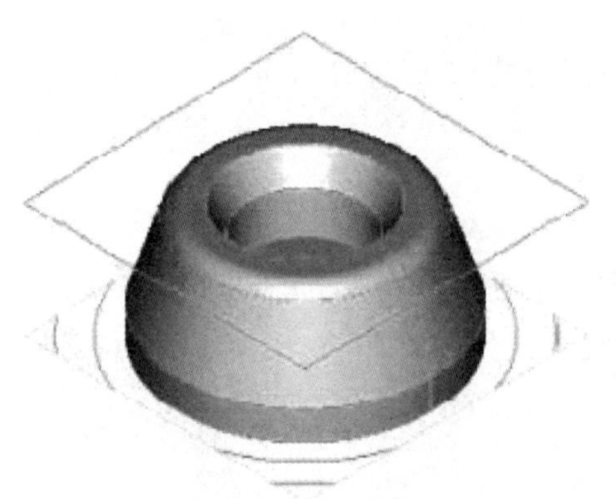

图 6－52 辅助平面

(5) 为使用 Contour/Ramp(轮廓加工之斜插铣削方式)命令创建辅助图素。Create/Arc/Circpt ＋ rad，尺寸为 $R53$ 和 $R63$，Center＝Origin，Cplane＝Top，Gview＝Top，Z＝－40。调用命令：Modify/Break/At inters，选择 $R53$、$R63$ 的两圆和该层的矩形，单击 Done 执行操作。然后删除多余的圆弧段，结果如图 6－52 所示。

(6) 调用命令 Tool path/Face，选择第(4)步创建的矩形，单击 Done 执行。系统弹出对话框，用户选择刀具(ϕ20 平头铣刀)，刀具参数设置如图 6－53 所示；毛坯设置如图 6－54 所示；面铣削特征参数设置如图 6－55 所示；深度切削参数设置如图 6－56 所示。

(7) 单击 Done 按钮执行操作，生成面铣削刀具轨迹，如图 6－57 所示。用户可以通过操作管理进行实体验证和刀具路径模拟。为了避免多个刀具路径相互影响，方便观察，用户可以关闭相关的刀具轨迹显示(图 6－58)。

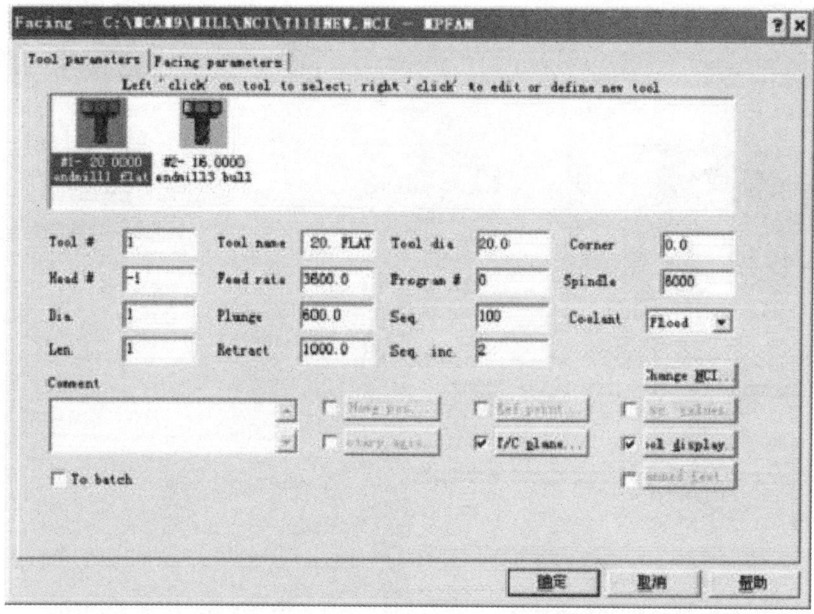

图 6-53　面铣削刀具参数设置

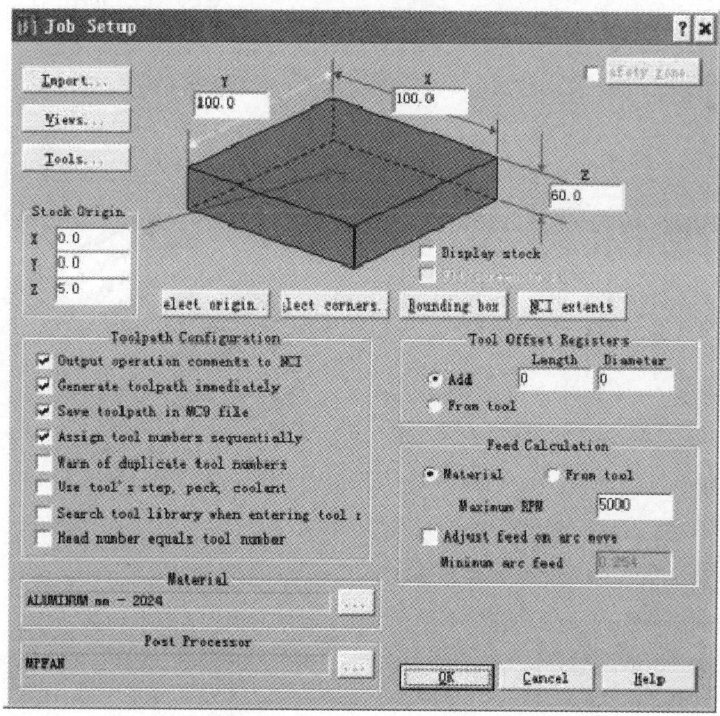

图 6-54　工件毛坯设置

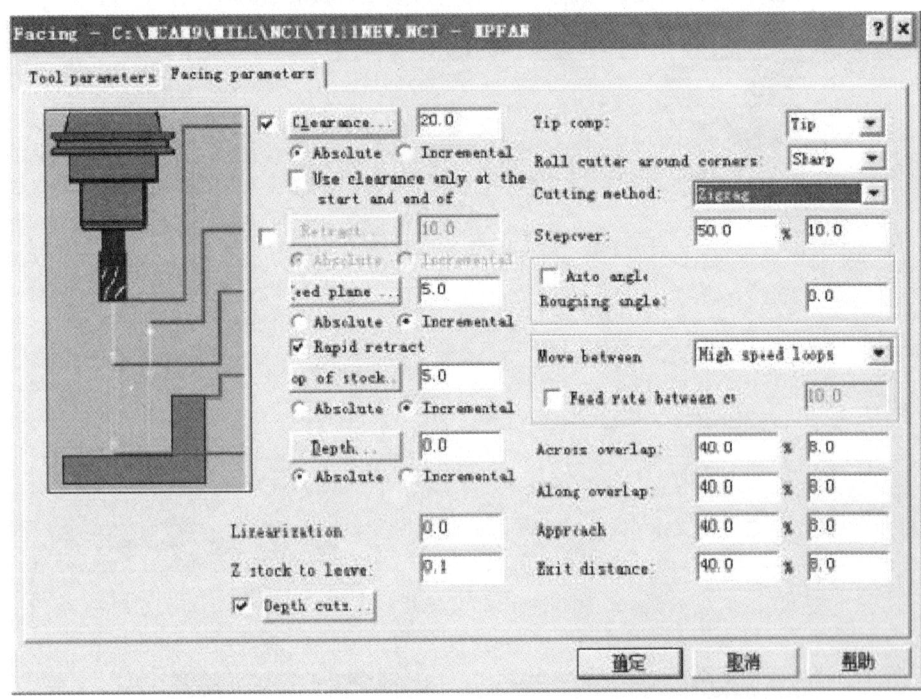

图 6-55 面铣削特征参数设置

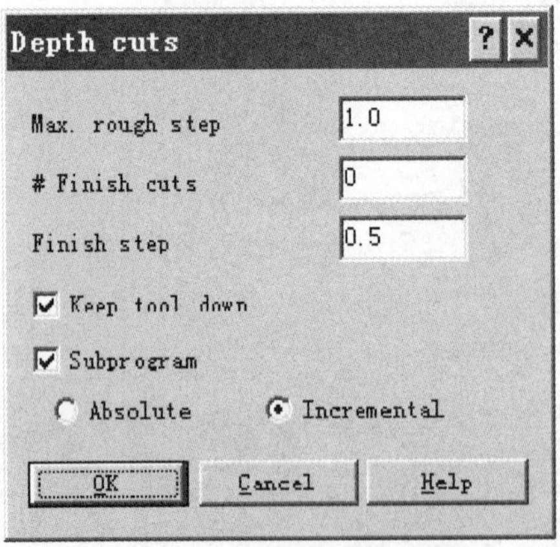

Depth cuts

Max. rough step 1.0

Finish cuts 0

Finish step 0.5

Keep tool down

Subprogram

Absolute Incremental

OK Cancel Help

图 6-56 深度切削设置

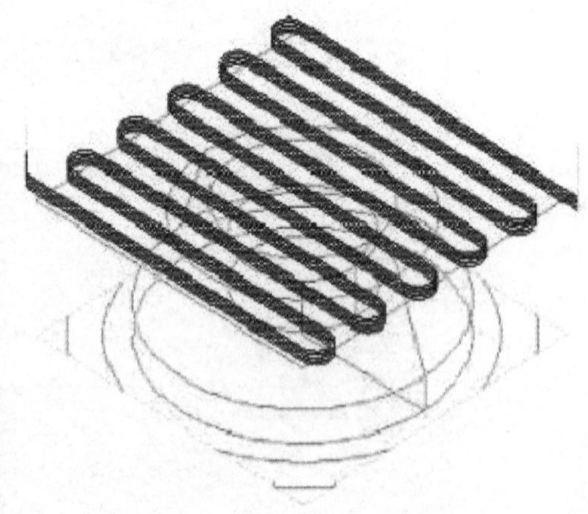

图 6-57 面铣削刀具轨迹

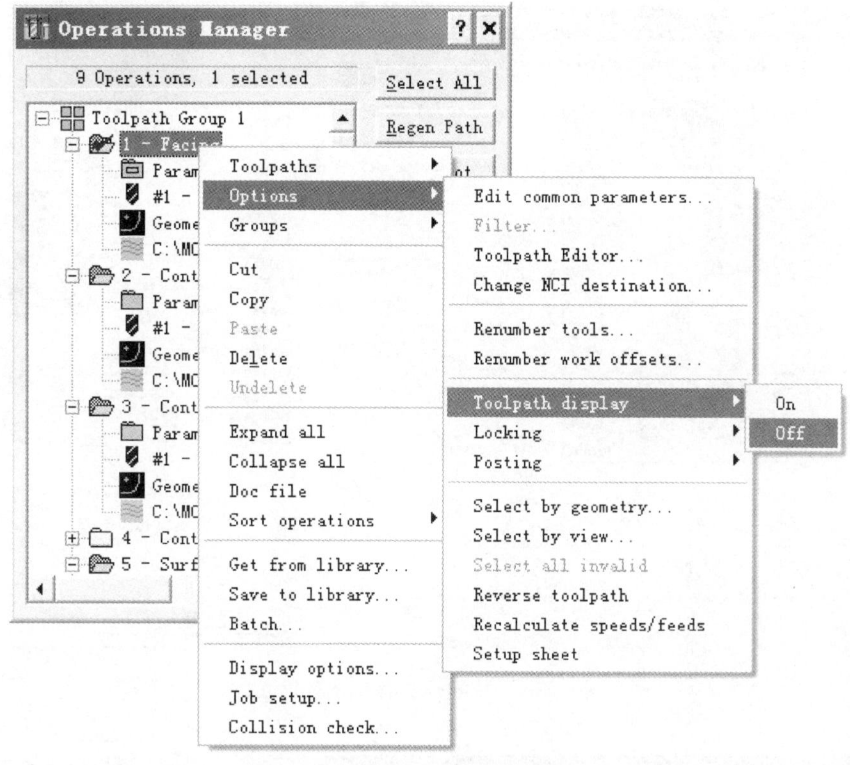

图 6－58　刀具路径关闭

(8) 调用命令 Tool path/Contour,选择第(5)步创建的八个圆弧。选择时注意先选 $R63$ 的圆弧,再选 $R53$ 的圆弧,目的在于加工四个角的毛坯材料,且是从外到内。设置的圆弧的大小是根据余量均匀的原则,使刀具在切削过程保持相对恒定,延长刀具寿命。单击 Done 按钮执行操作,统弹出对话框,刀具参数设置与图 6－55 相同;设置轮廓铣削特征参数如图 6－59 所示;设置进退刀路线如图 6－60 所示;设置 Ramp 参数如图 6－61 所示;设置程序过滤参数如图 6－62 所示。

(9) 执行上步操作,生成轮廓斜插刀具路径。用户可以通过操作管理进行刀具路径模拟(图 6－63)和实体验证(图 6－64)。

(10) 铣削 $R=45.28$,高度为 10 的曲面。调用命令:Tool path/contour (2D),选择底座上半径 $R=45.28$ 的圆(圆的创建:Create/curve/one edge,选中圆弧面,然后用鼠标指定)。此处使用轮廓铣削是为了简化程序,提高效率。参数设置如图 6－65 所示。

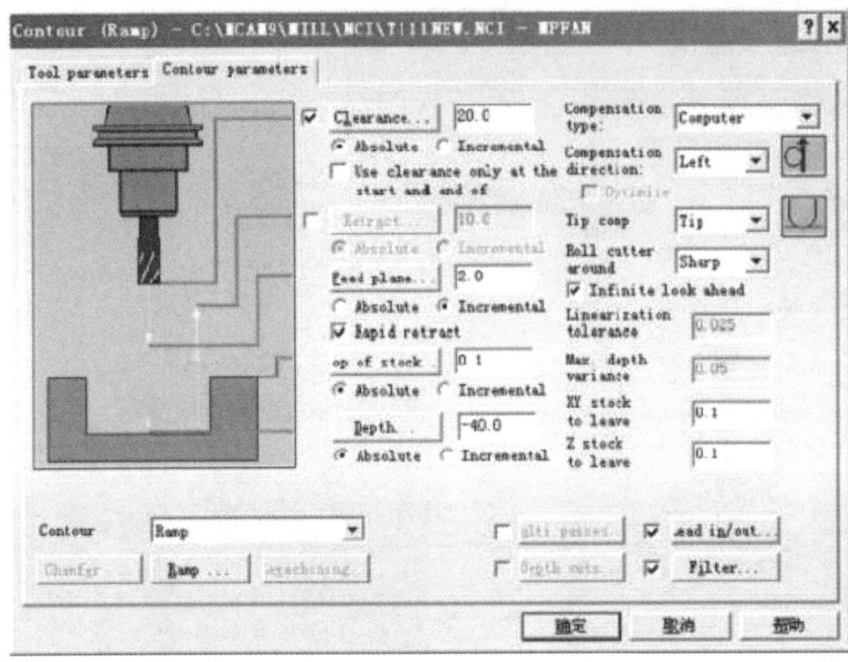

图 6-59 轮廓铣削特征参数设置

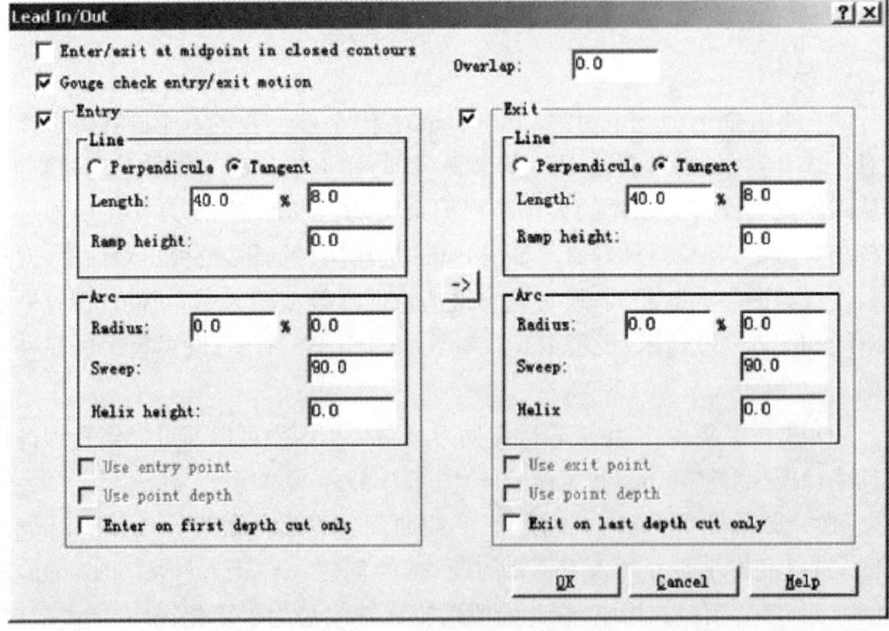

图 6-60 设置进退刀路线

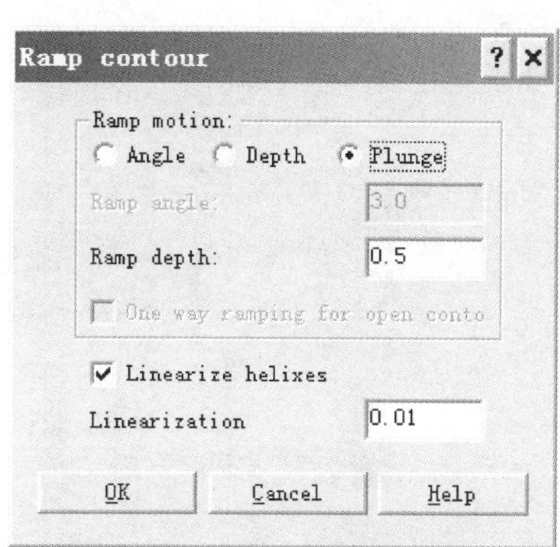

图 6-61 斜插铣削参数设置

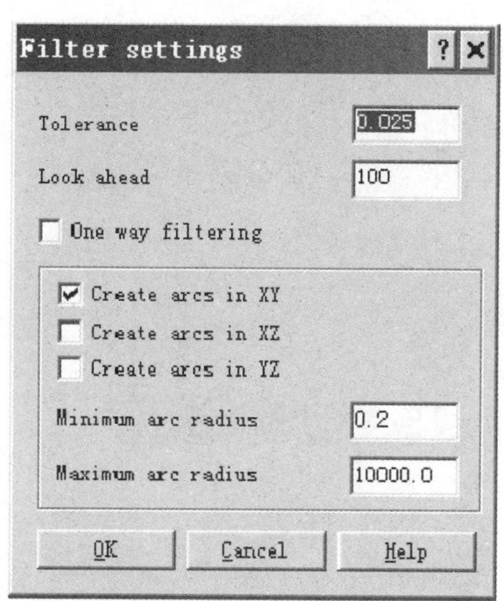

图 6-62 程序过滤参数设置

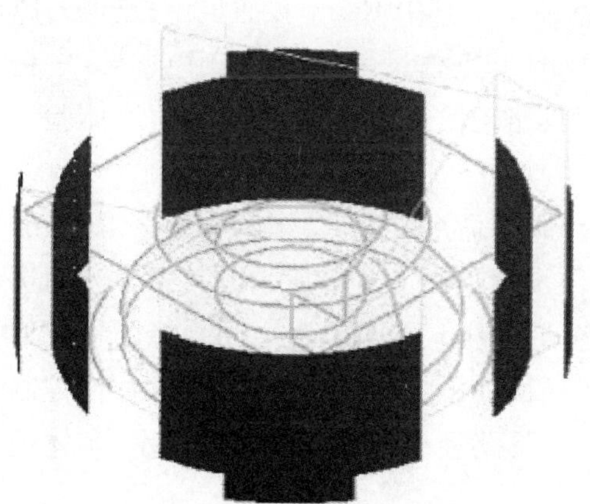

图 6-63 斜插铣削刀具轨迹

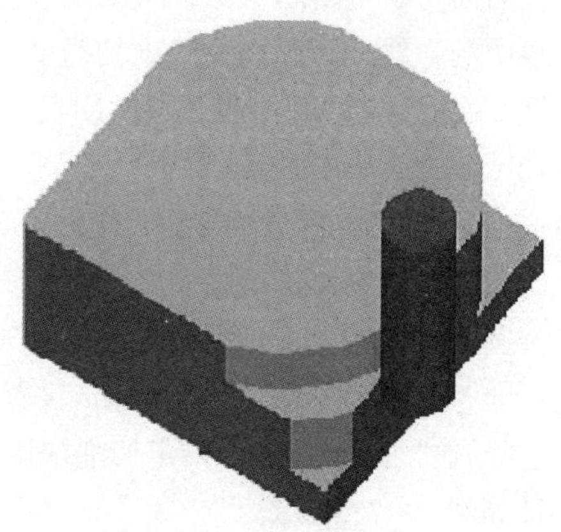

图 6-64 实体验证(一)

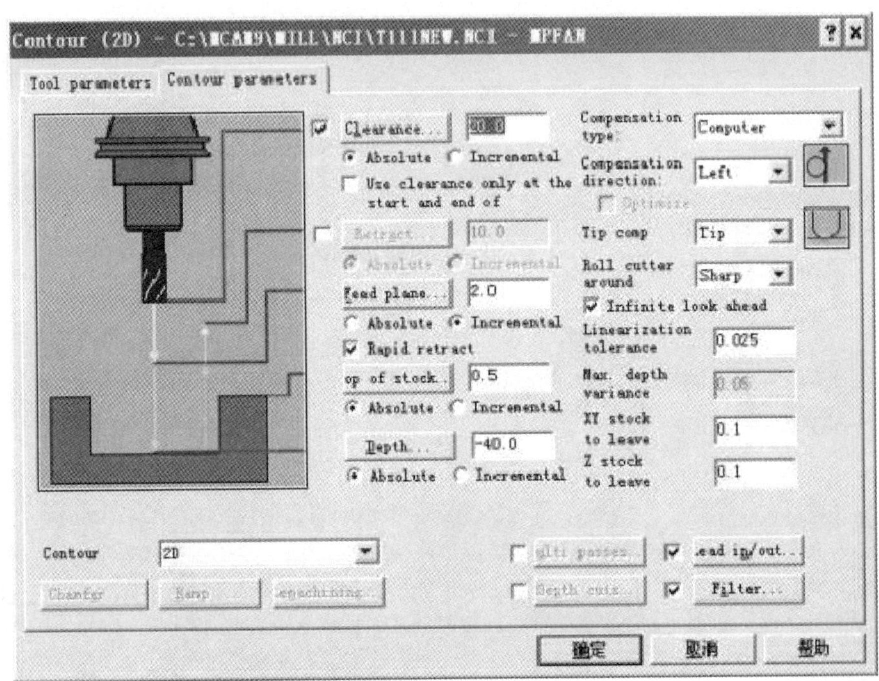

图 6-65　轮廓铣削参数设置

(11) 铣削 $R=25$，深度为 25 的孔。调用命令：Tool path/Contour，选择圆柱曲面，执行操作，参数设置如图 6-66 所示。其中 Ramp 设置同上；进退刀路线中的直线和圆弧引线长度均为 0，Overlap 重叠量＝0.8；Multi passes 中粗铣 2 次，spacing＝5；程序过滤同上。刀具路径模拟如图 6-67 所示，实体验证如图 6-68 所示。

(12) 粗铣深度为 10 的内圆锥面。调用命令：Tool path/Surface/Rough/Contour，选择圆锥曲面，执行操作，参数设置如图 6-69 所示。其中干涉面选择圆锥相邻的两个曲面，限定刀具轨迹在圆锥上下两个圆之间。特征参数如图 6-70 所示，其中 Cut depths 设置为 Absolute，通过 Select depths 按钮控制选择圆锥面的小圆，即指定切削深度。刀具路径模拟如图 6-71 所示，实体验证如图 6-72 所示。

(13) 精铣深度为 10 的内圆锥面。调用命令：Tool path/Surface/Finish/Radial，选择圆锥曲面，执行操作，参数设置如图 6-73、图 6-74 所示，当中注意干涉面的选择。刀具路径模拟如图 6-75 所示，实体验证如图 6-76 所示。

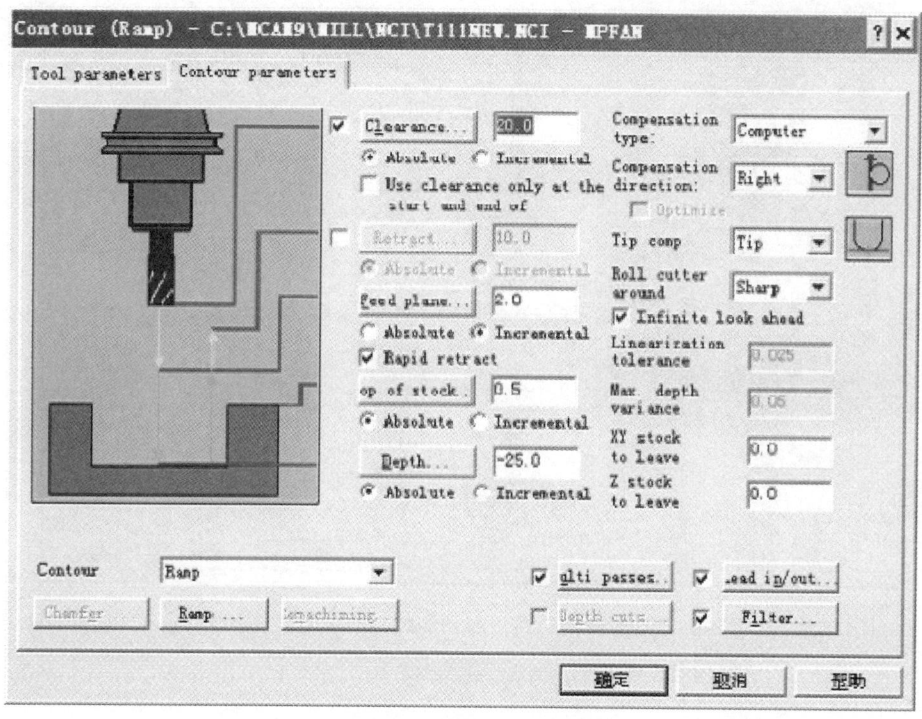

图 6－66　轮廓铣削参数设置

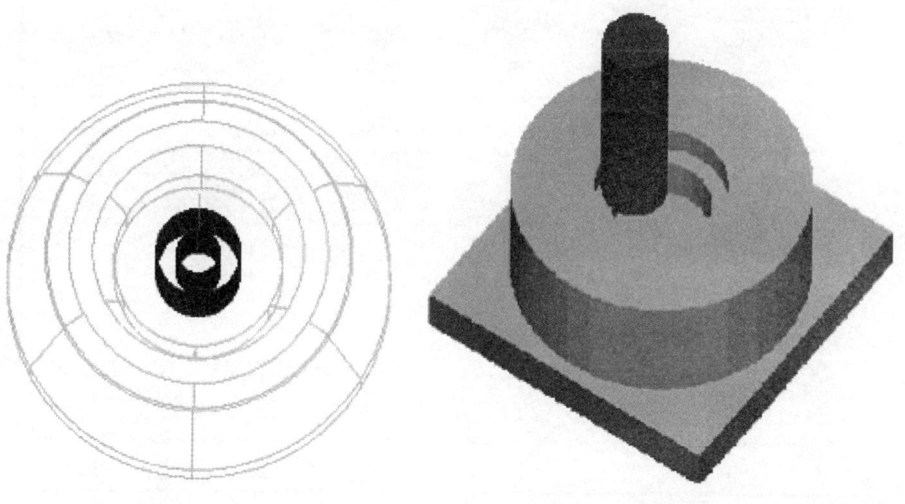

图 6－67　斜插铣削刀具轨迹

图 6－68　实体验证(二)

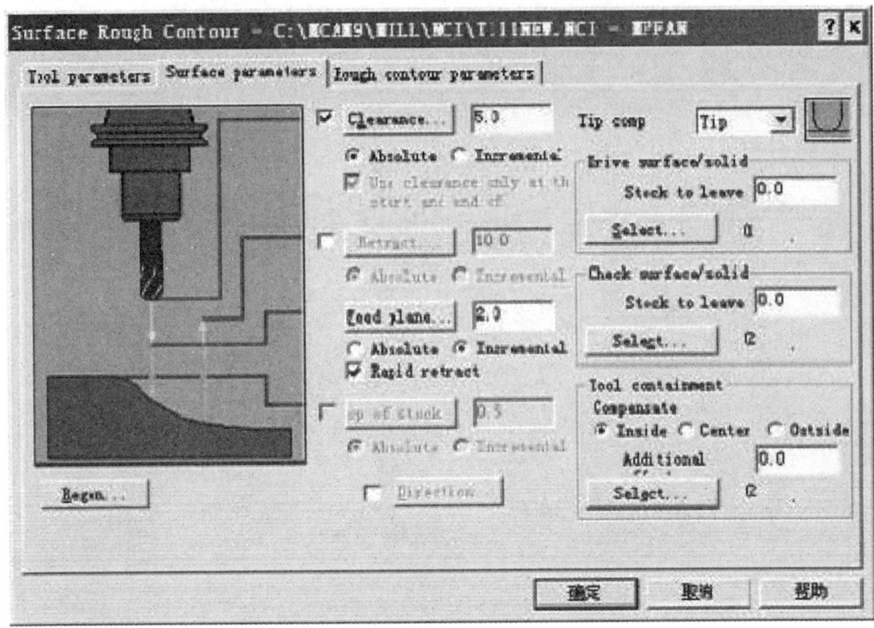

图 6－69　等高铣削粗加工曲面参数设置

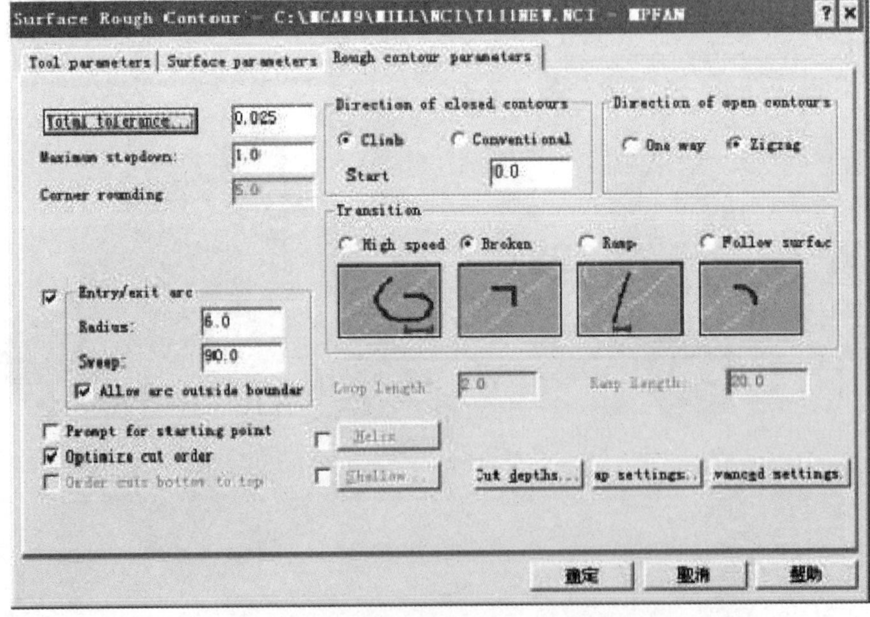

图 6－70　等高铣削粗加工特征参数设置

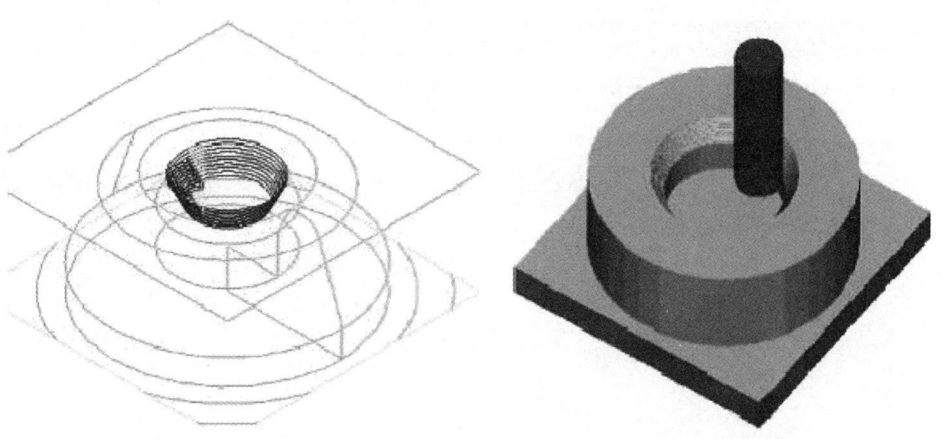

图 6－71　内圆锥等高粗铣削刀具轨迹　　　图 6－72　实体验证(三)

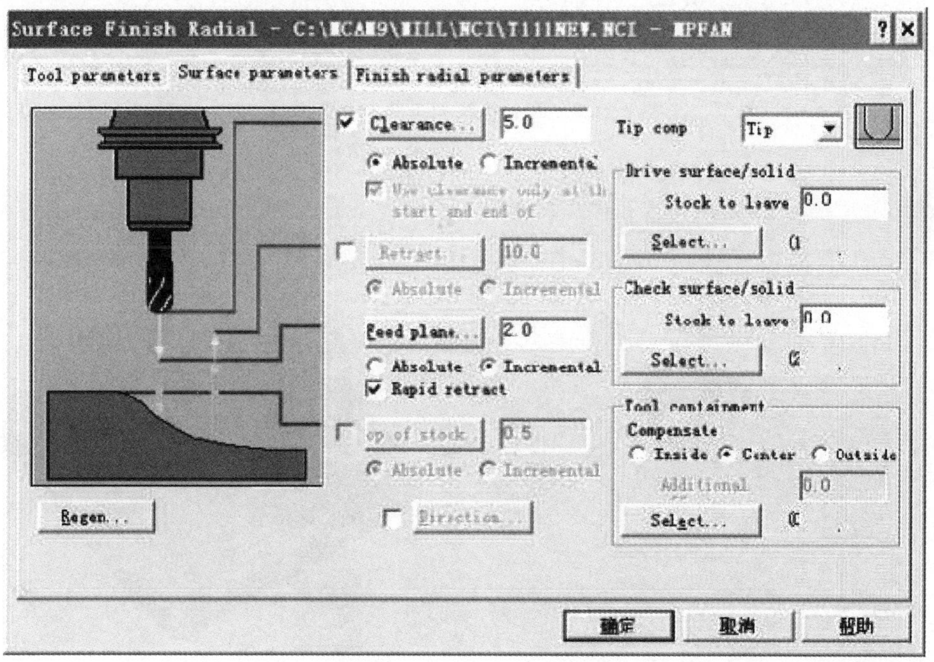

图 6－73　放射状精加工刀具参数设置

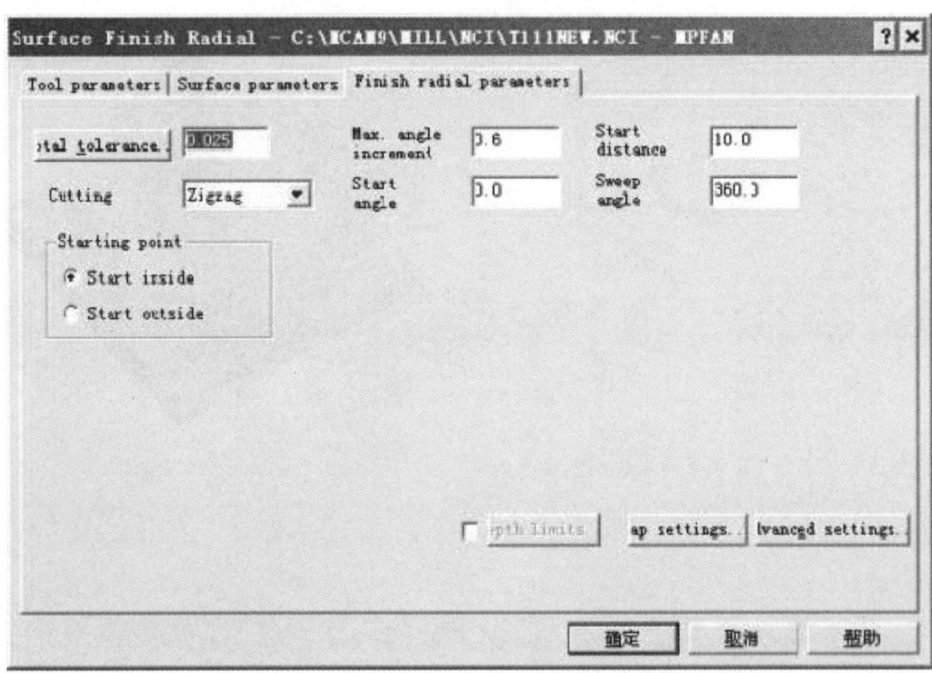

图 6－74　放射状精加工特征参数设置

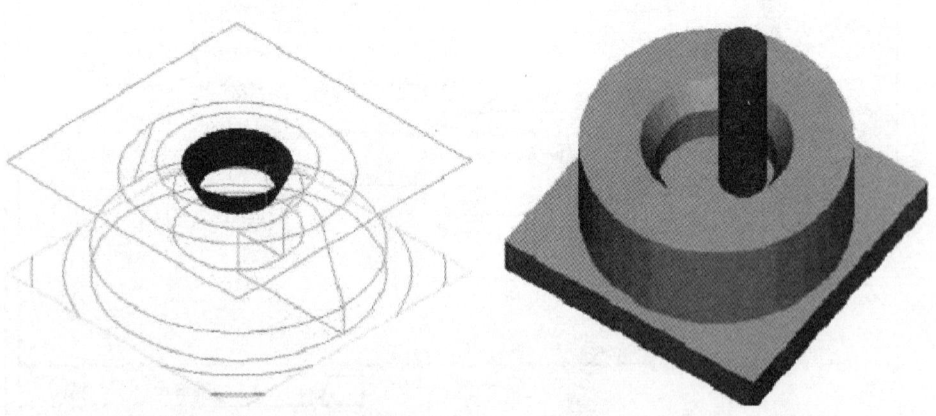

图 6－75　内圆锥面放射状精铣削刀具轨迹　　　　图 6－76　实体验证(四)

(14) 粗铣零件的外圆锥面。调用命令：Tool path/Surface/Rough/Contour，选择外圆锥曲面，执行操作，系统弹出对话框。对话框中的参数设置类似于前面的操作，当中需注意干涉面的选择和刀具轨迹的位置控制，此处参数设置略。刀具路径模拟如图 6－77 所示，实体验证如图 6－78 所示。

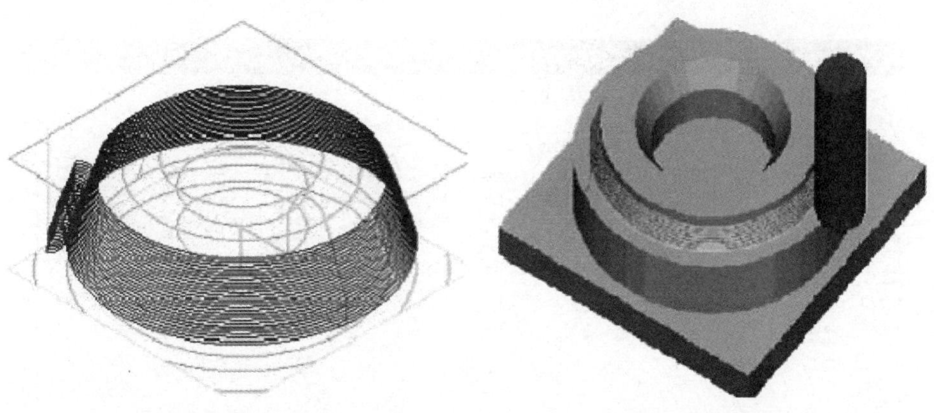

图 6－77 外圆锥面等高粗铣削刀具轨迹

图 6－78 实体验证(五)

(15) 精铣零件的外圆锥面，设计过程与第(13)步类似，操作过程略。刀具路径模拟如图 6－79 所示，实体验证如图 6－80 所示。

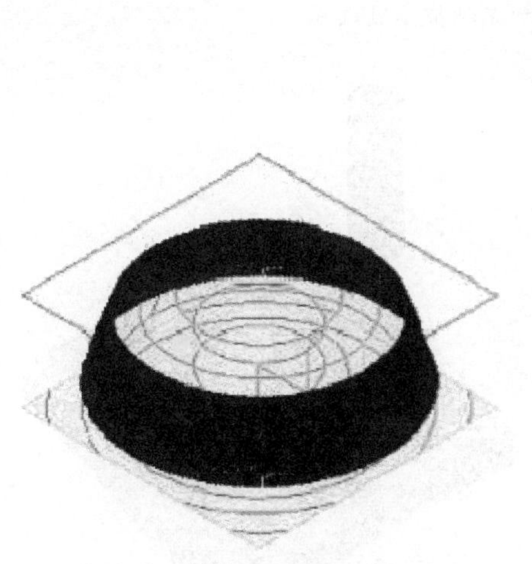

图 6－79 外圆锥面放射状精铣削刀具轨迹

图 6－80 实体验证(六)

（16）精铣 $R6$ 的弧面。调用命令：Tool path/Surface/Finish/Flow line，选择外圆锥曲面，执行操作。此处选用曲面流线是为了用户更好地理解曲面加工指令而选用的，圆锥面的加工方法很多，用户可以尝试用其他方法来加工。参数设置如图 6－81 所示。刀具路径模拟如图 6－82 所示，实体验证如图 6－83 所示。

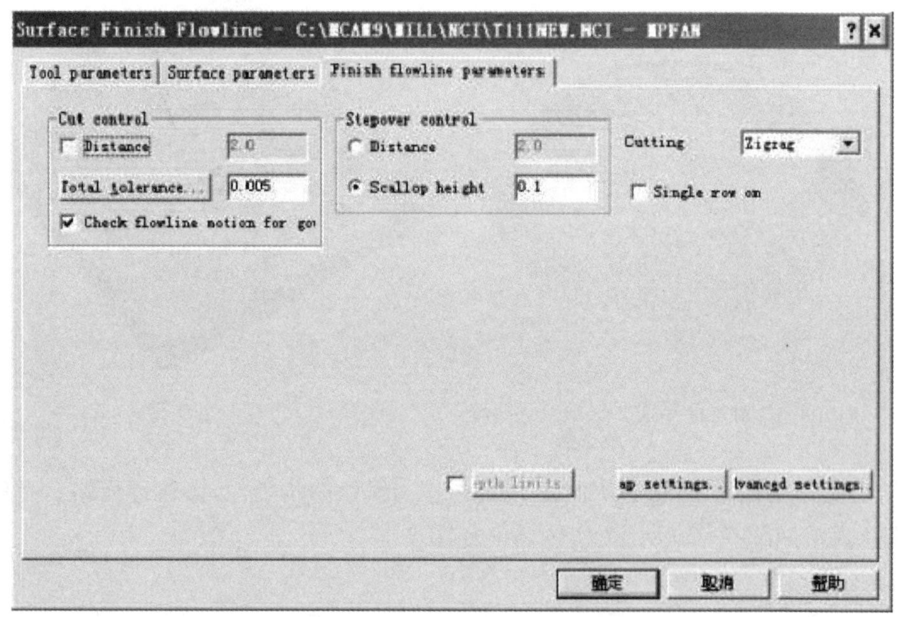

图 6－81　曲面流线精加工特征参数设置

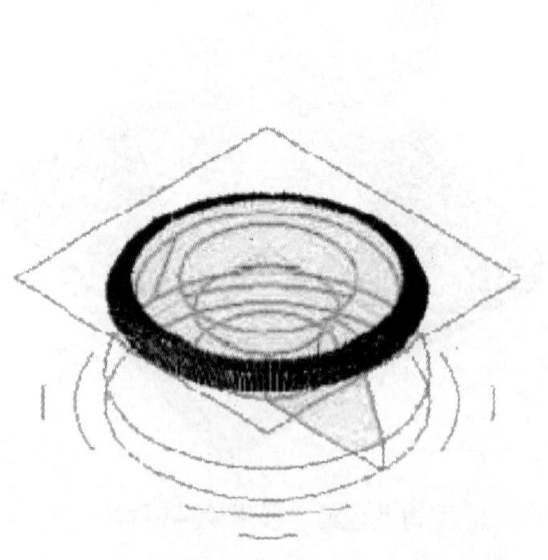

图 6－82　曲面流线精加工刀具轨迹

图 6－83　实体验证（七）

(17) 通过以上操作零件的加工基本完成,用户可以通过图 6-84 进行刀具路径模拟、实体验证,还可以通过 Post 按钮生成 NCI 和 NC 文件,通过编辑最终形成加工程序。

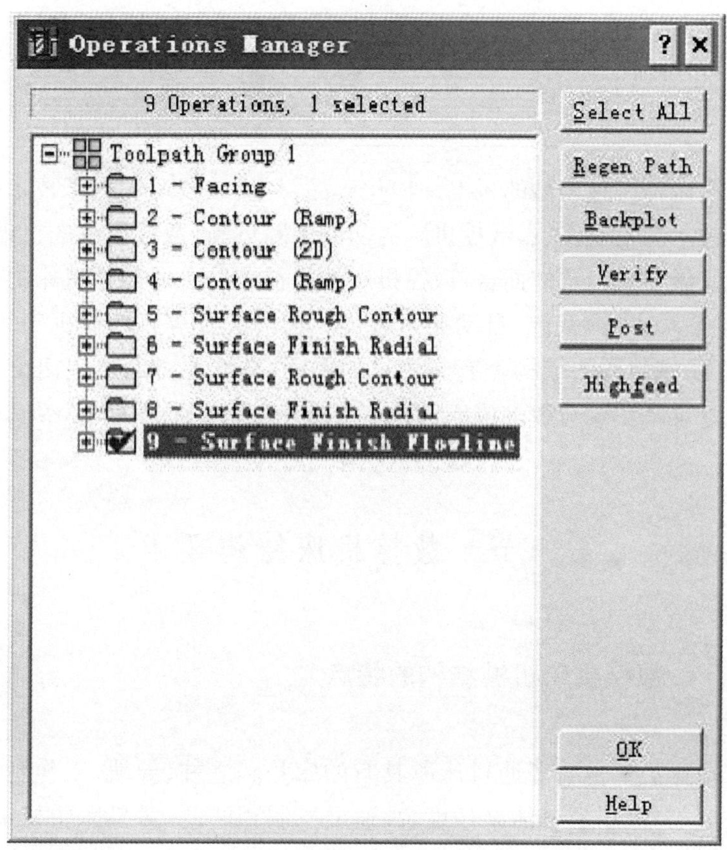

图 6-84　操作管理

hapter 7

第七章 数控机床机械结构

数控机床是一种典型的机电一体化产品，是机械技术和电子技术的结晶。随着数控技术的不断发展、数控机床的功能不断创新，数控机床的机械结构也在不断地发展变化。总体而言，数控机床的机械结构主要包括机床的床身、导轨、主传动系统、进给系统、自动换刀装置和辅助装置等。数控机床与普通机床相比，在机械传动和结构上有着明显的不同，在性能方面也提出了更新、更高的要求。本章主要对数控机床机械结构的几个主要部分进行介绍。

第一节 数控机床结构要求

一、 数控机床机械结构的特点

数控机床虽然也有普通机床所具有的床身和立柱、导轨、工作台、刀架等部件，但为了与控制系统的高精度、高速度控制相匹配，对机床主机部分的结构设计还提出了高精度、高刚度、低惯量、小摩擦、无间隙、高谐振频率、适当的阻尼比等要求。由于机械结构形式是体现其性能的具体手段，是实现性能的核心因素（当然结构也受材料和工艺的影响），因此，数控机床的关键部件在结构设计中也有了重大变化。

（1）床身、立柱、横梁等主要支承件采用合理的截面形状，且采取一些补偿变形的措施，使其具有较高的结构刚度。

（2）数控机床采用高性能的直流或交流无级调速主轴电动机，较普通机床的机械分级变速传动链大为简化，而且转速高、功率大，速度变换迅速、可靠；能无级变速，并合理选择切削用量。现在大量高速数控机床的主传动系统开始采用结构紧凑、性能优异的电主轴。

(3) 主轴部件和支承件均采用了刚度和抗振性较好的新型结构，如采用动静压轴承的主轴部件，采用钢板焊接结构的支承件等。

(4) 采用了摩擦因数很低的塑料滑动导轨、滚动导轨和静压导轨，以提高机床运动的灵敏性。

(5) 在进给传动中，一方面采用无间隙的传动装置和元件，如滚珠丝杠副、静压蜗杆蜗条副、预加载荷的双齿轮齿条副等。另一方面采用消除间隙措施，如偏心套式、锥度齿轮式及斜齿轮垫片错齿等消隙结构。有些数控机床的进给部件直接使用直线电动机驱动，从而实现了高速、高灵敏度伺服驱动。

(6) 采用了多主轴、多刀架的结构，以提高单位时间内的切削功率。具有自动换刀和自动交换工件的装置，采用自动排屑、自动润滑装置等以减少停机时间。

二、　数控机床机械结构应满足的基本要求

为了保证高精度、高效率、高自动化的加工，数控机床对其机械结构主要有以下的基本要求：

1. 高的刚度

由于数控机床的先期投入比较大，为了取得与投入相应的经济效益，应提高数控机床的使用效率。在机械加工中，数控机床通常采用重切削来最大限度地提高切削效率，机床将承受多种外力的作用，包括机床运动部件和工件的自重、切削力、加减速的惯性力及摩擦力等。机床的受力部件将在这些力的作用下产生变形。因此，机床的床身、工作台、主轴、立柱、刀架等主要部件均需要有很高的刚度，工作中应无变形和振动。要提高机床的刚度，必须提高其支承部件的整体刚度、主轴部件的刚度、各部件之间的接触刚度以及刀具部件的刚度等。

支承件的整体刚度是通过合理的设计结构(如支承件的截面形状和尺寸、加强肋的形状及布置)来保证。在大型数控机床中，移动部件重量对机床变形带来的影响很大。除了上面的方法外，还可以采用液压平衡和重块平衡来减少构件的变形。

主轴部件的刚度主要是通过合理的采用支承结构、配置滚动轴承、采用静压轴承或动压轴承、对滚动轴承进行合理的预紧等方法来提高。

机床各部件的接触刚度的提高能有效地增强机床的整体整机刚度，采用刮研的方法增加单位面积上的接触点及在结合面之间施加足够的预加载荷等都是提高接触刚度的有效措施。

提高机床动刚度的目的是为了提高系统的静刚度、增加阻尼、调整构件的质量和自振频率，减少机床的内部振源，充分发挥数控机床的高效加工效能以及稳定高速切削性能。可以采用钢板的焊接结构，既可以减轻结构重量，又可以增加构件本身阻尼；对铸件采用封砂结构，有利于提高抗振性等。

2. 高灵敏度和好的抗振性

数控机床在自动加工状态下工作，精度要求比普通机床高，因而运动部件应具有高灵敏度。导轨部件通常用滚动导轨、塑料导轨、静压导轨等，以减少摩擦力，在低速运动时无爬行现象。数控机床的工作台、刀架等部件的移动，由步进、直流、交流或直线伺服电动机驱动，经过滚珠丝杠或静压丝杠传动。主轴既要在高刚度、高速下回转，又要有高灵敏度，因而多数采用滚动轴承和静压轴承。

数控机床的一些运动部件，除了应具有高刚度、高灵敏度外还应具有高抗振性。在高速、重切削情况下应无振动，以保证加工工件的高精度和低表面粗糙度。另外，应特别避免切削时的谐振。

3. 好的热稳定性

数控机床的热变形是影响加工精度的重要因素。数控机床由于各种热源散发的热量传递给机床的各个部件，引起温升，产生热膨胀，改变刀具与工件的正确相对位置，影响了加工精度。

机床的热稳定性好坏是多方面综合的结果，包括控制热源和发热量，应尽量将电动机、液压系统等布置于机床本体之外，快速排除切屑；改善散热和隔热条件，如采用强制外循环润滑冷却，采用多喷嘴、大流量冷却系统直接喷射切削部位，迅速将高温切屑带走；改进机床布局和结构设计，如采用热对称结构设计，采用热传导对称结构设计等。

4. 高的可靠性

高的可靠性是指数控机床的机械结构应具有较高的精度保持性和长期工作的稳定性。

在高速、强力切削情况下满载工作时，为了保证机床长期具有稳定的加工精度，要求数控机床具有较高的精度保持性。除了应正确地选择有关零件的材料，以防止使用中的变形和快速磨损外，还要采取一些工艺性措施，如淬火、磨削导轨、黏贴抗磨塑料导轨等，以提高运动部件的耐磨性。

数控机床在自动或半自动条件下工作，要求机床具有加高的工作稳定性。为此除保证运动部件不出故障外，频繁动作的刀库、换刀机构、托盘、工件交换装置等部件，必须保证能长期而可靠地工作。

第二节　主传动系统

一、　数控机床对主传动系统的要求

数控机床主传动系统是指数控机床的主运动传动系统。数控机床与普通机床一样，有主运动及进给运动。相应地，存在着主传动链及进给传动链。由于数控机床的高自动化及高精度，对主运动提出了更高的要求。

(1) 转速高，功率大：数控机床对工件能完成大切削用量的粗加工及高速旋转下的精加工，要求主轴具有足够的驱动功率或输出扭矩，能在整个变速范围内提供切削加工所需的功率和扭矩。粗加工时，扭矩大；精加工时，转速高。

(2) 调速范围宽，且能实现无级变速：为了适应不同工件材料、刀具及各种切削工艺的要求，满足不同的加工要求，就要有不同的加工速度。所以，主轴必须具有一定的调速范围，来保证加工时选用合理的切削用量，以获得最佳切削效率、加工精度和表面质量。另外，由于数控机床的加工通常在自动的情况下进行，尽量减少人的参与，因而要求能够实现无级变速。调速范围的指标主要根据各种加工工艺对主轴最低转速和最高转速的要求来确定。

(3) 高的精度与刚度：数控机床加工精度的提高与主轴系统的精度密切相关。为了提高传动件的制造精度与刚度，齿轮齿面应采用高频感应淬火工艺以增加耐磨性。最后一级若采用斜齿轮可以使传动平稳。采用精度高的轴承及合理的支撑跨距可以提高主轴组件的刚性。

(4) 好的抗振性：数控机床加工时，可能由于断续切削、加工余量不均匀、运动部件不平衡以及切削过程中的自振等原因引起的冲击力和交变力，使主轴产生振动，影响加工精度和表面粗糙度，严重时甚至可能破坏刀具和主轴系统中的零件，使其无法工作。

(5) 好的热稳定性：主轴系统的发热使其中所有零部件产生热变形，降低传动效率，破坏零部件之间的相对位置精度和运动精度，从而造成加工误差。因此，主轴组件要有较高的固有频率、较好的动平衡，保证合适的配合间隙，进行循环润滑。

二、 主传动系统的传动方式

现代数控机床的主传动系统广泛采用交流调速电动机或直流调速电动机作为驱动元件，随着电动机性能的日趋完善，主传动系统能方便地实现宽范围的无级变速，且传动链短、传动部件少、变速的可靠性高。

数控机床的主传动方式主要有三种：

1. 有变速功能的传动方式

这是大、中型数控机床采用较多的一种变速方法。为了简化结构，在传动设计时将主轴当作传动变速组，常通过几对齿轮降速、增大输出扭矩，以满足主轴输出扭矩特性的要求。部分小型数控机床也采用这种传动方式，以获得强力切削时所需的扭矩。为了保证主轴的传动精度和动平衡，可将固定齿轮装于主轴上或在主轴上装换挡离合器，这类传动副多装于两支承之间。对于不频繁的变速，可用交换齿轮、塔轮结构等，此时变速传动副多装于主轴尾端。

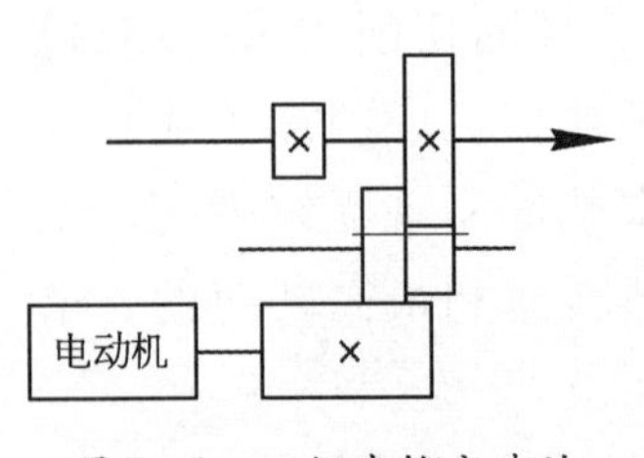

图 7-1 二级齿轮变速的主传动方式

图 7-1 是带有二级齿轮变速的主传动方式。主轴电动机经过二级齿轮变速，使主轴获得低速和高速两种转速系列。数控机床常采用 1～4 挡齿轮变速与无级调速相结合的方式，即所谓分段无级变速。采用机械齿轮减速，增大了输出扭矩，并利用齿轮换挡扩大了调速范围。

数控机床在加工时，主轴是按零件加工程序中主轴速度指令所指定的转速来自动运行。数控系统通过两类主轴速度指令信号来进行控制，即用模拟量或数字量信号(程序中的 S 代码)控制主轴电动机的驱动调速电路，同时采用开关量信号(程序上用 M41～M44 代码)控制机械齿轮变速自动换挡的执行机构。自动换挡执行机构是一种电—机转换装置，常用的有液压拨叉和电磁离合器。

1）液压拨叉换挡　液压拨叉是一种用一只或几只液压缸带动齿轮移动的变速机构。最简单的是用二位液压缸实现双联齿轮变速。对于三联或三联以上的齿轮换挡则必须使用差动液压缸。液压拨叉换挡必须在主轴停车之后才能进行。停车时拨动滑移齿轮啮合，可能出现“顶齿”现象，通常通过微电动机带动主轴慢速转动，从而消除“顶齿”。液压拨叉虽然是一种有效的办法，但是它增加了数控机床液压系统的复杂性，带来了更多的不可靠因素。

图 7－2 为三位液压拨叉的工作原理图。当液压缸 1 通压力油，液压缸 5 卸压时，活塞杆带动拨叉 3 向左移动到极限位置，同时拨叉带动三联齿轮移到左端啮合位置，行程开关发出信号。当液压缸 5 通压力油而液压缸 1 卸压时，活塞杆 2 和套筒 4 一起向右移动，套筒 4 碰到液压缸 5 的端部之后，活塞杆 2 继续右移到极限位置，此时三联齿轮被拨叉 3 移到右端啮合位置，行程开关发出信号。当压力油同时进入左右两液压缸时，由于活塞杆 2 两端直径不同使活塞杆向左移动，活塞杆靠上套筒 4 的右端时，此时活塞杆左端受力大于右端，活塞杆不再移动，拨叉和三联齿轮被限制在中间位置，行程开关发出信号。

图 7－3 为采用液压拨叉变速的数控车床主轴箱结构展开图。

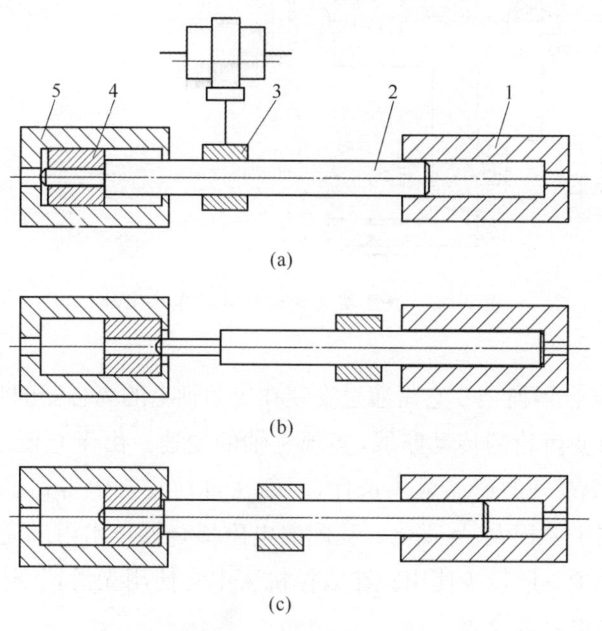

图 7－2　三位液压拨叉工作原理

1、5—液压缸；2—活塞；3—拨叉；4—套筒

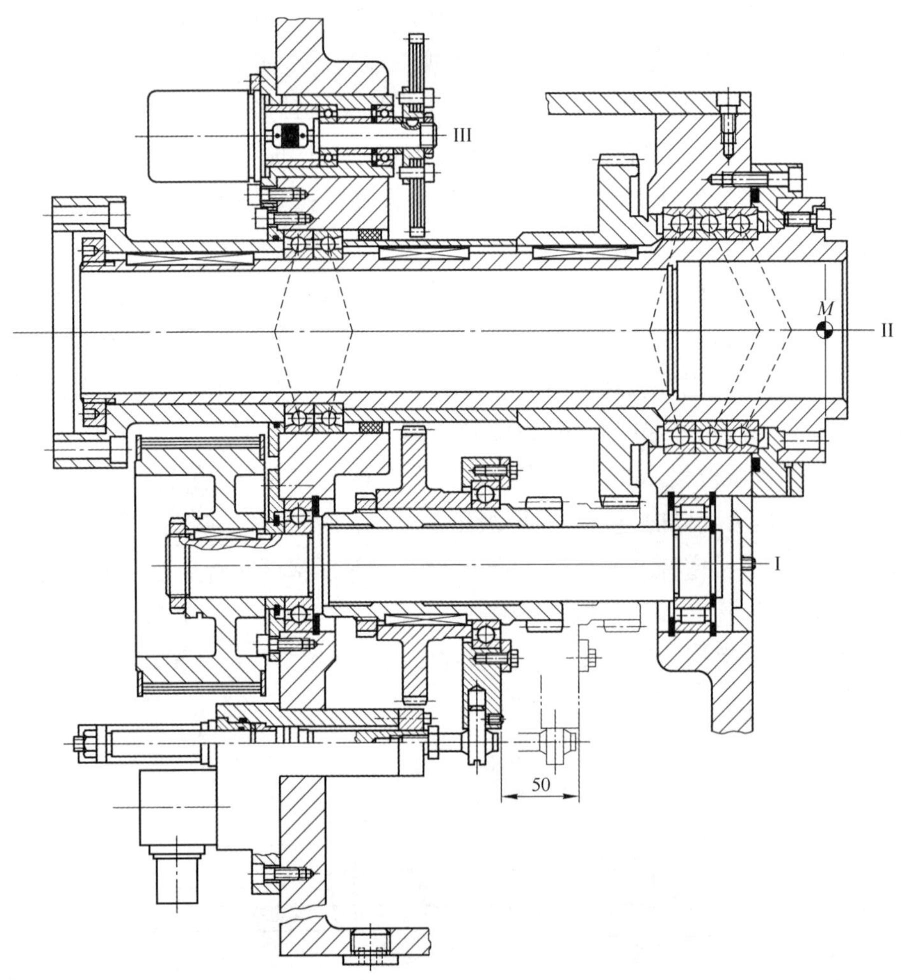

图 7-3 液压拨叉变速的数控车床主轴

2) 电磁离合器换挡 它是通过安装在传动轴上的离合器的吸合和分离的不同组合来改变齿轮的传动路线,实现主轴的变速。由于它便于实现自动操作,而且有多个系列的产品可供选择,因而在自动装置中得到了广泛的应用。但是其缺点在于体积大、易磁化。我国的电磁离合器技术尚未完全过关,所以在机床主传动中一般较少使用。在数控机床中常使用无滑环摩擦片式电磁离合器和牙嵌式电磁离合器。

2. 固定变速传动方式

这种传动方式是为了将主轴运动速度(或扭矩)调整到适当的范围。考虑到受力、安装和调整的方便，固定传动组可装在两支承之外，尽量靠近某一支承，以减少对主轴的弯矩作用，或采用卸荷机构。常用的传动方式有齿轮传动、带传动、链传动等。图 7－4 是采用同步齿形带的传动方式。图7－5 是用带传动的数控机床主轴箱结构展开图。

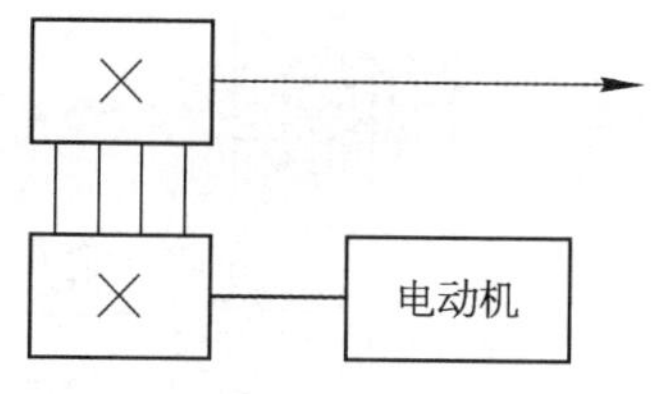

图 7－4　同步齿形带传动方式

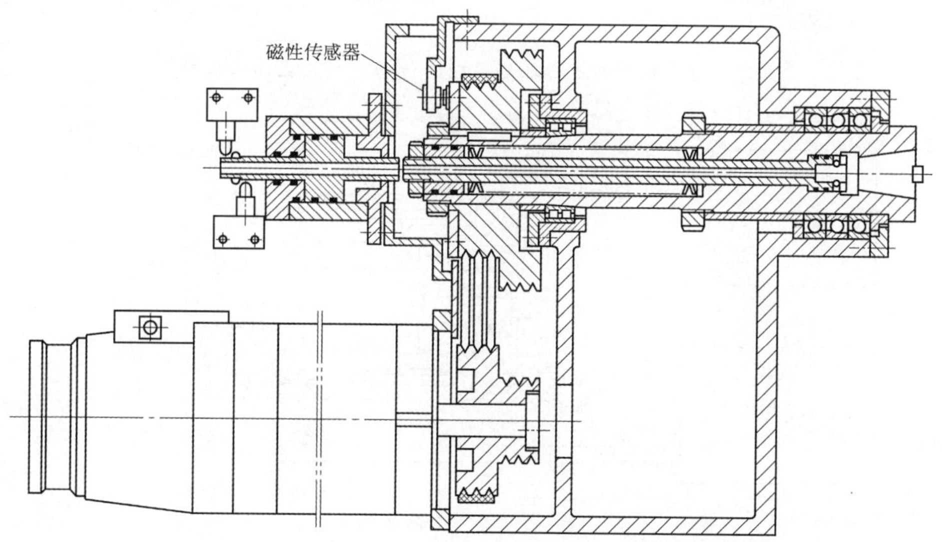

图 7－5　用带传动的数控机床主轴箱结构展开图

3. 用调速电动机直接驱动的主传动

这种主轴传动由电动机直接带动主轴旋转，即电动机的转子直接装在主轴上，因而大大地简化了主轴箱体和主轴结构，有效地提高了主轴部件的刚度，但主轴输出转矩小，电动机发热对主轴的精度影响较大。图 7－6 为电动机直接驱动主轴的传动方式的主轴结构图。

近年来出现了一种新式的内装电动机主轴，电动机的转子和主轴合为一体，即电主轴。电主轴是高频主轴（high frequency spindle）的简称，有时也称作直接传动主轴（direct drive spindle），是内装式电动机主轴单元。它把机床主传动链的长度缩短为零，实现了机床的零传动，具有结构紧凑、机械效率高、可获得极高的回转速度、回转精度高、噪声低、振动小等优点，因而在现代数控机床中获得了愈来愈广泛的应用。在国外，电主轴已成为一种机电一体化的高科技产品，由一些技术水平很高的专业工厂生产，如瑞士的 FISCHER 公司、

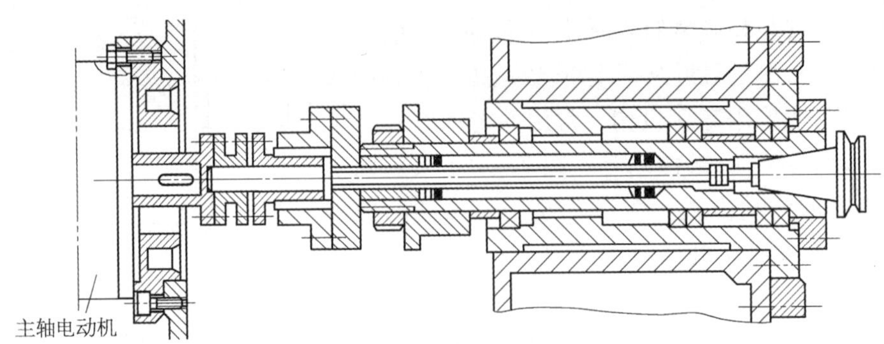

图 7－6　电动机直接驱动主轴的传动方式的主轴结构图

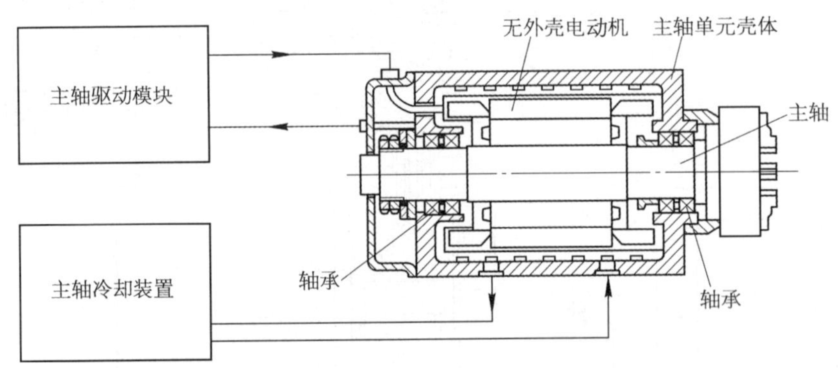

图 7－7　电主轴结构

德国的 GMN 公司、美国的 PRECISE 公司、意大利的 GAMFIOR 公司、日本的 NSK 公司等。图 7－7 为电主轴结构示意图。如图 7－7 所示，电主轴由无外壳电动机、主轴、轴承、主轴单元壳体、驱动模块和冷却装置等组成。电动机的转子采用压配方法与主轴做成一体，主轴则由前后轴承支承。电动机的定子通过冷却套安装于主轴单元的壳体中。主轴的变速由主轴驱动模块控制，而主轴单元内的温升由冷却装置限制。在主轴的后端装有测速、测角位移传感器，前端的内锥孔和端面用于安装刀具。

三、　主轴箱与主轴组件

1. 主轴箱

对于一般的数控机床或自动换刀的数控机床来说，采用电动机无级变速，减少了机械变速装置，使得主轴箱的结构较普通机床简化。但是，数控机床的主轴箱对于材料要求较高，一般用 HT250 或 HT300，制造与装配的精度也较普通机床要高。

对于数控落地铣镗床来说，主轴箱结构比较复杂，主轴箱可沿立柱上的垂直导轨作上下移动，主轴可在主轴箱内作轴向进给运动，除此以外，大型落地铣镗床的主轴箱结构还有携带主轴的部件作前后进给运动的功能，它的进给方向与主轴的轴向进给方向相同。此类机床的主轴箱结构通常有两种方案，即滑枕式和主轴箱移动式。

1）滑枕式　数控落地铣镗床有圆形滑枕、方形或矩形滑枕以及棱形或八角形滑枕。滑枕内装有铣轴和镗轴，除镗轴可实现轴向进给外，滑枕自身也可作沿镗轴轴线方向的进给，且两者可以叠加。滑枕进给传动的齿轮和电动机是与滑枕分离的，通过花键轴或其他系统将运动传给滑枕以实现进给运动。

（1）圆形滑枕。圆形滑枕又称套筒式滑枕，这种圆形断面的滑枕和主轴箱孔的制造工艺简便，使用中便于接近工件加工部位。但其断面面积小，抗扭惯性矩较小，且很难安装附件，磨损后修复调整困难，因而现已很少采用。

（2）矩形或方形滑枕。滑枕断面形状为矩形，其移动的导轨面是其外表面的四个直角面，如图 7－8 所示。这种形式的滑枕，有比较好的接近工件性能，其滑枕行程可做得较长，端面有附件安装部位，工艺适应性较强，磨损后易于调整。抗扭断面惯性矩比同样规格的圆形滑枕大。这种滑枕国内外均有采用，尤以长方形滑枕采用较多。

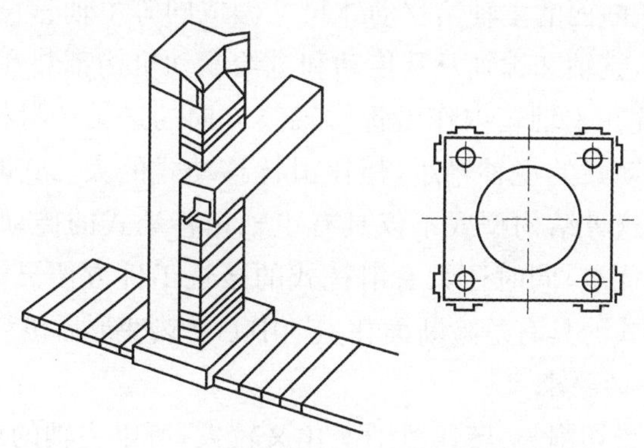

图 7－8　数控落地铣镗床的矩形滑枕

（3）棱形或八角形滑枕。棱形或八角形滑枕的断面工艺性较差。与矩形或方形滑枕相比，在同等断面面积的情况下，虽然高度较大，但宽度较窄，如图

7-9所示，这对安装附件不利，而且在滑枕表面使用静压导轨时，静压面小，主轴在工作过程中抗振能力较差，受力后主轴中心位移大。

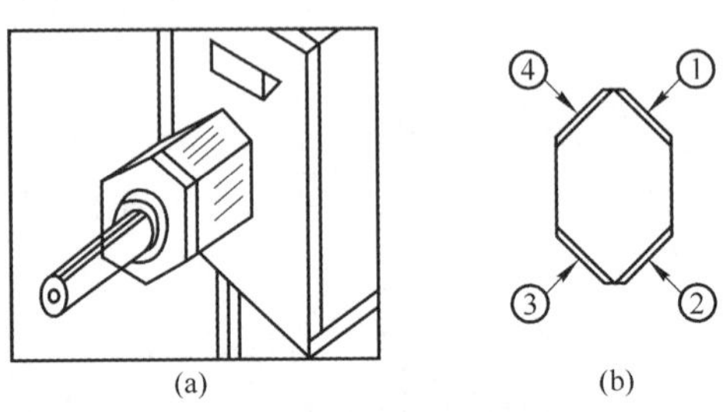

图7-9 棱形滑枕

(a) 滑枕外形；(b) 滑枕截面

2) 主轴箱移动式 这种结构又有两种型式，一种是主轴箱移动式，另一种是滑枕主轴箱移动式。

(1) 主轴箱移动式。主轴箱内装有铣轴和镗轴，镗轴实现轴向进给，主轴箱箱体在滑板上可作沿镗轴轴线方向的进给。箱体作为移动体，其断面尺寸远比同规格滑枕式铣镗床大得多。这种主轴箱端面可以安装各种大型附件，使其工艺适应性增加，扩大了功能。缺点是接近工件性能差，箱体移动时对平衡补偿系统的要求高，主轴箱热变形后产生的主轴中心偏移大。

(2) 滑枕主轴箱移动式。这种形式的铣镗床，其本质仍属于主轴箱移动式，只不过是把大断面的主轴箱移动体尺寸做成同等主轴直径的滑枕式而已。这种主轴箱结构，铣轴和镗轴及其传动和进给驱动机构都装在滑枕内，镗轴实现轴向进给，滑枕在主轴箱内作沿镗轴轴线方向的进给。滑枕断面尺寸比同规格的主轴箱移动式的主轴箱小，但比滑枕移动式的大。其断面尺寸足可以安装各种附件。这种结构型式不仅具有主轴箱移动式的传动链短、输出功率大及制造方便等优点，同时还具有滑枕式的接近工件方便灵活的优点。克服了主轴箱体移动式的具有危险断面和主轴中心受热变形后位移大等缺点。

2. 主轴组件的要求

主轴直接承受切削力，转速范围变化又较大，所以主轴的精度、刚度、热变性等对加工质量和生产效率等有着重要的影响。主轴组件的主要性能一般有以下几点要求：

(1) 回转精度高：是指主轴在无负荷的转动条件下，主轴前端工作部位的径向和轴向跳动值应该尽可能小。回转精度的测量一般分为静态测量、动态测量、间接测量。目前我国在生产中大都还是运用传统的静态测量。

(2) 运动精度高:运动精度是指工作状态下的旋转精度。这个精度通常与低速回转精度有较大差别,运动状态下的旋转精度取决于主轴的工作速度、轴承性能以及主轴本身的平衡性能。数控机床要求主轴组件的运动精度较高。

(3) 刚度好:主轴的刚度是指在受外力时,主轴抵抗变形的能力。主轴组件的刚度越大,主轴受力后的变形就越小。若是刚性不足,在切削力的作用下,主轴将产生较大的弹性变形。不仅影响加工质量,还会破坏轴承的正常工作条件、加快磨损。主轴组件的刚度和主轴的结构尺寸、支承跨距、所选轴承类型及其配置形式、轴承间隙的调整、主轴上传动元件的位置等有关。

(4) 抗振性强:抗振性是指切削加工时,主轴保持平稳运转而又不发生振动的能力。若主轴抗振性差,工作时容易产生振动,降低了加工质量和刀具的耐用度,同时也降低了机床的生产效率。严重的振动可能破坏刀具或主轴组件的正常运转,使加工无法进行。提高主轴的抗振性必须提高主轴组件的精刚度,如采用大阻尼比的前轴承,甚至安装阻尼器,使主轴组件的固有频率远远大于激振频率。

(5) 主轴温升低:主轴运转时,温升过高会引起两方面的不良结果:一是主轴及箱体温度随时间的变化而变化,造成各零件之间的相互位置关系发生变化,使机床丧失原有的调整精度,从而影响被加工工件的尺寸受热变形直接影响加工精度;二是轴承会因为温度升高而改变已调好的间隙,破坏正常的润滑条件,影响轴承的正常工作,甚至出现“抱轴”。为了减少主轴组件的热变形,可以从减少热源、充分散热、使温度升高稳定并分布均匀等方面入手。根据GB/T 9061—1988 规定,主轴在最高转速下达到稳定温度时,滑动轴承的温度不得超过 60 ℃,滚动轴承温度不得超过 70 ℃,高精度机床的温度不得超过室温的 10 ℃。

(6) 耐磨性好:耐磨性指主轴组件长期保持其原始精度的能力,即主轴精度保持性。只有具备足够的耐磨性,才能长期保持精度。因此主轴的关键部位(如主轴锥孔)要经良好的表面热处理,提高耐磨性。主轴轴承也要有良好的润滑,以提高其耐磨性。

3. 主轴

主轴是主轴组件中的重要的组成部分。它的结构尺寸和形状、制造精度、材料及其热处理等对整个主轴组件乃至主传动系统的工作性能都有很大的影响。主轴的以上设计参数随着机床的不同以及主传动系统的设计要求的不同而不同。

主轴的结构设计主要考虑主轴的平均直径，主轴内孔直径、悬伸长度和支承跨距。主轴上装有各种零件，由于装配的需要，主轴直径通常是从前向后或是从中间向两端逐渐减少成阶梯状。

1）主轴平均直径　主轴直径包括三个参数：主轴前轴径、后轴径和主轴平均直径。主轴平均直径对主轴部件的刚度影响较大。主轴平均直径越大，刚度越高，主轴本身弯曲变形所引起的主轴轴端位移越小。但是主轴平均直径越大，主轴箱结构尺寸就越大，轴承和轴上其他零件的尺寸相应越大。主轴直径的实际尺寸应该在主轴组件的结构设计时确定，在满足主轴刚度的条件下，直径宜选较小值。且在设计时还应注意使前后轴径差值尽量减小，以提高刚度和工艺性能。

2）主轴内孔直径　主轴内孔径和机床类型有关，主要用来通过棒料、拉杆、镗杆或顶出顶尖等。主轴孔径越大，可通过的棒料直径就越大，机床的加工范围就越广，主轴组件就越轻。主轴的孔径主要是受主轴刚度的制约。当主轴的孔径和与主轴平均直径之比小于 0.3 时，内孔对主轴的刚度几乎没有影响；当比值为 0.5 时，空心主轴的刚度大约为相同直径实心主轴刚度的 90%；当比值为 0.7 时，刚度削弱量约为 25%；当比值大于 0.7 时，空心主轴的刚度就会急剧下降，所以，一般情况下可取比值在 0.5 左右。

3）悬伸长度　主轴的悬伸量是指主轴前端到主轴前支承中点的距离。悬伸量的大小取决于主轴端部的结构形式和尺寸、前支承的轴承配置和密封装置等，有的还和机床的其他参数有关，如工作台的结构配置等。主轴的悬伸量对主轴的刚度影响很大，主轴悬伸长度越短，其刚度越高。因此，确定悬伸量的原则是在满足结构要求的前提下，尽可能取较小值。

4）主轴支承跨距　主轴支承跨距是指主轴相邻两支承的支反力作用点之间的距离。合理确定主轴支承跨距是获得主轴组件最大静刚度的重要条件之一。主轴的最佳支承跨距可使主轴组件前端位移最小。

5）主轴端部结构　主轴的端部是主轴与工件或工具联系的结合部位，要求夹具和刀具在轴端定位精度高，定位刚性好，装卸方便，同时使主轴的悬伸量小。其结构形状由机床类型和夹具或刀具的形状而定。因为夹具和刀具都已经标准化了，所以通用机床的主轴轴端形状和尺寸也已经标准化了。图 7－10 为集中数控机床的主轴端部的常见标准结构。

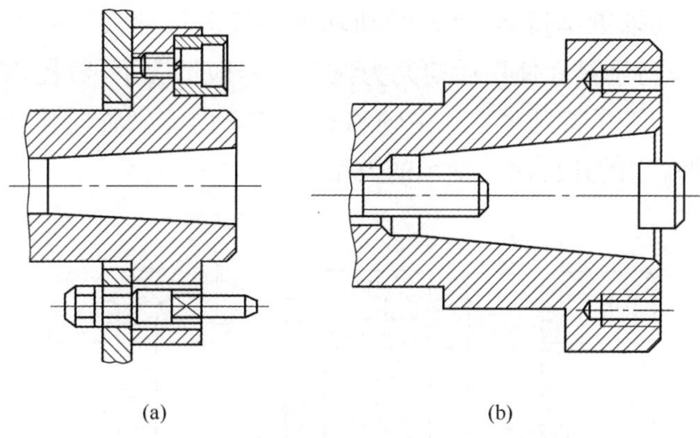

(a)　(b)

图 7-10　数控机床主轴端部的常见结构

(a) 数控车床主轴端部；(b) 数控铣、镗床主轴端部

6) 主轴材料和热处理　对于一般机床而言，决定主轴材料及其热处理的主要依据是主轴的刚度要求、耐磨性、载荷特点。主轴的材料首选钢材，特别是价格便宜的中碳钢(如 45 钢)。当载荷特别大和有较大冲击时，或者精密机床的主轴需要减少热处理后的变形等情况时，才考虑选用合金钢，常用的合金钢有 38CrMoAlA、GCr15、9Mn2V 等。主轴常用的热处理方式是调质、渗氮和感应淬火等。

4. 主轴支承

机床主轴带着刀具或夹具在支承件中作回转运动，需要传递扭矩，承受切削力，并保证必要的回转精度。数控机床的主轴支承件根据机床的不同要求选用不同种类的轴承。

1) 主轴轴承的分类　轴承是主轴组件中的重要组成部分，它的类型、结构、配置、精度、安装、调整以及润滑等特性都直接影响到主轴组件的工作性能。主轴的回转精度在很大程度上由轴承所决定。试验证明，轴承的变形量占主轴部件总变形的 30%～50%。轴承的发热也是主轴部件或变速箱的重要热源。因此，正确设计和选用主轴轴承是机床主轴组件设计的主要内容之一。数控机床上常用的主轴轴承有滚动轴承和滑动轴承两大类。

(1) 滚动轴承。滚动轴承的摩擦因数小，传动效率高，已实现标准化、系列化、通用化，适于大批量生产和供应，使用和维修十分方便，而且可以通过预加负荷的方法使轴承的刚性增加。由于滚动轴承传动效率高，发热量少，因此可以减少润滑油的消耗，润滑维护较为省事。但是，滚动轴承承受负荷的能力比同样体积的滑动轴承小得多,因此滚动轴承的径向尺寸大。而且滚动轴承振动和噪声较大,特别是在使用后期尤为显著。一般情况下,数控机床的主轴组件尽量使用滚动轴承特别是立式主轴和装在套筒内能做轴向移动的主轴。图 7-11 为主轴常用的几种滚动轴承的类型。

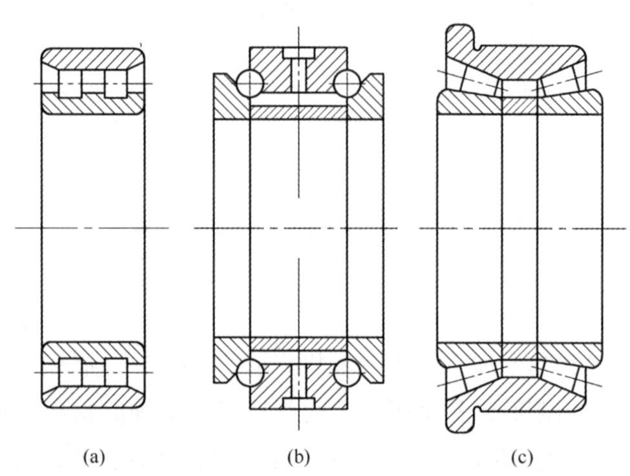

图 7-11 主轴常用的几种滚动轴承的类型

(a) 双列圆柱滚子轴承;(b) 双列推力向心球轴承;(c) 双列圆锥滚子轴承

为了适应高速主轴的发展,现在常常在高速主轴中使用陶瓷滚动轴承。陶瓷滚动轴承的滚动体是陶瓷滚珠。陶瓷滚动轴承具有很多优点:由于陶瓷滚珠的密度比钢低,重量更要轻得多,因此转动时对外圈的离心作用可降低 40%,进而使用寿命大大延长;陶瓷受热胀冷缩的影响比钢小,因而在轴承的间隙一定时,可允许轴承在温差变化较为剧烈的环境中工作;由于陶瓷的弹性模量比钢高,受力时不易变形,因此有利于提高工作速度,并达到较高的精度。

(2) 滑动轴承。滑动轴承分成很多种类,如液体润滑轴承、气体润滑轴承、无润滑轴承等。数控机床中常用的是液体润滑轴承。液体润滑轴承分为动压轴承和静压轴承,其中静压轴承应用较广。静压轴承是由外部的润滑油泵提供压力油来形成压力油膜,以承受载荷。静压轴承的主要特点是在完全静止的情况下,也能建立起承载油膜,能保证在起动阶段摩擦副表面也没有直接接触。由于静压滑动轴承的油膜压强由液压缸从外界供给,与主轴转速高低无关(忽略旋转时的动压效应)。它的承载能力不随转速的变化而变化,无磨损,起动和运转时摩擦力矩相同。所以静压轴承的刚度大,回转精度高。但是静压轴承的缺点在于需要一套液压装置，成本较高。液体静压轴承装置主要由供油系统、节流器和轴承三部分组成，如图 7－12 所示。

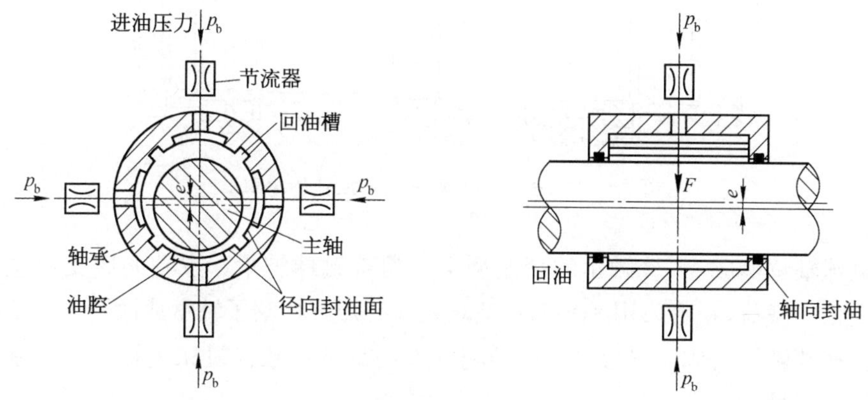

图 7－12　液体静压径向轴承示意图

其中节流器是液体静压轴承的关键部件，它是使轴承各油腔形成压强差的关键，因此节流器的性能直接影响到液压轴承的工作性能。节流器应该反应灵敏，不易堵塞，便于制造。节流器有固定节流器和可变节流器两种。固定节流器采用两个小孔节流，结构简单，适用于高速、轻载的精密机床。可变节流器一般为双向薄膜可变节流器。通常采用可变节流器的静压轴承刚度较高。

2）主轴轴承的配置　主轴轴承的选择和配置形式主要根据主轴部件的工作任务及结构特性来决定的。机床主轴有两支承和三支承两种，前者较为多见。两支承主轴轴承的配置形式，包括主轴轴承的选型、组合以及布置，主要根据对所设计的主轴组件在转速、承载能力、刚度和精度方面的要求而定。

在确定两支承主轴轴承配置形式时应遵循以下两个原则：

(1) 适应高刚度和承载能力要求的配置方式。主轴轴承配置形式的选择首先应满足所要求的刚度和承载能力要求。一般而言，双列轴承比单列的刚度高。支承中有多个轴承的比只有一个轴承的刚度高。由于提高前支承的刚度更能有效地提高主轴组件的刚度，故提高刚度的轴承应配置在前支承。图 7－13 是一种常见的适应高刚度和承载能力要求的配置方式，主要适用于大、中型卧式加工中心主轴和强力切削机床主轴。该配置主轴的前支承主要承受径向载荷，由 3182100 型双列向心短圆柱滚子轴承和 2268100 型推力向心球轴承组成。当既要求高刚性又要求高速度时，可以把 60°接触角的标准型推力角

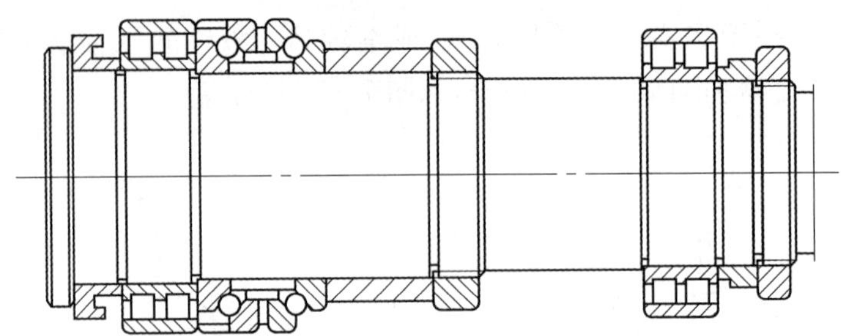

图 7-13 适应高刚度要求的主轴轴承配置

接触球轴承换成 45°接触角的高速型推力角接触球轴承。主轴的后支承主要承受轴向载荷，一般采用 3182100 型双列向心短圆柱滚子轴承或两个 46117 型角接触球轴承组成配置形式。该种配置方法是现代数控机床主轴结构中刚性较好的一种。

(2) 适应高转速要求的配置方式。不同型号、规格和精度等级的轴承所允许的最高转速是不同的。在相同条件下，点接触的比线接触的高；圆柱滚子比圆锥滚子高。因此综合考虑对主轴部件刚度和转速两方面的要求来选择轴承配置形式。图 7-14 是两种适应高转速要求的主轴轴承配置形式。

这种配置法的前支承主要采用三个超精密级的角接触球轴承组合的方式，适应高转速的要求。三个轴承的组合形式，根据载荷大小、最高转速和结构设计的要求来配置。可以如图 7-14 所示一样配置，也可以三个轴承都靠在一起。由于该组合的配置精度高，故而能够保证较高的回转精度。

后支承的选择主要有图 7-14 所示的两种，一种是采用两个角接触球轴承(图 7-14a)，一种是采用调心圆柱滚子轴承(图 7-14b)。由于运转中会发热，主轴必然产生热膨胀。为了吸收这个热膨胀量，使后支承能沿轴向移动，而调心圆柱滚子轴承正好具有这个功能。角接触球轴承则由于施加了预紧，轴向不能移动，容易使轴承受损。所以从提高后支承刚性和适应主轴热膨胀的要求来说，后支承采用调心圆柱滚子轴承较好。

3) 主轴轴承安装

(1) 单个轴承的装配。轴承、主轴、支承孔均存在着制造误差，通过对各种误差的分析，采用选配法进行装配，可以提高主轴组件的精度。装配时应该尽可能地使主轴定位内孔与主轴轴颈的偏心量接近轴承内圈与滚道的偏心量，并使其方向相反，这样可以使装配后的偏心量减小。

(2) 两个轴承的装配。两支承的主轴轴承安装时，除了要使前后两支承的

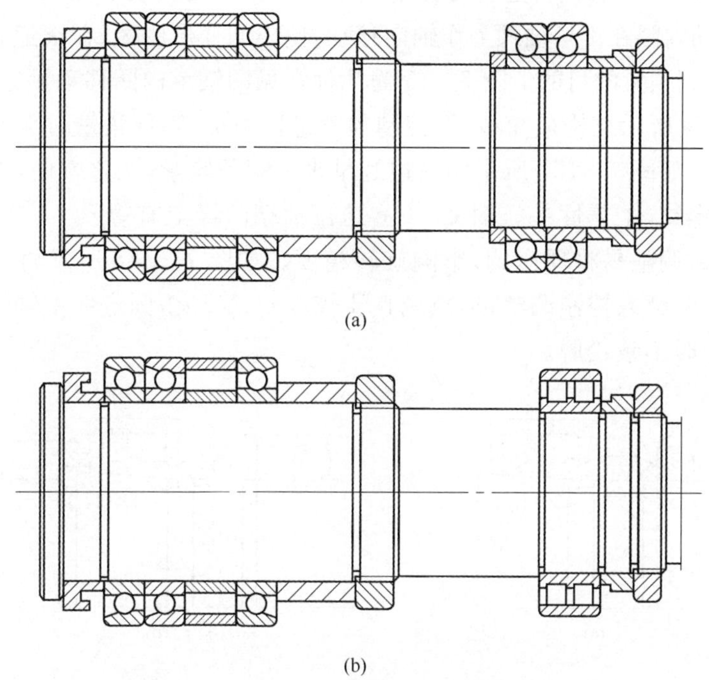

(a)

(b)

图 7－14　适应高转速要求的主轴轴承配置

偏心量方向相同，还应该选择适当的偏心距。为了使装配后的主轴组件的前端定位表面的偏心量最小，通常前轴承的精度应比后轴承的精度高。在维修机床拆装主轴轴承时，因原生产厂家已调整好轴承的偏心位置，为了保证重新装配后轴承和主轴的原相对位置不变，要在拆卸前做好周向位置记号，减少对主轴组件精度的影响。

4）滚动轴承的间隙及预紧　滚动轴承在较大间隙的情况下工作时，会使载荷集中作用在处于加载方向的滚动体上，使该滚动体和内、外圈滚道接触处产生很大的集中应力，从而使轴承磨损加快，寿命缩短，还降低刚度。滚动轴承的预紧是把轴承调整到不仅完全消除间隙，而且产生一定的过盈量（或称负间隙）。

合理的轴承间隙或适当的预紧对主轴组件的工作性能和轴承的寿命有着重要的影响。除了某些特制的轴承制造时已经保证了要求的间隙量以外，一般的主轴组件都应当在结构上保证能调整轴承的间隙。

常用的滚动轴承预紧方法有下面几种：

(1) 轴承内圈移动。这种方法适用于锥孔双列圆柱滚子轴承。用螺母通过套筒推动内圈在锥形轴颈上作轴向移动，使内圈变形胀大，在滚道上产生过盈，从而达到预紧的目的。图 7－15 为几种常见的轴承内圈移动预紧的方法。如图 7－15a 所示结构最简单，但控制预紧量较困难，当预紧量过大时松卸轴承不方便。如图 7－15b 所示用右边螺母来控制预紧量，调整方便，但主轴前端要加工螺纹，工艺性差。图 7－15c 是在轴端凸缘上有螺孔，工艺简单，但用几只螺钉调整易将环压偏，影响旋转精度。如图 7－15d 所示将环做成两半，可取下修磨来控制调整量，故调整比较方便，半环由固定在主轴轴端的套抱住，工作时不致松脱。

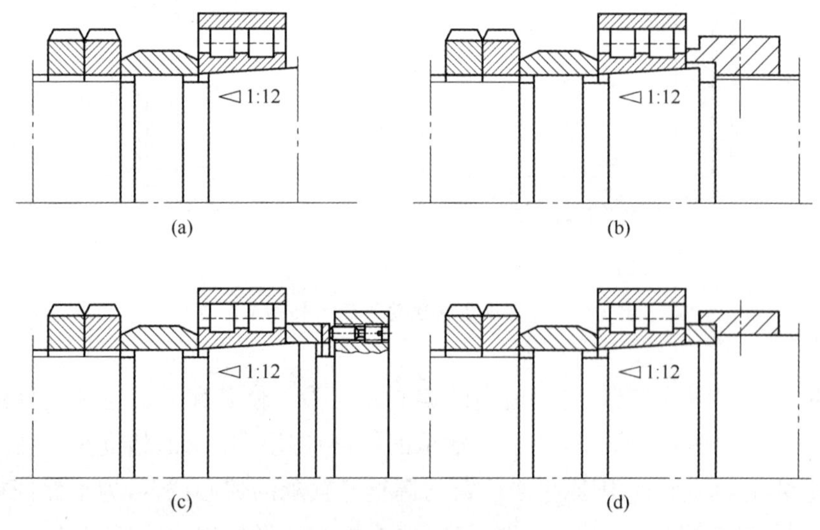

图 7－15　滚动轴承预紧方法

(2) 修磨圈座。通过修磨轴承内外座圈，使其内、外圈产生相对位移，可以调整轴承的预紧力。图 7－16a 所示轴承的外围宽边相对（背对背）安装，将内圈相靠的侧面磨去厚度，然后用螺母将内圈拧紧。图 7－16b 所示轴承的外围窄边相对（面对面）安装，将外圈窄边修磨。

(3) 调整隔套。图 7－17 是通过调整隔套的方法来实现轴承预紧。如图所示在两个轴承的内、外圈之间都装有隔套，并使内隔套厚度比外隔套短 2δ，装配时用螺母拧紧。使用这种方法预紧，在重调间隙时必须把轴承从主轴上拆下，很不方便。

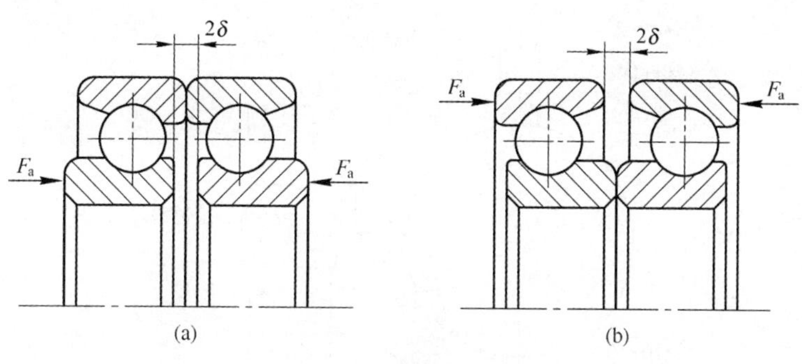

图 7－16　修磨座圈预紧

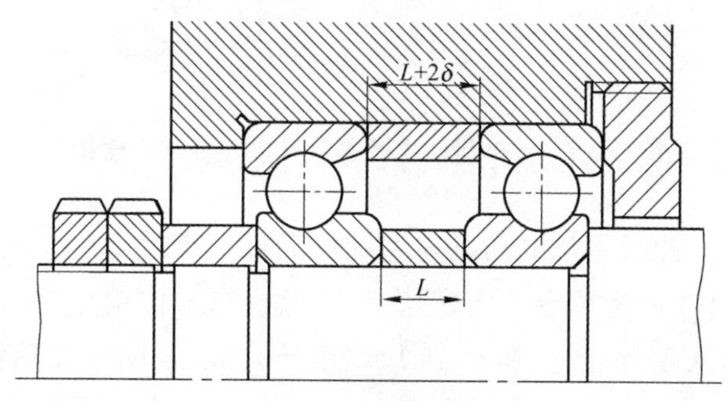

图 7－17　调整隔套预紧

四、　主轴准停装置

加工中心的主轴部件上设有准停装置，其作用是使主轴每次都准确地停在固定不变的周向位置上，以保证自动换刀时主轴上的端面键能对准刀柄上的键槽，同时使每次装刀时刀柄与主轴的相对位置不变，提高刀具的重复安装精度，从而可提高孔加工时孔径的一致性。另外，一些特殊工艺要求，如在通过前壁小孔镗内壁的同轴大孔，或进行反倒角等加工时，也要求主轴实现准停，使刀尖停在一个固定的方位上，以便主轴偏移一定尺寸后，使大刀刃能通过前壁小孔进入箱体内对大孔进行镗削。

目前，主轴准停装置很多，主要分为机械式和电气式两种。

机械式准停中比较典型的是 V 形槽轮准停装置。图 7－18 为典型的 V 形槽轮定位盘机械准停原理示意图。带有 V 形槽的定位盘与主轴端面保持一定的关系，以确定定位位置。当准停指令到来时，首先使主轴减速至某一可以设定的低速转动，当无触点开关有效信号被检测到后，立即使主轴电动机停转并

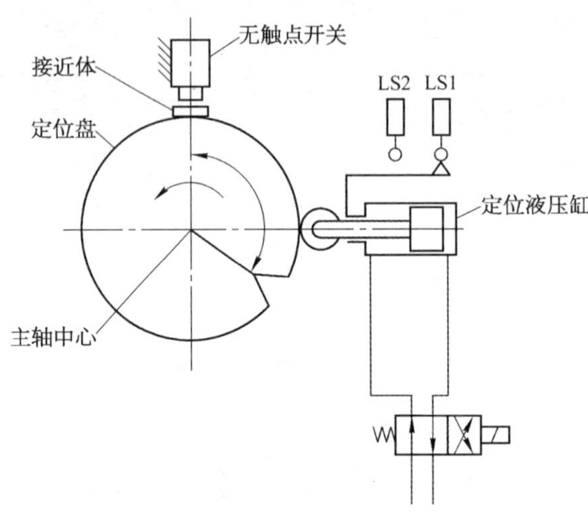

图 7-18 V形槽轮定位盘机械准停原理示意图

断开主轴传动链，此时主轴电动机与主轴传动件依惯性继续空转，同时准停油缸定位销伸出并压向定位盘。当定位盘 V 形槽与定位销正对时，由于油缸的压力，定位销插入 V 形槽中，准停到 LS2 信号有效，表明准停动作完成。这里 LS1 为准停释放信号。采用这种准停方式，必须有一定的逻辑互锁，即 LS2 有效时才能进行下面诸如换刀等动作。而只有当 LS1 有效时才能起动主轴电动机正常运转。上述准停功能通常可由数控系统所配的可编程控制器完成。

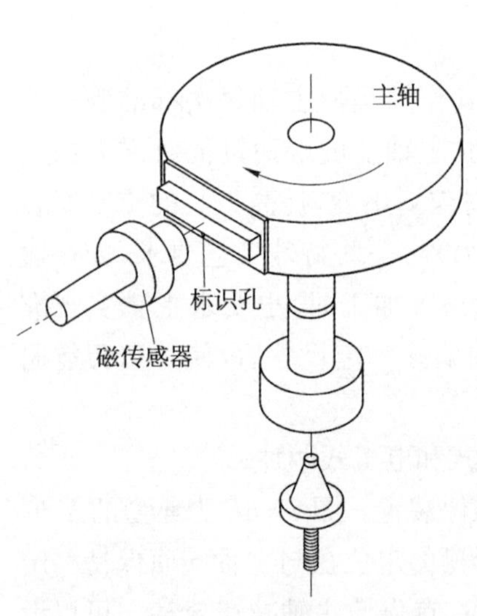

图 7-19 磁传感器准停

目前国内外中高档数控系统均采用电气准停控制。与机械准停相比，电气准停控制可以简化机械结构，缩短准停时间，使可靠性增加并提高性能价格比。常用的电气准停装置有磁传感器型准停装置、编码器型准停装置和数控系统准停装置。

图 7-19 是主轴磁传感器准停的示意图。当主轴转动或停止时，一旦接收到数控装置发来的准停开关信号，主轴立即加速或减速至某一准停速度（可在主轴驱动装置中设定）。主轴到达准停速度且准停位置到达时（即磁发体与磁传感器对准），主轴立即减速至某一爬行速度（可在主轴驱动装置中设定）。然后当磁传感器信号出现时，主轴驱

动立即进入磁传感器作为反馈元件的位置闭环控制，目标位置为准停位置。准停完成后，主轴驱动装置输出准停完成信号给数控装置，从而可进行自动换刀(ATC)或其他动作。磁发体与磁传感器在主轴上的位置如图 7－19 所示。

五、　主轴组件的润滑和密封

1. 主轴轴承的润滑

主轴运转过程中，轴承内部各元件间，均存在不同程度的相对滑动，从而产生摩擦热和元件的磨损。因此工作中必须对轴承进行可靠的润滑。润滑的主要作用是利用润滑剂在摩擦面间形成隔离作用的润滑油膜以防止或减少上述摩擦的产生。此外润滑剂也能防止轴承锈蚀，起到降低轴承噪声和冷却的作用。

在数控机床上，主轴轴承润滑方式有油脂润滑、油液循环润滑、油雾润滑和油气润滑等。

(1) 油脂润滑方式。它是目前在数控机床的主轴轴承上最常用的润滑方式，特别是在前支撑轴承上更为常用。如果主轴箱中没有冷却润滑油系统，那么后支撑轴承和其他轴承一般也采用油脂润滑方式。立式机床的主轴轴承润滑也一般采用油脂润滑，根据转速的大小选择不同的润滑脂。油脂润滑方式要采用有效的密封措施，以防止切削液或润滑油进入轴承中。

主轴轴承油脂封入量通常为轴承空间容量的 10%，切忌随意填满，因为油脂过多会加剧主轴发热。

(2) 油液循环润滑。在数控机床主轴上，有采用油液循环润滑方式的，例如装有 GAMET 轴承的主轴，即可使用这种方式。对一般主轴轴承来说，后支撑上采用这种润滑方式比较常见。

恒温油液循环润滑冷却方式如图 7－20 所示。由油温自动控制箱控制的恒温油液，经油泵打到润轴箱，其中一路沿主轴前支撑套外圈上的螺旋槽流动，以带走主轴轴承所发出的热量；另一条路通过主轴箱内的分油器，把恒温油喷射到传动齿轮和传动轴支撑轴承上，以带走它们所产生的热量。这种方式的润滑和降温效果都很好。

(3) 油雾润滑方式。油雾润滑方式是将油液经高压气体雾化后，从喷嘴喷到需润滑的部位的润滑方式。由于是雾状油液，其吸热性好，又无油液搅拌作用，因此常用于高速主轴轴承的润滑。但是油雾容易吹出，污染环境，目前欧洲有些国家已经禁止使用这种润滑方式。

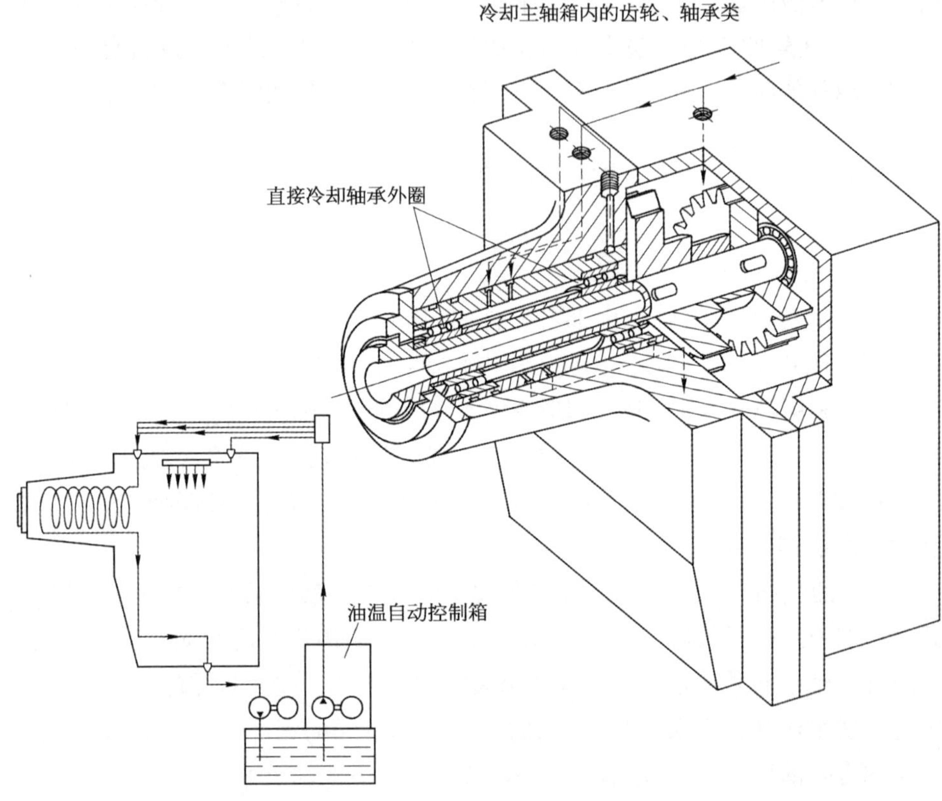

图 7－20　恒温油液循环润滑冷却主轴箱

(4) 油气润滑方式。油气润滑方式是针对高速主轴而开发的新型润滑方式。它是用极微量油(8～16 min,约 0.03 cm^3)润滑轴承,以抑制轴承发热。油箱中的油位开关和管路中的压力开关确保在油箱中无油或压力不足时,能自动切断主电动机电源。

2. 主轴的密封

为了防止润滑剂泻出,防止灰尘、切屑微粒及其他杂物和水分侵入,轴承必须要进行必要的密封,以保持良好的润滑条件和工作环境,使轴承达到预期的工作寿命。主轴的密封分非接触式和接触式两种。

非接触式密封包括间隙式、迷宫式和垫圈式。图 7－21 所示是几种非接触式密封的形式。图 7－21a 是利用轴承盖与轴的间隙密封的,轴承盖的孔内开槽则是为了提高密封效果,这种密封形式用在工作环境比较清洁的油脂润滑处;图 7－21b 是在螺母的外圆上开锯齿形环槽,当油向外流时,靠主轴传动的离心力把油沿斜面甩到端盖1的空腔内，油液流回箱内；图7-21c是迷宫式密封结构，在切屑多、灰尘大的工作环境下可获得可靠的密封效果，这种结构适用油脂或油液润滑的密封。非接触式的油液密封时，为了防漏，应保证回油能尽快排掉以及回油孔的畅通。

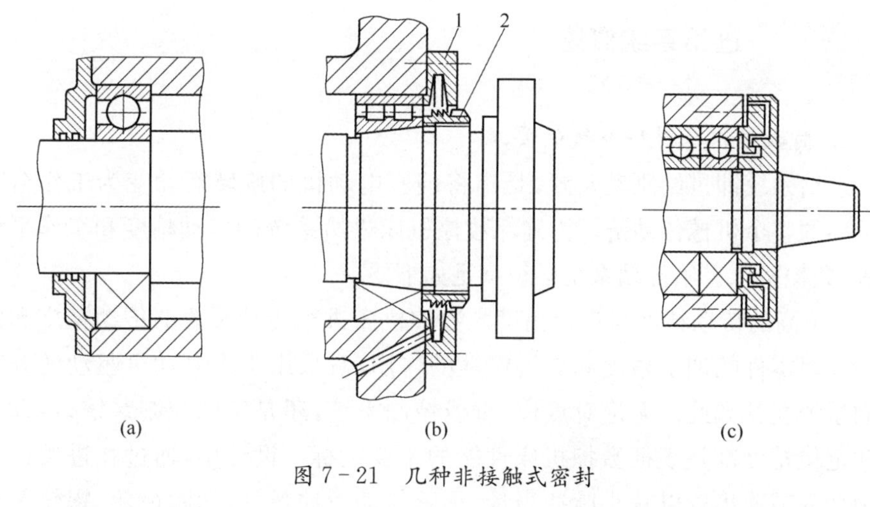

图7-21　几种非接触式密封

1—端盖；2—螺母

接触式密封包括毛毡密封、皮碗密封等。在此类密封装置中，密封件与轴或其他配合件直接相接触，故工作中产生摩擦磨损使温度升高。一般适用于低、中速条件下的轴承密封。图7-22所示是两种接触式密封方式。

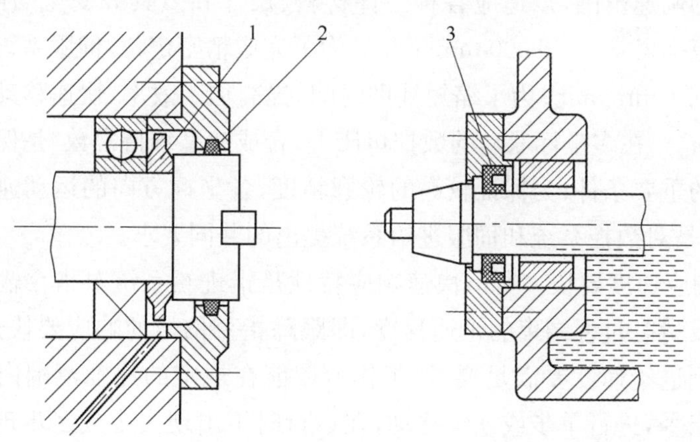

图7-22　两种接触式密封

1—甩油环；2—油毡圈；3—耐油橡胶密封圈

第三节　进给传动机构

一、　进给系统概述

1. 对数控机床进给系统的要求

进给系统即进给驱动装置，是指将伺服电动机的旋转运动变为工作台直线运动的整个机械传动链。为确保数控机床进给系统的传动精度和工作平稳性等，数控机床进给传动系统必须满足如下要求：

(1) 高的传动精度与定位精度。数控机床进给传动装置的传动精度和定位精度对零件的加工精度起着关键性的作用，对采用步进电动机驱动的开环控制系统尤其如此。无论对点位、直线控制系统，还是轮廓控制系统，传动精度和定位精度都是表征数控机床性能的主要指标。设计中，通过在进给传动链中加入减速齿轮以减小脉冲当量，预紧传动滚珠丝杠，消除齿轮、蜗轮等传动件的间隙等办法，可达到提高传动精度和定位精度的目的。由此可见，机床本身的精度，尤其是伺服传动链和伺服传动机构的精度，是影响工作精度的主要因素。

(2) 宽的进给调速范围。伺服进给系统在承担全部工作负载的条件下，应具有很宽的调速范围，以适应各种工件材料、尺寸和刀具等变化的需要，工作进给速度范围可达 3～6 000 mm/min。为了完成精密定位，伺服系统的低速趋近速度达 0.1 mm/min；为了缩短辅助时间，提高加工效率，快速移动速度应高达 15 m/min。在多坐标联动的数控机床上，合成速度维持常数，是保证表面粗糙度要求的重要条件；为保证较高的轮廓精度，各坐标方向的运动速度也要配合适当；这是对数控系统和伺服进给系统提出的共同要求。

(3) 响应速度要快。所谓快速响应特性是指进给系统对指令输入信号的响应速度及瞬态过程结束的迅速程度，即跟踪指令信号的响应要快；定位速度和轮廓切削进给速度要满足要求；工作台应能在规定的速度范围内灵敏而精确地跟踪指令，进行单步或连续移动，在运行时不出现失步或多步现象。进给系统响应速度的大小不仅影响机床的加工效率，而且影响加工精度。设计中应使机床工作台及其传动机构的刚度、间隙、摩擦以及转动惯量尽可能达到最佳值，以提高进给系统的快速响应特性。

(4) 尽可能小的摩擦力。在进给系统中要尽量减少传动件之间的摩擦阻力，尤其是减少丝杠传动和工作台运动导轨之间的摩擦，以消除低速进给爬行现象，从而提高整个伺服进给系统的稳定性。数控机床广泛采用滚珠丝杠和滚动导轨以及塑料导轨和静压导轨。

(5) 尽可能高的传动刚度。丝杠螺母副(直线运动)或蜗轮蜗杆副(回转运动)及其支撑部件的刚度决定了进给传动系统的高传动刚度。传动刚度的不足再加上摩擦阻力将会导致工作台产生爬行现象以及造成反向死区，影响传动准确性。提高传动刚度的有效途径是缩短传动链，合理选择丝杠尺寸以及对丝杠螺母副及支撑部件等进行预紧。

(6) 尽可能小的转动惯量。进给系统中每个部件的转动惯量对进给系统的起动、制动特性等都有直接的影响，尤其是高速运转零件的转动惯量。在满足传动强度和刚度的前提下，应尽可能使各零件的结构、配置合理，减小旋转零件的直径和质量，以减少运动部件的转动惯量。

(7) 尽可能高的谐振频率。为了提高进给系统的抗振性，应使机械构件具有高的固有频率和合适的阻尼，一般要求机械传动系统的固有频率应高于伺服驱动系统的 2～3 倍。而且，应特别避免切削时的谐振。

(8) 稳定性好、寿命长。稳定性是伺服进给系统能够正常工作的最基本的条件，特别是在低速进给情况下不产生爬行，并能适应外加负载的变化而不发生共振。稳定性与系统的惯性、刚性、阻尼及增益等都有关系，适当选择各项参数，并能达到最佳的工作性能，是伺服系统设计的目标。所谓进给系统的寿命，主要指其保持数控机床传动精度和定位精度的时间长短及各传动部件保持其原来制造精度的能力。设计中各传动部件应选择合适的材料及合理的加工工艺与热处理方法，对于滚珠丝杠和传动齿轮，必须具有一定的耐磨性和适宜的润滑方式，以延长其寿命。

(9) 使用维护方便。数控机床属高精度自动控制机床，主要用于单件、中小批量、高精度及复杂件的生产加工，机床的开机率相应就高，因此，进给系统的结构设计应便于维护，最大限度地减小维修工作量，以提高机床的利用率。

2. 进给系统设计应考虑的问题

数控机床的进给系统是将伺服电动机的旋转运动转变为执行部件的直线运动或回转运动。由于数控机床的进给运动是完全由数字控制的，工件的加工精度和进给系统的传动精度、灵敏度和稳定性有密切的关系。因此，在设计数控机床进给传动机构时必须要考虑以下问题：

（1）进给机构的传动系统按恒转矩设计，恒定转矩按最大转矩设计。因此，往往需要设置防止进给机构转矩超载的保险装置，如安全销、安全键、安全离合器等。

（2）一个进给传动系统常带动几个执行部件，因此，系统中往往要设置运动分配机构和使几个执行部件的运动不发生矛盾的互锁装置。

（3）进给运动的速度比较低，常用传动效率不高的降速装置，如蜗杆蜗轮传动、丝杠螺母传动等。此外，还可以用空转损失比较大的回曲机构、拉键机构等。

（4）进给运动常伴随着空车行程。为了缩短空车行程的时间，有时还要设置快速行程传动系统。

（5）进给传动系统传递的力和功率不大，机构较小，故每一传动副的传动比极限值和每一传动组的变速范围可以比主传动变速系统中的相应值取得大点。

（6）在进给传动系统中，由于进给运动速度较低，往往由于系统的扭转刚度不足而引起运动部件的爬行和抖动。爬行会严重影响被加工零件的加工精度、表面粗糙度和机床的定位精度，甚至使机床不能进行正常的工作。因此，设计机床进给系统时必须注意解决。

二、 齿轮传动副

齿轮传动是应用非常广泛的一种机械传动，各种机床中传动装置几乎都离不开齿轮传动。在数控机床伺服进给系统中采用齿轮传动装置的目的有两个，一是将高转速低转矩的伺服电动机（如步进电动机、直流或交流伺服电动机等）的输出，改变为低转速大转矩的执行件的输出；另一是使滚珠丝杠和工作台的转动惯量在系统中占有较小的比重。此外，对开环系统还可以保证所要求的精度。

1. 速比的确定

1）开环系统　在步进电动机驱动的开环系统中（图 7-23），步进电动机至丝杠间设有齿轮传动装置，其速比决定于系统的脉冲当量、步进电动机步矩角及滚珠丝杠导程，其运动平衡方程式为

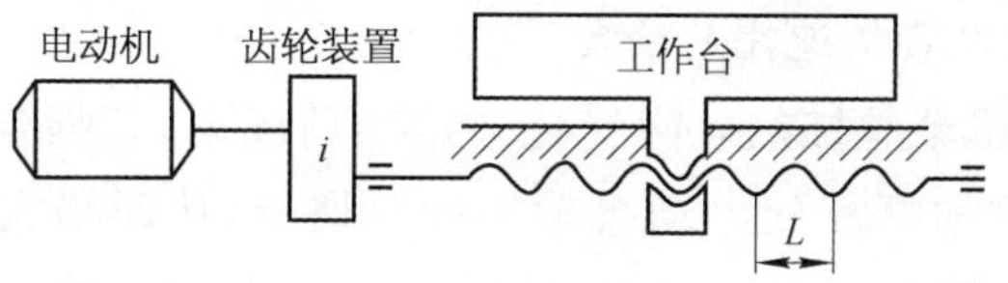

图 7－23　开环系统丝杠传动

$$\frac{1}{m}iL = \delta$$

所以其速比可计算如下：

$$i = \frac{m\delta}{L} = \frac{360^\circ\delta}{\alpha L}$$

式中　m——步进电动机每转所需脉冲数$\left(m=\frac{360^\circ}{\alpha}\right)$；

α——步进电动机步距角(°/脉冲)；

δ——脉冲当量(mm/脉冲)；

L——滚珠丝杠的导程(mm)。

因为开环系统执行件的运动位移决定于脉冲数目，故算出的速比不能随意更改。

2）闭环系统　对于闭环系统，执行件的位置取决于反馈检测装置，与运动速度无直接关系，其速比主要是由驱动电动机的额定转速或转矩与机床要求的进给速度或负载转矩决定的，所以可对它进行适当的调整。电动机至丝杠间的速比运动平衡方程式如下：

$$niL = v$$

$$i = \frac{v}{nL}$$

式中　n——伺服电动机的转速(r/min)，$n = \frac{60f}{m}$；

f——脉冲频率(次/s)；

v——工作台在电动机转速为 n 时的移动速度(mm/min)，$v = 60f\delta$。

当负载和丝杠转动惯量在总转动惯量中所占比重不大时，齿轮速比可取上面算出的数值，即降速不必过多，这样不仅可以简化伺服传动链，且可降低伺服放大器的增益。当主要考虑静态精度或低平滑跟踪时，可选降速多一些，这样可以减小电动机轴上的负载转动惯量，并且减少负载惯量对稳态差异的影响。

2. 啮合对数及各级速比的确定

在驱动电动机至丝杠的总降速比一定的情况下，若啮合对数及各级速比选择不当，将会增加折算到电动机轴上的总惯量，从而增大电动机的时间常数，并增大要求的驱动扭矩。因此应按最小惯量的要求来选择齿轮啮合对数及各级降速比，使其具有良好的动态性能。

图 7－24 所示为机械传动装置中的两对齿轮降速后，将运动传到丝杠的示意图。第一对齿轮的降速比为 i_1，第二对齿轮的降速比为 i_2，其中 i_1 及 i_2 均大于 1。假定小齿轮 A、C 直径相同，大齿轮 B、D 为实心齿轮。这两对齿轮折算到电动机轴的总惯量为

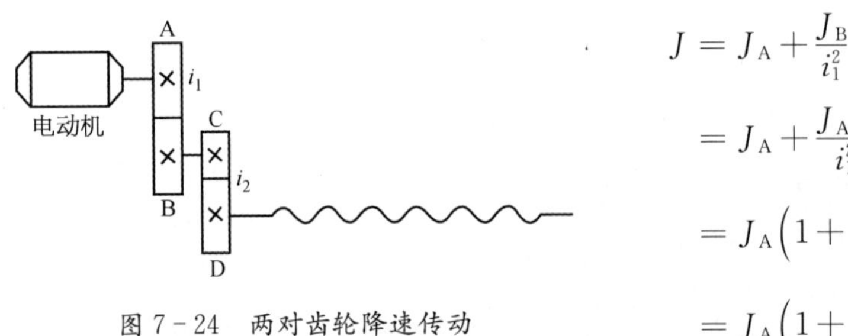

图 7－24 两对齿轮降速传动

$$\begin{aligned} J &= J_A + \frac{J_B}{i_1^2} + \frac{J_C}{i_1^2} + \frac{J_D}{i_1^2 i_2^2} \\ &= J_A + \frac{J_A i_1^4}{i_1^2} + \frac{J_A}{i_1^2} + \frac{J_A i_2^4}{i_1^2 i_2^2} \\ &= J_A\left(1 + i_1^2 + \frac{1}{i_1^2} + \frac{i_2^2}{i_1^2}\right) \\ &= J_A\left(1 + i_1^2 + \frac{1}{i_1^2} + \frac{i^2}{i_1^4}\right) \end{aligned}$$

式中 i——总降速比，$i = i_1 i_2$。

令 $\frac{\partial J}{\partial i_1} = 0$，可得最小惯量的条件：

$$i_1^6 - i_1^2 - 2i^2 = 0$$

将 $i = i_1 i_2$ 代入，得两对齿轮间满足最小惯量要求的降速比关系式：

$$i_2 = \sqrt{\frac{i_1^4 - 1}{2}} \approx \frac{i_1^2}{\sqrt{2}} \quad (i_1^4 \geqslant 1)$$

不同啮合对数时，亦可相应的得到各级满足最小惯量要求的降速比关系式，如若为三级传动，则可按上述方法求得三级传动比为

$$i_2 = i_1^2 / \sqrt{2}$$
$$i_3 = i_2^2 / \sqrt{2}$$
$$i = i_1 i_2 i_3$$

计算出各级齿轮降速比后，还应进行机械进给装置的惯量验算。对开环系统，机械传动装置折算到电动机轴上的负载转动惯量应小于电动机加速要

求的允许值。对闭环系统,除满足加速要求外,机械传动装置折算到电动机轴上的负载转动惯量应与伺服电动机转子惯量合理匹配,如果电动机转子惯量远小于机械进给装置的转动惯量(折算到电动机转子轴上),则机床进给系统的动态特性主要决定于负载特性,此时运动部件(包括工件)不同质量的各坐标的动态特性将有所不同,使系统不易调整。根据实践经验推荐伺服电动机转子转动惯量 J_M 与机械进给装置折算到电动机轴上的转动惯量 J_L 相匹配的合理关系为

$$\frac{1}{4} \leqslant \frac{J_L}{J_M} \leqslant 1$$

设电动机经一对齿轮传动丝杠时,若 J_1 为小齿轮的转动惯量,J_2 为大齿轮的转动惯量,J_s 为丝杠的转动惯量,W 为工作台重力,齿轮副降速比 $i(i>1)$, L 为丝杠螺距,则

$$J_L = J_1 + \frac{J_2}{i^2} + \frac{J_s}{i^2} + \frac{W}{gi^2}\left(\frac{L}{2\pi}\right)^2$$

即

$$J_L = J_1 + J_1 i^2 + \frac{J_s}{i^2} + \frac{W}{gi^2}\left(\frac{L}{2\pi}\right)^2$$

机械伺服进给系统选用的伺服电动机,当工作台为最大进给速度时,其最大转矩 T_{max}应满足机床工作台的加速度要求。若 a_{max} 为伺服电动机能达到的最大加速度,常取:

$$a \leqslant \frac{a_{max}}{2}$$

一般要求 $a = 2 \sim 5\ \mathrm{m/s^2}$,则 $a_{max} \geqslant 4 \sim 10\ \mathrm{m/s^2}$。

当伺服电动机主要用于惯量加速,忽略切削力及摩擦力作用(其值一般仅占 10%),则

$$a_{max} = \frac{T_{max}}{J}\frac{iL}{2\pi}$$

式中　J——伺服进给系统折算到丝杠上的总转动惯量,当一对降速齿轮传动时,则

$$J = J_M i^2 + J_1 i^2 + J_1 i^4 + J_s + \frac{W}{g}\left(\frac{L}{2\pi}\right)^2$$

3. 直齿圆柱齿轮传动副间隙的消除

通常直齿圆柱齿轮传动副有以下三种调整法。

(1) 偏心套调整法。图 7－25 所示为偏心套式消除间隙结构。电动机 1 通过偏心套 2 安装到机床壳体上,通过转动偏心套 2,使电动机中心轴线的位置向上,而从动齿轮轴线位置固定不变,因此两啮合齿轮的中心距减小,从而消除齿侧间隙。

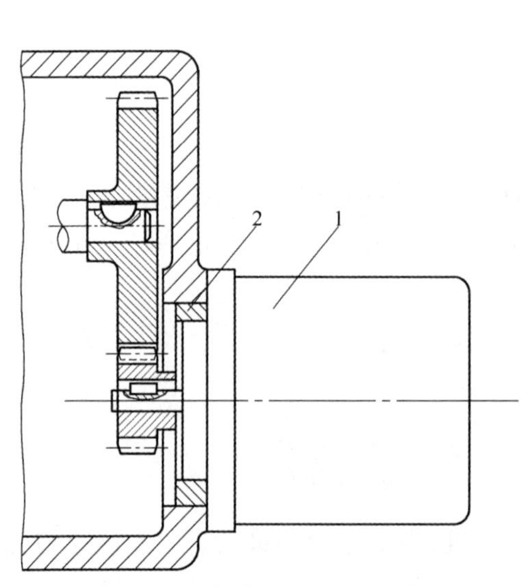

图 7－25 偏心套间隙消除结构图

1—电动机；2—偏心套

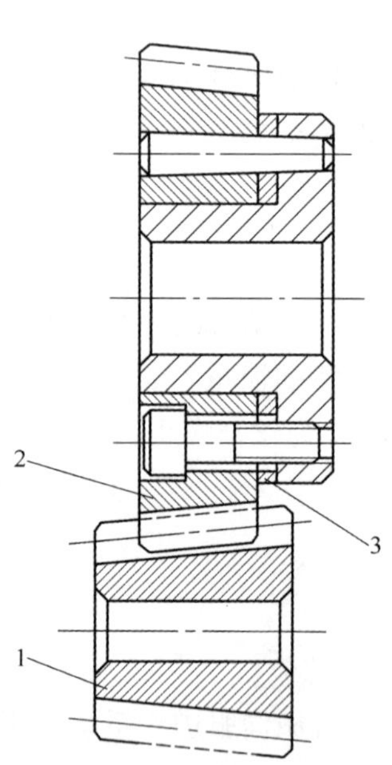

图7－26 锥度齿轮轴向垫片消除间隙结构

1、2—齿轮；3—垫片

(2) 轴向垫片调整法。锥度齿轮轴向垫片消除间隙结构如图 7－26 所示。齿轮 1 和齿轮 2 相啮合,其分度圆齿厚沿轴向方向略有锥度,这样就可用垫片 3 使齿轮 2 沿轴向移动,从而消除两齿轮的齿侧间隙。装配时应该使垫片 3 的轴向厚度有利于齿轮 1 和 2 之间的齿隙小,运转灵活。

(3) 双片薄齿轮错齿调整法。双片薄齿轮错齿消除间隙结构如图 7－27a 所示是一种双片薄齿轮周向可调弹簧错齿消隙结构。两个相同齿数的薄片齿轮 1 和 2 与另一个宽齿轮啮合,两薄片齿轮可相对回转。在两个薄片齿轮 1 和 2 的端面均匀分布着 4 个螺孔,分别装上凸耳 3 和 8。薄片齿轮 1 的端面还有另外 4 个通孔,凸耳 8 可以在其中穿过,弹簧 4 的两端分别钩在凸耳 3 和螺钉 7 上。通过螺母 5 调节弹簧 4 的拉力,调节完后用螺母 6 锁紧。弹簧的拉力使薄片齿轮错位,即两个双片齿轮的左、右齿面分别贴在宽齿轮齿槽的左、右齿面上，从而消除了齿侧间隙。图 7－27b 是另一种双片薄齿轮周向弹簧错齿消隙结构。薄片齿轮 1 和 2 套装在一起，每片齿轮各开有两条周向通槽，在齿轮的端面上装有短柱 3，用来安装弹簧 4。装配时使弹簧 4 具有足够的拉力，使两个薄片齿轮的左、右面分别与宽齿轮的左、右面贴紧，以消除齿侧间隙。

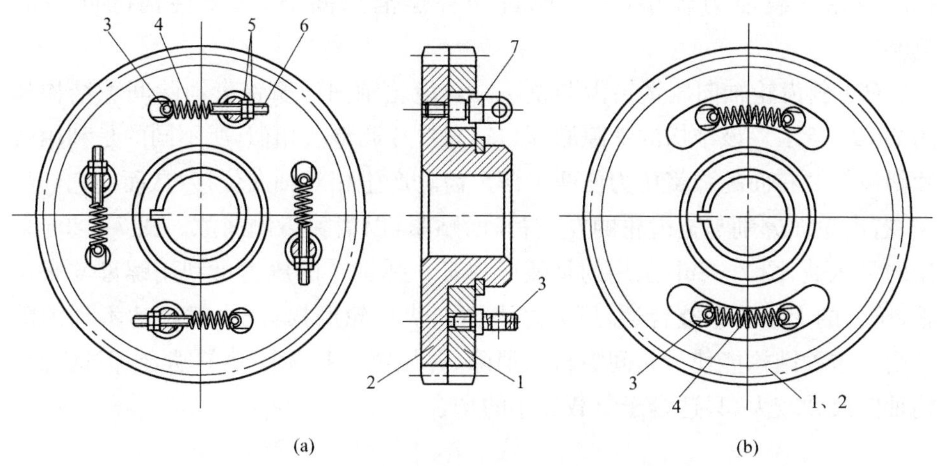

图 7－27　双片薄齿轮错齿消除间隙结构

1、2—薄片齿轮；3、8—凸耳或短柱；4—弹簧；5、6—螺母；7—螺钉

4. 斜齿圆柱齿轮传动副消除间隙的方法

斜齿圆柱齿轮传动副消除间隙的方法与直齿圆柱齿轮传动副中双片薄齿轮消除间隙的思路相似，也是用两个薄片齿轮和一个宽齿轮啮合，只是通过不同的方法使两个薄片齿轮沿轴向移动合适的距离后，相当于两薄片斜齿圆柱齿轮的螺旋线错开了一定的角度。两个齿轮与宽齿轮啮合时分别负责不同的方向（正向和反向），从而起到消除间隙的作用。

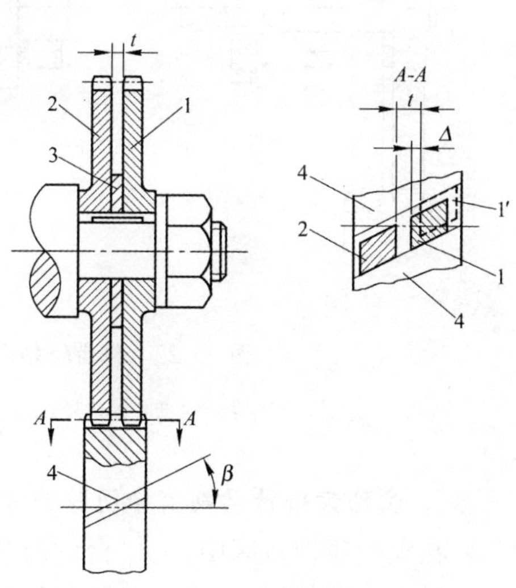

图 7－28　斜齿轮轴向垫片消除间隙结构

1、2—薄片斜齿轮；3—垫片；4—宽齿轮

斜齿圆柱齿轮传动副有以下两种调整方法：

(1) 斜齿轮轴向垫片调整法。图 7－28 所示为斜齿轮轴向垫片消除间

隙结构,其原理与错齿调整法相同。薄片斜齿轮 1 和 2 的齿形拼装在一起加工,装配时在两薄片齿轮间装入已知厚度为 t 的垫片 3,这样它的螺旋线便错开了,使两薄片斜齿轮分别与宽齿轮 4 的左、右齿面贴紧,从而消除间隙。垫片厚度一般由测试法确定,往往要经几次修磨才能调整好。这种结构的齿轮承载能力较小,且不能自动补偿消除间隙,属刚性消除间隙的范畴。

(2) 斜齿轮轴向压簧错齿调整法。斜齿轮轴向压簧错齿消除间隙结构如图 7－29 所示。该结构的消隙原理与轴向垫片调整法相似,所不同的是利用薄片斜齿轮 2 右面的弹簧压力使两个薄片齿轮产生相对轴向位移,从而使它们的左、右齿轮面分别与宽齿轮的左、右齿面贴紧,以消除齿侧间隙。图 7－29a 采用的是压簧,图 7－29b 采用的是碟形弹簧。弹簧 3 的压力可利用螺母 5 来调整,压力的大小要调整合适,压力过大会加快齿轮磨损,压力过小达不到消隙作用。这种结构能使齿轮间隙自动消除,并始终保持无间隙的啮合,但这种结构轴向尺寸较大,只适合于负载较小的场合。

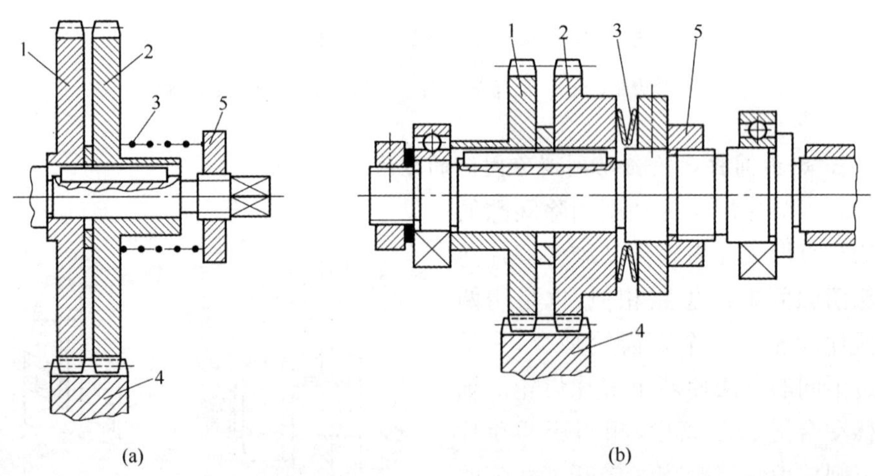

图 7－29 斜齿轮轴向压簧错齿消除间隙结构

1、2—薄片斜齿轮；3—弹簧；4—宽齿轮；5—螺母

5. 齿轮齿条传动副消除间隙的方法

在大型数控机床中,工作台的行程很大,因此,它的进给运动不宜采用滚珠丝杠副来实现,而常采用齿轮齿条来实现。当驱动时,可采用双片薄齿轮错齿调整法,分别与齿条齿槽左、右侧面贴紧,从而消除齿侧隙。图 7－30 所示为

齿轮齿条消除间隙结构。进给运动由轴 2 输入，通过两对斜齿轮将运动传给轴 1 和 3，然后由两个直齿轮 4 和 5 去传动齿条，带动工作台移动。轴 2 上两个斜齿轮的螺旋线方向相反。如果通过弹簧在轴 2 上作用一个轴向力 F，则使斜齿轮产生微量的轴向移动，这时轴 1 和轴 3 便以相反的方向转过微小的角度，使齿轮 4 和 5 分别与齿条的两齿面贴紧，从而消除间隙。

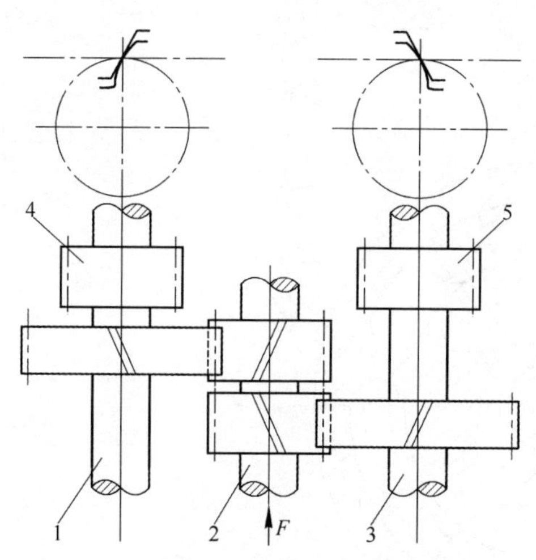

图 7－30　齿轮齿条消除间隙结构

1、2、3—轴；4、5—齿轮

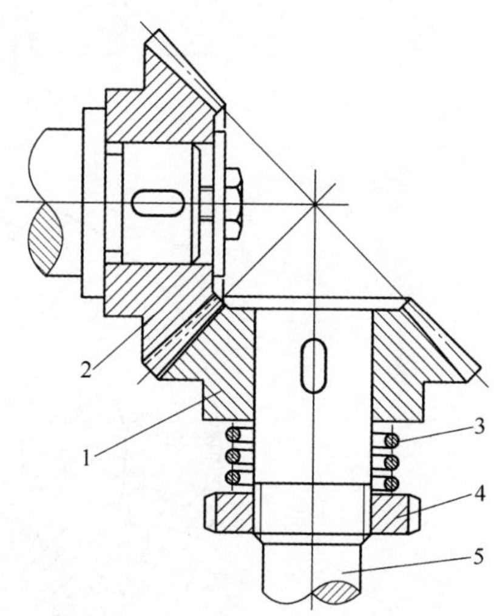

图 7－31　锥齿轮轴向压簧消除间隙结构

1、2—锥齿轮；3—压簧；4—螺母；5—传动轴

6. 锥齿轮传动副消除间隙的方法

锥齿轮同圆柱齿轮一样，可用上述类似的方法来消除齿侧间隙。

(1) 锥齿轮轴向压簧调整法。图 7－31 所示为锥齿轮轴向压簧消除间隙结构。两个啮合着的锥齿轮 1 和 2，其中在装有锥齿轮 1 的传动轴 5 上装有压簧 3，锥齿轮 1 在弹簧力的作用下可稍作轴向移动，从而消除间隙。弹簧力的大小由螺母 4 调节。

(2) 锥齿轮周向弹簧调整法。图 7－32 所示为周向弹簧消除间隙结构。将一对啮合锥齿轮中的一个齿轮做成大小两片 1 和 2，在大片上制有三个圆弧槽，而在小片的端面上制有三个凸爪 6，凸爪 6 伸入大片的圆弧槽中。弹簧 4 一端顶在凸爪 6 上，而另一端顶在镶块 3 上。为了安全起见，用螺钉 5 将大小片齿圈相对固定，安装完毕之后将螺钉卸去，利用弹簧力使大小片锥齿轮稍微错开，从而达到消除间隙的目的。

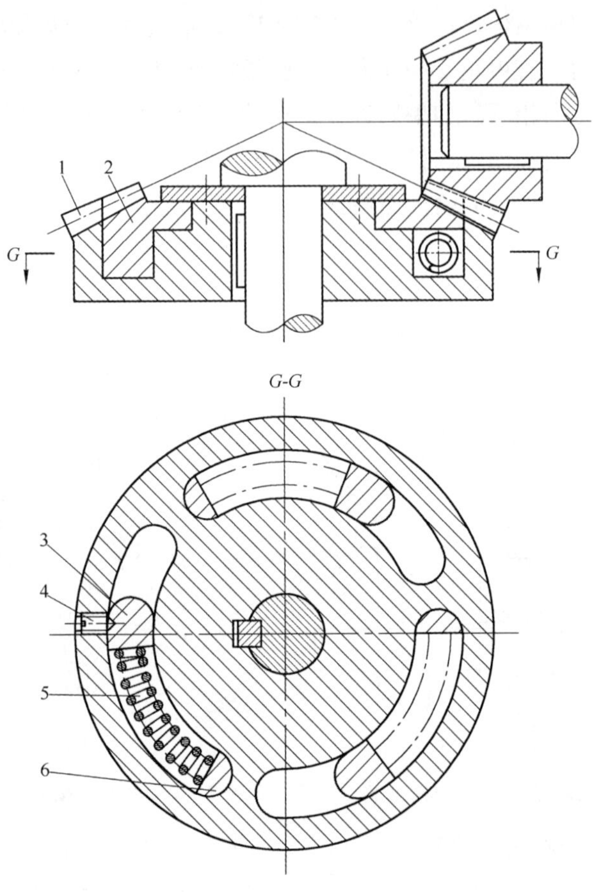

图 7-32 锥齿轮周向弹簧消除间隙结构

1、2—锥齿轮；3—凸爪；4—螺钉；5—弹簧；6—缀块

三、 丝杠螺母副

1. 滚珠丝杠螺母副的工作原理与特点

滚珠丝杠螺母副(简称滚珠丝杠副)是一种新型的螺纹传动机构，丝杠与螺母间装有滚珠，其结构原理如图 7-33 所示。它由丝杠 1、螺母 3、滚珠 4 和滚道 2 组成。在丝杠和螺母上都装有半圆弧形的螺旋槽，当它们套装在一起时便形成了滚珠的螺旋滚道。螺母上有滚珠回路管道(在图中 4 所指的位置)，将几圈螺旋滚道的两端连接起来，构成封闭的循环滚道，并在滚道内装满滚珠 4。当丝杠旋转时，滚珠在滚道内既自转又沿滚道循环转动，因而迫使螺母(或丝杠)轴向移动。

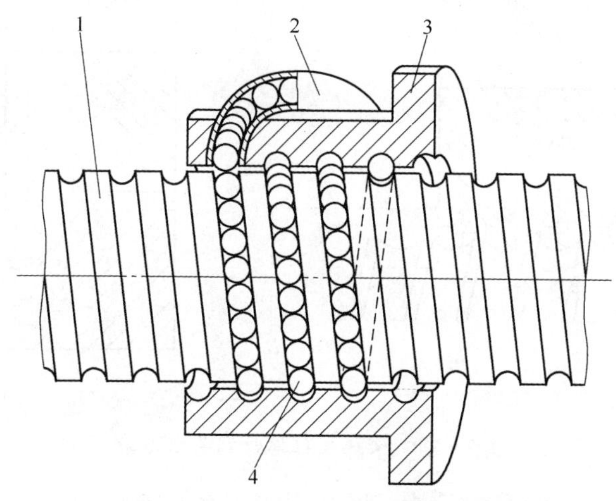

图 7-33　滚珠丝杠螺母副结构

1—丝杠；2—滚道；3—螺母；4—滚珠

与传统的滑动丝杠螺母副比较，滚珠丝杠螺母副具有以下特点：

(1) 传动效率高。滚珠丝杠螺母副的传动效率大概为 $\eta = 0.92 \sim 0.96$，是普通丝杠螺母副的 3～4 倍。其摩擦损失小，功率消耗只相当于普通丝杠传动的 1/4～1/3。同时由于它发热小，因此可实现高速运动。

(2) 运动平稳无爬行。由于摩擦阻力小，动、静摩擦因数之差极小，因此运动平稳，不易出现爬行现象。

(3) 传动精度高，反向时无空程。滚珠丝杠副经预紧后，可消除轴向间隙，因而无反向死区，同时也提高了传动刚度。

(4) 使用寿命长。由于滚珠丝杠副磨损小，精度保持性好，所以使用寿命较长。

(5) 具有运动的可逆性。由于摩擦因数小，不能自锁，因而可以将旋转运动转换成直线运动，也可将直线运动转换成旋转运动，即丝杠和螺母均可作主动件或从动件。

(6) 制造成本高。由于结构复杂，丝杠和螺母等元件的加工精度和表面质量要求高，从而导致制造成本高。

(7) 必须增加制动装置。由于滚珠丝杠不能自锁，特别是安装在垂直方向上的滚珠丝杠，会因部件的自重而自动下降。当部件向下运动时要求立即停止时，由于部件的自重和惯性，滚珠丝杠不能立即停止运动，因此需要安装制动装置。

2. 滚珠丝杠副的参数

滚珠丝杠副(图 7-34)的参数有以下几个：

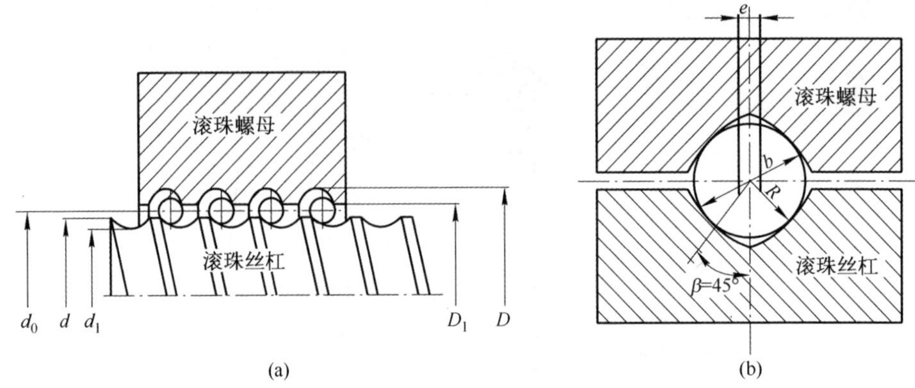

图 7-34 滚珠丝杠螺母副基本参数

(a) 滚珠丝杠副轴向剖面图；(b) 滚珠丝杠副法向剖面图

公称直径 d_0：滚珠与螺纹滚道在理论接触角状态时包络滚珠球心的圆柱直径，它是滚珠丝杠副的特征尺寸。

导程 L：丝杠相对于螺母旋转任意弧度时，螺母上基准点的轴向位移。

基本导程 L_0：丝杠相对于螺母旋转 2π 弧度时，螺母上基准点的轴向位移。

接触角 β：在螺纹滚道法向剖面内，滚珠球心与滚道接触点的连线和螺纹轴线的垂直线间的夹角，理想接触角 β 等于 45°。

此外还有丝杠螺纹大径 d、丝杠螺纹小径 d_1、螺纹全长 l、滚珠直径 d_b、螺母螺纹大径 D、螺母螺纹小径 D_1、滚道圆弧偏心距 e 以及滚道圆弧半径 R 等参数。

导程的大小是根据机床的加工精度要求确定的。精度要求高时，应将导程取小些，这样在一定的轴向力作用下，丝杠上的摩擦阻力较小。为了使滚珠丝杠副具有一定的承载能力，滚珠直径 d_b 不能太小。导程取小了，就势必将滚珠直径 d_b 取小，滚珠丝杠副的承载能力亦随之减小。若丝杠副的公称直径 d_0 不变，导程小，则螺旋升角 λ 也小，传动效率 η 也变小。因此导程的数值在满足机床加工精度的条件下，应尽可能取大些。

公称直径 d_0 与承载能力直接有关，有的资料推荐滚珠丝杠副的公称直径 d_0 应大于丝杠工作长度的 1/30。

数控机床常用的进给丝杠，名义直径 $d_0 = \phi30 \sim \phi80$ mm。

滚珠直径 d_b 应根据轴承厂提供的尺寸选用。滚珠直径 d_b 大，则承载能力也大，但在导程已确定的情况下，滚珠直径 d_b 受到丝杠相邻两螺纹间的凸起部分宽度所限制。在一般情况下，滚珠直径 $d_b \approx 0.6L_0$。

设滚珠的工作圈数为 j 和滚珠总数为 N，由试验结果可知，在每一个循环回路中，各圈滚珠所受的轴向负载不均匀。第一圈滚珠承受总负载的50%左右，第二圈约承受30%；第三圈约为20%。因此，滚珠丝杠副中的每个循环回路的滚珠工作圈数取为 $j = 2.5 \sim 3.5$，工作圈数大于3.5无实际意义。

滚珠的总数 N，有关资料介绍不要超过150个。若设计计算时超过规定的最大值，则因流通不畅容易产生堵塞现象。若出现此种情况，可从单回路式改为双回路式、加大滚珠丝杠的名义直径 d_0 或加大滚珠直径 d_b 来解决。反之，若工作滚珠的总数 N 太少，将使得每个滚珠的负载加大，引起过大的弹性变形。

3. 滚珠丝杠副的结构和轴向间隙的调整方法

各种不同结构的滚珠丝杠副，其主要区别是在螺纹滚道型面的形状、滚珠循环方式及轴向间隙的调整和预加负载的方法等三个方面。

1）螺纹滚道型面的形状及其主要尺寸　螺纹滚道型面的形状有多种，国内投产的仅有单圆弧型面和双圆弧型面两种。在图7-35中，滚珠与滚道型面接触点法线与丝杠轴线的垂直线间之夹角称为接触角 β。

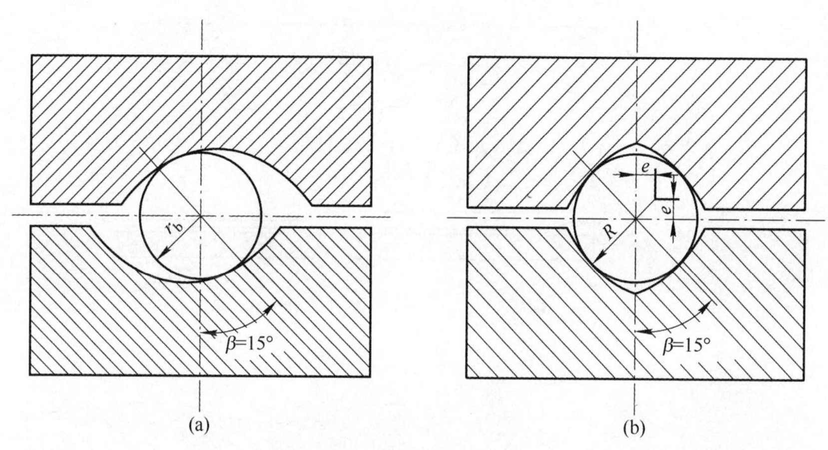

图7-35　滚珠丝杠副螺纹滚道型面的截形

（a）单圆弧；（b）双圆弧

（1）单圆弧型面。如图7-35a所示，通常滚道半径 R 稍大于滚珠半径 r_b，可取 $R = (1.04 \sim 1.11)r_b$。对于单圆弧型面的圆弧滚道，接触角 β 是随轴向负荷 F 的大小而变化。当 $F = 0$ 时，$\beta = 0$。承载后，随 F 的增大 β 也增大，β 的大小由接触变形的大小决定。当接触角 β 增大后，传动效率 η、轴向刚度 J 以及承载能力随之增大。

(2) 双圆弧型面。如图 7-35b 所示，当偏心 e 决定后，只在滚珠直径 d_b 滚道内相切的两点接触，接触角 β 不变。两圆弧交接处有一小空隙，可容纳一些脏物，这对滚珠的流动有利。从有利于提高传动效率 η 和承载能力及流动畅通等要求出发，接触角 β 应选大些，但 β 过大，将使得制造较难(磨滚道型面)，建议取 $\beta = 45°$，螺纹滚道的圆弧半径 $R = 1.04r_b$ 或 $R = 1.11r_b$。偏心距 $e = (R - r_b)\sin 45° = 0.707(R - r_b)$。

2) 滚珠循环方式　目前国内外生产的滚珠丝杠副，可分为内循环及外循环两类。图 7-36 所示为外循环螺旋槽式滚珠丝杠副，在螺母的外圆上铣有螺旋槽，并在螺母内部装上挡珠器，挡珠器的舌部切断螺纹滚道，迫使滚珠流入通向螺旋槽的孔中而完成循环。图 7-37 所示为内循环滚珠丝杠副，在螺母外侧孔中装有接通相邻滚道的反向器，以迫使滚珠翻越丝杠的齿顶而进入相邻滚道。通常在一个螺母上装有三个反向器(即采用三列的结构)，这三个反向器彼此沿螺母圆周相互错开 120°，轴向间隔为 4/3～7/3p(p 为螺距)；有的装两个反向器(即采用双列结构)，反向器错开 180°，轴向间隔为 3/2p。

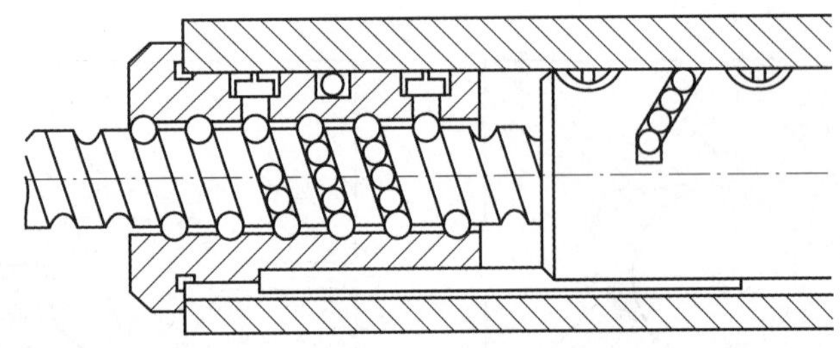

图 7-36　外循环滚珠丝杠

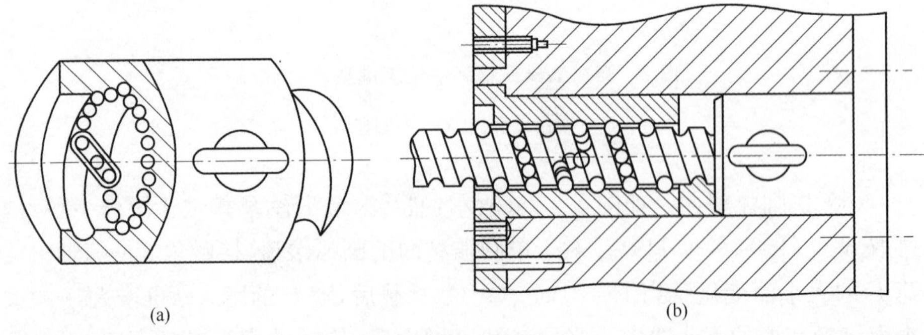

图 7-37　内循环滚珠丝杠副

由于滚珠在进入和离开循环反向装置时容易产生较大的阻力，而且滚珠在反向通道中的运动多属前珠推后珠的滑移运动，很少有“滚动”，因此滚珠在反向装置中的摩擦力矩 $M_{反}$ 在整个滚珠丝杠的摩擦力矩 M_t 中所占比重较大，而不同的循环反向装置由于回珠通道的运动轨迹不同，以及曲率半径的差异，因而 $M_{反}/M_t$ 的比值不同，表 7－1 列出了国产滚珠丝杠副的几种不同循环方式的比较。

表 7－1　国产滚珠丝杠副不同循环方式的比较

<table>
<tr><th rowspan="2">循环方式</th><th colspan="2">内循环</th><th colspan="2">外循环</th></tr>
<tr><th>浮动式</th><th>固定式</th><th>插管式</th><th>螺旋槽式</th></tr>
<tr><td>GB/T 1758.1—1998</td><td>F</td><td>G</td><td>C</td><td>L</td></tr>
<tr><td>含义</td><td colspan="2">在整个循环过程中，滚珠始终与丝杠螺纹的各滚切表面滚切和接触</td><td colspan="2">滚珠循环反向时，离开丝杠螺纹滚道，在螺母体内或体外循环运动</td></tr>
<tr><td rowspan="3">结构特点</td><td colspan="2">循环滚珠链最短，螺母外径比外循环小，结构紧凑，反向装置刚性好，寿命长，扁圆型反向器的轴向尺寸短，制造工艺复杂</td><td colspan="2">循环滚珠链较长，轴向排列紧凑，承载能力较高，径向尺寸较大</td></tr>
<tr><td>$M_{反}/M_t$ 最小</td><td>$M_{反}/M_t$ 不大</td><td>$M_{反}/M_t$ 较小</td><td>$M_{反}/M_t$ 较大</td></tr>
<tr><td>具有较好的摩擦特性，预紧力矩为固定反向器的1/3～1/4。在预紧时，预紧力矩 M_t 上升平缓</td><td>制造装配工艺性不佳，摩擦特性次于 F 型，优于 L 型</td><td>结构简单，工艺性优良，适合成批生产。回珠管可设计、制造成较理想的运动通道</td><td>在螺母体上的回珠螺旋槽与回珠孔不易准确平滑连接，拐弯处曲率变化较大，滚珠运动不平稳。挡珠机构刚性差，易磨损</td></tr>
<tr><td>适用场合</td><td>各种高灵敏、高刚度的精密进给定位系统。重载荷、多头螺纹、大导程不宜采用</td><td>各种高灵敏、高刚度的精密进给定位系统。重载荷、多头螺纹、大导程不宜采用</td><td>重载荷传动，高速驱动及精密定位系统。在大导程、小导程、多头螺纹中显示出独特优点</td><td>一般工程机械、机床。在高刚度传动和高速运转的场合不宜采用</td></tr>
<tr><td>备注</td><td>是内循环产品中有发展前途的结构</td><td>正逐渐被 F 型取代</td><td>是目前应用最广泛的结构</td><td></td></tr>
</table>

3）滚珠丝杠副轴向间隙的调整和施加预紧力的方法　滚珠丝杠副除了对本身单一方向的进给运动精度有要求外，对其轴向间隙也有严格的要求，以保证反向传动精度。滚珠丝杠副的轴向间隙，是负载在滚珠与滚道型面接触点的弹性变形所引起的螺母位移量和螺母原有间隙的总和。因此要把轴向间隙完全消除相当困难。通常采用双螺母预紧的方法，把弹性变形量控制在最小限度内。目前制造的外循环单螺母的轴向间隙达 0.05 mm，而双螺母经加预紧力后基本上能消除轴向间隙。应用这一方法来消除轴向间隙时需注意以下两点：

(1) 通过预紧力产生预拉变形以减少弹性变形所引起的位移时，该预紧力不能过大，否则会引起驱动力矩增大、传动效率降低和使用寿命缩短。

(2) 要特别注意减小丝杠安装部分和驱动部分的间隙。

常用的双螺母消除轴向间隙的结构型式有以下三种：

① 垫片调隙式(图 7－38)。通常用螺钉来连接滚珠丝杠两个螺母的凸缘，并在凸缘间加垫片。调整垫片的厚度使螺母产生轴向位移，以达到消除间隙和产生预拉紧力的目的。

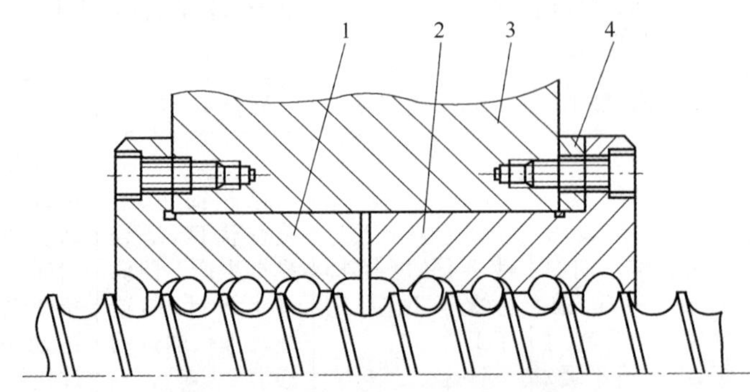

图 7－38　双螺母垫片调隙式结构

1、2—单螺母；3—螺母座；4—调整垫片

这种结构的特点是构造简单、可靠性好、刚度高以及装卸方便。但调整费时，并且在工作中不能随意调整，除非更换厚度不同的垫片。

② 螺纹调隙式(图 7－39)。其中一个螺母的外端有凸缘而另一个螺母的外端没有凸缘而制有螺纹，它伸出套筒外，并用两个圆螺母固定着。旋转圆螺母时，即可消除间隙，并产生预拉紧力，调整好后再用另一个圆螺母把它锁紧。

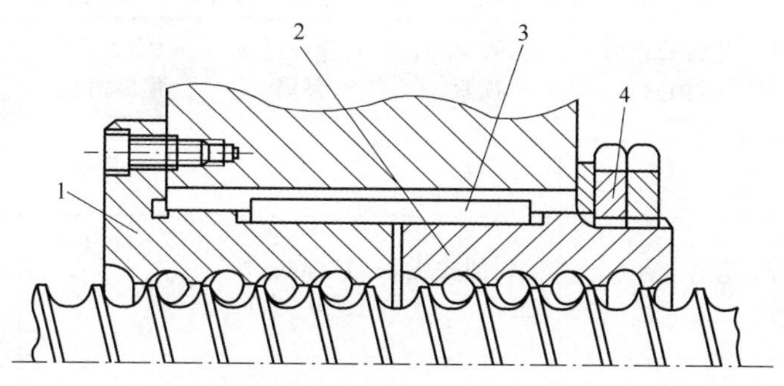

图 7-39　双螺母螺纹调隙式结构

1、2—单螺母；3—平键；4—调整螺母

③ 齿差调隙式(图 7-40)。在两个螺母的凸缘上各制有圆柱齿轮,两者齿数相差一个齿,并装入内齿圈中,内齿圈用螺钉或定位销固定在套筒上。调整时,先取下两端的内齿圈,当两个滚珠螺母相对于套筒同方向转动相同齿数时,一个滚珠螺母对另一个滚珠螺母产生相对角位移,从而使滚珠螺母对于滚珠丝杠的螺旋滚道相对移动,达到消除间隙并施加预紧力的目的。

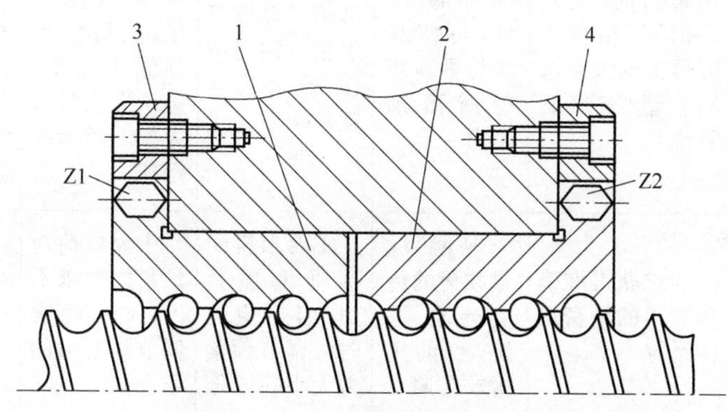

图 7-40　双螺母齿差调隙式结构

1、2—单螺母；3、4—内齿圈

除了上述三种双螺母加预紧力的方式外,还有单螺母变导程自预紧及单螺母钢球过盈预紧方式。各种预紧方式的特点及适用场合见表 7-2。

4. 珠丝杠副的精度

滚珠丝杠副的精度等级为 1、2、3、4、5、7、10 级精度,代号分别为 1、2、3、4、5、7、10。其中 1 级为最高,依次逐级降低。

表 7-2 国产滚珠丝杠副预加负荷方式及其特点调整方法、适用场合

预加负荷方式	双螺母齿差预紧	双螺母垫片预紧	双螺母螺纹预紧	单螺母变导程自预紧	单螺母钢珠过盈预紧
GB/T 1758.1—1998	C	D	L	B	—
螺母受力方式	拉伸式	拉伸式压缩式	拉伸式(外)压缩式(内)	拉伸式(+ΔL),压缩式($-\Delta L$)	—
结构特点	可实现 0.002 mm以下精密微调,预紧可靠不会松弛,调整预紧力较方便	结构简单,刚性高,预紧可靠及不易松弛。使用中不便随时调整预紧力	预紧力调整方便,使用中可随时调整。不能定量微调螺母,轴向尺寸长	结构最简单,尺寸最紧凑,避免了双螺母形位误差的影响,使用中不能随时调整	结构简单,尺寸紧凑,不需任何附加预紧机构。预紧力大时,装配困难,使用中不能随时调整
调整方法	当需重新调整预紧力时,脱开差齿圈,相对于螺母上的齿在圆周上错位,然后复位	改变垫片的厚度尺寸,可使双螺母重新获得所需预紧力	旋转预紧螺母使双螺母产生相对轴向位移,预紧后需锁紧螺母	拆下滚珠螺母,精确测量原装钢珠直径,然后根据预紧力需要,重新更换装入大若干微米的钢球	拆下滚珠螺母,精确测量原装钢珠直径,然后根据预紧力需要,重新更换装入大若干微米的钢球
适用场合	要求获得准确预紧力的精密定位系统	高刚度、重载荷的传动定位系统,目前用得较普遍	不要求得到准确地预紧力,但希望随时可调节预紧力大小的场合	中等载荷对预紧力要求不大,又不经常调节预紧力的场合	
备注				我国目前刚开始发展的结构	双圆弧齿形钢球四点接触,摩擦力矩较大

滚珠丝杠副的精度包括各元件的精度和装配后的综合精度,其中包括导程误差、丝杠大径对螺纹轴线的径向圆跳动、丝杠和螺母表面粗糙度、有预加载荷时螺母安装端面对丝杠螺纹轴线的径向圆跳动、有预加载荷时螺母安装

直径对丝杠螺纹轴线的径向圆跳动以及滚珠丝杠公称直径尺寸变动量等。

在开环数控机床和其他精密机床中，滚珠丝杠的精度直接影响定位精度和随动精度。对于闭环系统的数控机床，丝杠的制造误差使得它在工作时负载分布不均匀，从而降低承载能力和接触刚度，并使预紧力和驱动力矩不稳定。因此，传动精度始终是滚珠丝杠最重要的质量指标。

滚珠丝杠导程误差曲线如图 7-41 所示。考虑到滚珠丝杠测量时是在标准温度下进行的，而实际工作温度下会产生一定的温升热变形，因而在衡量导程误差时需引入一个目标导程值。例如，设滚珠丝杠在工作温度下比测量温度下在测量长度内共伸长为 T(mm)，则以此值定为方向目标值，以图 7-41a 的虚线（目标导程 L_t）作为误差比较的标准，即若实际导程曲线是虚线时表示没有导程误差。实际导程 L_a 是指制造的实测导程曲线。用最小二乘法可求得在导程误差图上代表实际导程总倾向的直线——实际导程代表线，它允许近似地用在测量长度内实际导程首尾两点的连线来代替。导程差异 ΔL 是实际导程相对于理论导程（目标导程）的差值，它包括 2π 弧度内的导程误差 $\Delta L_{2\pi}$。任意 300 mm 螺纹长度内的导程误差 ΔL_{300}，螺纹全长内的导程误差 ΔL_t。导程误差曲线带宽 L_b 是在导程误差图上，实际导程相对于实际导程代表线的最大正值与最大负值绝对值之和。

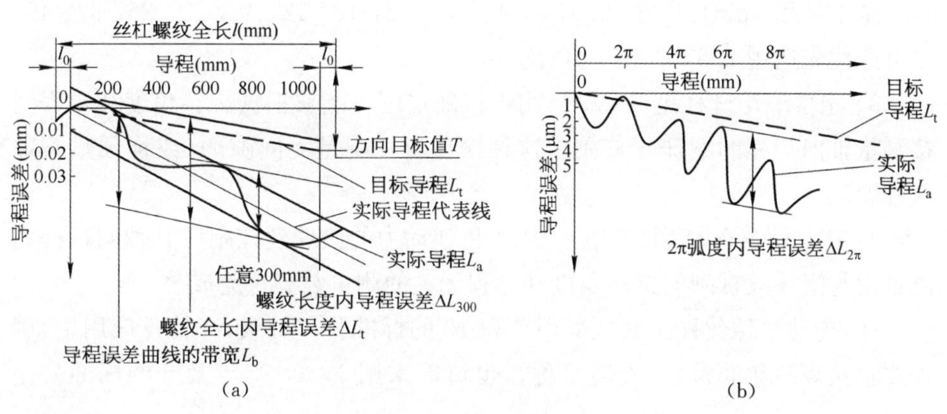

图 7-41　当方向目标值 T 不等于零时的导程误差值

(a) 任意 300 mm 螺纹长度内，螺纹全长内导程误差曲线的带宽；(b) 2π 弧度内导程误差

5. 滚珠丝杠副的标注方法

GB/T 17587.1—1998 规定滚珠丝杠的标识符号应按下图给定顺序排列的内容标注。如图 7-42 所示。

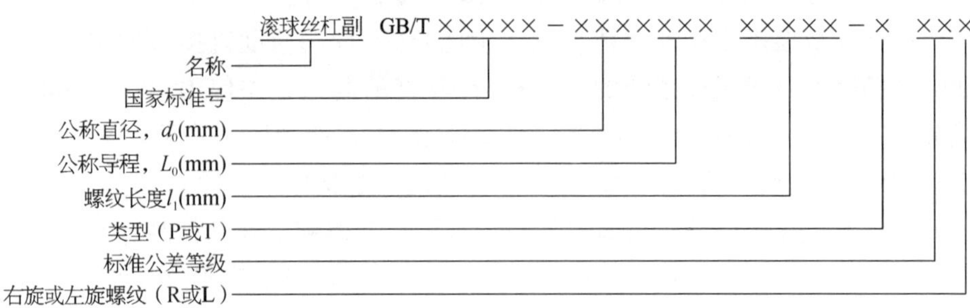

图 7－42　滚珠丝杠副的标注方法

1）精度等级　根据 GB/T 17587.3—1998 标准，分别 1、2、3、4、5、7、10 七个等级。最高级为 1 级，最低级为 10 级。

推荐采用的精度等级：数控机床、精密机床和精密仪器等用于开环和半闭环进给系统，可选 1、2、3 级，一般动力传动可选 4、5 级，全闭环系统可选 2、3、4 级。

2）尺寸系列　国际标准化组织（ISO/DIS3408－2－1991）中规定：

公称直径（mm）：6，8，10，12，16，20，25，32，40，50，63，80，100，125，160 及 200。

基本导程（mm）：1，2，2.5，3，4，5，6，8，10，12，16，20，25，32，40。尽可能优先选用 2.5，5，10，20 及 40。

3）定位滚珠丝杠副（P 型）　用于精确定位且能够根据旋转角度和导程间接测量轴向行程的滚珠丝杠副。这种滚珠丝杠副是无间隙的（或称预紧滚珠丝杠副）。

4）传动滚珠丝杠副（T 型）　用于传递动力的滚珠丝杠副。其轴向行程的测量由与滚珠丝杠副的旋转角度和导程无关的测量装置来完成。

注：传动滚珠丝杠副通常采用 7 和 10 的标准公差等级，在特殊应用中，例如要求扭矩变化非常小（旋转平称），也可能来用 1，2，3，4 及 5 的标准公差等级。

6. 滚珠丝杠副在机床上的安装方式

1）滚珠丝杠的支撑　数控机床的进给系统要获得较高的传动刚度，除了加强滚珠丝杠副本身的刚度外，滚珠丝杠的正确安装及支撑结构的刚度也是不可忽视的因素。比如在螺母座上设计加强肋，增大螺母座与机床的接触面积，以使连接可靠，减少受力后的变形。定位销要紧密配合，不能松动。另外，采用高刚度的推力轴承可提高滚珠丝杠的轴向承载能力。

滚珠丝杠常用推力轴承支撑，以提高轴向刚度。但是，当滚珠丝杠的轴向负载很小的时候，也可以使用深沟球轴承支承。滚珠丝杠的支撑方式有如图 7-43 所示的几种方式。

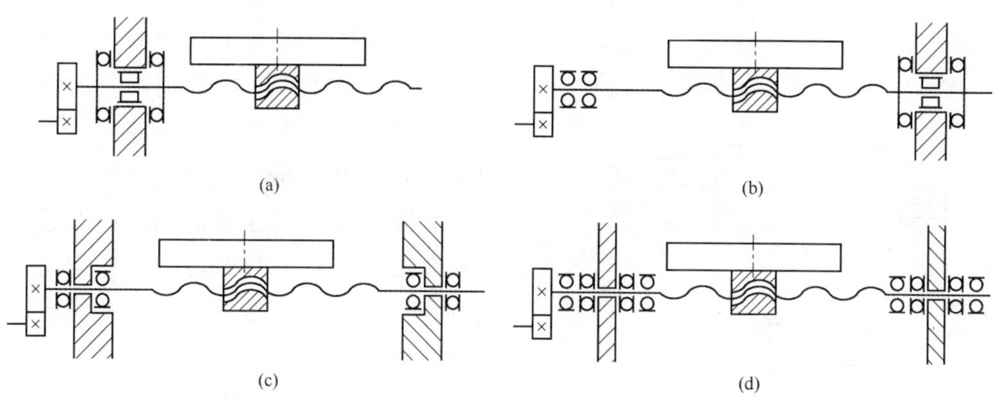

图 7-43 滚珠丝杠的支撑方式

图 7-43a 所示为仅一端装推力轴承的方式。这种方式适用于短丝杠，它的承载能力小、轴向刚度低，一般用于数控机床的调节环节和升降台式数控铣床的垂直坐标轴。

图 7-43b 所示为一端装推力轴承，另一端装深沟球轴承的方式。当滚珠丝杠较长时，一端装推力轴承固定，另一自由端装深沟球轴承。为了减少丝杆热变形的影响，推力轴承的安装位置应远离热源。

图 7-43c 所示为两端装推力轴承的支撑方式。把推力轴承装在滚珠丝杠的两端，并施加预紧力，这样有助于提高刚度，但是这种方式对丝杠的热变形比较敏感。

图 7-43d 所示为两端装推力轴承和深沟球轴承的支撑方式。为使丝杠具有较大的刚度，丝杠两端可以采用双重支承，装上推力轴承加深沟球轴承，并施加预紧拉力。这种结构可以使丝杠的温度变形转化为推力轴承的预紧力，但设计时要求提高推力轴承的承载能力和支架的刚度。

2) 制动装置　由于滚珠丝杠副的传动效率高，无自锁作用(特别是滚珠丝杠处于垂直传动时)，为防止因自重下降，故必须装有制动装置。图 7-44 所示为数控铣镗床主轴箱进给丝杠制动示意图。机床工作时，电磁铁通电，使摩擦离合器脱开，运动由电动机经减速齿轮传给丝杠，使主轴箱上、下移动。当加

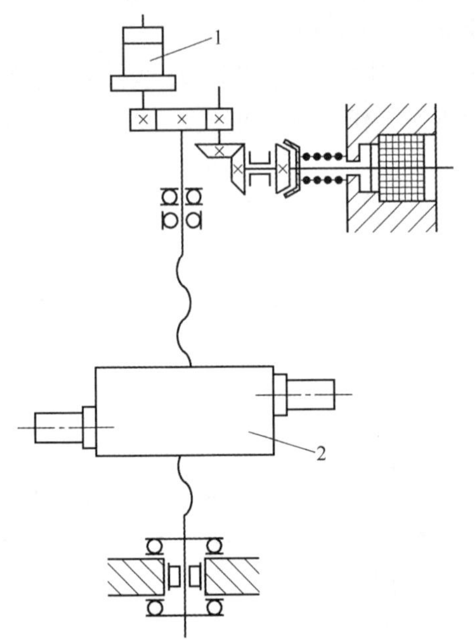

图 7-44 滚珠丝杠螺母副的制动装置

工完毕或中间停车时,电动机和电磁铁同时断电,借压力弹簧作用合上摩擦离合器,使丝杠不能转动,主轴箱便不会下落。

7. 滚珠丝杠副的润滑与密封

滚珠丝杠副也可用润滑剂来提高耐磨性及传动效率。润滑剂可分为润滑油及润滑脂两大类。润滑油为一般机油、90～180 号透平油或 140 号主轴油。润滑脂可采用锂基油脂。润滑脂加在螺纹滚道和安装螺母的壳体空间内,而润滑油则经过壳体上的油孔注入螺母的空间内。

滚珠丝杠副常用防尘密封圈和防护罩。

1) 密封圈　密封圈装在滚珠螺母的两端。接触式的弹性密封圈系用耐油橡皮或尼龙等材料制成,其内孔制成与丝杠螺纹滚道相配合的形状。接触式密封圈的防尘效果好,但因有接触压力,使摩擦力矩略有增加。非接触式的密封圈系用聚氯乙烯等塑料制成,其内孔形状与丝杠螺纹滚道相反,并略有间隙,非接触式密封圈又称迷宫式密封圈。

2) 防护罩　防护罩能防止尘土及硬性杂质等进入滚珠丝杠。防护罩的形式有锥形套管、伸缩套管、也有折叠式(手风琴式)的塑料或人造革防护罩,也有用螺旋式弹簧钢带制成的防护罩连接在滚珠丝杠的支承座及滚珠螺母的端部,防护罩的材料必须具有防腐蚀及耐油的性能。

四、 导轨

1. 对数控机床导轨的要求

导轨用来支撑和引导运动部件沿着直线或圆周方向准确运动。运动的一方称为动导轨,不动的一方称为支撑导轨。为保证机床加工的精度和稳定性,导轨必须满足以下要求:

(1) 高的导向精度。导向精度保证部件运动轨迹的准确性。导向精度受到导轨的结构形状、组合方式、制造精度和导轨间隙调整等的影响。

(2) 好的耐磨性。好的耐磨性可使导轨的导向精度得以长久保持。耐磨性受到导轨副的材料、硬度、润滑和载荷的影响。

(3) 高的刚度。在载荷的作用下，导轨刚度越高，其保持形状不变的能力就强。刚度受到导轨结构和尺寸的影响。

(4) 平稳的低速运动。低速运动的平稳性使其运动部件在导轨上低速移动时，不会发生“爬行”现象。造成“爬行”的主要因素有摩擦性质、润滑条件和传动系统的刚度。

2. 数控机床上常用的导轨及其特点

按导轨结合面的摩擦性质，导轨可以分为滑动导轨、滚动导轨和静压导轨。滑动导轨又可分为普通滑动导轨和塑料滑动导轨。而静压导轨根据介质的不同又可以分为液压导轨和气压导轨。

1) 滑动导轨

(1) 滑动导轨的结构。滑动导轨常见的截面形状如图 7－45 所示。

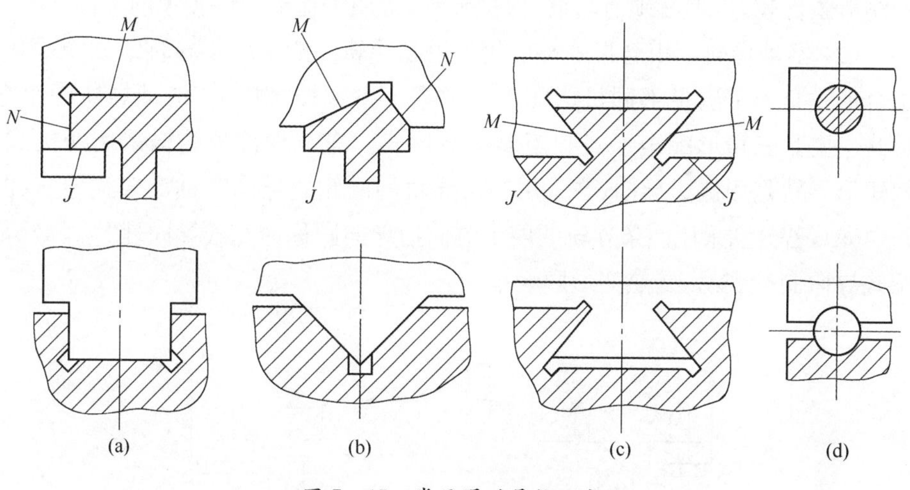

图 7－45　常见滑动导轨形式

在矩形导轨(图 7－45a)中，M 面主要起支撑作用，N 面是保证直线移动精度的导向面，J 面是防止运动部件抬起的压板面。矩形导轨的承载能力大，制造简单，水平方向和垂直方向的位置精度互不相关。但是，其侧面间隙不能自动补偿，必须设置间隙调整机构。

在三角形导轨(图 7－45b)中，M、N 面兼起导向和支承的作用。当两个面上的受力不均匀时，为使导轨面上的压强分布均匀可以采用不对称导轨。其三角形顶角角度一般为 90°。由于其截面有两个导向面，所以可以同时控制垂直方向和水平方向的导向精度。这种导轨在载荷的作用下能自行补偿而消除间隙，导向精度也较其他导轨高。

在燕尾形导轨（图 7 - 45c）中，M 面起导向和压板作用，J 面起支撑作用，夹角一般为 55°。燕尾形导轨是闭式导轨中接触面最小的一种，一般用在高度小而层次多的移动部件上，如车床的刀架导轨及仪表机床上的导轨。燕尾导轨磨损后需用镶条调整间隙。

圆柱形导轨（图 7 - 45d），制造简单，但是磨损后调整间隙困难。为防止转动，在圆柱表面上开键槽或加工出平面。圆柱形导轨主要用在受轴向载荷的部件上。

根据床身或固定件上导轨的凹凸形状，以上的每种导轨又分别分为凸形导轨（图 7 - 45 上图）和凹形导轨（图 7 - 45 下图）。当导轨水平布置时，凸形导轨不易积存切屑和脏物，但也不易存油，多用于移动速度小的部件；凹形导轨的润滑条件较好，但必须有防屑、保护装置，常用于移动速度较大的部件。

（2）滑动导轨的组合形式与应用。滑动导轨一般由两条导轨组成，不同的组合形式是为了满足不同机床的工作要求。在数控机床上，滑动导轨的组合形式主要是三角形配矩形式和矩形配矩形式。只有少部分结构采用燕尾式。双矩形导轨是用侧边导向，当采用一条导轨的两侧边导向时称为窄式导向（图 7 - 46a），若分别采用两条导轨的两个侧面边导向则称为宽式导向（图 7 - 46b）。窄式导向制造容易，受热变形影响小。

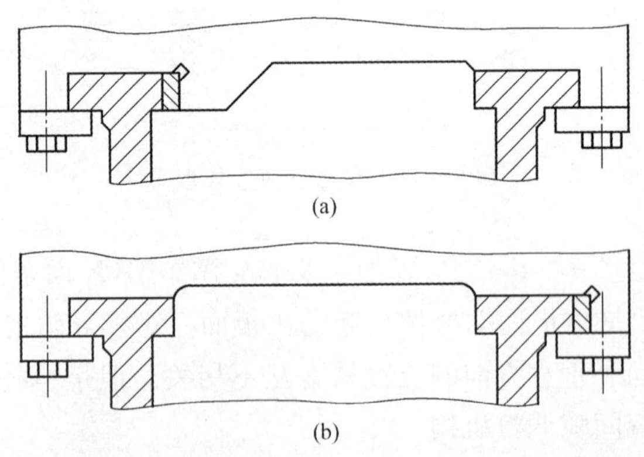

图 7 - 46　导轨的窄式导向和宽式导向

(3) 塑料导轨。传统的铸铁-铸铁、铸铁-淬火钢的导轨副，静摩擦因数大，且动摩擦因数随速度变化而变化，摩擦损失大，低速时易出现“爬行”现象，影响运动平稳性和定位精度，因此在数控机床上已很少采用，取而代之的是铸铁-塑料滑动导轨副或镶钢-塑料滑动导轨副。目前，塑料导轨的材料可分两种：贴塑材料和涂塑材料。

目前在国内生产使用的贴塑材料主要有塑料导轨板和塑料导轨软带两种，它们是由聚四氟乙烯和多种金属材料制成的复合材料。例如，FQ-1 塑料导轨板采用的是在渡铜钢板上烧结一层多孔青铜，在青铜层间隙中扎入聚四氟乙烯及其他填料，再经适当处理形成金属-氟塑料的复合体导轨板。这种材料的导轨板的摩擦因数小(约为 0.04～0.08)，并具有良好的自润滑作用，特别适用于垂直导轨。塑料导轨软带是以聚四氟乙烯 PTFE 为基体，添加青铜粉二硫化钼和石墨等多种填料所构成的复合材料。在油润滑状态下，其摩擦因数约为 0.06，使用寿命为普通铸铁导轨的 8～10 倍。塑料导轨软带有各种厚度规格，长与宽由用户自行裁剪，采用黏贴的方法固定。由于塑料导轨软带较软，容易被硬物刮伤，因此要有良好的密封防护措施。

涂塑材料在导轨上的塑料涂层成分可分为两组，一组是以环氧树脂和二硫化钼为基体，加入增塑剂混合成的液状或膏状混合物，另一组是固化剂。当导轨的间隙调整好后，将两组材料按比例混合好，涂于动导轨涂层面上，固化成塑料导轨面。涂塑材料具有良好的可加工性，固化时体积不收缩，尺寸稳定。同时具有良好的摩擦特性和耐磨性，抗压强度比聚四氟乙烯导轨软带高，常用于重型机床和不易用导轨软带的复杂配合型面。

图 7-47 是常见的塑料导轨在数控机床上的应用形式。

概括起来，塑料导轨软带与其他导轨相比，有以下特点：摩擦因数低而稳定，比铸铁导轨副低一个数量级；动、静摩擦因数相近，运动平稳性和爬行性能较铸铁导轨副好；吸收振动，具有良好的阻尼特性，优于接触刚度较低的滚动导轨和易漂浮的静压导轨；耐磨性好，有自身润滑作用，无润滑剂也能工作，灰尘磨粒的嵌入性好；化学稳定性好，耐低温，耐强酸、强碱、强氧化剂及各种有机溶剂；维护修理方便，软带耐磨，损坏后更换容易；经济性好，结构简单，成本低，约为滚动导轨成本的 1/20。

2) 滚动导轨　滚动导轨的最大特点是摩擦因数小，动、静摩擦因数接近，磨损小，润滑容易。适应高速直线运动，其瞬时速度比滑动导轨高出约 10 倍。其缺点在于抗振性差、结构复杂、制造成本高。滚动导轨的结构形式有滚动导轨块和直线滚动导轨两种。

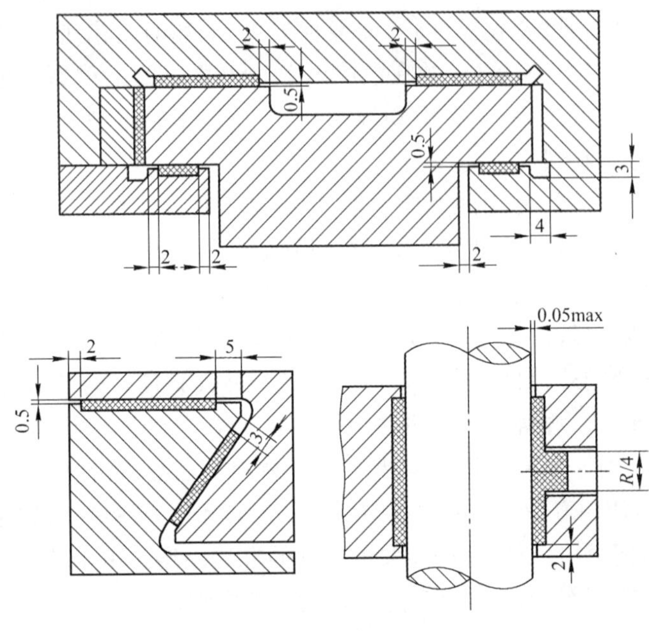

图 7－47 塑料导轨

（1）滚动导轨块。这是一种以滚动体作循环的滚动体。移动部件移动时，滚动体沿封闭轨道作循环运动。滚动体为滚珠或滚柱。数控机床上采用的滚柱式滚动导轨块如图 7－48a 所示，它多用于中等负荷导轨。图 7－48b 为滚动导轨块在加工中心的应用。滚动导轨块由专业厂家生产，有多种规格、形式供用户选用。使用时，导轨块装在运动部件上，每一导轨应至少用两块或更多块，导轨块的数目取决于导轨的长度和负载的大小。与之相对的导轨多用镶钢淬火导轨。

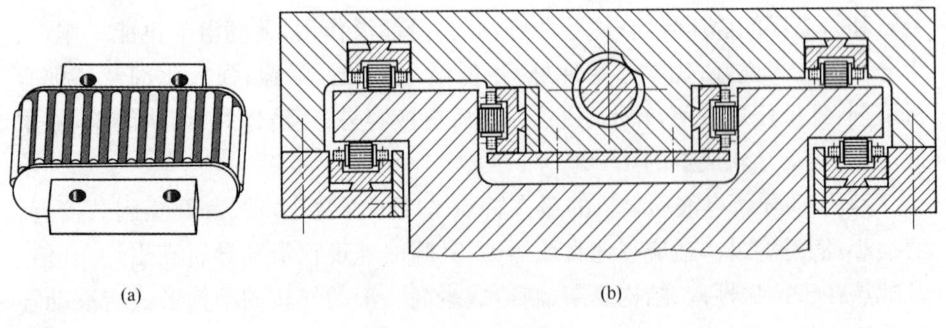

(a) (b)

图 7－48 滚动导轨块

(2) 直线滚动导轨。直线滚动导轨又称单元直线滚动导轨。它除导向外还能承受颠覆力矩，其制造精度高，可高速运行，并能长时间保持精度，通过预加负载可提高刚性，具有自调的能力，安装基面允许误差大。直线滚动导轨的外形和结构如图 7-49 所示。导轨体固定在不动部件上，滑块固定在运动部件上。当滑块沿导轨体移动时，滚珠在导轨体和滑块之间的圆弧直槽内滚动，并通过端盖内的滚道，从工作负荷到非工作负荷区，然后再滚动回到工作负载区，不断循环，从而把滚动体和滑块之间的移动变成了滚珠的滚动。为防止灰尘和脏物进入导轨滚道，滑块两端及下部均有塑料密封垫。滑块上还有润滑油注油杯，只要定期将锂基润滑脂放入润滑油注油杯即可实现润滑。

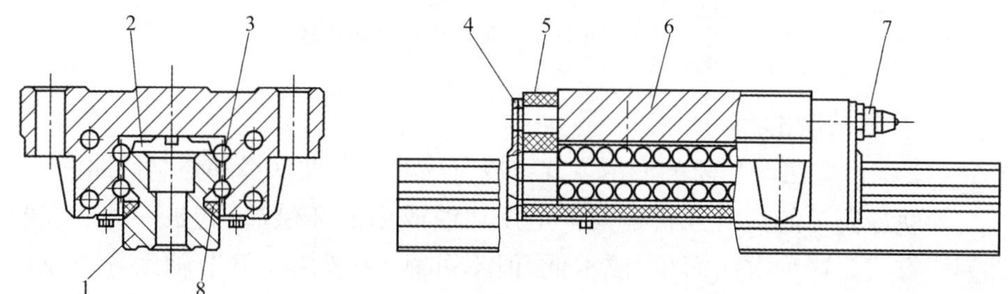

图 7-49　直线滚动导轨

1—侧面密封垫；2—保持架；3—承载球列；4—端部密封垫；
5—端盖；6—滑块；7—润滑油注油杯；8—导轨体

3) 液压导轨　液压导轨在机床上的使用主要是静压导轨。在静压导轨两个相对运动的导轨面间通入压力油，可使运动件浮起。它的特点是：

(1) 在工作过程中，油膜厚度几乎不受速度的影响，油膜承载能力大、刚性高、吸振性良好，导轨运行平稳，既无爬行，也不会产生振动。

(2) 导轨面上油腔中的油压能随外加负载的变化自动调节，以平衡外加负载，保证导轨面间始终处于纯液体摩擦状态。所以静压导轨的摩擦因数极小(约 0.000 5)、功率消耗小、导轨不会磨损，导轨的精度保持性好，寿命长。

(3) 静压导轨结构复杂，并需要一套有良好过滤效果的液压装置，因此制造成本较高。目前，静压导轨较多应用在大型、重型数控机床上。

静压导轨按导轨形式可分为开式和闭式两种，数控机床用闭式的静压导轨。闭式静压导轨按供油方式可分为恒压(即定压)供油和恒流(即定量)供油两种。恒压供油方式中以毛细管节流和单面薄膜反馈节流用得较多，其原理如图 7-50 所示。

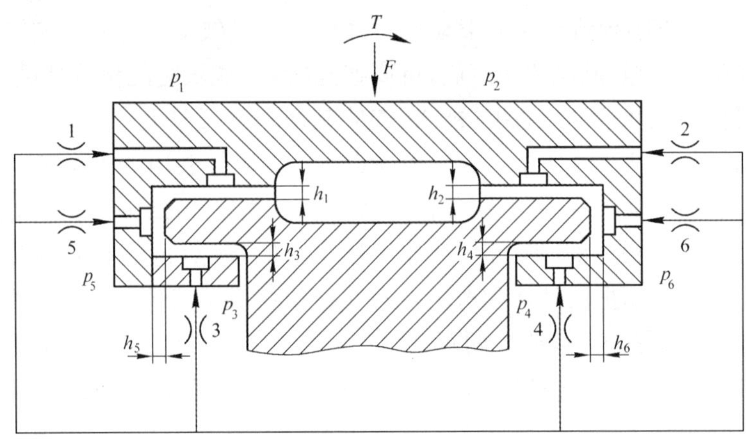

图 7-50　闭式静压导轨恒压供油原理

4）导轨的润滑

(1) 润滑方法。导轨的润滑方式可以分为非强制性润滑和强制性润滑。

导轨最简单的润滑方式是人工定期加油或用油杯供油，这是一种非强制性润滑方式。这种方法简单、成本低，但不可靠，一般用于调节辅助导轨及运动速度低、工作不频繁的滚动导轨。非强制性润滑的润滑油一般不能回收。

对运动速度较高的导轨大都采用润滑泵，以压力油强制润滑。这样不但可连续或间歇供油给导轨进行润滑，而且可利用油的流动冲洗和冷却导轨表面。根据压力油的供油方式不同，强制性润滑又分为连续供油和间歇供油两大类。为实现强制润滑，机床必须备有专门的供油系统。

(2) 对润滑油的要求。在工作温度变化时，润滑油黏度变化要小，要有良好的润滑性能和足够的油膜刚度，油中杂质尽量少且不浸蚀机件。常用的全损耗系统用油有 L-AN10、L-AN15、L-AN32、L-AN42、L-AN68，精密机床导轨油 L-HG68，汽轮机油 L-TSA32、L-TSA46 等。

5）导轨的防护　在一般工作状态下，机床导轨的工作表面是裸露在外的，为了防止切屑、磨粒或冷却液散落在导轨面上而引起磨损、擦伤和锈蚀，导轨面上应有可靠的防护装置。导轨的防护装置除了可以改善导轨的工作条件、提高导轨的工作寿命外，还可以起到防止坠物砸伤导轨面的作用。常用的刮板式、卷帘式和叠层式防护罩，大多用于长导轨机床上，如龙门刨床、导轨磨床等。另外，还有手风琴式的伸缩式防护罩等。在机床使用过程中应防止损坏防护罩，对叠层式防护罩应经常用刷子蘸机油清理移动接缝，以避免发生碰壳现象。

第四节 自动换刀装置

在加工中心或车削中心中，我们把可以实现多工序的连续加工，可进行刀具的选择与交换的装置称为自动换刀装置(automation tool change, ATC)。自动换刀装置可以大大提高加工中心或车削中心的加工效率。它的设计应该满足换刀时间短，刀具重复定位精度高，换刀动作简单可靠，刀具存储量合理以及刀库占地面积小的要求。

一、 自动换刀装置的分类

加工中心自动换刀装置根据其组成结构可分为回转刀架式自动换刀装置、转塔头式自动换刀装置、无机械手式自动换刀装置和有机械手式自动换刀装置。其中，回转刀架式和转塔头式不带刀库，而后两种带刀库。

1. *回转刀架式自动换刀装置*

回转刀架式用于各种数控车床和车削中心机床，回转刀架式自动换刀装置是一种简单的自动换刀装置。在回转刀架各刀座安装或夹持着各种不同用途的刀具，通过回转刀架的转位实现换刀。回转刀架可在回转轴的径向和轴向安装刀具。

根据加工要求回转刀架可以设计成四方、六方刀架或圆盘式刀架，可以相应的安装 4 把、6 把或更多的刀具。工位数越多，刀间夹角越小，非加工位置刀具与工件相碰而产生干涉的可能性就越大，因此在刀架布刀时要给予考虑，避免发生干涉现象。回转刀架在结构上必须具有良好的强度和刚度，以承受粗加工时的切削抗力，减小刀架在切削力作用下的位移变形，提高加工精度。回转刀架还要选择可靠的定位方案和定位结构，以保证回转刀架在每次转位之后具有高的重复定位精度。

如图 7－51 所示 CK3263 系列数控车床 12 个刀位的回转刀架结构简图。回转刀架的升起、转位、夹紧等动作都是由液压驱动的。其转动过程是：

(1) 刀架抬起。当数控装置发出换刀指令以后，液压油进入液压缸 1 的右腔，通过活塞推动刀架中心轴 2 将刀盘 3 左移，使定位副端齿盘 4 和 5 脱离啮合状态，为转位作好准备。

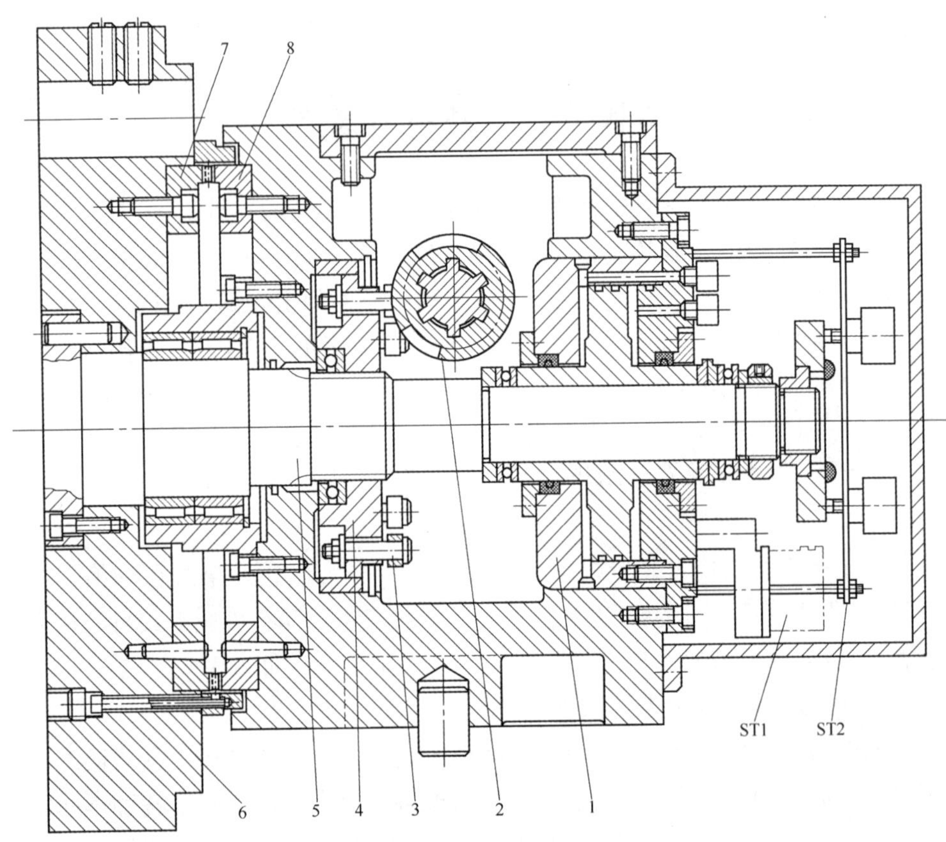

图 7-51 回转刀架结构简图

1—液压缸；2—刀架中心轴；3—刀盘；4、5—端齿盘；6—转位凸轮；7—回转盘；8—分度柱销；ST1—计数行程开关；ST2—啮合状态行程开关

(2) 刀架转动。齿盘处于完全脱开位置时，啮合状态行程开关 ST2 发出转位信号，液压马达带动转位凸轮 6(图 7-52)旋转，凸轮依次推动回转盘 7 上的分度柱销 8 使回转盘通过键带动中心轴及刀盘作分度转动。凸轮每转过一周拨过一个柱销，使刀盘旋转一个工位($1/n$ 周，n 为刀架工位数，也等于柱销数)。刀架中心轴的尾端固定着一个有 n 个齿的凸轮，每当中心轴转过一个工位时，凸轮压合计数行程开关 ST1 一次，开关将此信号送入控制系统。

(3) 刀架定位。当刀盘旋转到预定工位时，控制系统发出信号使液压马达制动，转位凸轮停止运动，刀架处于预定位状态。与此同时，液压缸 1 左腔进油，通过活塞将刀架中心轴和刀盘拉回，端齿盘啮合，刀盘完成精定位和夹紧动作。刀盘夹紧后，刀架中心轴尾部将 ST2 压下，发出转位结束信号。

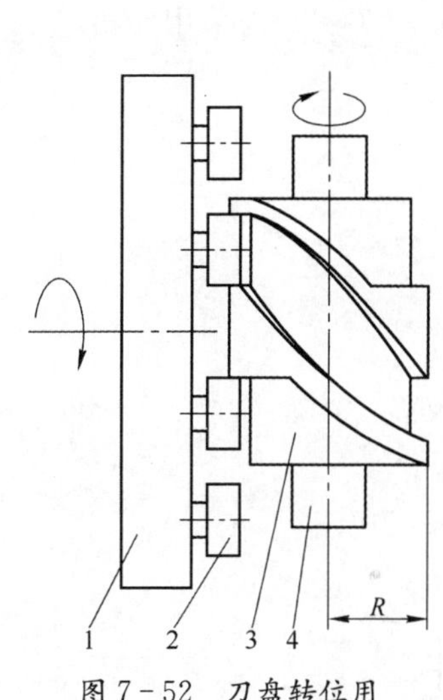

图 7-52　刀盘转位用凸轮步进机构

1—凸轮；2—分度柱销；3—回转盘；4—花键轴

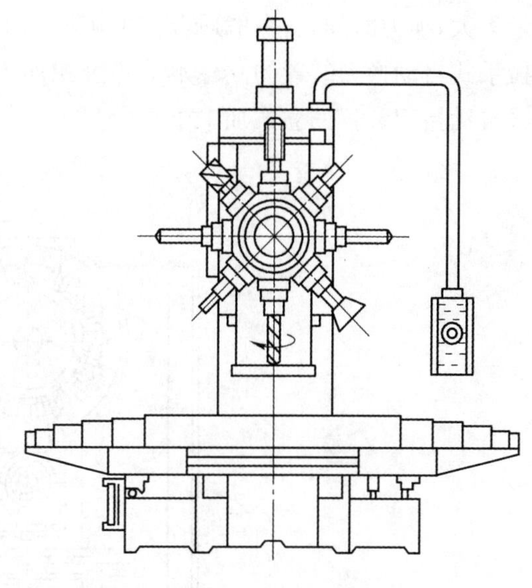

图 7-53　数控钻镗床的转塔头式自动换刀装置

2. 转塔头式自动换刀装置

在使用转塔头式换刀的数控机床的转塔刀架上装有主轴头，转塔转动时更换主轴头实现自动换刀。在转塔各个主轴头上，预先安装有各工序所需的旋转刀具。图 7-53 所示为数控钻镗铣床，其可绕水平轴转位的转塔头自动换刀装置上装有 8 把刀具，但只有处于最下端工作位置上的主轴与主传动链接通并转动。待该工步加工完毕，转塔按照指令转过一个或几个位置，待完成自动换刀后，再进入下一步的加工。

这种换刀装置的优点是结构简单，可靠性好，换刀时间短。缺点是由于空间位置的限制，其存储刀具的数量较少，主轴部件刚度不高。适用于加工工序较少，精度要求不太高的数控钻镗床等。

3. 无机械手式自动换刀装置

无机械手式自动换刀装置，一般是把刀库放在主轴箱可以运动到的位置，或整个刀库、某一刀位能移动到主轴箱可以到达的位置，实现刀库刀具和主轴之间的自动刀具交换。刀库中刀具的存放方向一般与主轴箱的装刀方向一致。换刀时，由主轴和刀库的相对运动进行换刀动作，利用主轴取走或放回刀具。这种结构因为无机械手，所以结构和控制简单，换刀可靠。但是，刀库容量不大，换刀时间长，一般适合在中小型加工中心采用。图 7-54 为采用无机械手式自动换刀装置的立柱不动式卧式加工中心。图 7-55 为采用无机械手式自动换刀装置的立式加工中心。

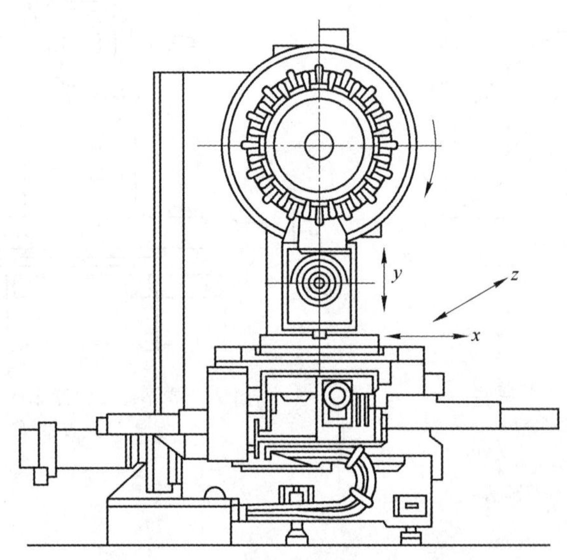

图 7-54 立柱不动式卧式加工中心

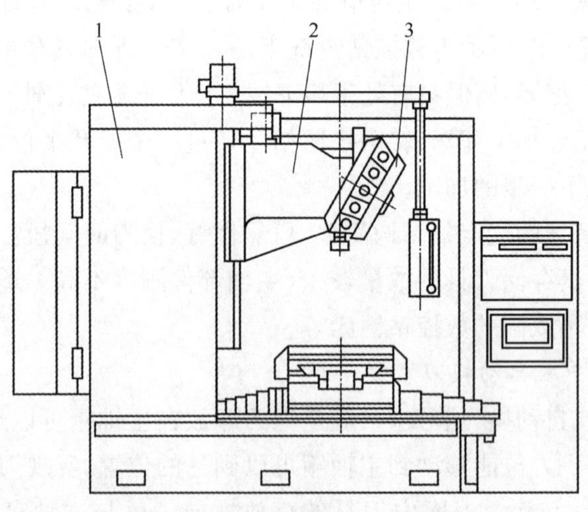

图 7-55 立式加工中心

1—刀库；2—主轴箱；3—立柱

图 7-56 是图 7-54 所示的无机械手式自动换刀装置的立柱不动式卧式加工中心的换刀装置换刀过程示意图。其过程如下：

(1) 上一工序结束，主轴准停，主轴箱作上升运动(图 7-56a)。

(2) 主轴箱到达换刀位置，主轴上的刀具进入刀库交换刀具的空位，刀具被刀库夹紧，主轴松刀(图 7-56b)。

(3) 刀库夹住刀具推出前移，从主轴拔刀，主轴孔吹气装置吹气清洁(图 7-56c)。

(4) 刀库将下一道工序的刀具转位到换刀位置(图 7-56d)。

(5) 刀库后退将新刀具插入主轴孔，主轴的夹紧装置动作，夹紧刀具，停止主轴吹气(图 7-56e)。

(6) 主轴箱离开换刀位置，下行到工作位置，准备下一道工序的加工(图 7-56f)。

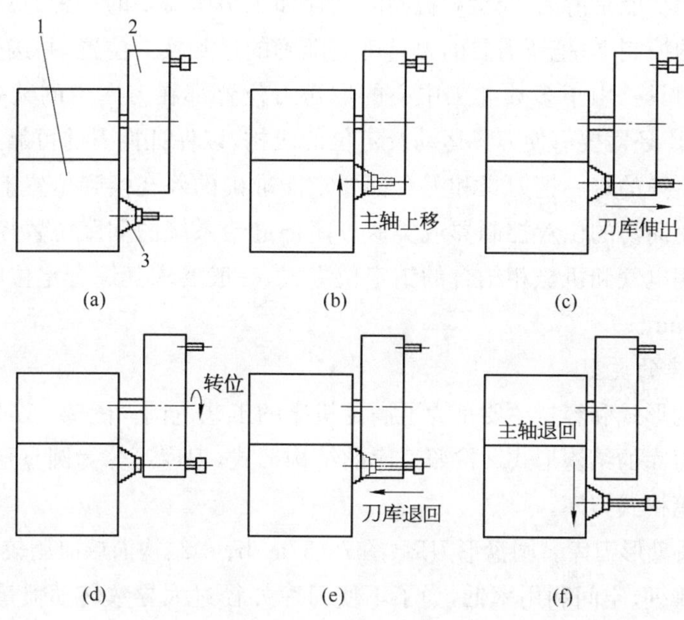

图 7-56　卧式机床无机械手式自动换刀装置换刀过程

1—主柱；2—刀库；3—主轴

无机械手式自动换刀装置结构简单，成本低，换刀可靠性高。但是由于结构所限，刀库容量不大，且因为旧刀具的进库和新刀具的出库必须按照严格的顺序，所以换刀时间长。因此，无机械手式自动换刀装置通常为中、小型加工中心采用。

4. 有机械手式自动换刀装置

有机械手式自动换刀装置一般由机械手和刀库组成。其刀库的配置，位置及数量的选用要比无机械手的换刀装置灵活得多。它可以根据不同的要求，配置不同形式的机械手，可以是单臂的、双臂的，甚至可以配置一个主机械手和一个辅助机械手的形式。它能够配备多至数百把刀具的刀库。换刀时间可缩短到几秒甚至零点几秒。因此，目前大多数加工中心都装配了有机械手式自动换刀装置。由于刀库位置和机械手换刀动作的不同，其自动换刀装置的结构形式也多种多样。

二、 刀库

刀库的功能是清洁、安全和稳固的储存加工中所需要的各种刀具，并且在数控系统的控制下，把所需要的刀具迅速准确的送到换刀位置，并接受主轴来的不用的刀具。由于多数加工中心的取送刀位置都在刀库中的某一固定位置，因此刀库还需要有使刀具运动及定位的机构，以保证换刀的可靠进行。刀库中需要更换的每一把刀具和刀套都要求能准确的停在换到位置上，这点可以通过采用简易的位置控制器或类似半闭环进给系统的伺服位置控制系统，也可以采用电气和机械相结合的销定位方式，一般要求其综合定位精度达到0.1～0.5 mm。

1. 刀库的类型

刀库的形式和容量主要是为了满足机床的工艺范围。图 7 - 57 所示为常见的几种刀库的结构形式。按照刀库的结构形式，刀库可分为圆盘形刀库、链式刀库和箱格式刀库。

(1) 圆盘形刀库。圆盘形刀库(图 7 - 57a、b、c)结构简单应用较多。但是刀具环形排列、空间利用率低，为了不使刀库外径过大导致转动惯量太大，刀库容量一般在 32 把以下。圆盘形刀库根据刀具安放的方向可以分为轴向型、径向型、锥形等。这些形式主要是为了适应机床的总体布局要求，合理安排刀库的位置，提高空间利用率。

(2) 链式刀库。链式刀库(图 7 - 57d)是一种刀具存储在链条上，以链轮驱动的刀库形式。它的结构紧凑、容量较大。而且因为链条的形状可以根据机床的布局需要配置成各种形状，也可以将换刀位突出以利于换刀，所以链式刀

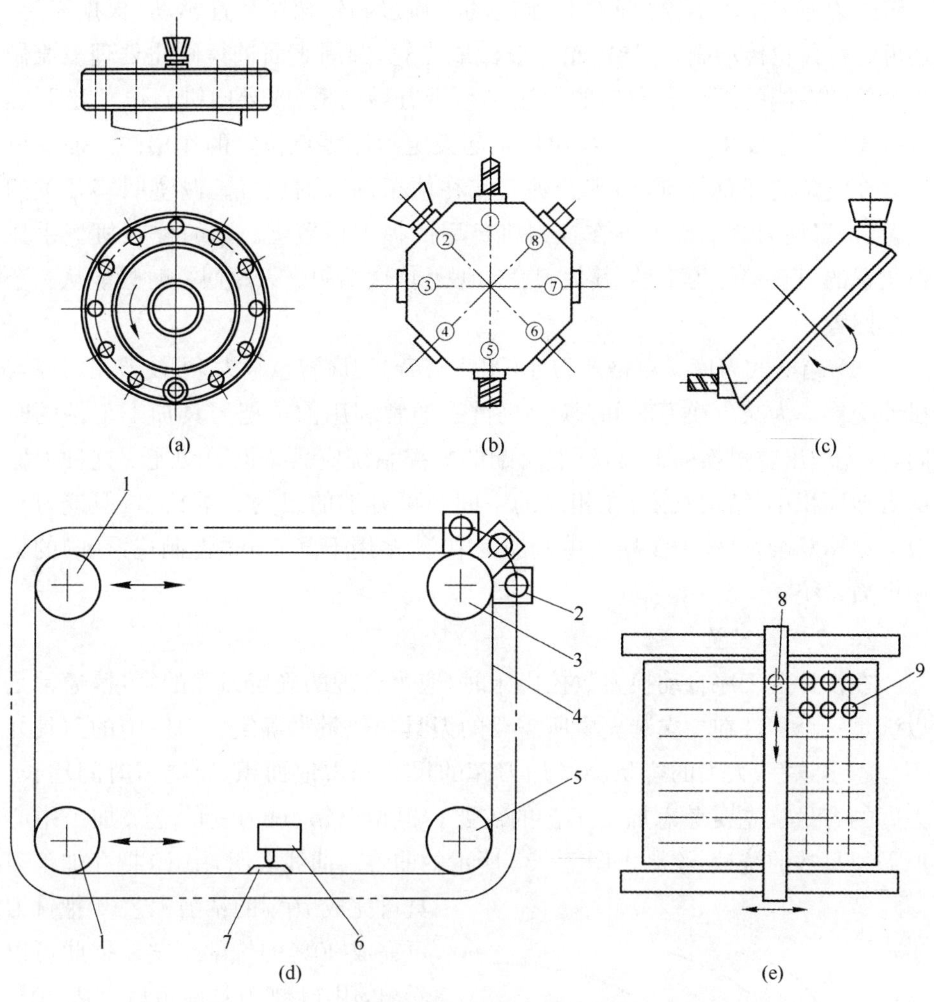

图 7-57　刀库的类型

1—导向轮(张紧轮)；2—刀套；3—主传动轮；4—链条；5—导向轮；6—回零开关(左右可移)；7—回零撞块；8—抓刀器；9—刀套(换刀位置)

库的形状变换多端。当链式刀库需要增加刀库容量时，只需增加链条的长度，在一定范围内无需变更线速度及惯量。这为系列刀库的设计和制造带来了很大的方便，以满足不同的使用条件。一般刀具数量在 30～120 把时，多采用链式刀库。

我国目前还没有厂家生产加工中心刀库专用的链条，因而不得不用标准套筒滚子链，通过联结器把刀套固定在链条上。图 7-57d 是一种标准套筒滚子链式刀库。主动链轮由 DC 伺服电动机通过涡轮减速装置驱动(根据需要,还可经过齿轮传动副)。导向轮一般做成光轮,圆周表面进行硬化处理。兼做张紧轮的左侧的两个导向轮的轮座必须带有导向槽(或导向键),以免松开螺钉时轮座位置发生歪斜。回零撞块是起设定刀库零点位置的作用的。撞块可以放在链条的任意位置,回零开关安装在便于调节的位置。调整回零开关的位置,可以使刀套准确地停在换刀机械手的抓刀位置上。这时停在机械手抓刀位置的刀套编号为 1 号,其他刀套的编号依次编制。刀库回零时只能从一个方向回零。

(3) 箱格式刀库。箱格式刀库(图 7-57e)刀库容量较大,可使整箱刀库与机外交换。为减少换刀时间,换刀机械手通常利用前一把刀具加工工件的时间,预先取出要更换的刀具,当然所配的数控系统应具备该项功能。这种刀库的占地面积小,结构紧凑,在相同的空间内可容纳的刀具数量较多,但选刀和取刀动作复杂,已经很少用于单机加工中心,多用于 FMS(柔性制造系统)的集中供刀系统。

2. 刀库的容量

在设计多工序自动换刀数控机床时,应当合理的确定刀库的容量,通常是以满足一个零件在一次装夹中所需要的刀具的数量来确定。刀库中的刀具并不是越多越好,太大的容量会增加刀库的尺寸和占地面积,使选刀时间增长。刀库的容量首先要考虑加工工艺的需要。根据以钻、铣为主的立式加工中心所需刀具数的统计,绘制出图 7-58 所示的曲线。曲线表明,用 10 把孔加工刀具可完成 70%的钻削工艺,4 把铣刀可完成 90%的铣削工艺。据此可以看出,用 14 把刀具就可以完成 70%以上的钻铣加工。若是从完成对被加工工件的全部工序进行统计,得到的结果是大部分(超过 80%)的工件完成全部加工过程只需 40 把刀具就够了。因此,从使用角度出发,刀库的容量一般取为 10～40 把,盲目地加大刀库容量,将会使刀库的利用率降低,结构过于复杂,造成浪费。

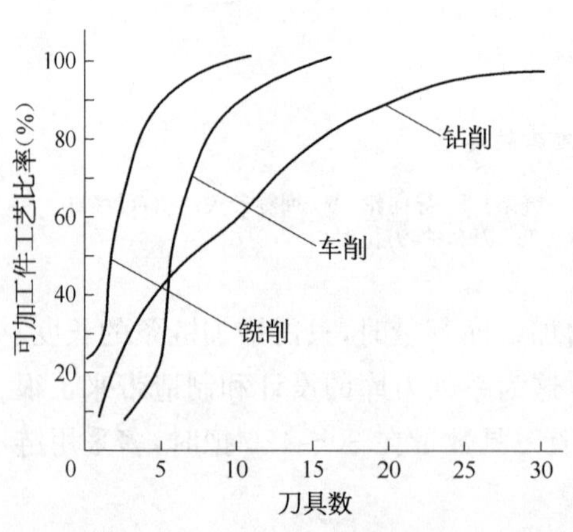

图 7-58 加工工件与刀具数量的关系

三、　刀具的选择与识别

1. 刀具的选择

根据数控装置发出的换刀指令，刀具交换装置从刀库中将所需的刀具转换到取刀位置，称为自动选刀。自动选择刀具通常又有顺序选择和任意选择两种方式。

1）顺序选择刀具　顺序选刀方式是将加工所需要的刀具，按照预先确定的加工顺序依次安装在刀座中。换刀时，刀库按顺序转位，取出所需要的刀具。已经使用过的刀具可以放回到原来的刀座内，也可以按顺序放入下一个刀座内。采用这种方式的刀库，不需要刀具识别装置，而且驱动控制也比较简单，可以直接由刀库的分度机构来实现。因此刀具的顺序选择方式具有结构简单，工作可靠等优点。但由于刀库中刀具在不同的工序中不能重复使用，因而必须相应地增加刀具的数量和刀库的容量，这样就降低了刀具和刀库的利用率。此外，人工装刀操作必须十分谨慎，如果刀具在刀库中的顺序发生差错，将造成设备或质量事故。

2）任意选择刀具　这种方式是根据程序指令的要求来选择所需要的刀具，采用任意选择方式的自动换刀系统中必须有刀具识别装置。刀具在刀库中不必按照工件的加工顺序排列，可任意存放。每把刀具（或刀座）都编上代码，自动换刀时，刀库旋转，每把刀具（或刀座）都经过“刀具识别装置”接受识别。当某把刀具的代码与数控指令的代码相符合时，该刀具就被选中，并将刀具送到换刀位置，等待机械手来抓取。

任意选择刀具法的优点是刀库中刀具的排列顺序与工件加工顺序无关，相同的刀具可重复使用。因此，刀具数量可比顺序选择法的刀具少一些，刀库也相应小一些。

任意选择刀具法必须对刀具编码，以便识别。编码方式主要有三种：

(1) 刀具编码方式。这种方式是采用特殊的刀柄结构进行编码。由于每把刀具都有自己的代码，因此，可以存放于刀库的任一刀座中。这样刀库中的刀具在不同的工序中也就可重复使用，用过的刀具也不一定要放回原刀座中，这对装刀和选刀都十分有利，刀库的容量也可以相应地减少，而且还可避免由于刀具存放在刀库中的顺序差错而造成的事故。

刀具编码的具体结构如图 7－59 所示。在刀柄后端的拉杆上套装着等间隔的编码环，由锁紧螺母固定。编码环既可以是整体的，也可由圆环组装而成。编码环直径有大小两种，大直径为二进制的“1”，小直径的为“0”。通过这两个圆环的不同排列，可以得到一系列代码。例如由六个大小直径的圆环便可组成能区别 63($2^6-1=63$)种刀具的编码。通常全部为 0 的代码不许使用，以避免与刀座中没有刀具的状况相混淆。为了便于操作者记忆和识别，也可采用二-八进制编码来表示。

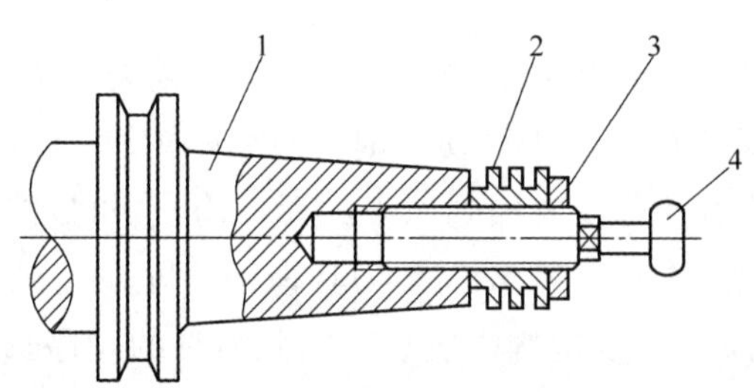

图 7 - 59　刀具编码的结构

1—刀柄；2—编码环；3—锁紧螺母；4—拉杆

(2) 刀座编码方式。这种编码方式对刀库中的每个刀座都进行编码，刀具也编号，并将刀具放到与其号码相符的刀座中。图 7 - 60 所示为圆盘刀库的刀座编码装置。图中在圆盘的圆周上均布若干个刀座识别装置。刀座编码的识别原理与上述刀具编码原理完全相同。换刀时刀库旋转，使各个刀座依次经过刀座识别装置，直至找到规定的刀座，刀库便停止旋转。由于这种编号方式取消了刀柄中的编码环，使刀柄结构大为简化。因此，刀具识别装置的结构不受刀柄尺寸的限制，而且可以放在较适当的位置。但是，采用这种编码方式用过的刀具必须放回原来的刀座中，增加了换刀动作。与顺序选择刀具的方式相比，刀座编码方式的突出特点是刀具在加工过程中可以重复使用。

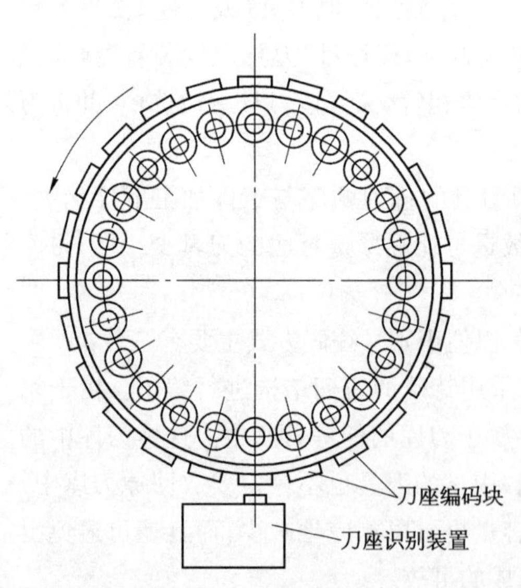

图 7 - 60　刀座编码的装置

(3) 编码附件方式。编码附件方式常采用的编码附件有编码钥匙、编码卡片、编码杆和编码盘等，其中最常用的是编码钥匙。这种方式是先给各刀具都缚上一把表示该刀具号的编码钥匙，当把各刀具存放到刀库中时，将编码钥匙插进刀座旁边的钥匙孔中，这样就把钥匙的号码转记到刀座中，给刀座编上了号码。识别装置可以通过识别钥匙上的号码来选取该钥匙对应刀座中的刀具。

编码钥匙的形状如图 7－61 所示，图中钥匙的两边最多可带有 22 个方齿，图中除导向用的两个方齿外，共有 20 个凸出或凹下的位置，可区别 99 999 把刀具。

图 7－62 为编码钥匙孔的剖面图，图中钥匙沿着水平方向的钥匙缝插入钥匙孔座，然后顺时针方向旋转 90°，处于钥匙代码突起的第一弹簧接触片被撑起，表示代码“1”；处于代码凹处的第二弹簧接触片保持原状，表示代码“0”。由于钥匙上每个凸凹部分的旁边各有相应的炭刷，故可将钥匙各个凸凹部分识别出来，即识别出相应的刀具。

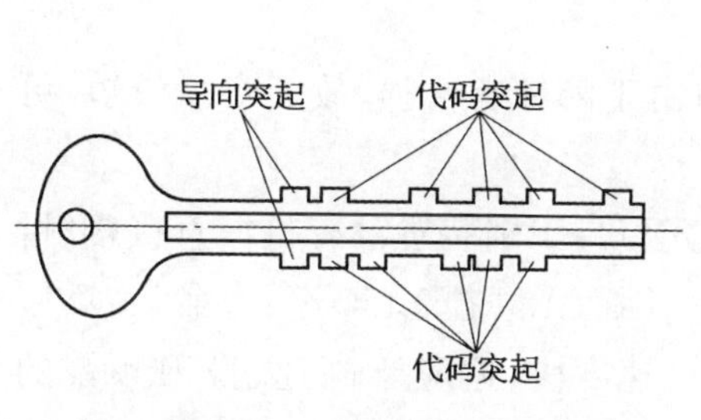

图 7－61 编码钥匙

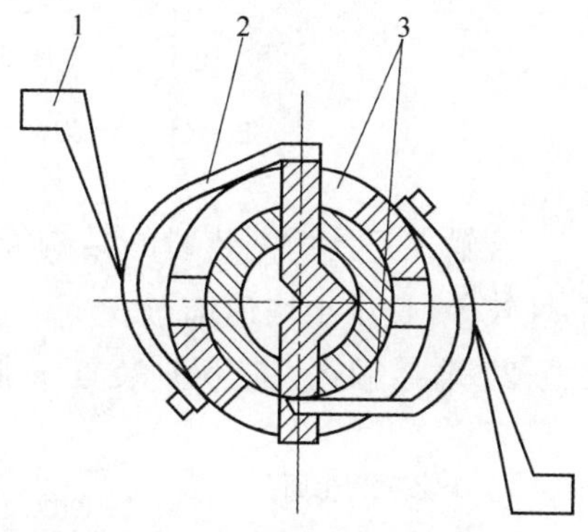

图 7－62 编码钥匙孔的剖面图

1—炭刷；2—弹性接触片；3—钥匙代码凹凸处

这种编码方式称为临时性编码，因为从刀座中取出刀具时，刀座中的编码钥匙也取出，刀座中原来的编码便随之消失。因此，这种方式具有更大的灵活性。采用这种编码方式用过的刀具必须放回原来的刀座中。

2. 刀具识别装置

刀具(刀座)识别装置是可任意选择刀具的自动换刀系统中的重要组成部分，常用的有接触式刀具识别装置和非接触式刀具识别装置。

1）接触式刀具识别装置　接触式刀具识别装置的原理如图7－63所示。在刀柄上装有两种直径不同的编码环，规定大直径的环表示二进制的“1”，小直径的环表示“0”，图中编码环有5个，在刀库附近固定一刀具识别装置，从中伸出几个触针，触针数量与刀柄上的编码环个数相等。每个触针与一个继电器相连，当编码环是大直径时与触针接触，继电器通电，其数码为“1”。当编码环是小直径时与触针不接触，继电器不通电，其数码为“0”。当各继电器读出的数码与所需刀具的编码一致时，由控制装置发出信号，使刀库停转，等待换刀。

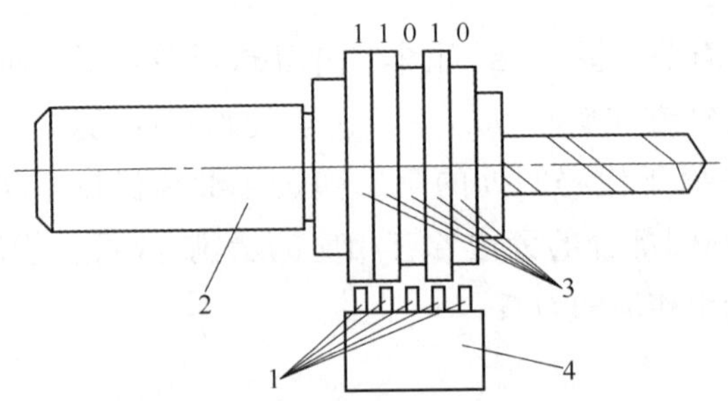

图7－63　接触式刀具识别装置的原理

1—触针；2—刀柄；3—编码环；4—刀具识别装置

接触式刀具识别装置的结构简单，但由于触针有磨损，故其寿命较短，可靠性较差，且难于快速选刀。

2）非接触式刀具识别装置　非接触式刀具识别装置没有机械直接接触，因而无磨损、无噪声、寿命长、反应速度快，适应于高速、换刀频繁的工作场合。常用的识别装置方法有光电识别法和磁性识别法。

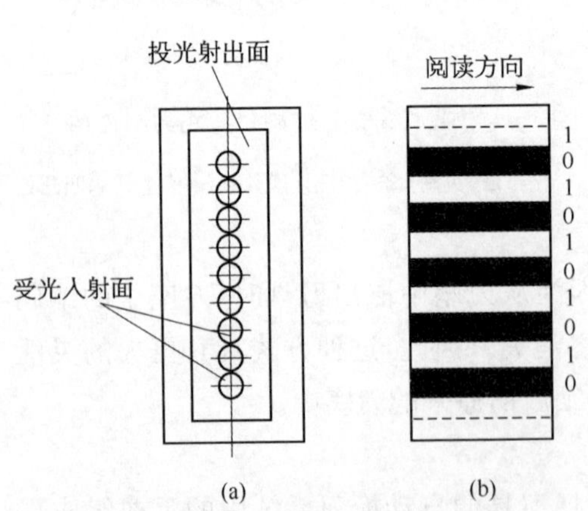

图7－64　光导纤维刀具识别原理图

（1）非接触式光电识别法。非接触式光电识别法是利用光导纤维良好的光传导特性，采用多束光导纤维构成阅读法。图7－64所示为光导纤维刀具识别原理。用靠近的二束光导纤维来阅读二进制编码的一位时，其中一束将光源投到能反光或不能反光(被涂黑)的金属表面上,另一束光导纤维将反射光送至光电转换元件转换成电信号,以判断正对这二束光导纤维的金属表面有无反射光,有反射光时(表面光亮)为“1”,无反射光时(表面涂黑)为“0”,如图 7-64b 所示。在刀具的某个磨光部位按二进制规律涂黑或不涂黑,就可给刀具编上号码。正当中的一小块反光部分用来发出同步增长信号。阅读头端面如图 7-64a 所示,共用的投射光射出面为一矩形框,中间嵌进一排共 9 个圆形的受光入射面。当阅读头端面正对刀具编码部位,沿箭头方向相对运动时,在同步信号的作用下,可将刀具编码读入,并与给定的刀具号进行比较而选刀。

(2) 非接触式磁性识别法。磁性识别法是利用磁性材料和非磁性材料的磁感应强弱的不同,通过感应线圈读取代码。其编码环的直径相等,分别由导磁材料(如软钢)和非导磁材料(如黄铜、塑料等)制成,并规定前者编码为“1”,后者编码为“0”。图 7-65 所示为一种用于刀具编码的磁性识别装置。图中刀柄上装有非导磁材料编码环和导磁材料编码环,与编码环相对应的有一组检测线圈组成的非接触式识别装置。在检测线圈的一次线圈中输入交流电压时,如编程环为导磁材料,则磁感应较强,能在二次线圈中产生较大的感应电压。如编程环为非导磁材料,则磁感应较弱,在二次线圈中感应的电压就较弱。利用感应电压的强弱,就能识别刀具的号码。当编码的号码与指令刀号相符时,控制电路便发出信号,使刀库停止运转,等待换刀。

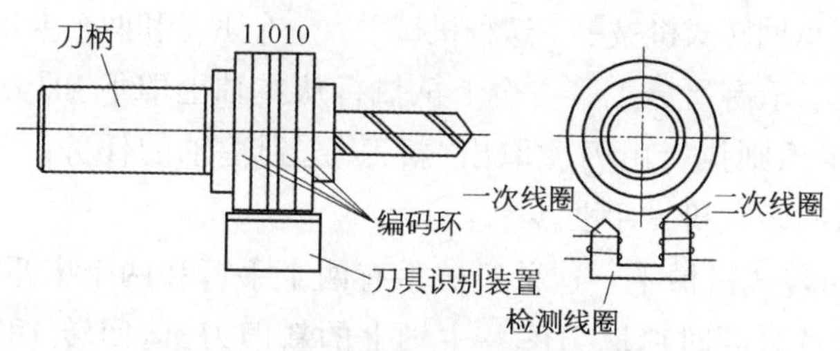

图 7-65　非接触式磁性识别原理图

四、　机械手形式及其夹持结构

1. 机械手的形式

在自动换刀数控机床中,机械手的形式也是多种多样,并且还在不断发展新的结构,常见的机械手类型有以下几种形式(图 7-66):

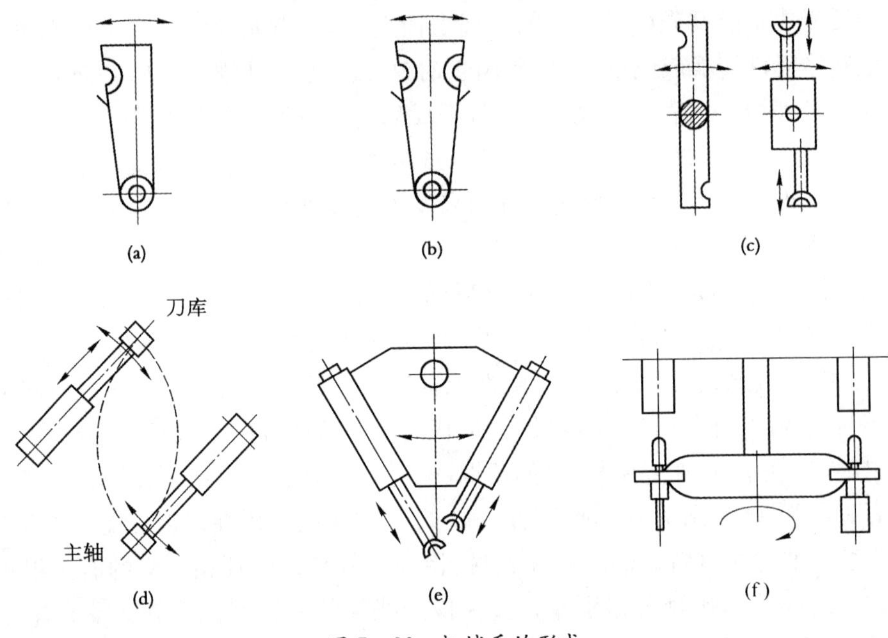

图 7-66 机械手的形式

1）单臂单爪回转式机械手　这种机械手只有一个手臂和卡爪，如图 7-66a 所示，可以回转不同的角度来进行自动换刀。但是因为其是单臂单爪，不论是换上新刀具还是取下旧刀具，均靠这一个卡爪来完成，因此换刀时间较长。

2）单臂双爪回转式机械手　这种机械手有一个手臂和两个卡爪，如图 7-66b 所示。这两个卡爪有所分工。一个卡爪执行从主轴上取下“旧刀”送回刀库的任务，另一个卡爪则执行由刀库取出“新刀”送到主轴的任务。其换刀时间较上述单臂单爪回转式机械手要少。

3）双臂回转式机械手　这种机械手有两个手臂和两个卡爪，如图 7-66c 所示。两个卡爪可同时抓取刀库及主轴上的新旧刀具，回转 180°后又同时将新旧刀具分别装入主轴及放回刀库。这是最常用的一种换刀机械手形式。其换刀时间较以上两种单臂机械手均短。图 7-66c 右边的机械手在刀库和主轴上抓取或装入刀具时，两臂可伸缩。

4）双机械手　这种机械手相当于两个单臂单爪机械手，两个卡爪均可沿手臂伸缩，如图 7-66d 所示。两个机械手互相配合进行自动换刀，一个机械手从主轴上取下旧刀具送回刀库，另一个由刀库中取出新刀具装入机床主轴。其换刀时间较短，但结构较上述几种机械手要复杂。

5）双臂往复交叉式机械手　这种机械手有两个手臂，两手臂交叉成一定的角度，并可以伸缩运动，如图 7－66e 所示。一个手臂从主轴上取下旧刀具送回刀库，另一个手臂由刀库中取出新刀具装入主轴。整个机械手可沿某导轨直线移动或绕某个转轴回转，以实现由刀库与主轴间的运刀工作。

6）双臂端面夹紧式机械手　这种机械手和双臂回转式机械手比较类似，但是在夹紧部位上不同。双臂回转式机械手靠夹紧刀柄的外圆表面来抓取刀具，而双臂端面夹紧式机械手则是靠夹紧刀柄的两个端面来抓取的，如图 7－66f 所示。

2．机械手的夹持结构

在换刀过程中，机械手要抓住刀柄作快速回转，作拔、插刀具的动作，还要保证刀柄键槽的角度位置对准主轴上的驱动键。所以，在设计机械手的结构时，夹持部分要十分可靠，并保证有适当的夹紧力，活动爪要有锁紧装置，以防止刀具在换刀过程中转动脱落。机械手夹持刀具的方法有以下两种。

1）柄式夹持　柄式夹持也称轴向夹持或 V 形槽夹持。其刀柄前端有 V 形槽，供机械手夹持用，目前我国数控机床较多采用这种夹持方式。一种比较常见的柄式夹持机械手手掌结构如图 7－67 所示。它主要由手臂 1 和其两端结构完全一样的两个卡爪 7 组成。卡爪上握刀的圆弧部分有一个定位键 6，当机械手抓住刀具时，该定位键插入刀柄的键槽中，同时两个手爪的长销 8 发分别被主轴前端和刀库上的挡块压下，使轴向开有长槽的活动销 5 在弹簧 2 的作用下右移顶住刀具。机械手拔刀时，长销 8 和挡块脱离接触，锁紧销 3 被弹簧 4 顶起，使得活动销 5 顶住刀具不能后退，这样机械手在回转时，刀具不会被甩

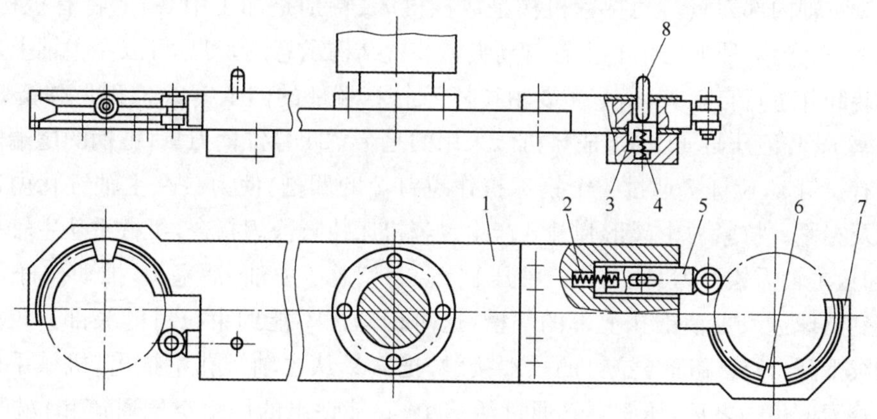

图 7－67　机械手手掌结构示意图

1—手臂；2—弹簧；3—锁紧销；4—弹簧；5—活动销；6—定位键；7—卡爪；8—长销

出。当机械手上升插刀时，两个长销 8 又分别被两挡块压下，锁紧销 3 从活动销 5 中退出，使活动销可以活动，以便刀具退出。

2）法兰盘式夹持　法兰盘式夹持也称径向夹持或碟式夹持，如图 7－68 所示。图 7－68a 所示为刀柄前端供机械手夹持的法兰盘的结构。图 7－68b 所示为机械手夹持松开状态，图 7－68c 所示为机械手夹持夹紧状态。采用法兰盘式夹持的优点是：当采用中间搬运装置时，可以很方便从一个机械手过渡到另一个辅助机械手上去。对于法兰盘式夹持方式，其换刀动作较多，不如柄式夹持方式应用广泛。

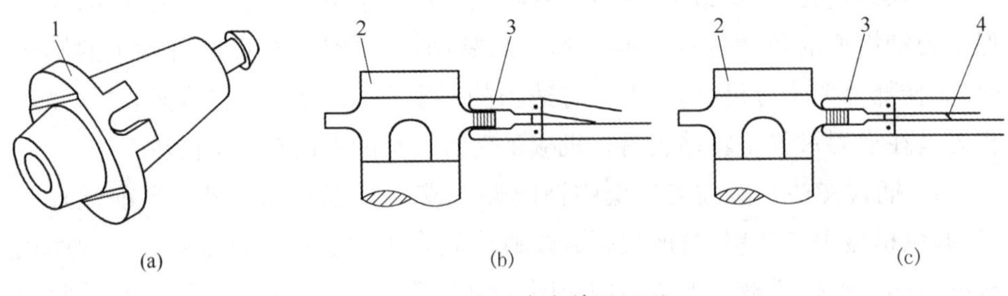

图 7－68　法兰盘夹持原理图

1—法兰盘；2—刀柄；3—夹紧片；4—弹簧

五、　主轴刀具自动夹紧装置

主轴内部刀具自动夹紧机构是数控机床（特别是加工中心）的特有机构。图 7－69 为一种加工中心主轴自动夹紧装置结构示意图，刀具可以在主轴上自动装卸并进行自动夹紧，它主要由拉杆 7、拉杆端部的四个钢球 3、碟形弹簧 8、活塞 10 和液压缸 11 等组成。机床采用的是 7∶24 号锥柄刀具，锥柄的尾端安装有拉钉 2，拉杆 7 通过 4 个钢球拉住拉钉 2 的凹槽，使刀具在主轴锥孔内定位及夹紧。拉紧力由碟形弹簧 8 产生。当机床执行换刀指令，机械手从主轴拔刀时，主轴需松开刀具。这时，液压缸 11 上腔通压力油，活塞 10 推动拉杆 7，直到钢球进入主轴锥孔上部的环槽，这时钢球已不能约束拉钉的头部。拉杆继续下降，拉杆端面与拉钉的顶端接触，把刀具从主轴锥孔中推出，机械手即可将刀取出。之后，压缩空气通过活塞 10 心部钻出的压缩空气通道和拉杆 7 的中孔，吹净主轴锥孔，防止因主轴锥孔落入了切屑、灰尘或其他污物造成的锥孔表面和刀杆锥柄划伤，从而影响零件的加工精度，致使零件超差报废。为

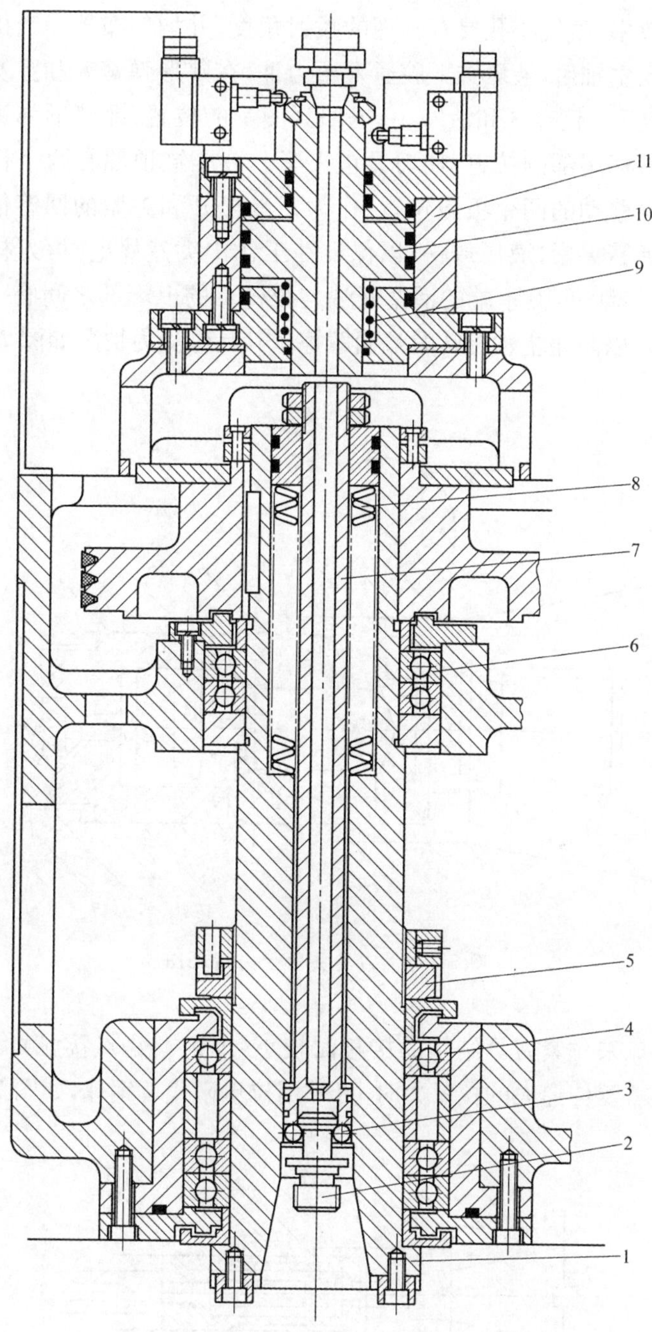

图 7-69 加工中心主轴自动夹紧装置结构示意图

1—主轴；2—拉钉；3—钢球；4—前支承；5—预紧螺母；6—后支承；
7—拉杆；8—碟形弹簧；9—弹簧；10—活塞；11—液压缸

了提高吹屑效率，喷气小孔要有合理的喷射角度，并均匀布置。当机械手将下一把刀具插入主轴后，液压缸下腔通入压力油，在碟形弹簧8和弹簧9的恢复力作用下，拉杆7、钢球3和活塞10退回到图示的位置，即碟形弹簧通过拉杆和钢球拉紧刀柄尾部的拉钉，使刀具被夹紧。液压缸顶部有两个行程开关来控制活塞上下移动的两个极限位置，作为刀具松开和夹紧的回答信号。刀杆夹紧机构用弹簧夹紧，液压放松，以保证在工作中突然停电时，刀杆不会自行松脱。夹紧时，活塞10下端的活塞杆端与拉杆7的上端部之间有一定的间隙(约为4 mm)，以防止主轴旋转时端面摩擦。其具体受力情况如图7-70所示。

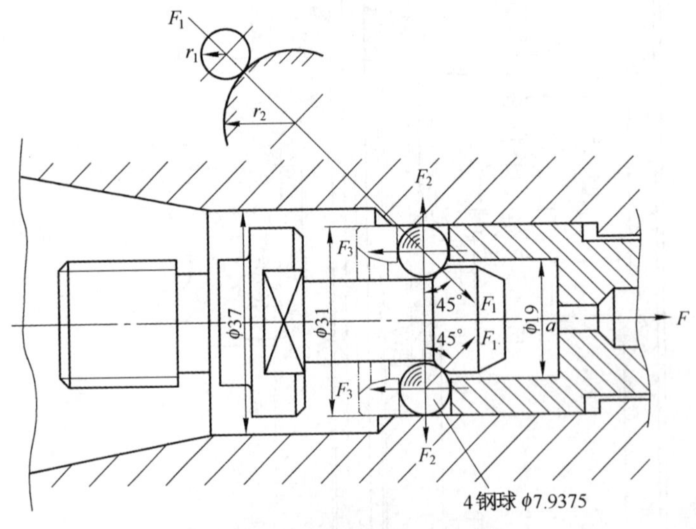

图7-70 刀具夹紧受力情况图

采用钢球来拉紧刀具结构的接触面较小(理论上是点接触)，不宜传递较大的力。当需要传递大的拉紧力时，可采用拉爪来代替钢球，如图7-71所示。

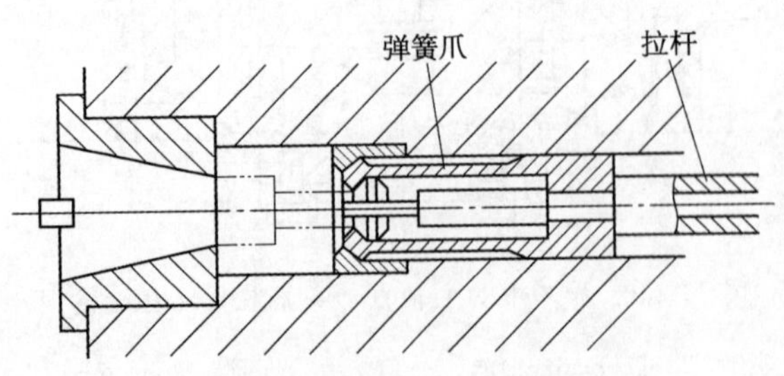

图7-71 拉爪刀具拉紧结构

第五节　辅助装置

一、　自动排屑装置

1. 自动排屑装置在数控机床中的作用

切屑的排除是机械加工必须要考虑的重要问题。这个问题对于数控机床来说显得更为重要。数控机床的加工效率高，单位时间内数控机床的金属切削量大大高于普通机床，这使得单位时间内去除的切屑所占的空间成倍增大。这些切屑大量占用加工区域，如果不及时清除，必然会覆盖或缠绕在工件上，使自动加工无法继续进行。而且炙热的切屑还会向机床或工件散发热量，使机床或工件产生热变形，影响加工精度。因此，迅速、有效地排除切屑对数控机床加工来说十分重要，而排屑装置的主要作用是将切屑从加工区域排出到数控机床之外。在数控车床和磨床上的切屑中往往混合着切削液，排屑装置从其中分离出切屑，并将它们送入切屑收集箱（车）内，而切削液则被回收到冷却液箱。数控铣床、加工中心和数控镗铣床的工件安装在工作台上，切屑不能直接落入排屑装置，故往往需要采用大流量冷却液冲刷，或采用压缩空气吹扫等方法使切屑进入排屑槽，然后再回收切削液并排出切屑。

排屑装置是一种具有独立功能的部件，它的工作可靠性和自动化程度，随着数控机床技术的发展而不断提高，并逐步趋向标准化和系列化，由专业工厂生产。数控机床排屑装置的结构和工作形式应根据机床的种类、规格、加工工艺特点、工件的材质和使用的冷却液种类等来选择。

2. 典型自动排屑装置

自动排屑装置的安装位置一般都尽可能靠近切削区域。如车床的自动排屑装置装在旋转工件下方，铣床和加工中心的自动排屑装置装在床身的回水槽上或工作台边侧位置，以利于简化机床和排屑装置结构，减小机床占地面积，提高排屑效率。排出的切屑一般都落入切屑收集箱或小车中，有的则直接排入车间排屑系统。

自动排屑装置的种类繁多，下面是几种常见的自动排屑装置。

(1) 平板链式自动排屑装置。该装置是以滚动链轮牵引钢质平板链带运动，将加工中的切屑带出机床，如图 7-72a 所示。这种排屑装置能排除各种形状的切屑，适应性强，各类机床都能采用。

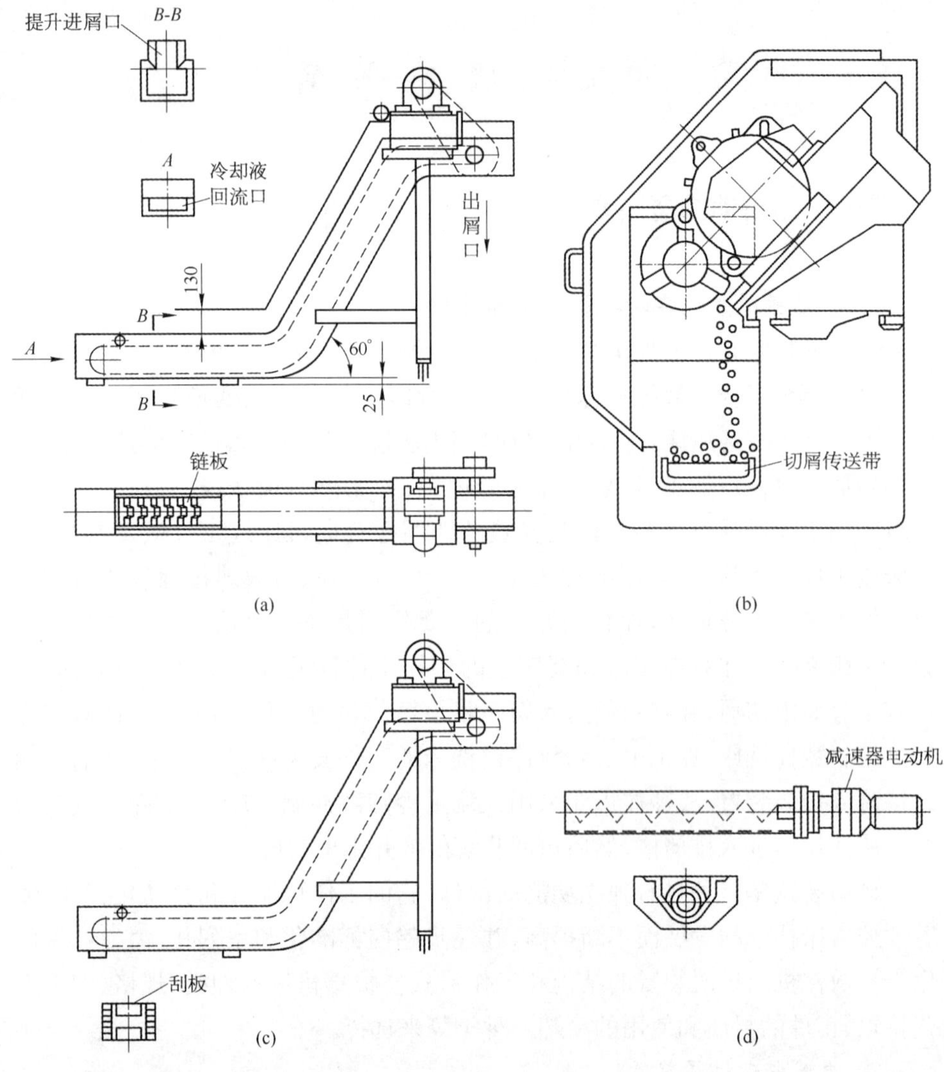

图 7-72 几种常见的排屑装置

(2) 倾斜式床身及切屑传送带自动排屑装置。倾斜式床身及切屑传送带自动排屑装置将床体上的床身倾斜布置,以防止切屑滞留在滑动面上,如图 7-72b 所示。加工中的切屑落到传送带上就会被带出机床。倾斜式床身及切屑传送带自动排屑装置广泛用于中、小型数控车床。

(3) 刮板式自动排屑装置。该装置的工作原理基本与平板链式相同,只是在其链板上带有刮板,如图 7-72c 所示。这种装置常用于短小切屑的排屑,具有较强的排屑能力。但是其负载较大,所以驱动电动机常具有较大的功率。

(4) 螺旋式自动排屑装置。该装置是利用电动机经减速装置驱动安装在沟槽中的一根长螺旋杆进行工作的,如图 7-72d 所示。螺旋杆转动时,沟槽中的切屑即由螺旋杆推动连续向前运动,最终排入切屑收集箱。螺旋杆有两种结构型式,一种是用扁型钢条卷成螺旋弹簧状;另一种是在轴上焊有螺旋形钢板。这种装置占据空间小,适于安装在机床与立柱间空隙狭小的位置上。螺旋式排屑结构简单,排屑性能良好,但只适合沿水平或小角度倾斜的直线方向排运切屑,不能大角度倾斜、提升或转向排屑。

二、　回转工作台

为了提高生产效率,扩大工艺范围,数控机床除了沿 x、y 和 z 三个坐标轴的直线进给运动之外,往往还带有绕 x、y 和 z 轴的圆周进给运动。一般数控机床的圆周进给运动由回转工作台来实现。数控铣床的回转工作台除了用来进行各种圆弧加工或与直线进给联动进行曲面加工外,还可以实现精确的自动分度,这给箱体零件的加工带来了便利。对于自动换刀的多工序加工中心来说,回转工作台已成为一个不可缺少的部件。数控机床中常用的回转工作台有分度工作台和数控回转工作台两种。

1) 分度工作台　数控机床的分度工作台与数控回转工作台不同,它只能够完成分度运动,而不能实现圆周进给。由于结构上的原因,通常分度工作台的分度运动只限于完成规定的角度(如 90°、60°或 45°等)。机床上的分度传动机构,本身很难保证工作台分度的高精度要求,常常需要将定位机构和分度机构结合起来,再用夹紧装置保证机床工作时的安全可靠。

(1) 定位销式分度工作台。定位销式分度工作台的定位分度主要靠定位销和定位孔来实现。分度工作台置于长方形工作台中间,在不单独使用分度工作台时,两个工作台可以作为一个整体使用。工作台的底部均匀分布着个削边圆柱定位销,在工作台底座上有一定位孔衬套以及供定位销移动环形槽。因为定位销之间的分布角度为 45°,因此工作台只能作二、四、八等分的分度运动。

定位销式分度工作台的分度精度,主要由定位销和定位孔的尺寸精度及坐标精度决定。最高可达±5″。为适应大多数的加工要求,应当尽可能提高最常用的 180°分度销孔的坐标精度,而其他角度(如 45°、90°和 135°)可以适当降低。

图 7-73 所示是 THK6380 型自动换刀数控卧式镗铣床的定位销式分度工作台。工作台 2 的底部均匀分布着八个(削边圆柱)定位销 8,在工作台下底座 12 上有一个定位衬套 7 以及环形槽。定位时只有一个定位销插入定位衬套的孔中,其余七个则进入环形槽中,因为定位销之间的分布角度为 45°,故只能实现八等分的分度运动。

定位销式分度工作台作分度运动时,其工作过程分为三个步骤:

① 松开锁紧机构并拔出定位销。当数控装置发出指令时,下底座 12 上的六个均布锁紧油缸 9(图中只示出一个)卸荷。活塞拉杆 13 在弹簧 14 的作用下上升 15 mm,使工作台 2 处于松开状态。同时,间隙消除油缸 6 也卸荷,中央油缸 18 从管道 19 进压力油,使活塞 17 上升,并通过螺栓 16、支座 5 把止推轴承 21 向上抬起,顶在上底座 22 上,再通过螺钉 4、锥套 3 使工作台 2 抬起 15 mm,定位销 8 从定位衬套 7 中拔出。

② 工作台回转分度。当工作台抬起之后发出信号使油马达驱动减速齿轮(图中未示出),带动与工作台 2 底部联接的大齿轮 10 回转,进行分度运动。在大齿轮 10 上以 45°的间隔均布八个挡块 1,分度时,工作台先快速回转。当定位销即将进入规定位置时,挡块碰撞第一个限位开关,发出信号使工作台降速,当挡块碰撞第二个限位开关时,工作台 2 停止回转,此时,相应的定位销 8 正好对准定位衬套 7。

③ 工作台下降并锁紧。分度完毕后,发出信号使中央油缸 18 卸荷,工作台 2 靠自重下降,定位销 8 插入定位衬套 7 中,在锁紧工作台之前,消除间隙的油缸 6 通压力油,活塞顶向工作台 2,消除径向间隙。然后使锁紧油缸 9 的上腔通压力油,活塞拉杆 13 下降,通过拉杆将工作台锁紧。

工作台的回转轴支承在加长型双列圆柱滚子轴承 15 和滚针轴承 20 中。轴承 15 的内孔带有 1∶12 的锥度,用来调整径向间隙。另外,它的内环可以带着滚柱在加长的外环内作 15 mm 的轴向移动。当工作台抬起时,支座 5 的一部分推力由止推轴承 21 承受,这将有效地减小分度工作台的回转摩擦阻力矩,使工作台 2 转动灵活。

(2) 鼠齿盘式分度工作台。鼠齿盘式分度工作台采用鼠齿盘作为定位元件。这种工作台有以下特点:定位精度高;由于采用多齿重复定位,因而重复定位精度稳定;因为多齿啮合,一般齿面啮合长度不低于 60%,齿数啮合率不低于 90%,所以定位刚度好,能承受很大外载;最小分度为 360°/Z(Z 为鼠齿盘的齿数),因而分度数目多,适用于多工位分度;磨损小,且因为齿盘啮合、脱开相当于两齿盘对研过程,所以随着使用时间的延续,其定位精度不断提高,使用寿命长。

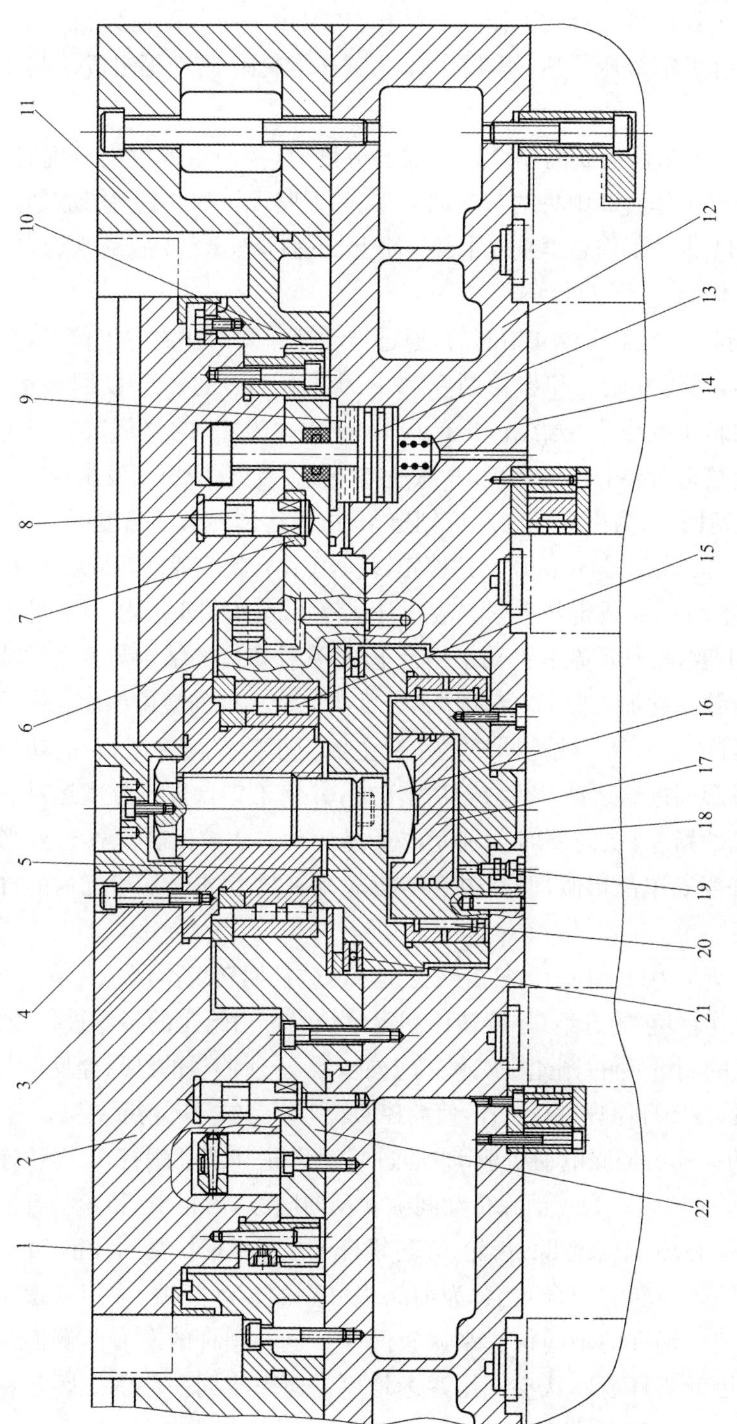

图 7－73　定位销式分度工作台

1—挡块；2—工作台；3—锥套；4—螺钉；5—支座；6—油缸；7—定位衬套；8—定位销；9—锁紧油缸；10—大齿轮；11—长方形工作台；12—下底座；13—活塞拉杆；14—弹簧；15—双列圆柱滚子轴承；16—螺栓；17—活塞；18—中央油缸；19—进油管道；20—滚针轴承；21—止推轴承；22—上底座

图 7－74 为鼠齿盘式分度工作台的结构，主要由一对分度鼠齿盘 13、14，升夹油缸 12，活塞 8，液压马达，蜗轮副 3、4，减速齿轮副 5、6 等组成。其工作过程如下：

① 工作台抬起，齿盘脱离啮合。当需要分度时，控制系统发出分度指令，压力油进入分度工作台 9 中央的升夹油缸 12 的下腔，活塞 8 向上移动，通过止推轴承 10 和 11 带动工作台 9 向上抬起，使上、下齿盘 13、14 脱离啮合，完成分度的准备工作。

② 回转分度。当工作台 9 抬起后，通过推动杆和微动开关发出信号，起动液压马达旋转，通过蜗轮 4 和齿轮副 5、6 带动工作台 9 进行分度回转运动。工作台分度回转角度由指令给出，共有八个等份，即为 45°的整倍数。当工作台的回转角度接近所要分度的角度时，减速挡块使微动开关动作，发出减速信号使液压马达低速回转，为齿盘准确定位创造条件；当达到要求的角度时，准停挡块压合微动开关发出信号，使液压马达停止转动，工作台便完成回转分度工作。

③ 工作台下降，完成定位夹紧。液压马达停止转动的同时，压力油进入升夹油缸 12 的上腔，推动活塞 8 带动工作台下降，数控机床的结构与传动种圆弧或与直线坐标轴联动加工曲面，又能作为分度头完成工件的转位换面。

2）数控回转工作台　数控回转工作台主要用于数控镗铣床，它的功用是使工作台进行圆周进给运动，以完成切削工作，并使工作台进行分度运动。它按照控制系统的指令，在需要时分别完成上述运动。数控回转工作台外形和通用机床的分度工作台相似，但其内部结构却具有数控进给驱动机构的许多特点。

图 7－75 所示为自动换刀数控卧式镗铣床的数控回转工作台。这是一种闭环数控回转工作台，它的进给、分度转位和定位锁紧都由给定的指令进行控制。其有转动角度的测量元件（圆光栅或圆感应同步器）。所测量的结果经反馈与指令值进行比较，按闭环原理进行工作，使数控回转工作台的分度精度更高。

工作台的运动由伺服电动机驱动，通过减速齿轮和带动蜗杆 1，再传递给蜗轮 2，使工作台回转。为了消除传动间隙和反向间隙，齿轮 10 和相啮合的间隙，是靠调整偏心环 11 来消除；齿轮 13 与蜗杆 1 是靠楔形拉紧圆柱销 14 来连接，此法能消除轴与套的配合间隙；为消除蜗杆副的传动间隙，采用双螺距渐厚蜗杆，通过移动蜗杆的轴向位置来调整间隙。这种蜗杆的左右两侧面具有不同的螺距，因此蜗杆齿厚从头到尾逐渐增厚。但由于同一侧的螺距是相同的，所以仍然保持着正常的啮合。

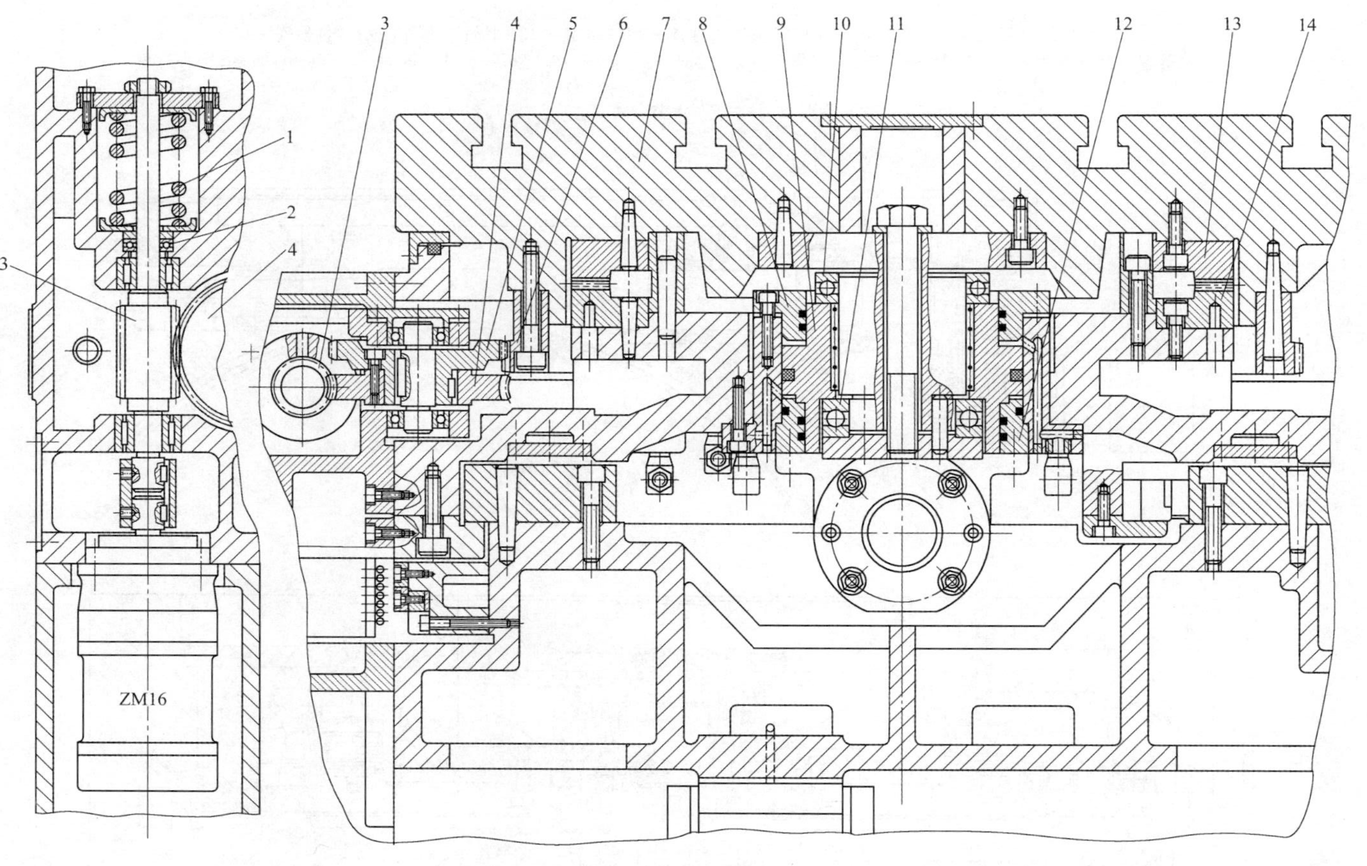

图 7-74　鼠齿盘式分度工作台的结构

1—弹簧；2—止推轴承；3—蜗杆；4—蜗轮；5、6—齿轮副；7—支承套；8—活塞；9—工作台；10、11—止推轴承；12—升夹油缸；13、14—上、下齿盘

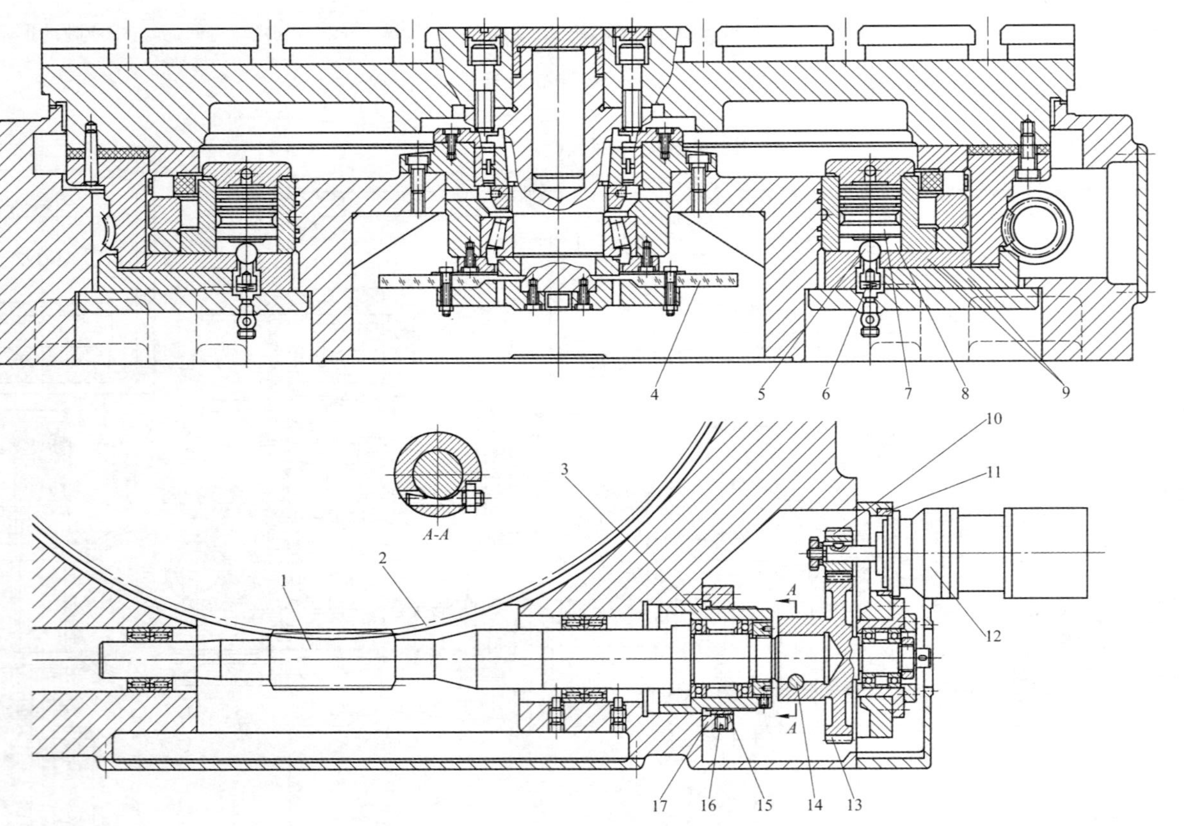

图 7-75 闭环数控回转工作台

1—蜗杆；2—蜗轮；3—调整块；4—光栅；5—钢球；6—弹簧；7—活塞；8—夹紧液压缸；9—夹紧瓦；10—齿轮；11—偏心环；12—电脉冲马达；13—齿轮；14—楔形拉紧销；15—压块；16—锁紧螺钉；17—螺母

当工作台静止时，必须处于锁紧状态。工作台面用沿其圆周方向分布的八个夹紧液压缸 8 进行夹紧。当工作台不回转时，夹紧液压缸的上腔进压力油，使活塞 7 向下运动，通过钢球 5、夹紧瓦 10 将蜗轮 2 夹紧。当工作台需要回转时，数控系统发出指令，使夹紧液压缸的上腔的油流回油箱。在弹簧 6 的作用下，钢球抬起，夹紧瓦松开蜗轮，然后由伺服电动机通过传动装置，使蜗轮和工作台按照控制系统的指令作回转运动。

数控回转工作台设有零点，当它作返回零点运动时，先用挡块碰撞限位开关(图中未示出)，使工作台降速，然后通过感应块和无触点开关，使工作台准确地停在零位。数控回转工作台在任意角度转位和分度时，由光栅进行读数控制，因此能够达到较高的分度精度。

Chapter 8

第八章 数控机床的安装调试、管理与维护

数控机床是一种综合应用了计算机技术、自动控制技术、自动检测技术以及精密机械设计和制造等先进技术的高新技术产物，是技术密集度及自动化程度都很高的、典型的机电一体化产品。在企业生产中，数控机床能否达到加工精度高、产品质量稳定、提高生产效率的目标，除了用户本身操作外，还取决于机床是否经过正确安调、验收与维护环节。

第一节　数控机床的安装、调试和验收

一、　数控机床的安装

数控机床的安装工作是指机床运到用户处后，安装到工作场地，直至能正常工作这一阶段所做的工作。对于小型的数控机床，这项工作比较简单；对于大中型数控机床，用户需进行组装和重新调试，就比较复杂。

1. 安装准备

数控机床在运输到达用户处以前，用户应首先根据设备要求和生产现场实际情况选择好安装位置，然后根据生产厂家提供的基础图做好机床基础，在安装地脚螺栓的部位做好预留孔。

2. 开箱验收

机床到货后应及时开箱检查，找出机床装箱单，按照装箱单和合同对箱内物品逐一进行核对检查，并做记录。包括：

(1) 包装箱是否完好，机床外观有无明显损坏，是否锈蚀、脱漆；

(2) 技术资料是否齐全；

(3) 附件品种、规格、数量；

(4) 备件品种、规格、数量；

(5) 工具品种、规格、数量；

(6) 安装附件，如调整垫铁、地脚螺栓等的品种、规格、数量；

(7) 其他物品。

3. 机床吊装与就位

使用制造商提供的专用起吊工具(如不需要专用工具，应采用钢丝绳按照说明书的规定部位吊装)，把组成机床的各大部件分别在地基上就位。就位时，垫铁、调整垫板和地脚螺栓等也应相应对号入座。

4. 机床组装与连接

机床初就位后，接下来就是机床部件的组装和数控系统的连接工作。机床部件的组装是指将分解运输的机床合成整机的过程。组装前注意做好部件表面的清洁工作，将所有连接面、导轨、定位件上的防锈涂料清洗干净，然后准确可靠地将各部件连接组装成整机。在组装立柱、数控柜、电气柜、刀具库和机械手的过程中，机床各部件之间的连接定位均要求使用原装的定位销、定位块和其他定位元件，以更好地还原机床拆卸前的组装状态，保持机床原有的制造和安装精度。各部件组装完毕后，按照说明书电缆、管道接头的标记连接电缆、油管和气管，连接时应注意整洁和可靠的接触及密封。数控系统的连接是指针对数控装置及其配套的进给和主轴伺服驱动单元而进行的，主要包括外部电缆的连接和数控系统电源的连接。在连接前要认真检查数控系统装置与MDI/CRT单元、位置显示单元、纸带阅读机、电源单元、各印刷电路板和伺服单元等，如发现问题应及时采取措施或更换。连接中的连接件是否插入到位，紧固螺钉是否拧紧，应该引起足够的重视，由于不良而引起的故障最为常见。此外，数控机床要有良好的地线，以保证设备、人身安全和减少电气干扰，伺服单元、伺服变压器和强电柜之间都要连接保护接地线。

二、数控机床的调试

80%以上的机床在安装时必须在现场调试后才能符合其技术指标，这一步的正确与否在很大程度上决定了数控机床能否发挥正常的经济效率以及它本身的使用寿命。因此，在新机床验收时进行检测，使机床一开始安装就能保证达到其技术指标及预期的质量和效率。新机床在使用半年后需再次进行检测，之后可每年检定一次，定期检测机床误差并及时校正螺距、反向间隙等。

数控机床开机，调试应按下面的步骤进行。

1. 调试前准备

机床调试前，应首先调整机床床身水平位置，粗调机床主要几何精度，再调整重新组装的主要运动部件与主机的相对位置，如机械手、刀库与主轴换刀位置的校正等。之后，按照机床说明书要求加装润滑油、液压油、切削液，接通外接气源。

2. 机床通电试车

机床通电试车一般采用各部件分别通电试验后，再做全面供电试验。根据机床说明书检查机床主要部件功能是否正常齐全，使机床各部件都能操作运动。

3. 机床精度和功能的调试

(1) 使用精密水平仪等检测工具，主要通过调整垫铁的方式精调机床主床身的水平，使机床几何精度达到允许公差范围。

(2) 对自动换刀装置，调整好刀库、机械手位置、行程参数等，再用指令进行动作检查，要求准确无误。

(3) 对带有 APC 自动交换工作台的机床，调整好相对位置后进行承载自动交换。

(4) 机床调整完毕后，仔细检查数控系统和可编程控制器中参数设定值是否符合随机指标中规定的数据，然后试验各主要操作功能、安全措施、常用指令执行情况等。

(5) 检查机床辅助功能及附件的正常工作。

4. 机床试运行

试运行是指数控机床在带有一定负载的条件下，经过较长时间的自动运行，比较全面地检查机床功能及工作可靠性的过程。在此过程中，除操作失误引起的故障外，不允许机床有其他故障出现。试运行中采用的程序叫考机程序，可以采用随箱技术文件中的考机程序，也可自行编制一个考机程序。一般考机程序中应包括：

(1) 每个坐标的全部运动；

(2) 数控系统的主要功能；

(3) 主轴最高、最低及常用转速；

(4) 快速及常用的进给速度；

(5) 自动交换工作台的动作；

(6) 装满刀具的刀库选刀及换刀动作。

三、　数控机床的验收

在机床完成空运行及相关功能检测后，数控机床的安装调试过程就进入了精度检验环节，这个环节也是用户和设备提供方最关心和最重要的环节，也是设备检测验收中最常见的环节。

数控机床的验收具体是指使用各种高精度仪器，对机床的机、电、液、气等各部分及整机进行综合性能、单项性能和静态、动态精度的检测，最后得到对该机床的综合评价。

1. 数控机床验收的必要性

数控机床是现代制造技术的基础装备，随着数控机床的广泛应用与普及，机床的验收工作越来越受到重视。新机检验的主要目的是为了判别机床是否符合其技术指标，判别机床能否按照预定的目标精密地加工零件。在许多时候，新机验收都是通过加工一个有代表性的典型零件决定机床能否通过验收。当该机床是用于专门加工某一种零件时，这种验收方法是可以接受的。但是对于更具有通用性的数控机床，这种切削零件的检验方法显然不能提供足够信息来精确地判断机床的整体精度指标。只有通过对机床的几何精度和位置精度进行检验，才能反映出机床本身的制造精度。在这两项精度检验合格的基础上，然后再进行零件加工检验，以此来考核机床的加工性能。对于安置在生产线上的新机，还需通过对工序能力和生产节拍的考核来评判机床的工作能力。但是，在实际检验工作中，往往有很多的用户在新机验收时都忽视了对机床精度的检验，他们以为新机在出厂时已做过检验，在使用现场安装只需调一下机床的水平，只要试加工零件经检验合格就认为机床通过验收。这些用户往往忽视了以下几方面的问题：

(1) 新机通过运输环节到达现场，由于运输过程中产生的振动和变形，其水平基准与出厂检验时的状态已完全两样，此时机床的几何精度与其在出厂检验时的精度产生偏差。

(2) 即使不计运输环节的影响，机床水平的调整也会对相关的几何精度项目产生影响。

(3) 由于位置精度的检测元件如编码器、光栅等是直接安装在机床的丝杠和床身上，几何精度的调整会对其产生一定的影响。

(4) 气压、温度、湿度等外部条件发生改变，也会对位置精度产生影响。

(5) 由检验所得到的位置精度偏差,还可直接通过数控机床的误差补偿软件及时进行调整,从而改善机床的位置精度。

检验新机床时仅采用考核试加工零件精度的方法来判别机床的整体质量,并以此作为验收的唯一标准是远远不够的,必须对机床的几何精度、位置精度及工作精度作全面的检验,只有这样才能保证机床的工作性能,否则就会影响设备的安装和使用,造成较大的经济损失。

在数控机床到达用户方,完成初次的调试验收工作后,也并不意味着调试工作的彻底结束。在实际的生产企业中,常常采用这样的设备管理方法:安装调试完成后,设备投入生产加工中,只有等到设备加工精度达不到最初的要求时,才停工进行相应的调试。很多企业无法接受这样的停工损失,所以在日常的工作中也可以按照"六自由度测量的快速机床误差评估"方法解决这个问题,大量减少测试时间,这样小车间也可以提前控制加工过程,最终达到零故障以及减少对事后检查的依赖。

(6) 六自由度测量的快速机床误差评估方法是测量系统一次安装调试后,可同时测量六个数控机床精度项目的误差值,与传统的单一精度项目测量方法相比,可大大缩短仪器的装调、检测时间。

2. 数控机床验收的基本流程

数控设备验收的流程就验收过程而言,数控机床验收可以分为两个环节:

1) 在制造厂商工厂的预验收　预验收的目的是为了检查、验证机床能否满足用户的加工质量及生产率,检查供应商提供的资料备件。其主要工作包括:

(1) 检验机床主要零部件是否按合同要求制造;

(2) 各机床参数是否达到合同要求;

(3) 检验机床几何精度及位置精度是否合格;

(4) 机床各动作是否正确;

(5) 对合同未要求部分检验,如发现不满意处可向生产厂家提出,以便及时改进;

(6) 对试件进行加工,检查是否达到精度要求;

(7) 做好预验收记录,包括精度检验及要求改进之处,并由生产厂家签字。

如果预验收通过,则意味着用户同意该机床向用户厂家发运,当货物到达用户处后,用户将支付该设备的大部分金额。所以,预验收是非常重要的步骤,不可忽视。

2) 在设备采购方的最终验收　最终验收工作主要根据机床出厂合格证上

规定的验收标准及用户实际能提供的检测手段，测定机床合格证上各项指标。检测结果作为该机床的原始资料存入技术档案中，作为今后维修时的技术指标依据。

不管是预验收还是最终验收，根据 GB/T 9061—2006《金属切削机床通用技术条件》标准中的规定，调试验收应该包括的内容如下：

(1) 外观质量；

(2) 附件和工具的检验；

(3) 参数的检验；

(4) 机床的空运转试验；

(5) 机床的负荷实验；

(6) 机床的精度检验；

(7) 机床的工作实验；

(8) 机床的寿命实验；

(9) 其他。

3. 数控机床验收的常见标准

数控机床验收的标准有很多，通常按性质可以分为两大类：通用类标准和产品类标准。

1) 通用类标准　这类标准规定了数控机床调试验收的检验方法、测量工具的使用、相关公差的定义、机床设计、制造、验收的基本要求等。如我国的标准 GB/T 17421.1—1998《机床检验通则第 1 部分：在无负荷或精加工条件下机床的几何精度》、GB/T 17421.2—2000《机床检验通则第 2 部分：数控轴线的定位精度和重复定位精度的确定》、GB/T 17421.4—2003《机床检验通则第 4 部分：数控机床的圆检验》，这些标准等同于 ISO 230 标准。

2) 产品类标准　这类标准规定具体型式的机床的几何精度和工作精度的检验方法，以及机床制造和调试验收的具体要求。如我国的 JB/T 8801—1998《加工中心技术条件》、GB/T 18400.1—2010《加工中心检验条件第 1 部分：卧式和带附加主轴头机床几何精度检验（水平 z 轴）》、GB/T 18400.6—2001《加工中心检验条件第 6 部分：进给率、速度和插补精度检验》等。具体型式的机床应当参照合同约定和相关的中外标准进行具体的调试验收。当然在实际的验收过程中，也有许多的设备采购方按照德国 VDI/DGQ3441 标准或日本的 JISB6201、JISB6336、JISB6338 标准或国际标准 ISO 230。不管采用什么样的标准，需要非常注意的是不同的标准对“精度”的定义差异很大，验收时一定要弄清各个标准精度指标的定义及计算方法。

4. **数控机床验收的主要内容**

数控机床的验收主要包括机床几何精度、定位精度和切削精度的检测，以及机床综合性能的检验等。

1) 机床几何精度的检测　数控机床的几何精度综合反映了机床各关键零部件及其组装后的几何形状误差。机床几何精度的许多项目相互影响，必须在精调后一次性完成，若出现某一单项经重新调整才合格的情况，则整个几何精度的验收检测工作必须重做。

数控机床的几何精度综合反映了机床主要零部件组装后线和面的形状误差、位置或位移误差。根据 GB/T 17421.1—1998《机床检验通则第 1 部分：在无负荷或精加工条件下机床的几何精度》国家标准的说明有如下几类：

(1) 直线度。

① 一条线在一个平面或空间内的直线度，如数控卧式车床床身导轨的直线度；

② 部件的直线度，如数控升降台铣床工作台纵向基准 T 形槽的直线度；

③ 运动的直线度，如立式加工中心 x 轴轴线运动的直线度。

长度测量方法有平尺和指示器法、钢丝和显微镜法、准直望远镜法和激光干涉仪法。

角度测量方法有精密水平仪法、自准直仪法和激光干涉仪法。

(2) 平面度(如立式加工中心工作台面的平面度)。

测量方法有平板法、平板和指示器法、平尺法、精密水平仪法和光学法。

(3) 平行度、等距度、重合度。

① 线和面的平行度，如数控卧式车床顶尖轴线对主刀架溜板移动的平行度；

② 运动的平行度，如立式加工中心工作台面和 x 轴轴线间的平行度；

③ 等距度，如立式加工中心定位孔与工作台回转轴线的等距度；

④ 同轴度或重合度，如数控卧式车床工具孔轴线与主轴轴线的重合度。

测量方法有平尺和指示器法、精密水平仪法、指示器和检验棒法。

(4) 垂直度。

① 直线和平面的垂直度，如立式加工中心主轴轴线和 x 轴轴线运动间的垂直度；

② 运动的垂直度，如立式加工中心 z 轴轴线和 x 轴轴线运动间的垂直度。

测量方法有平尺和指示器法、角尺和指示器法、光学法(如自准直仪、光学角尺、放射器)。

(5) 旋转。

径向跳动，如数控卧式车床主轴轴端的卡盘定位锥面的径向跳动，或主轴定位孔的径向跳动；

① 周期性轴向窜动，如数控卧式车床主轴的周期性轴向窜动；

② 端面跳动，如数控卧式车床主轴的卡盘定位端面的跳动；

测量方法有指示器法、检验棒和指示器法、钢球和指示法。

2) 机床定位精度的检测　机床定位精度是数控机床各坐标轴在数控装置控制下达到的运动位置精度。机床的定位精度取决于数控系统和机械传动误差的大小，能够从加工零件达到的精度反映出来。

机床定位精度检测主要内容如下：

(1) 直线运动的定位精度及重复定位精度；

(2) 回转运动的定位精度及重复定位精度；

(3) 直线运动反向误差(失动量)；

(4) 回转运动反向误差(失动量)；

(5) 原点复归精度。

3) 机床切削精度的检测　机床切削精度是受数控机床几何精度、定位精度、材料、刀具和切削条件等各种因素影响而形成的综合精度。

机床切削精度的检测可以是单项加工，也可以加工一个标准的综合性试件，如 NAS 试件(“圆形—菱形—方形”标准)，其中单项加工检查内容主要有孔加工精度、平面加工精度、直线加工精度、斜线加工精度、圆弧加工精度等。

4) 机床综合性能的检验　机床综合性能主要包括主轴系统性能、进给系统性能、自动换刀系统、电气装置、安全装置、润滑装置、气液装置及各附属装置等性能。

第二节　数控机床的管理和选用

一、　数控机床的管理内容及方法

1. 数控机床的管理内容

数控机床的管理是一项系统工程，包含从数控机床的选用及安装、调试、验收等前期管理，到数控机床使用、维护保养、故障检测及修理、改造更新等使用管理，以及设备报废的全过程。

在数控机床的管理上，不能将普通机床的管理方法移到数控机床上，应根据企业的生产发展及经营目标，通过一系列技术、经济组织措施及科学方法来进行。在其具体运用上，可视企业购买及使用数控机床的情况，选择按阶段进行。

2. 数控机床的管理方法

数控机床的管理，可根据企业购买及使用数控机床的具体情况及其所处阶段选择不同的管理方法。

1）使用初期阶段　在数控机床使用初期，企业一般尚无成熟管理办法。也缺少使用经验，编程、操作均不成熟，维修技术也很欠缺。在此状况下，可由车间管理数控机床。通过培养技术骨干，由骨干带动工人，并维持较长时间的技术员与工人合作关系，针对本企业典型零件，进行工艺设计、编程等技术工作，保证首件试切合格，同时让工艺文件、程序归档，从而做好机床的应用与管理工作。

2）使用一阶段后　当企业数控机床数量逐渐增多，应用技术也有一定积累时，数控机床可采用专业管理、集中使用的方法。将数控机床集中于数控工段或车间，工艺技术准备归工艺部门负责，生产管理由工厂统一平衡和调度，在数控车间无其他普通机床的情况下，数控车间可只承担“协作工序”。

3）使用成熟阶段　当企业使用数控机床较长时间，数控类型、数量较多，辅助设施齐全，应用技术成熟，技术力量较深时，可在数控车间配备适当的普通机床，使数控车间扩大成封闭的独立生产车间，具备独立生产完整产品、零件的能力。必要时，可利用计算机管理机床、刀具，使机床开动率较高，技术、经济性均较好。

无论哪个阶段管理都必须建立各项规章制度。比如：建立定人、定机、定岗制度，进行岗位培训，禁止无证操作；根据机床特点，制定各项操作和维修安全规程；机床保修每次应有内容、方法、时间、部位、参加人员等详细记录；故障维修也要有记录故障现象、原因分析、排除方法，说明隐含问题及使用备件情况；机床保养、维护用的各类备品、配件应做好采购、管理工作；机床技术资料出借、保管应有详细登记等。

二、　数控机床的选用原则及注意事项

数控机床的先进性、复杂性和发展的迅速性，以及品种型号、档次的多样

性，而且价格又相对比较昂贵，就决定了选用数控机床的复杂性、难度和慎重性。所以，在选用数控机床时，应由领导和专业技术人员共同进行深入细致地调研，或委托有经验的数控专家组成的咨询中介机构进行咨询或代理，以便正确地选用数控机床。选用数控机床要根据加工对象的工艺要求、企业经济环境和使用环境等诸多因素进行具体分析。可考虑以下几个原则。

1）生产上适用　主要指所选用的数控机床功能必须适应被加工零件的形状尺寸、加工精度和生产节拍等要求。

形状尺寸适应性——所选用的数控机床必须能适应被加工零件合理群组的形状尺寸要求。

加工精度适应性——所选择的数控机床必须满足被加工零件群组的精度要求，在能确保零件群组的加工精度基础上注意不一味追求不必要的高精度。

生产节拍适应性——根据加工对象的批量和节拍要求来决定数控机床的选择，并注意上下工序间的节拍协调一致，以及外部机床的配置、编程、操作、维修等支撑环境。

2）技术上先进　在选用数控机床时，应充分考虑到技术的发展，具有适当的前瞻性，保证设备在技术水平上的先进性，不一味追求低价格，避免出现新购设备在使用不长时间后即面临淘汰的尴尬境地。

3）经济上合理　数控机床的价格主要取决于技术水平的先进性、质量和精度的好坏、配置的高低以及质量保证费用等。对数控机床的价格必须进行综合考虑，不一味追求低价格，要坚持最高性价比原则，即在满足被加工零件的功能要求和保证质量稳定可靠的前提下，做到经济合理。

除上述基本原则以外，选用数控机床时还要考核生产企业质量保证体系的完善性和可信性，其售前和售后服务网络是否健全，服务队伍的素质是否能胜任工作，服务能否及时，是否能履行承诺，这对选用后设备的正常使用至关重要。

第三节　数控机床的日常维护和维修

数控机床的日常维护对数控机床的工作性能和效率起着非常重要的作用。关于数控机床维护，不能单纯地理解是数控系统或者是数控机床的机械部分和其他部分在发生故障时，仅仅依靠维修人员如何排除故障和及时修复，使数控机床能够尽早地投入使用就可以了，还应包括正确使用和日常维护等工作。

一、 数控机床日常维护的意义

数控设备的正确操作和维护是正确使用数控设备的关键因素之一。正确地操作使用能够防止机床非正常磨损，避免突发故障；做好日常维护，可使设备保持良好的技术状态，延缓劣化进程，及时发现和消灭故障隐患，从而保证安全运行。

用户只有坚持做好对机床的日常维护工作，才可以延长元器件的使用寿命，延长机械部件的磨损周期，防止意外恶性事故的发生，争取机床长时间稳定工作；也只有这样才能充分发挥数控机床的加工优势，达到数控机床的技术性能，确保数控机床能够正常工作。

二、 使用数控设备应注意的问题

1. 数控设备的使用环境

为提高数控设备的使用寿命，一般要求要避免阳光的直接照射和其他热辐射，要避免太潮湿、粉尘过多或有腐蚀气体的场所。精密数控设备要远离振动大的设备，如冲床、锻压设备等。

2. 良好的电源保证

为了避免电源波动幅度大(大于±10%)和可能的瞬间干扰信号等影响，数控设备一般采用专线供电(如从低压配电室分一路单独供数控机床使用)或增设稳压装置等，都可减少供电质量的影响和电气干扰。

3. 制定有效操作规程

在数控机床的使用与管理方面，应制定一系列切合实际、行之有效的操作规程。例如润滑、保养、合理使用及规范的交接班制度等，是数控设备使用及管理的主要内容。制定和遵守操作规程是保证数控机床安全运行的重要措施之一。实践证明，众多故障都可由遵守操作规程而减少。

4. 数控设备不宜长期封存

购买数控机床以后要充分利用，尤其是投入使用的第一年，使其容易出故障的薄弱环节尽早暴露，得以在保修期内得以排除。加工中，尽量减少数控机床主轴的起闭，以降低对离合器、齿轮等器件的磨损。没有加工任务时，数控机床也要定期通电，最好是每周通电 1～2 次，每次空运行 1 h 左右，以利用机床本身的发热量来降低机内的湿度，使电子元件不致受潮，同时也能及时发现电池电量不足报警，以防止系统设定参数的丢失。

三、　数控机床的维护要点

数控机床种类多，各类数控机床因其功能、结构及系统的不同，具有不同的特性，其维护的内容和规则也各有特色。用户应根据机床种类、型号及实际使用情况，并参照机床使用说明书要求，制定和建立必要的定期、定级维护制度。下面归纳介绍一些常见、通用的日常维护要点。

1. 数控系统的维护

(1) 严格遵守操作规程和日常维护制度。数控设备操作人员要严格遵守操作规程和日常维护制度，操作人员的技术业务素质的优劣是影响故障发生频率的重要因素。当机床发生故障时，操作者要注意保留现场，并向维修人员如实说明出现故障前后的情况，以利于分析、诊断出故障的原因，及时排除。

(2) 防止灰尘污物进入数控装置内部。在机加工车间的空气中一般都会有油雾、灰尘甚至金属粉末，一旦它们落在数控系统内的电路板或电子器件上，容易引起元器件间绝缘电阻下降，甚至导致元器件及电路板损坏。有的用户在夏天为了使数控系统能超负荷长期工作，采取打开数控柜的门来散热，这是一种极不可取的方法，其最终将导致数控系统的加速损坏，应该尽量减少打开数控柜和强电柜门。

(3) 防止系统过热。应该检查数控柜上的各个冷却风扇工作是否正常。每半年或每季度检查一次风道过滤器是否有堵塞现象，若过滤网上灰尘积聚过多，不及时清理，会引起数控柜内温度过高。

(4) 数控系统的输入/输出装置的定期维护。20 世纪 80 年代以前生产的数控机床，大多带有光电式纸带阅读机，如果读带部分被污染，将导致读入信息出错。为此，必须按规定对光电阅读机进行维护。

(5) 直流电动机电刷的定期检查和更换。直流电动机电刷的过度磨损，会影响电动机的性能，甚至造成电动机损坏。为此，应对电动机电刷进行定期检查和更换。数控车床、数控铣床、加工中心等，应每年检查一次。

(6) 定期检查和更换存储用电池。一般数控系统内对 CMOS RAM 存储器件设有可充电电池维护电路,以保证不通电期间能保持其存储器的内容。在一般情况下,即使尚未失效,也应每年更换一次,以确保系统正常工作。电池的更换应在数控系统供电状态下进行,以防更换时 RAM 内信息丢失。

(7) 备用电路板的维护。备用的印制电路板长期不用时,应定期装到数控系统中通电运行一段时间,以防损坏。

2. 机械部件的维护

1) 主传动链的维护　定期调整主轴驱动带的松紧程度,防止因带打滑造成的丢转现象;检查主轴润滑的恒温油箱,调节温度范围,及时补充油量,并清洗过滤器;主轴中刀具夹紧装置长时间使用后,会产生间隙,影响刀具的夹紧,需及时调整液压缸活塞的位移量。

2) 滚珠丝杠螺纹副的维护　定期检查、调整丝杠螺纹副的轴向间隙,保证反向传动精度和轴向刚度;定期检查丝杆与床身的连接是否有松动;丝杠防护装置有损坏要及时更换,以防灰尘或切屑进入。

3) 刀库及换刀机械手的维护　严禁把超重、超长的刀具装入刀库,以避免机械手换刀时掉刀或刀具与工件、夹具发生碰撞,经常检查刀库的回零位置是否正确,检查机床主轴回换刀点位置是否到位,并及时调整;开机时,应使刀库和机械手空运行,检查各部分工作是否正常,特别是各行程开关和电磁阀能否正常动作;检查刀具在机械手上锁紧是否可靠,发现不正常应及时处理。

3. 液压、气压系统的维护

定期对各润滑、液压、气压系统的过滤器或分滤网进行清洗或更换;定期对液压系统进行油质化验检查、添加和更换液压油;定期对气压系统分水滤水器放水。

4. 机床精度的维护

定期进行机床水平和机械精度检查并校正。机械精度的校正方法有软、硬两种。其软方法主要是通过系统参数补偿,如丝杠反向间隙补偿、各坐标定位精度定点补偿、机床回参考点位置校正等;硬方法一般要在机床大修时进行,如进行导轨修刮、滚珠丝杠螺母副预紧调整反向间隙等。

数控设备是一种自动化程度高、结构较复杂的先进加工设备,对维修维护人员要求较高,除本文所提到的常规维护外,用户还应根据具体数控设备的详细操作说明手册做具体的专门维护。

四、　数控机床的故障维修

1. 数控机床的故障诊断技术

数控系统是高技术密集型产品，要想迅速而正确地查明原因并确定其故障的部位，要借助于诊断技术。随着微处理器的不断发展，诊断技术也由简单的诊断朝着多功能的高级诊断或智能化方向发展。诊断能力的强弱也是评价CNC数控系统性能的一项重要指标。目前所使用的各种CNC系统的诊断技术大致可分为以下几类：

1）启动诊断　启动诊断是指CNC系统每次从通电开始，系统内部诊断程序就自动执行诊断。诊断的内容为系统中最关键的硬件和系统控制软件，如CPU、存储器、I/O等单元模块，以及MDI/CRT单元、纸带阅读机、软盘单元等装置或外部设备。只有当全部项目都确认正确无误之后，整个系统才能进入正常运行的准备状态；否则，将在CRT画面或以发光二极管报警方式指示故障信息。此时启动诊断过程不能结束，系统无法投入运行。

2）在线诊断　在线诊断是指通过CNC系统的内装程序，在系统处于正常运行状态时对CNC系统本事及与CNC装置相连的各个伺服单元、伺服电动机、主轴伺服单元和主轴电动机以及外部设备等进行自动诊断、检查。只要系统不停电，在线诊断就不会停止。

在线诊断一般包括的自诊断功能的状态显示有上千条，常以二进制的0、1来显示其状态。对正逻辑来说，0表示断开状态，1表示接通状态，借助状态显示可以判断出故障发生的部位。常用的有接圈状态和内部状态显示，如利用I/O接口状态显示，再结合PLC梯形图和强电控制线路图，用推理法和排除法即可判断出故障点所在的真正位置。故障信息大多以报警号形式出现。一般可分为以下几大类：过热报警类；系统报警类；存储报警类；编程/设定类；伺服类；行程开关报警类；印刷线路板间的连接故障类。

3）离线诊断　离线诊断是指数控系统出现故障后，数控系统制造厂家或专业维修中心利用专用的诊断软件和测试装置进行停机（或脱机）检查。力求把故障定位到尽可能小的范围内，如缩小到某个功能模块、某部分电路，甚至某个芯片或元件，这种故障定位更为精确。

4）现代诊断技术　随着电信技术的发展，IC和微机性价比的提高，近年来国外已将一些新的概念和方法成功地引用到诊断领域。

（1）通信诊断。也称为远程诊断，即利用电话通信线把带故障的CNC系统和专业维修中心的专用通信诊断计算机通过连接进行测试诊断。如西门子公司在CNC系统诊断中采用了这种诊断功能，用户把系统CNC中专用的通信接口连接在普通电话线上，而西门子公司维修中心的专用通信诊断计算机的数据电话也连接到电话线路上，然后由计算机向CNC系统发送诊断程序，并将测试数据输回到计算机进行分析并得出结论，随后将诊断结论和处理办法通知用户。

通信诊断系统还可为用户作定期的预防性诊断，维修人员不必亲临现场，只需按预定的时间对机床作一系列运行检查，在维修中心分析诊断数据，可发现存在的故障隐患，以便及早采取措施。当然，这类CNC系统必须具备远程诊断接口及联网功能。

（2）自修复系统。就是在系统内设置有备用模块，在CNC系统的软件中装有自修复程序，当该软件在运行时一旦发现某个模块有故障时，系统一方面将故障信息显示在CNC上，同时自动寻找是否有备用模块，如有备用模块，则系统能自动使故障脱机。而接通备用模块使系统能较快地进入正常工作状态。这种方案适用于无人管理的自动化工作场合。

需要注意的是，机床在实际使用中也有些故障统无报警，现象也不是很明显，对这种情况，处理起来就不那样简单了。另外有些设备出现故障后，不但无报警信息，而且缺乏有关维修所需的资料。对这类故障的诊断处理，必须根据具体情况仔细检查，从现象的微小之处进行分析，找出它的真正原因。要查清这类故障的原因，首先必须从各种表面现象中找出它的真实故障现象，再从确认的故障现象中找出发生的原因。全面地分析一个故障现象是决定判断是否正确的重要因素。在查找故障原因前，首先必须了解以下情况：故障是在正常工作中出现还是刚开机就出现的；出现的次数是第一次还是已多次发生；确认机床加工程序的正确性；是否有其他人为因素。

2. 数控机床的常见故障排除方法

由于数控机床故障比较复杂，同时数控系统自诊断能力还不能对系统的所有部件进行测试，往往是一个报警号指示出众多的故障原因，使人难以入手。下面介绍维修人员在生产实践中常用的排除故障方法。

1）直观检查法　直观检查法是维修人员根据对故障发生时的各种光、声、味等异常现象的观察，确定故障范围，可将故障范围缩小到一个模块或一块电路板上，然后再进行排除。一般包括：

(1) 询问。向故障现场人员仔细询问故障产生的过程、故障表象及故障后果等。

(2) 目视。总体查看机床各部分工作状态是否处于正常状态,各电控装置有无报警指示,局部查看有无熔丝烧断,元器件烧焦、开裂,电线电缆脱落,各操作元件位置正确与否等等。

(3) 触摸。在整机断电条件下可以通过触摸了解各主要电路板的安装状况、各插头座的插接状况、各功率及信号导线的连接状况以及用手摸并轻摇元器件,尤其是大体积的阻容、半导体器件有无松动之感,以此可检查出一些断脚、虚焊、接触不良等故障。

(4) 通电。是指为了检查有无冒烟、打火,有无异常声音、气味以及触摸有无过热电动机和元件存在而通电,一旦发现立即断电分析。如果存在破坏性故障,必须排除后方可通电。

例如,一台数控加工中心在运行一段时间后,CRT 显示器突然出现无显示故障,而机床还可继续运转。停机后再开又一切正常。观察发现,设备运转过程中,每当发生振动时故障就可能发生。初步判断是元件接触不良。当检查显示板时,CRT 显示突然消失。检查发现有一晶振的两个引脚均虚焊松动。重新焊接后,故障消除。

2) 初始化复位法 一般情况下,由于瞬时故障引起的系统报警,可用硬件复位或开关系统电源依次来清除故障。若系统工作存储区由于掉电、拔插线路板或电池欠压造成混乱,则必须对系统进行初始化清除,清除前应注意做好数据拷贝记录,若初始化后故障仍无法排除,则进行硬件诊断。

例如,一台数控车床当按下“自动运行控制”键后,微机柜不执行加工程序,也不显示故障自检提示,显示屏幕处于复位状态(只显示菜单)。有时手动、编辑功能正常,检查用户程序、各种参数完全正确;有时因记忆电池失效、更换记忆电池等,系统显示某一方向尺寸超量或各方向的尺寸都超量(显示尺寸超过机床实际能加工的最大尺寸或超过系统能够认可的最大尺寸)。排除方法:采用初始化复位法使系统清零复位(一般要用特殊组合键或密码)。

3) 自诊断法 数控系统已具备了较强的自诊断功能,并能随时监视数控系统的硬件和软件的工作状态。利用自诊断功能,能显示出系统与主机之间的接口信息的状态,从而判断出故障发生在机械部分还是数控部分,并显示出故障的大体部位(故障代码)。

(1) 硬件报警指示。指包括数控系统、伺服系统在内的各电气装置上的各种状态和故障指示灯，结合指示灯状态和相应的功能说明便可获知指示内容及故障原因与排除方法。

(2) 软件报警指示。系统软件、PLC 程序与加工程序中的故障通常都设有报警显示，依据显示的报警号对照相应的诊断说明手册便可获知可能的故障原因及排除方法。

4) 功能程序测试法　功能程序测试法是将数控系统的 G、M、S、T、F 功能用编程法编成一个功能试验程序，并存储在相应的介质上，如纸带、磁带等。在故障诊断时运行这个程序，可快速判定故障发生的可能原因。

功能程序测试法常应用于以下场合：

(1) 机床加工造成废品而一时无法确定是编程操作不当还是数控系统故障引起的；

(2) 数控系统出现随机性故障，一时难以区别是由于外来干扰还是系统稳定性不好；

(3) 闲置时间较长的数控机床在投入使用前或对数控机床进行定期检修时。

例如，一台 FANUC9 系统的立式铣床在自动加工某一曲线零件时出现爬行现象，表面粗糙度很大。在运行测试程序时，直线、圆弧插补时皆无爬行，由此确定原因在编程方面。对加工程序仔细检查后发现该曲线由很多小段圆弧组成，而编程时又使用了正确定位外检查 C61 指令。于是将程序中的 G61 取消，改用 G64 后，爬行现象消除。

5) 备件替换法　用好的备件替换诊断出坏的线路板，即在分析出故障大致起因的情况下，维修人员可以利用备用的印刷电路板、集成电路芯片或元器件替换有疑点的部分，从而把故障范围缩小到印刷线路板或芯片一级。并作相应的初始化启动，使机床迅速投入正常运转。

对于现代数控的维修，越来越多的情况采用这种方法进行诊断，然后用备件替换损坏模块，使系统正常工作。尽最大可能缩短故障停机时间，使用这种方法在操作时注意一定要在停电状态下进行，还要仔细检查线路板的版本、型号、各种标记、跨接是否相同，若不一致则不能更换。拆线时应做好标志和记录。一般不要轻易更换 CPU 板、存储器板及电池，否则有可能造成程序和机床参数的丢失，使故障扩大。

例如，一台采用西门子 SINUMERIK SYSTEM 3 系统的数控机床，其 PLC 采用 S5－130W/B，一次发生故障时，通过 NC 系统 PC 功能输入的 R 参数，在加工中不起作用，不能更改加上程序中 R 参数的数值。通过对 NC 系统工作原理及故障现象的分析，认为 PLC 的主板有问题，与另一台机床的主板对换后，进一步确定为 PLC 主板的问题。经专业厂家维修，故障被排除。

6) 交叉换位法　当发现故障板或者不能确定是否是故障板而又没有备件的情况下，可以持系统中相同或相兼容的两个板互换检查，例如将两个坐标的指令板或伺服板交换，从中判断故障板或故障部位。使用这种交叉换位法应特别注意，不仅要硬件接线的正确交换，还要将一系列相应的参数交换，否则不仅达不到目的，反而会产生新的故障，造成思维混乱。一定要事先考虑周全，设计好软、硬件交换方案，准确无误后再行交换检查。

例如，一台数控车床 x 向进给正常，z 向进给出现振动、噪声大、精度差，采用手动和手摇脉冲进给时也如此。观察各驱动板指示灯亮度及其变化基本正常，疑是 z 轴步进电动机及其引线开路或 z 轴机械故障。遂将 z 轴电动机引线换到 x 轴电动机上，x 轴电动机运行正常，说明 z 轴电动机引线正常；又将 x 轴电动机引线换到 z 轴电动机上，故障依旧，可以断定是 z 轴电动机故障或 z 轴机械故障。测量电动机引线，发现一相开路。修复步进电动机，故障排除。

7) 参数检查法　系统参数是确定系统功能的依据，参数设定错误就可能造成系统的故障或某功能无效。发生故障时应及时核对系统参数，参数一般存放在磁泡存储器或存放在需由电池保持的 CMOS RAM 中，一旦电池电量不足或由于外界的干扰等因素，使个别参数丢失或变化，发生混乱，使机床无法正常工作。此时，可通过核对、修正参数，将故障排除。

例如，一台数控铣床上采用了测量循环系统，这一功能要求有一个背景存储器，调试时发现这一功能无法实现。检查发现确定背景存储器存在的数据位没有设定，经设定后该功能正常。

又例如，一台数控车床数控刀架换对突然出现故障，系统无法自动运行，在手动换刀时，总要过一段时间才能再次换刀。遂对刀补等参数进行检查，发现一个手册上没有说明的参数 P20 变为 20，经查有关资料发现，P20 是刀架换刀时间参数，将其清零，故障排除。

有时由于用户程序和参数错误亦可造成故障停机，对此可以采用系统的程序自诊断功能进行检查，改正所有错误，以确保其正常运行。

8) 测量比较法　CNC 系统生产厂在设计印刷线路板时，为了调整和维修方便，在印刷线路板上设计了一些检测端子。维修人员通过测量这些检测端子的电压或波形，可检查有关电路的工作状态是否正常。但利用检测端子进行测量之前，应先熟悉这些检测端子的作用及有关部分的电路或逻辑关系。

9）敲击法　当系统故障表现为有时正常有时不正常时，基本可以断定为元器件接触不良或焊点开焊，利用敲击法检查时，当敲击到虚焊或接触不良的故障部位时；故障就会出现。

10）局部升温法　数控系统经过长期运行后元件均要老化，性能变坏。当它们尚未完全损坏时，出现的故随就会时有时无。这时用电烙铁或电吹风对被怀疑的元件进行局部加温，会使故障快速出现。操作时，要注意元器件的温度参数等，注意不要损坏好的元器件。

11）原理分析法　根据数控系统的组成原理，可从逻辑上分析各点的逻辑电平和特性参数，如电压值和波形，使用仪器仪表进行测量、分析、比较，从而确定故障部位。

除以上常用的故障检测方法之外，还可以采用拔插法、电压拉偏法、开环检测法等。

总之，根据不同的故障现象，可以同时选用几个方法灵活应用、综合分析，才能逐步缩小故障范围，较快地排除故障。

3. 数控机床维修后的开机调试

机床的故障排除后通常分两大步进行通电试车。

1）自动状态试验　将机床锁住，用编制的程序进行空运转试验，验证程序的正确性，然后解除机床锁定，分别将进给倍率开关、快速超调开关、主轴速度超调开关进行多种变化，使机床在上述各开关的多种变化的情况下进行充分的运行，后将各超调开关置于100％处，使机床充分运行观察整机的工作情况是否正常。

2）正常加工试验　夹装好工件按正常程序进行加工，加工后检查工件的加工精度是否符合标准要求。在现场维修结束后，应认真填写维修记录，列出有关必备的备件清单，建立用户档案。

对于故障时间、现象、分析诊断方法、采用排故方法，如果有遗留问题应详尽记录，这样不仅使每次故障都有据可查，而且也可以不断积累维修经验。

五、　数控机床常见故障处理

下面以FANUC 10数控系统为例，说明数控系统的几个常见故障维修。

1. 电源的故障维修

1）数控系统不能接通电源　数控系统的电源输入单元（input unit）有电

源指示灯(绿色发光二极管),如果此灯不亮,说明交流电源未加到输入单元,可检查电源变压器是否有交流电源输入;如果交流电源已输入,应检查输入单元的熔丝是否熔断。

如果输入单元上的故障指示灯(红色发光二极管)亮,应检查数控系统的电源单元。一般是由于电源单元的工作允许信号 EN(enable signal)消失,输入单元切断了电源单元的供电;在此情况下,可能有两种原因,电源单元故障所致或电源单元的负载(即数控系统)故障所致。当然,输入单元故障也会引起故障指示灯亮,不过这种情况较为少见。

此外,数控系统操作面板上的电源开关(ON、OFF 按钮)中的 OFF 按钮接触不良,造成电源输入无法自保持,使得一旦松开 ON 按钮,电源即被切断,其现象也造成数控系统不能接通电源。

2) 数控系统的电池问题　绝大部分数控系统都装有电池,在系统断电期间,作为 RAM 保持或刷新的电源。常用的电池有两种:一种是可充电的镍镉电池(或其他种类的蓄电池),另一种是不可充电的高能电池。电压等级也是各种各样。

如果使用的是可充电电池,则数控系统本身有充电装置。在系统通电时由直流电源提供 RAM 的工作电压并给电池充电,在系统断电时,用电池储存的能量来保持 RAM 中的数据。如果使用的是不可充电的高能电池,则在系统通电时,由直流电源提供 RAM 的工作电压;系统断电时,由高能电池提供能量来保持 RAM 中的数据。无论使用哪种电池,当电池电压不足时,数控系统都会发出报警信号,提醒操作人员或维修人员及时更换电池。更换电池一定要在数控系统通电的情况下进行;否则,存储器中的数据就会丢失,造成数控系统的瘫痪。

2. 伺服驱动系统的故障维修

伺服驱动系统可分为直流伺服系统和交流伺服系统,目前生产的数控机床所采用的绝大多数是交流伺服系统。

伺服驱动系统是一个完整的闭环自动控制系统。其中任一环产生故障或性能有所改变,都会导致整个系统的性能下降或发生故障,加之驱动部分的电流大,易发热,机械部分的间隙、摩擦等因素的改变,也都对系统产生影响。测量反馈元件及反馈环的性能改变也会导致系统故障,因此,伺服驱动系统是整个数控机床的主要故障源之一。

下面列举两例常见的伺服驱动系统故障维修。

1）飞车　这里所说的飞车，是指伺服电动机在运行时，转速持续上升或急剧上升，控制系统无法进行控制，最后造成紧急停车。造成飞车的原因可能是：

（1）从测量反馈元件来的信号异常。测量反馈信号的丢失、畸变或极性反向，均会引起上述故障。一旦发生飞车，可进行如下检查：检查接线，确认是否有正反馈现象；测量反馈元件到电路板之间的连接是否可靠，有无接触不良和断路现象；检查测量反馈元件能否正常工作，光电编码器输出脉冲的频率或测速机输出电压是否与转速成正比；检查电动机与反馈元件之间的连接是否松动或脱落；光栅尺读数头与运动部件的连接是否松动或脱落。

（2）伺服驱动系统的电路板故障。用换板法检查与伺服控制有关的电路板，有无发热、有无变色及其他异常之处，用其他高级诊断方法进行检查，如使用诊断程序等。

（3）从CNC来的指令信号异常。这类故障多数是由于D/A转换器损坏所致，无论数字指令是多少，D/A从转换器的输出总是最大值，则就会产生貌似飞车但实际并非飞车的现象。检查方法采用测量模拟指令电压法。

2）振动　振动是一个比较复杂的问题，因为引起振动的原因是多方面的。在分析振动问题时，要注意到振动的振幅和频率，可能会有助于进行故障诊断。

下面是几个常见的引起故障的原因：

（1）参数设定检查与速度、位置有关的参数，若有误，则修正。按照说明书的规定，检查速度控制系统的短路线设定、开关设定、电位器设定是否有误。

（2）振动频率与进给速度成正比变化时，可能有以下原因：速度反馈元件（如测速发电机）或电动机本身有问题；与转动有关的机械部分有问题。

（3）振动频率不随进给速度变化时可能有以下原因：伺服驱动系统电路板设定或调整不良；伺服系统电路板有故障。

车床的刀杆刚性不足，切削刀刃不锋利，机械连接的松动，轴承、齿轮、同步带的损坏，导轨的爬行等，都可能引起振动。

3. 机械系统故障维修

数控机床的各运动部分都是电动或被动（气动）驱动的，由各部分的共同作用来完成机械移动、转动、夹紧松开、变速和刀具转位等各种动作。当机床工作时，它们的各项功能相结合，发生故障时也混合在一起。有些故障形式相同，但引起故障的原因却不同，这给故障诊断和排除带来了很大困难。

各种机械故障通常可通过细心维护、精心调整来解决。对于已磨损、损坏或者已失去功能的零部件，可通过修复或更换部件来排除故障。由于床身结构刚性差、切削振动大、制造质量差等原因而产生的故障，则难以排除。

4. 液压系统故障维修

液压系统是整个数控机床的重要组成部分，一般用于完成主轴抓刀机构的释放、换刀机械手的驱动、某些部位的夹紧等。数控机床的液压系统一般并不复杂(大型数控机床和使用液压伺服系统的数控机床除外)，故障处理也不困难。

液压系统的故障大多数是由于维护不当所致。因此，平时按规定对液压系统进行维护，液压系统的大多数故障都可避免发生。液压系统的日常维护内容一般在说明书上都有详细的规定，在此不作进一步说明。需要注意的是，当液压系统更换液压油品种时，要将系统中原有的油全部放掉并清洗系统，然后再加入新油，千万不要将不同牌号的油混合使用。

5. 压缩空气系统故障处理

气动系统在数控机床上担任辅助工作。气动系统较为简单，一般不易出现故障，即使出现故障也比较容易解决。气动系统的多数故障是由于杂质(主要为铁锈)与水分引起的。保持压缩空气的干燥方能保证气动系统不受水分的影响。这就要求在压缩空气进入机床前进行干燥处理。简单的方法是加一个气水分离器。或将压缩空气进行冷却干燥，使压缩空气的温度低于机床安装厂房的环境温度，这样可有效地防止压缩空气中的水分变冷而产生冷凝水。

另外，雾化油杯中的油面要经常检查，不能缺油。因为雾化油杯担负着整个气动系统运动零部件的润滑任务。如果雾化油杯缺油，就会加速磨损，甚至造成运动不灵活、锈蚀等问题。

6. 其他系统故障处理

数控机床一般还包括冷却及通风系统、润滑系统等。这些系统也都是数控机床的重要组成部分，无论哪一部分出现问题，数控机床都不能正常运行。

1) 冷却及通风系统　多数数控机床的控制柜采用风冷。对风冷系统要经常检查风扇运转是否正常，进风口的空气过滤垫是否需要清洗等。

2) 润滑系统　有的数控机床有两套调滑系统，一套是主轴润滑系统，另一套是中心润滑系统。润滑系统维护的特点是:选用合适的润滑油，经常检查油位，不能缺油。在更换润滑油品牌时，一定要将原有的油排放，并加入煤油至少运行半小时后，将管路清洗干净，再加入新油运行。

References

参考文献

[1] 李宏胜. 机床数控技术及应用. 北京:高等教育出版社,2010.

[2] 王显涛. 数控系统. 成都:电子科技大学出版社,2007.

[3] 李华志. 微机数控技术及应用. 成都:电子科技大学出版社,2007.

[4] 邓奕现. 数控机床及应用. 北京:国防工业出版社,2008.

[5] 陈蔚芳. 机床数控技术及应用. 北京:科学出版社,2006.

[6] 赵玉刚,宋现春. 数控技术. 北京:机械工业出版社,2004.

[7] 陈洪涛. 数控加工工艺与编程. 北京:高等教育出版社,2003.

[8] 华茂发. 数控机床加工工艺. 北京:机械工业出版社,2005.

[9] 张超英. 数控机床加工工艺、编程及操作实训. 北京:高等教育出版社,2003.

[10] 李正峰. 数控加工工艺. 上海:上海交通大学出版社,2004.

[11] 崔兆华. 数控加工工艺. 济南:山东科学技术出版社,2005.

[12] 李杭. Mastercam应用教程. 南昌:江西高校出版社,2005.

[13] 曹成. 高级数控加工必备技能与典型实例:数控铣加工篇,北京:电子工业出版社,2008.

[14] 顾京. 数控加工编程及操作. 北京:高等教育出版社,2003.

[15] 王爱玲. 数控编程技术. 北京:机械工业出版社,2002.

[16] 王润孝. 机床数控原理与系统. 西安:西北工业大学出版社,2001.

[17] 颜伟. 数控加工技术. 成都:西南交通大学出版社,2006.

[18] 董玉红. 数控技术. 北京:高等教育出版社,2004.